제 3 판

통계학개론

엑셀을 이용한 실습

강기훈 지음

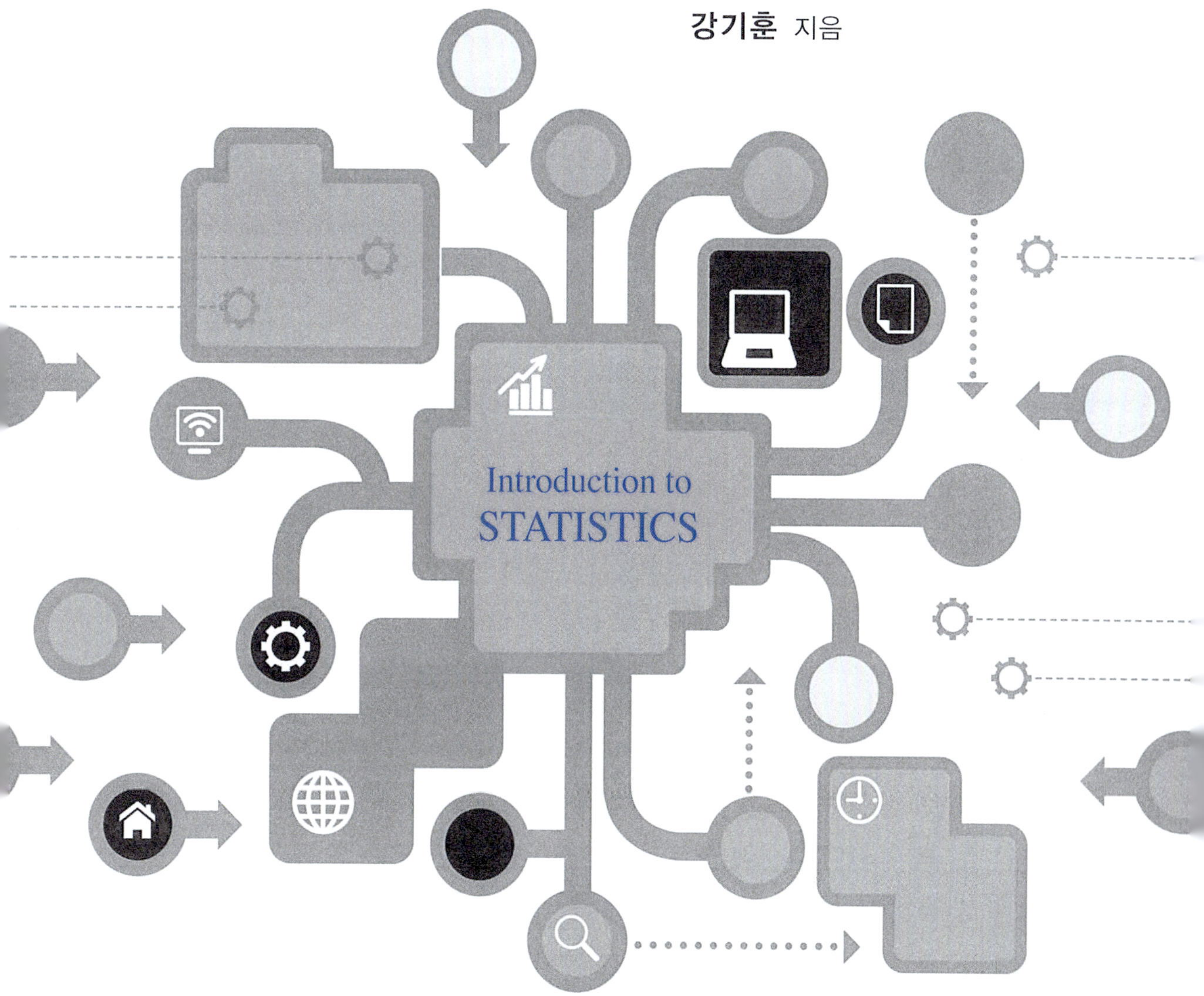

자유아카데미

머리말

우리가 살고 있는 현대 사회에서는 구조적 복잡성과 학문적 다양성으로 인해 정보력이 곧 실력의 큰 축임을 부인할 수 없다. 빅데이터라고 불리는 엄청난 양, 다양한 형태, 실시간으로 생성되는 데이터들을 보면 정보의 바다를 헤엄친다거나 정보의 홍수에 쓸린다는 표현 또한 전혀 어색하지 않다. 이런 정보의 흐름 가운데, 필요한 정보를 추출하고 이를 활용하는 것은 지극히 중요한 일이며 이러한 측면에서 통계학의 역할이 그 어느 때보다도 강조되고 있다.

통계학은 자연과학뿐만 아니라 인문 · 사회과학, 의약학, 농학 및 공학 등 다양한 학문의 분야에 널리 이용되고 있다. 이에 따라 통계학에 대한 어느 정도의 기초 지식은 이제 필수 사항이 되었다. 이뿐만 아니라 여러 기업체 및 연구소에서도 통계적인 기법을 활용하여 제품의 성능을 향상시키거나, 마케팅 전략을 세우거나, 또는 연구 결과에 대한 검증을 하는 것이 일반적인 일이 되었다. 이러한 시대적인 또는 학문적인 추세에 따라 이미 통계학에 대한 내용을 다루는 많은 서적이 출판되었다. 훌륭한 서적들이 많은 와중에 부끄러운 하나의 졸작을 더하게 되는 것이 아닌지에 대한 저자의 염려와 함께 이 책을 내게 되었다.

이 책은 통계학 개론 강의에서 필요한 수준의 기초 개념 및 여러 방법론의 원리에 대한 이해를 돕기 위해 비교적 상세한 설명을 수록하였고, 엑셀 2016을 이용한 실습으로 이론적인 내용을 직접 체험하며 확인해 볼 수 있도록 작성되었다. 부록에 엑셀의 기초적인 사용법을 따로 소개함으로써 다른 엑셀 서적을 참고하지 않더라도 이 책 내에서 모든 실습에 관련된 문제를 해결할 수 있으리라 여겨진다.

이 책은 크게 두 부분으로 이루어져 있다고 할 수 있다. 전반부는 1 ~ 7장으로, 기초 확률이론과 분포이론의 내용을 다루고 있다. 후반부는 통계적 추론과 모델링을 위주로 한 내용으로, 8 ~ 13장까지가 이에 해당된다. 이 책을 통계학 비전공자를 위한 한 학기 강의용 교재로 다루는 경우에는 선택적으로 일부 내용을 생략해도 괜찮으리라 판단되며, 저자가 보기에 대상이 될 만한 부분을 목차에 *로 표시해 두었다.

책의 완성을 위하여 비교적 신중히 검토하고 최선을 다했음에도 불구하고 부족한 점이 있을 것이고, 또한 내용상의 오류 또는 오타가 나올 수도 있을 것이다. 발견되는 문제점들은 온전히 저자의 몫이며, 독자의 너그러운 양해를 부탁하는 바이다. 이 책의 오류에 대한 지적 또는 내용에 대한 건설적인 제안은 언제든지 고맙게 받을 것이며, 지속적으로 보완 수정할 것임을 약속한다. 출간 후에라도 수정사항이 있을 경우에는 자유아카데미 홈페이지(www.freeaca.com) 자료실에 제공할 예정이다. 아무쪼록 이 책을 이용하여 교육을 받거나 다른 목적으로 활용하는 독자들이 소기의 목적을 달성할 수 있기를 진심으로 기원한다.

끝으로, 이 책이 나올 때까지 주위의 여러분들에게 도움 받았음을 밝힌다. 책의 구성과 내용에 대해 조언해 주신 동료 교수님들, 엑셀 실습을 위한 그림과 내용 작성을 열심히 도와준 대학원 여러 제자들에게 고마움을 전하고 싶다. 또한, 이 책의 출판을 위하여 오랫동안 애써주신 자유아카데미에도 감사의 말씀을 드린다.

2016년 8월

저자 씀

차례

1장 서론

2장 도표를 이용한 자료의 요약

3장 수치를 이용한 자료의 요약

4장
확률 및 확률분포

5장
이산형 확률분포

6장 연속형 확률분포

7장 표본분포

8장 추정

9장 통계적 가설검정

10장 범주형 자료분석

11장
상관분석과 회귀분석

12장
분산분석

13장*
시계열 분석

연습문제 정답

부록

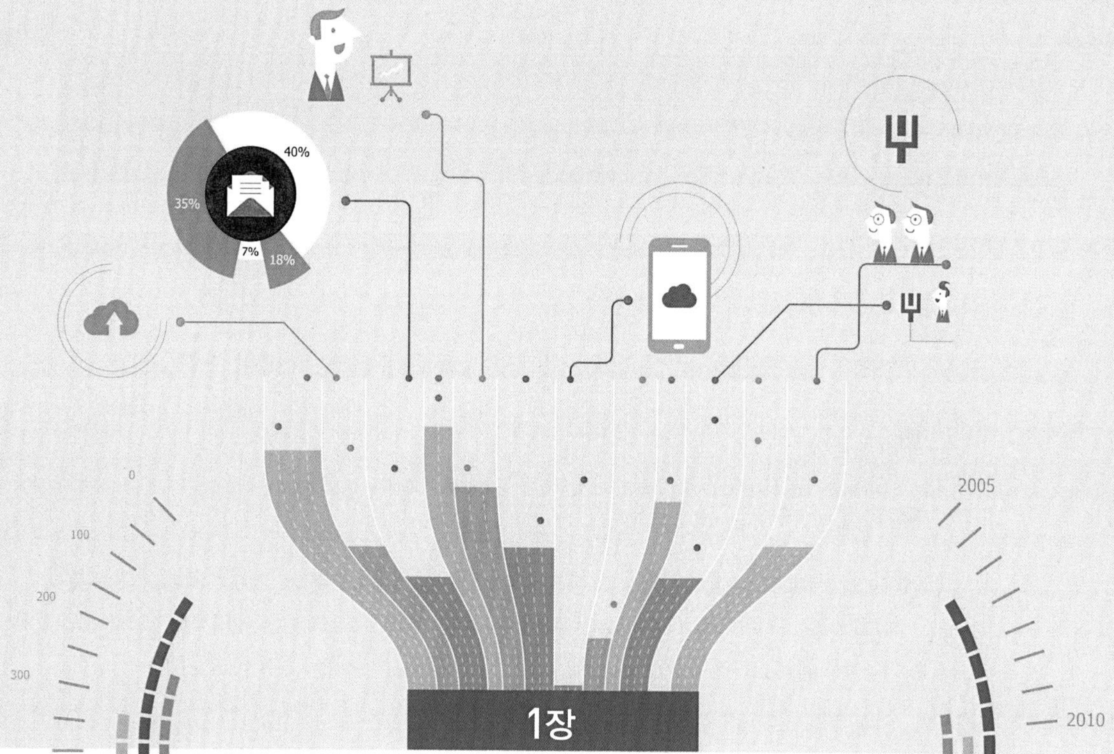

1장

서론

빅데이터가 최대 화두가 되고 있는 현대 사회에서 통계학의 역할과 그 위상은 나날이 높아져 이제는 여러 분야에서 필수적인 도구로 자리매김한 것으로 볼 수 있다. 이런 통계학의 특징을 한마디로 요약한다면 불확실성의 해결사라고 할 수 있다. 즉, 불확실한 요소들이 개입되어 있는 다양하고 복잡한 상황에서 합리적이고 과학적인 의사결정을 하는 데 사용되는 중요한 도구라는 뜻이다. 이 장에서는 통계학의 정의, 개요 및 역사에 관해 살펴보고자 한다. 아울러 통계학의 응용분야 및 활용되는 주요한 소프트웨어에 대해서도 간단히 소개할 것이다.

1.1 통계학의 개요 / 1.2 통계학의 특징과 연구분야
1.3 기초 용어 및 소프트웨어 소개

1.1 통계학의 개요

어느 날 지우네 식구들은 저녁 뉴스를 함께 시청하고 있었다. 뉴스에서는 다음과 같은 진행자의 보도들이 흘러나왔다.

"이번에 이세돌 9단을 이긴 알파고는 빅데이터 연산을 수행하는 신경망 구조를 갖춘 것으로 핵심 알고리즘은 딥러닝을 이용하였습니다. 이는 패턴 인식을 통해 확률적으로 최선의 수를 찾아내는 …",

계속해서 이어지는 뉴스로는

"이번 선거에 대한 여론조사에서 A 후보의 지지율이 47.3%로 가장 높게 나타났으며, 다음은 B 후보가 32.1%로 2위로 나타났습니다. 이 조사는 여론조사 전문기관에서 전국의 성인 남녀 천명을 대상으로 조사되었고, 신뢰수준 95%에서 표본오차는 ±3.1%포인트 …"

"A 제약회사에서 제조한 신약품이 백혈병 치료에 탁월한 효과가 있다는 것이 한국대학교 K 교수팀이 진행한 임상실험 결과로부터 주장되었습니다. 연구자에 의하면 …"

"산업자원부에 의하면 올여름 전력수급은 안정적일 것으로 예상되었습니다. 올 여름 전력수급 전망과 예비전력 전망을 지난 5년 추세에 비추어 예측했을 때 …"

와 같은 내용이 보도되었고, 뉴스 막바지에 있는 일기예보에서는 기상 캐스터가 나오더니

"…. 내일 서울 지방에 비올 확률은 60%입니다 …."

라고 하며 뉴스를 마무리하였다.

이와 같은 뉴스는 오늘날 평상시에도 흔히 접하는 것에 불과한 표현들이다. 위에서 등장하는 몇 가지 전문용어에 대해서도 정확한 의미는 모르지만 전달하려는 메시지는 암묵적으로 이해한다고 볼 수 있다. 그런데 막상 그 의미를 물으면 당황하게 된다. 예를 들어 여론조사에서 A 후보의 지지율이 가장 높게 나왔다는 것이 선거결과 A 후보의 당선을 의미하는 것일까? 또한 비 올 확률이 60%라는 보도는 과연 무슨 뜻인가? 우산을 가지고 가야 하나 말아야 하나를 결정할 때 어떤 정보를 전달해 주는 것인가? 이처럼 현대 사회의 생활 속에서는 통계학과 밀접한 내용을 접하게 되는 경우가 흔하다고 할 수 있다.

그렇지만 통계학은 어떤 사람들에게는 실업자수, 정당의 지지율 또는 어느 경기

에서 특정 팀의 과거 전적 등 조사된 수치적인 값만을 요약하는 것에 불과하다고 비춰지기도 한다. 또한 다른 어떤 이들은 통계학이 특정 분야에서 필수적인 내용으로 지정되어 있기 때문에 배우는 것이며, 결코 편리하거나 원해서 공부하는 것은 아니라고 여기기도 한다. 이 두 가지 모두 절대적으로 틀린 이야기는 아니지만 통계학의 본질적인 기능과 그 중요성을 간과한 데서 연유한 표현이라고 볼 수 있다. 통계용어 사전에 의하면 **통계학**(統計學, statistics)이란 연구목적에 필요한 자료 및 정보를 가장 적합한 방법으로 수집하고, 수집한 자료를 과학적이고 논리적인 이론에 의하여 정리·분석하는 학문이다. 즉 통계학은 관심의 대상에 관련된 자료를 수집하고, 그 자료를 요약·정리하여 해석하며, 이로부터 불확실한 사실에 대한 결론이나 일반성 등을 이끌어 내는 데 필요한 이론과 방법을 제시하여 주는 과학적인 학문이라고 할 수 있다.

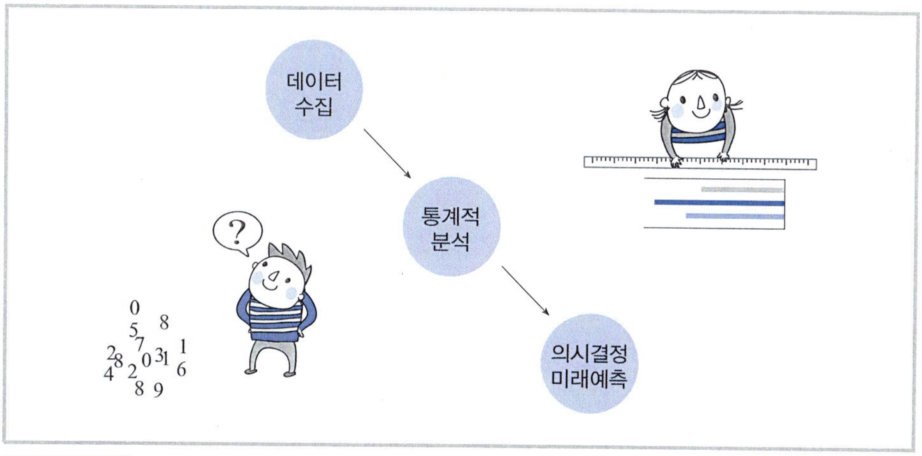

그림 1.1 통계학이 적용되는 절차

통계학(statistics)의 어원은 국가(state)와 산술(arithmetic)의 합성어에서 유래한 것으로 과거에 군주가 국가경영을 위해 필요한 산술로서 통(統)치를 위한 계(計)량에 주로 이용되었다고 할 수 있다. 즉 세금을 거둘 목적으로 인구수를 조사하거나 지가(地價)를 산출하는 것으로부터 통계가 시작되었다고 할 수 있다. 역사적으로 볼 때도 고대 문명이 발달하였던 이집트, 중국, 그리스, 로마 등지에서 노동력 및 세금을 걷기 위해 조사하였던 기록들이 남아 있고, 우리나라의 경우에도 신라 민정문서에서 통치를 목적으로 하는 통계조사가 있었음을 확인할 수 있다.

오늘날에는 통계학이 이용되는 분야가 과거와 달리 일일이 열거할 수 없을 정도로 매우 다양하고 광범위하다고 할 수 있다. 예를 들면 일기예보, 제품의 품질개선, 마케팅, 고객 관계 관리, 금리 예측, 여론조사, 석유 탐사 시 매장량의 추측, 주가 예측, 신약개발을 위한 임상실험, 사회관계분석, 지진 탐사 연구 등에서 다양한 통계적 기법들이 사용되고 있다. 최근에는 컴퓨터의 발달과 더불어 대용량 정보를 신속하게 처리하는 것이 가능해져서 위성사진의 판독, 카드 부정사용의 적발, 유전자 정보분석 및 영상인식 등에서도 통계적인 이론과 방법론이 다양하게 적용되고 있다. 또한 오래기간 축적된 대용량의 데이터 및 인터넷, SNS의 활용 등으로 인해 생겨나는 방대한 실시간 데이터인 빅데이터를 활용하여 의미있는 정보를 추출해 내는 것이 매우 중요한 작업이 되었다.

지난 20세기를 컴퓨터를 이용하여 자료를 수집하고, 저장, 전송에 중점을 두던 자동화 시대라고 한다면, 21세기는 통계적으로 지식을 발견하고 의사를 결정하는 정보화 시대라고 할 수 있다. 즉 정보화 시대인 현대사회에서는 축적해 놓은 방대한 데이터베이스로부터 사용자가 필요로 하는 정보를 취합하고 추출하여 새로운 정보가치를 창출해, 이를 지식화하고 의사결정에 반영하는 기술로서의 통계학의 역할이 더욱 강조되고 있다. 따라서 단순히 통계 수치 자료를 제시하는 것만이 아니라 농업, 생명과학, 환경과학, 산업연구, 품질보증, 시장조사 등의 분야에서 주어진 문제를 해결하기 위하여 필요한 자료의 형태, 자료를 수집하는 방법, 문제에 대한 최선의 답을 구하기 위한 분석방법을 결정하는 것이 통계학자의 역할이라고 할 것이다.

1.2 통계학의 특징과 연구분야

통계학의 특징을 한마디로 요약한다면, **불확실성의 해결사**라고 할 수 있다. 즉 불확실한 요소들이 개입되어 있는 주어진 상황에서 합리적이고 과학적인 결론을 내리는 데 중요한 도구라는 뜻이다. 이러한 통계학은 이론, 응용, 방법론의 세 가지 분야가 유기적인 관계를 가지고 상호 보완적으로 발전을 가능하게 한다. [그림 1.2]는 통계학이 많이 응용되는 학문분야 중 대표적인 것만 나열해 본 것이다.

각 분야의 대표적인 예를 본다면 첫째로 사회과학분야에서는 선거예측을 위한 여론조사가 있고, 경제경영분야에서는 증시변화를 분석하는 것과 같은 금융자료분석, 원전폭발로 인한 방사능에 의한 피해 및 분진의 확산과 그 영향의 통계적 예측을 하는 환경통계, 지진대와 그 영향에 대한 모형을 설정하고 추정하는 자연과학에서의 통계 등이 있다. 또한 위성사진 또는 단층 촬영된 이미지에 있는 잡음을 제거하여 영상을 복원하는 공학과 신품종의 벼를 개발하기 위한 실험을 시행하고 분석하는 농학에서도 통계가 유용하게 쓰이고 있다. 최근에 마케팅, 생물정보, 유전자분석, 금융자

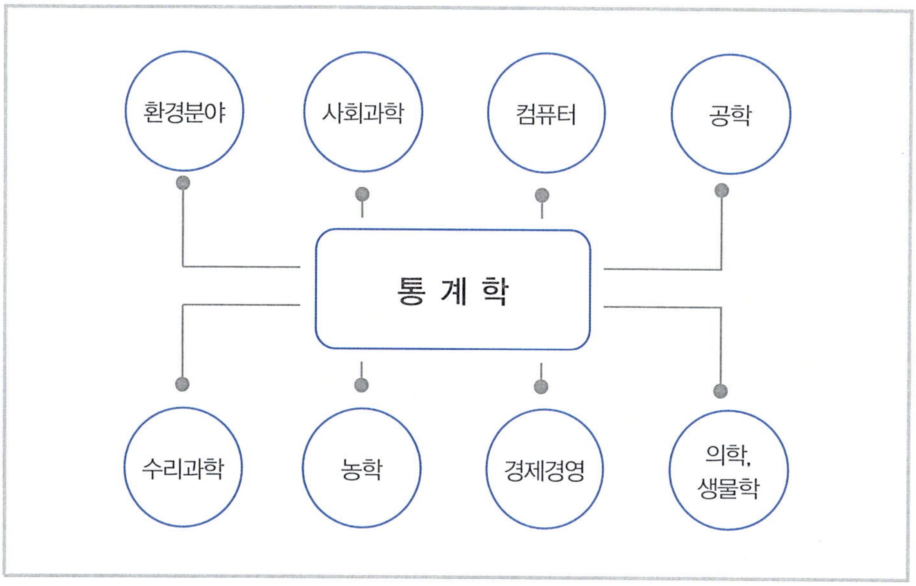

그림 1.2 통계학의 적용 연구분야

료분석, 연관성분석 등에서 많이 사용되는 데이터마이닝(data mining), 기계학습(machine learning), 텍스트마이닝(text mining) 등은 대용량의 데이터로부터 이들 데이터 내에 존재하는 관계, 패턴, 규칙 등을 탐색하고 찾아내어 모형화함으로써 유용한 정보를 추출하는 일련의 과정으로 여기에는 통계적인 기법이 핵심이 된다고 할 수 있다.

통계학은 기능적인 측면에서 크게 기술통계학과 추론통계학(또는 추측통계학)의

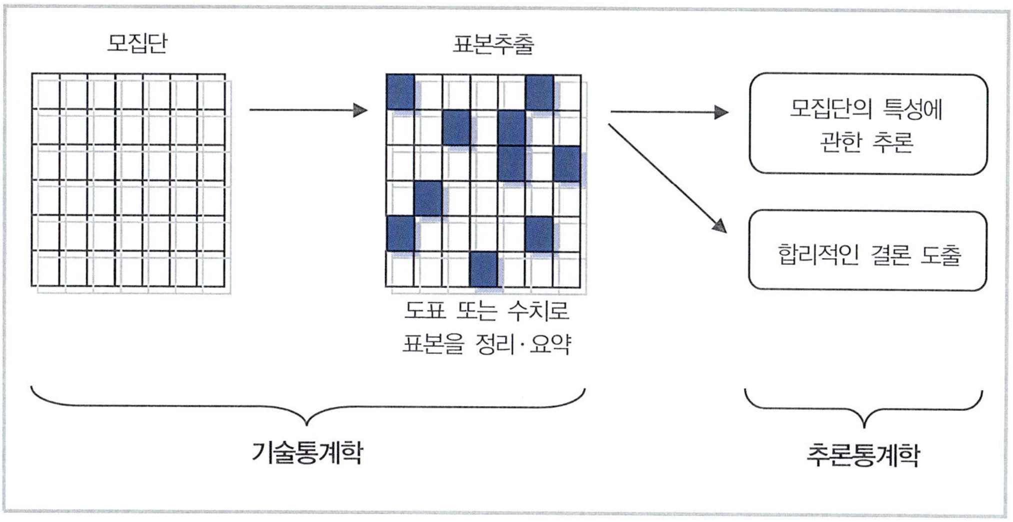

그림 1.3 기술통계학과 추론통계학

두 가지로 나누어 볼 수 있다. 자료를 수집하고 표나 그림 또는 대푯값, 변동의 크기 등을 통합하여 수집된 자료의 특성을 쉽게 파악할 수 있도록 자료를 정리, 요약하는 방법을 다루는 분야를 **기술통계학**(descriptive statistics)이라고 하고, 표본에 내포된 정보를 분석하여 모집단의 여러 가지 특성에 대하여 과학적으로 추론하는 방법을 다루는 분야를 **추론통계학**(inferential statistics) 또는 추측통계학이라고 한다. 이 중에서는 추론통계학의 분야가 이론적으로 더욱 어렵고 자료분석에 있어 핵심적인 역할을 한다고 볼 수 있다.

1.3
기초 용어 및 소프트웨어 소개

어떤 은행에서 새로운 금융상품을 개발할 때 그 상품에 대한 고객의 선호도를 미리 알 필요가 있을 것이다. 이때 모든 고객을 대상으로 선호도를 조사하는 것은 경제적인 면이나 시간적인 면에서 효율적이지 못할 것이다. 따라서 전체 고객 중 일부를 뽑아서 조사하는 것이 전체 소비자의 선호도를 파악하는 데 효율적일 것이다. 이때 관심의 대상이 되는 모든 개체의 관측값이나 측정값의 집합을 **모집단**(population)이라고 하며, 통계적 처리를 위하여 모집단에서 실제로 추출한 관측값이나 측정값의 집합을 **표본**(sample)이라고 한다. 이 표본에 기초하여 분석하며 모집단의 특성에 대해 과학적인 결론을 내리는 일련의 과정을 **통계적 추론**(statistical inference)이라고 한다.

또한 모집단은 그 크기(구성하는 원소의 수)에 따라 **유한 모집단**(finite population)과 **무한 모집단**(infinite population)으로 나눌 수 있는데, 대통령 선거에서처럼 전체 모집단(유권자)의 크기가 제한되어 있는 것을 유한 모집단이라고 하고, 공장에서 생산되는 전구의 수명에 대한 조사에서처럼 계속적으로 생겨나는 무한한 모집단의 경우를 무한 모집단이라고 한다. 일반적으로는 크기가 유한하더라도 아주 큰 모집단을 무한 모집단으로 간주하기도 한다.

조사 또는 수집된 자료를 정리하고 분석하기 위해서는 분석도구가 필요하게 되며, 이러한 경우에 사용되는 통계 소프트웨어로는 SPSS, SAS, Minitab, Excel 등이 있다. 이 중에 SPSS는 일반기업, 교육기관, 정부기관 등에서 쓰는 다양한 목적의 어플리케이션, 여론조사, 마케팅조사 등 주로 사회과학의 측면에서 사용빈도가 높고, SAS는 통계 전문가들이 선호하는 것으로 SPSS와 비슷하게 통계분석 기능을 제공하지만 원하는 기능들을 환경에 맞게 변화시켜 사용할 수 있고 성능이 워낙 방대하여학교, 금융권, 공장 등에서 많이 사용된다. Minitab은 프로그램의 부피가 크지 않으면서도 기본적인 자료분석을 가능하게 하며 미국 대학에서 통계 입문 교육을 위한 주요 패키지로 사용되고 있고, Excel은 마이크로소프트사의 대표적인 스프레드시트형 보고서 및 기초자료분석 소프트웨어로 기능은 다소 제한적이지만 크기가 작고 사용이 편리해서 일반 사회에서 많이 쓰이고 있다. 본 교재에서도 학습한 통계이론의 내용을 Excel을 이용하여 실습해 보도록 구성되어 있다. 이 밖에도 기타 통계분석용 소프트웨어 패키지 및 언어로는 S-Plus, XploRe, R, Matlab, Mathematica, Statistica, Maple 등 그 종류가 매우 다양하다고 할 수 있으며, 최근에 빅데이터 분석을 위해서는 R이 많이 사용되는 추세이다.

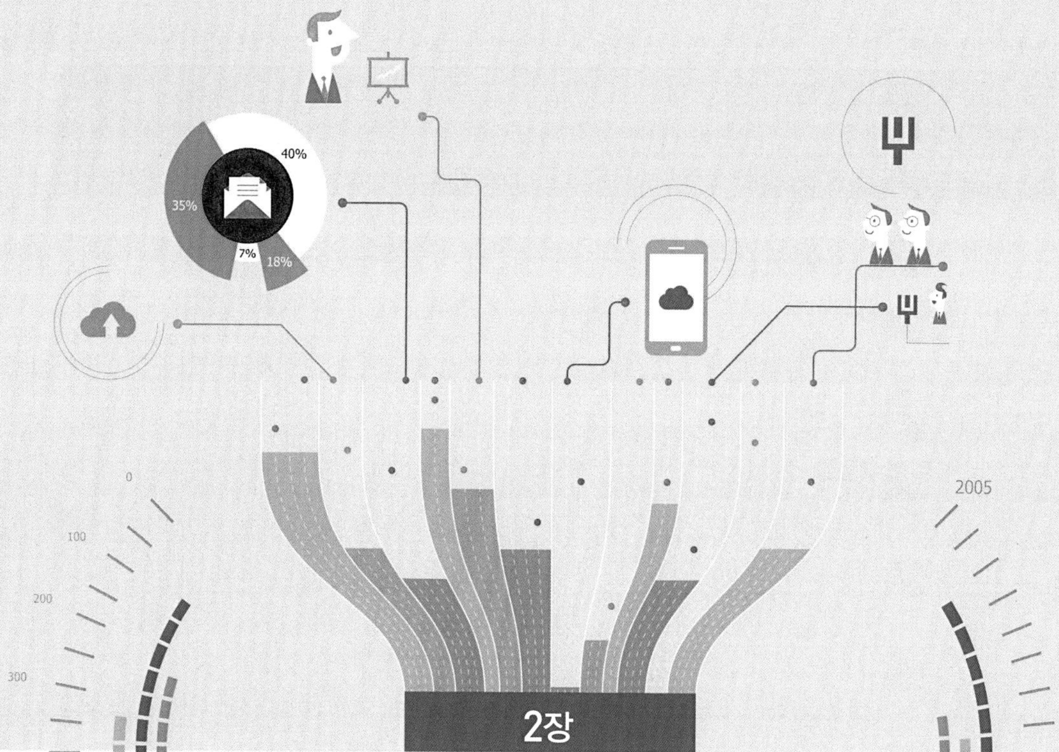

2장

도표를 이용한 자료의 요약

이 장에서는 어떤 목적을 위해 수집된 자료가 가지고 있는 정보를 그래프 혹은 표를 사용하여 요약하는 시각화 방법에 대해서 학습하고자 한다. 수집된 자료를 효과적으로 정리, 요약하기 위해서는 자료의 종류에 적합한 도표를 사용해야 한다. 이러한 도표가 때로는 수치를 이용한 경우보다 더욱 유용한 정보로 강한 인상을 주기도 하며 본격적인 자료분석 단계에 앞서 탐색적 자료분석 단계에서는 필수적이라고 할 수 있다. 더욱이 빅데이터를 이용한 데이터 시각화 방법은 그 중요성이 날로 더해지는 추세이며, 다양하고 고급 기법들이 개발되고 있다.

2.1 자료의 종류

자료에 대해 요약 또는 분석하는 방법은 그 자료의 특성에 따라 달라지게 되므로 분석하고자 하는 자료의 종류를 구분하는 것이 필요하다. 통계학에서 다루는 자료는 그 성격에 따라 크게 **질적 자료**(qualitative data)와 **양적 자료**(quantitative data)로 나눌 수 있다.

질적 자료

관측된 결과가 숫자가 아닌 몇 개의 범주 중의 하나로 분류되는 자료로서 **범주형 자료**(categorical data)라고도 한다. 예를 들면 성별(남, 여), 찬반 의견(찬성, 반대) 혈액형(A, B, O, AB형), 출신지역(서울, 경기, 강원,…), 학력(초졸, 중졸, 고졸, 대졸) 등을 들 수 있으며, 편의에 따라 숫자화할 수도 있다. 다시 말해 혈액형의 경우 A형은 1, B형은 2, O형은 3, AB형은 4와 같이 숫자로 나타낼 수도 있다. 그러나 이때의 숫자는 자료의 속성과는 무관하고 크기상의 아무런 의미도 가지지 않으며, 이들 간의 연산도 불가능하다. 다만 편의상 숫자로 구분하기로 약속한 것에 불과한 것이다.

양적 자료

관측결과 자체가 숫자로 표현되는 자료이며, 이때 숫자는 질적 자료와 달리 자료의 속성을 그대로 반영한다. 즉 숫자가 절대적 크기의 의미를 가지며 자료들 간에 산술적 연산도 가능하다. 예를 들어 키, 나이, 전구의 수명, 시험성적, 자동차 보유대수 등이 이에 해당되며, 특성에 따라 이산적인 정수 값을 취하는 **이산형 자료**(예: 자동차 보유대수)와 연속적인 실수 값을 취하는 **연속형 자료**(예: 전구의 수명)로 구분할 수 있다. 이러한 양적 자료도 필요에 따라 질적 자료의 형태로 바꿀 수 있다. 예를 들면 시험 성적에서 90~100점은 A, 80~89점은 B, 70~79점은 C, 60~69점은 D, 60점 미만은 F로 바꾸어 나타낼 수도 있는 것이다. 이와 같은 과정을 **집단화**(grouping)라고 하며, 변환된 자료를 **집단화된 자료**(grouped data)라고 한다.

변수

앞에서 언급한 성별, 찬반 의견, 혈액형, 수명, 성적 등과 같이 한 가지 이상의 관측된 자룟값을 가질 수 있는 것을 **변수**(variable)라고 한다. 즉, 해당 변수에 대하여 관측된 값들이 바로 자료가 되는 것이다. 성별과 같이 질적 자룟값을 가지는 변수를 **질적 변수**(qualitative variable)라고 하며, 키, 몸무게처럼 양적 자룟값을 가지는 변수를 **양적 변수**(quantitative variable)라고 한다. 양적 변수는 다시 전구의 수명과 같은 연속적인 값을 취할 수 있는 **연속형 변수**(continuous variable)와 자동차 사고건수와 같이 이산적인 값을 갖는 **이산형 변수**(discrete variable)로 구분될 수 있다.

2.2 자료의 도표화

주어진 자료를 도표나 그래프의 형태로 정리·요약하면 자료에 내포된 정보를 더욱 쉽고 빠르게 파악할 수 있다. 이를 이용하면 자료의 대칭 혹은 비대칭의 정도, 대부분의 자료로부터 동떨어진 **이상점**(outliers)의 유무, 그리고 상대적으로 많은 자료가 분포되어 있는 **봉우리**(mode)의 위치 등 자료의 대략적인 분포형태 및 특성 등을 파악하게 된다.

■ 질적 자료의 도표화

질적 자료의 경우에 각 관측값은 몇 개의 가능한 범주(category) 중의 하나에 속하게 된다. 각 범주에 나타나는 관측값의 개수를 그 범주의 **도수**(frequency)라고 하고, 이 도수를 자료의 전체 개수로 나눈 비율을 그 범주의 **상대도수**(relative frequency)라고 한다.

$$\text{특정 범주의 상대도수} = \frac{\text{특정 범주에 속하는 자료의 개수}}{\text{전체 자료의 개수}}$$

또한 질적 자료를 표나 그래프로 요약하는 기법으로서, 도수분포표, 원형그래프 및 막대그래프 등을 들 수 있다.

• 도수분포표(frequency table)

질적 자료의 정리에 가장 많이 이용되는 도수분포표는 관측치의 빈도뿐만 아니라, 상대도수, 누적도수, 누적상대도수 등을 구할 수 있다.

예제 2.1 모 대학교 통계학과 학생들 30명이 보유하고 있는 휴대폰의 제조사를 조사하였더니 다음과 같다. (자료는 제조사 영문 머리글자로 표기)

A, S, S, S, L, S, S, L, S, O, H, M, S, L, A,
S, O, S, L, A, H, S, S, A, O, S, A, S, S, H

이 자료를 이용하여 도수와 상대도수를 포함하는 도수분포표를 작성하여라.

풀이 작성된 도수분포표는 [표 2.1]에 있는데 상대도수를 구하는 방법은 예를 들면 다음과 같으며, 도수분포표에서 상대도수의 합은 항상 1이 되어야 한다.

S사: 14/30 = 0.467, A사: 5/30 = 0.167

[표 2.1] 휴대폰 제조사의 도수분포표

제조사	보유수 조사	도수	상대도수
S사	正正正	14	0.467
A사	正	5	0.167
L사	正	4	0.133
H사	下	3	0.100
M사	一	1	0.033
기타(O)	下	3	0.100
합계		30	1.000

☑

• **원형그래프(pie chart)**

질적 자료를 요약하기 위한 그림으로 가장 선호되는 것으로 하나의 원판을 해당되는 자료의 비율만큼씩 나누어 그 비율과 함께 나타낸 것이다. 이러한 원형그래프는 3차원 형태 또는 각 영역별로 조각(slice)난 형태 등 그 모양을 다양하게 그릴 수 있다. 다음의 예제를 통해 원형그래프를 그리는 방법을 살펴보자.

예제 2.2 [예제 2.1]의 자료를 가지고 원형그래프를 그려라.

풀이 원의 전체 각도는 360도이고, 이것을 각 제조사의 상대도수에 해당하는 비율로 나누어 하나의 원에 표시한 원형그래프는 [그림 2.1]과 같다.

S사: 360도 × 0.467 = 168.12도, L사: 360도 × 0.167 = 60.12도
T사: 360도 × 0.100 = 36도, M사: 360도 × 0.133 = 47.88도
N사: 360도 × 0.033 = 11.88도, 기타: 360도 × 0.100 = 36도

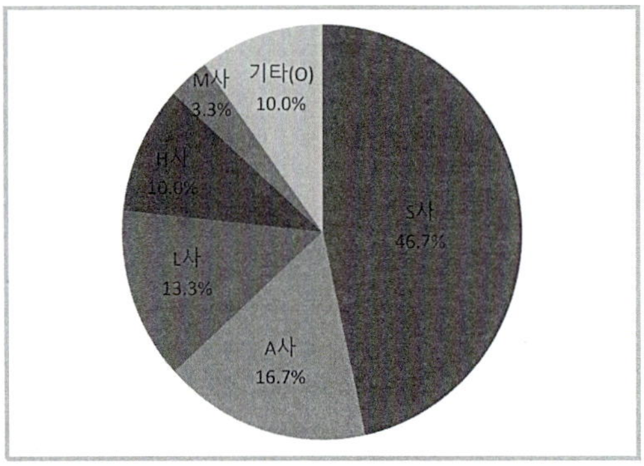

그림 2.1 휴대폰 제조사의 원형그래프

☑

• **막대그래프(bar chart)**

원형그래프의 대안으로 사용될 수 있는 그래프로 각 범주의 관측 도수(또는 상대도수)에 비례하는 막대를 수직으로 또는 수평으로 나타낸 것이다. 연속형이 아닌 질적 자료이기 때문에 막대의 폭은 임의로 정할 수 있으나 각 범주별로 다르지 않고 동일해야 한다.

예제 2.3 [예제 2.1]의 자료로 도수를 높이로 하는 수직 막대그래프를 그려라.

풀이 [예제 2.1]에서 작성한 도수분포표 [표 2.1]에서 도수를 이용하면 다음의 그래프를 그릴 수 있다.

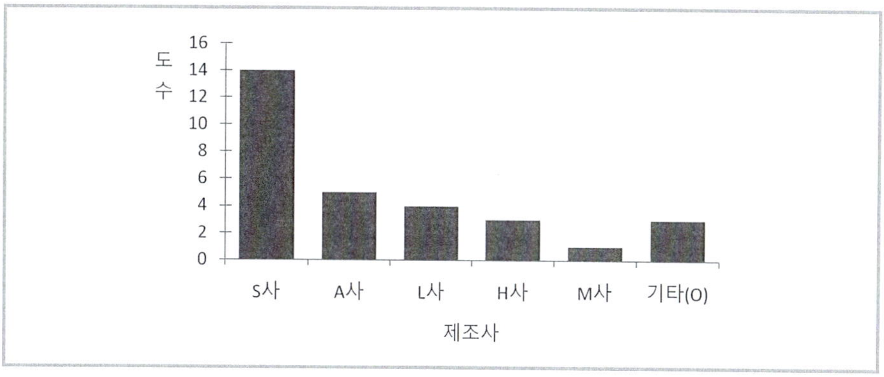

참고로, [표 2.1]의 상대도수를 막대의 높이로 하는 그래프로 그려 보면 다음과 같다.

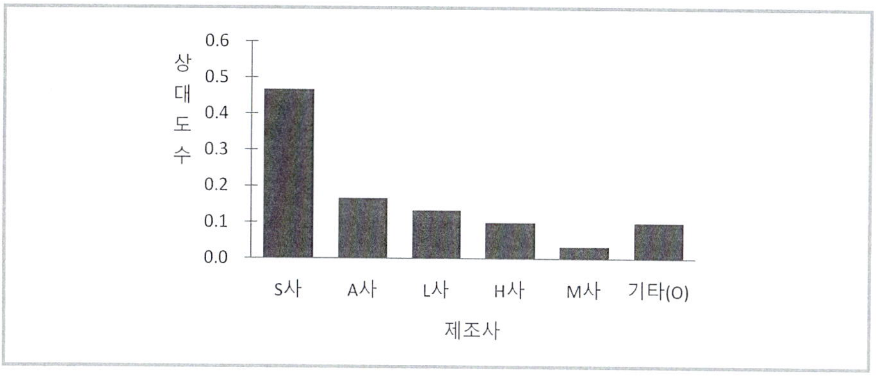

☑

양적 자료의 도표화

• **줄기-잎 그림(stem-and-leaf plot)**

유명한 통계학자인 Tukey(1915 ~ 2000)가 소개한 방법으로 양적 자료의 경우에 관측값의 범위, 분포의 모양, 집중도 등을 쉽게 알 수 있도록 자룟값을 줄기와 잎으로 나누어 표현한 그림이다.

예제 2.4 모 대학교의 통계학과 학생들 중 25명의 기초통계학 중간고사 점수가 아래와 같을 때 줄기-잎 그림을 그려라.

78, 94, 56, 75, 15, 35, 48, 47, 87, 60, 45, 75, 80,
85, 92, 74, 45, 24, 36, 20, 47, 50, 57, 61, 40

풀이 주어진 자료에 기초하여 줄기를 10단위, 잎을 1단위로 하여 줄기-잎 그림을 그리면 다음과 같다.

줄기	잎	순서화된 잎
1	5	5
2	4 0	0 4
3	5 6	5 6
4	8 7 5 5 7 0	0 5 5 7 7 8
5	6 0 7	0 6 7
6	0 1	0 1
7	8 5 5 4	4 5 5 8
8	7 0 5	0 5 7
9	4 2	2 4

☑

[예제 2.4]에서 순서화된 잎은 각 잎에 속하는 값들을 크기순으로 재배열한 것이다. 이러한 줄기-잎 그림은 각 줄기에 속하는 자료의 관측도수까지 고려한다면 특정 자료가 전체에서 어느 정도 위치에 자리 잡는지도 파악할 수 있다. 그러나 자료의 개수가 많은 경우에는 간단히 그려 보기 힘들며, 줄기의 수에 따라 분포 형태가 달라질 수 있는데 이를 결정하는 사항에도 특별한 규칙이 없는 점 등은 단점으로 지적되고 있다. 예를 들어 앞의 예제에서 줄기를 10단위가 아닌 5단위로 정할 수도 있다. 참고로, 줄기-잎 그림에서 파악하기 힘든 자료의 분포에 대한 추가적인 정보는 상자그림(box plot)을 이용하면 일부 해결할 수 있다. 상자그림을 그리기 위해서는 다음 장에서 소개될 수치들이 필요하기 때문에 여기서는 생략하기로 한다.

• **도수분포표(freguency table)**

조사된 관측값을 적당한 크기의 구간으로 나누어 각 구간별로 관측된 도수를 해당 구간과 함께 나타낸 표를 말한다. 이때 각 구간을 계급(class)이라고 하며, 이 구간의 개수를 계급수, 구간의 폭을 계급의 크기, 이 구간을 대표하는 값으로서 계급의 중앙값을 계급값이라고 한다. 계급수의 선택은 일부 주관적일 수 있지만, 자료의 수가 n 개일 때 근사적인 계급수 K 의 선택은 다음과 같은 Sturge의 공식

$$K = 1 + 3.3 \times \log_{10} n$$

을 이용해 구해질 수도 있다. 이 식에 기초해서 도수분포표를 만들 때, 자료의 수에 따른 근사적인 계급의 수는 [표 2.2]에 주어져 있다.

[표 2.2] 도수분포표 작성에서 적절한 계급수

관측값의 개수(n)	추천 계급수(K)
50 미만	5 – 7
50 – 200	7 – 9
200 – 500	9 – 10
500 – 1000	10 – 11
1000 – 5000	11 – 13
5000 – 50,000	13 – 17
50,000 초과	17 – 20

도수분포표를 작성하기 위한 일반적인 절차는 다음과 같다.

1. 주어진 자료의 수로부터 적절한 계급수를 선택한다.
2. 자료의 최댓값, 최솟값과 계급수에 기초하여 계급의 크기를 정한다. 여기서 계급의 크기는 {(자료의 최댓값 – 자료의 최솟값) / 계급수} 값을 자료의 최소단위에 맞도록 올림한 결과를 쓴다. 올림하는 이유는 반올림해서 마지막 자리가 버려졌을 경우 자료의 최댓값이 마지막 계급에 포함되지 않는 경우를 방지하기 위해서이다.
3. 첫 번째 계급의 왼쪽(하측) 경계를 (자료의 최솟값 – 자료의 단위 /2)로 정한다. 이는 어떠한 자룟값도 계급간의 경계점에 놓이지 않게 하기 위해서이다.
4. 3에서 구해진 값에 2에서 구한 계급의 크기를 더해 가면서 각 계급을 정한다.
5. 각 계급에 속하는 관측값의 개수를 세어 도수를 구한다.
6. 5에서 구한 도수를 전체 관측값의 개수로 나누어 상대도수를 구한다.

위의 방법은 일반적인 것이며, 특수한 목적이 있는 상황이거나 자룟값의 특성이 허락한다면 계급의 크기나 경계는 임의로 정해질 수도 있다. 다만 자룟값이 계급의 경계와 겹치는 경우는 피해야 한다. 앞의 일반적인 절차에 의한 도수분포표를 작성하는 예를 살펴보자.

예제 2.5 [예제 2.4]의 자료로부터 도수, 상대도수, 누적상대도수를 포함하는 도수분포표를 작성하여라.

풀이 다음의 순서대로 도수분포표를 작성하면 [표 2.3]과 같다.

① 먼저 자료의 수가 25개이므로 적절한 계급의 수를 5개로 선택.

② (최댓값 − 최솟값) / 계급수 = (94−15) / 5 = 15.8이므로 계급의 크기는 올림한 16으로 함.

③ 첫 번째 계급의 왼쪽(하측) 경계는 15 − 1/2 = 14.5

④ 첫 번째 계급은 14.5 ~ 30.5, 두 번째 계급은 30.5 ~ 46.5 등 각 계급을 정함.

⑤ 해당 계급에 속하는 관측도수와 상대도수를 계산하여 넣음.

[표 2.3] 기초통계학 성적의 도수분포표

계급	도수	상대도수	누적상대도수
14.5 ~ 30.5	3	0.12	0.12
30.5 ~ 46.5	5	0.20	0.32
46.5 ~ 62.5	8	0.32	0.64
62.5 ~ 78.5	4	0.16	0.80
78.5 ~ 94.5	5	0.20	1.00
계	25	1.00	

☑

- **히스토그램(histogram)**

양적 자료를 그림으로 요약하는 방법 중의 대표적인 것으로 그 역할은 줄기-잎 그림과 비슷하며, 앞에서 작성된 도수분포표에 기초하여 작성할 수 있다. 히스토그램은 도수분포표에서 해당되는 계급의 상대도수를 높이로 하는 막대로 분포의 형태를 나타낸 그림이다. 이러한 히스토그램은 경우에 따라서 수평, 또는 수직축을 기준으로 나타낼 수 있다. 또한 필요에 따라서는 각 계급마다 구간의 크기를 다르게 하는 등 여러 가지 형태로 그리는 것이 자료의 분포 형태를 보다 정확하게 파악하는 데 도움이 된다.

예제 2.6 앞의 [예제 2.5]에서 작성한 도수분포표를 이용하여 히스토그램을 그려 보면 [그림 2.2]와 같다.

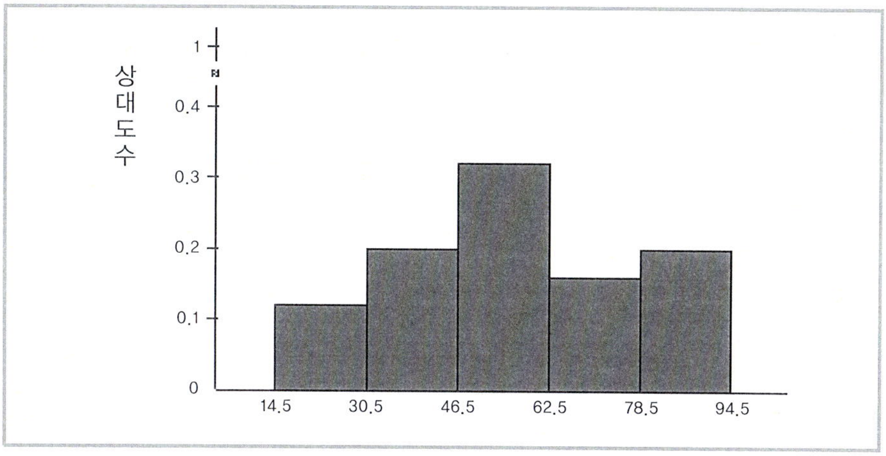

그림 2.2 기초통계학 성적의 히스토그램

• **상대도수 다각형(relative frequency polygon)**

상대도수 다각형은 히스토그램에서 각 계급구간의 막대의 위쪽 끝의 중앙을 연결하여 그린다. 상대도수 다각형은 히스토그램과 겹쳐 그릴 수도 있고 따로 그릴 수도 있다. 상대도수 다각형을 이용하면 자료의 집중된 정도, 봉우리의 수, 꼬리 부분의 두터운 정도 등 분포 형태를 쉽게 파악할 수 있다. 또한 이것은 6장에서 다루게 될 확률밀도함수와 관련하여 추정 문제에서 중요한 역할을 한다. [그림 2.3]은 [그림 2.2]에 기초한 상대도수 다각형을 나타낸 것이다.

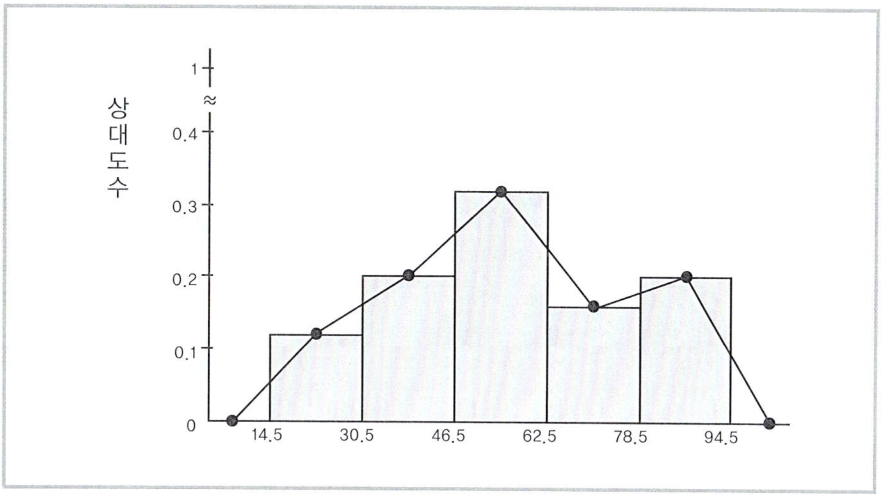

그림 2.3 기초통계학 성적의 상대도수 다각형

2.3
자료의 분포 형태

우리는 종종 자료의 분포 형태에 대해 서술해야 할 필요가 있는 경우가 있다. 이를 위하여 [그림 2.4]에서 [그림 2.7]까지의 히스토그램에서 나타나는 특성들에 대해 살펴보자.

■ **대칭(symmetry)**

다음 [그림 2.4]의 히스토그램들은 모두 대칭인 분포 형태를 보이고 있다. 특별히 (c)의 경우에는 균등형(uniform) 분포 형태라고도 한다.

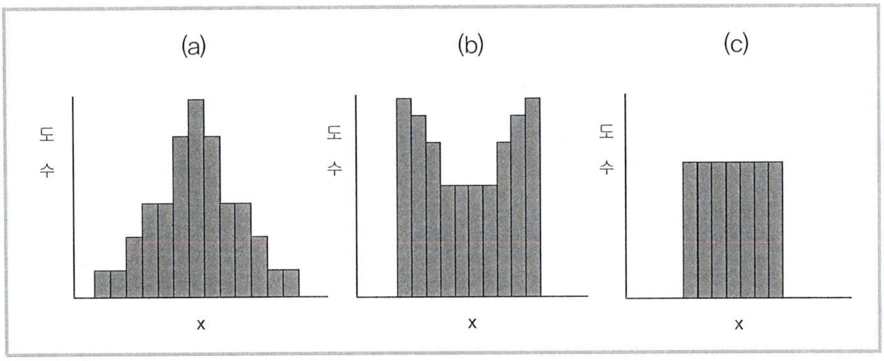

그림 2.4 대칭인 히스토그램

■ **치우침(skewness)**

치우친 히스토그램은 오른쪽 또는 왼쪽으로 꼬리가 긴 분포 형태를 보인다. [그림 2.5]에서 (a)는 오른쪽으로 꼬리가 긴 형태(skewed to the right)의 분포 모양이며, 양의 치우침(positively skewed)을 갖는다고 한다. 반면에 (b)는 왼쪽으로 꼬리가 긴 형태(skewed to the left)의 분포 모양이며, 음의 치우침(negatively skewed)을 갖는다고 한다.

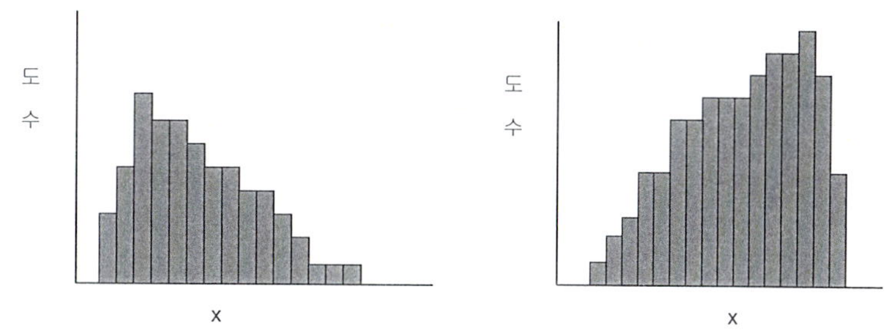

(a) 양의 치우침(오른쪽으로 꼬리가 길) (b) 음의 치우침(왼쪽으로 꼬리가 길)

그림 2.5 치우친 히스토그램

■ 봉우리의 개수(number of mode)

히스토그램에서 봉우리로 보이는 것의 개수가 몇 개인지에 기초하여 그 형태를 서술하는 것이다. 대표적으로 [그림 2.6]에서 제시된 히스토그램은 봉우리가 두 개인 이봉형(bimodal) 분포 형태를 보이고 있다.

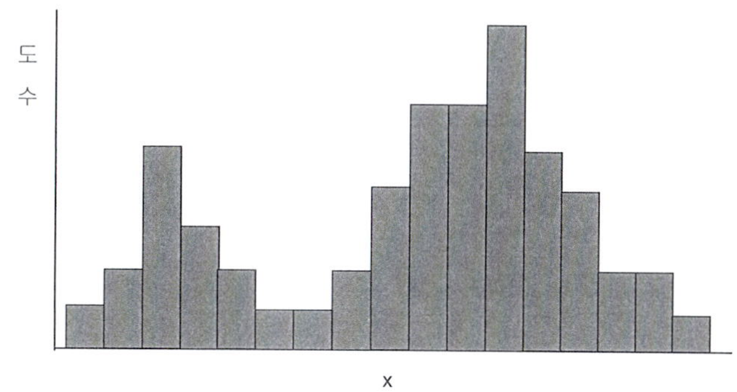

그림 2.6 이봉형 히스토그램

■ 종형(bell-shaped)

앞으로 배우게 되는 여러 방법론에서는 모집단의 분포 형태가 [그림 2.7]처럼 종형이길 요구한다. 통계학에서 다루는 가장 중요하고 대표적인 것으로 정규분포(normal distribution)가 이에 속하는데, 자세한 사항은 6장에서 다루기로 한다.

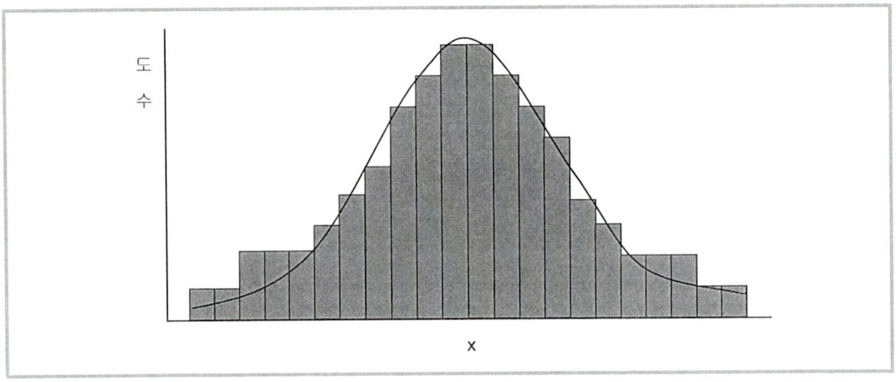

그림 2.7 종형 히스토그램

2.4 엑셀을 이용한 실습

이 절에서는 본문에서 학습한 내용들을 엑셀에서 활용하는 방법을 살펴보고 예제를 이용하여 확인해 보자.

엑셀에서 제공하는 그래프의 종류

• 세로막대형

수평축 위에 각 특성값의 위치를 잡고 그 위로 막대를 그리는데, 막대의 높이는 도수(또는 상대도수)에 의해 정해진다.

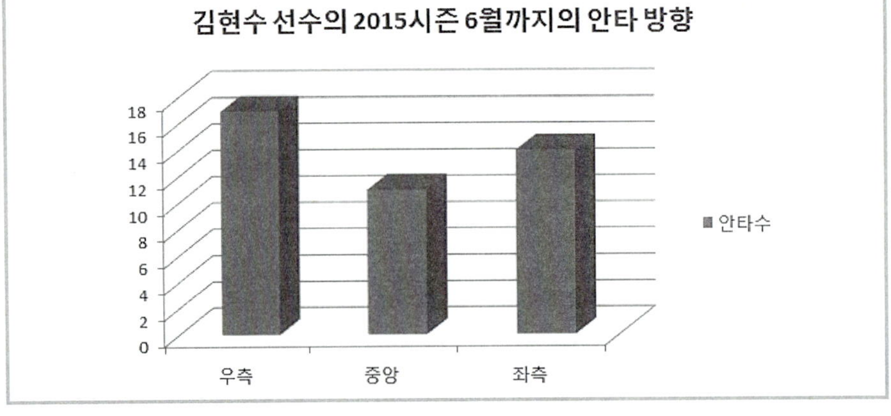

• 꺾은선형

일정 기간 동안의 데이터 추세나 변화를 나타낸다. 기간의 간격이 일정하지 않거나 기간 구분이 없는 데이터의 추세나 변화를 효과적으로 나타내려면 꺾은선형보다는 다음에 소개되는 분산형이 더 적합하다.

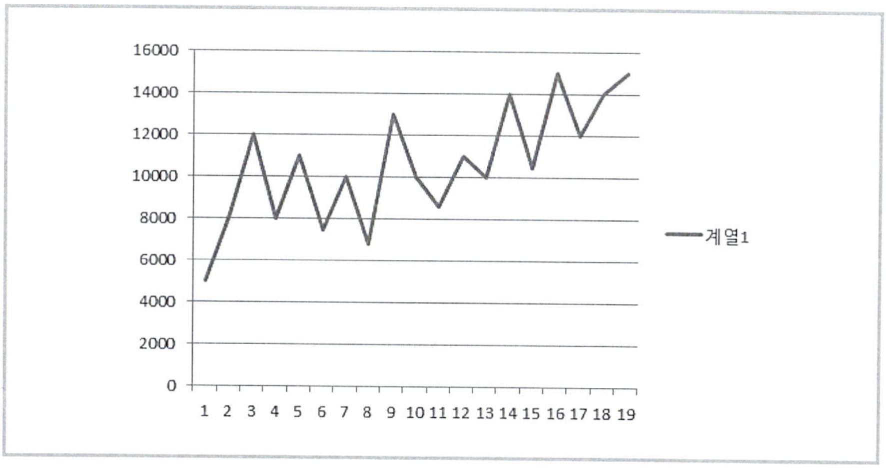

• 분산형

이차원 자료에 대하여 좌표가 (특성1의 값, 특성2의 값)인 점을 좌표평면 위에 찍은 것이다. 이 책의 후반부 추론 부분에서 배우게 될 상관분석이나 회귀분석을 위해서 사용된다. 아래 그림은 중간고사(mid)와 기말고사(final)의 관측값을 좌표평면에 나타낸 것이다.

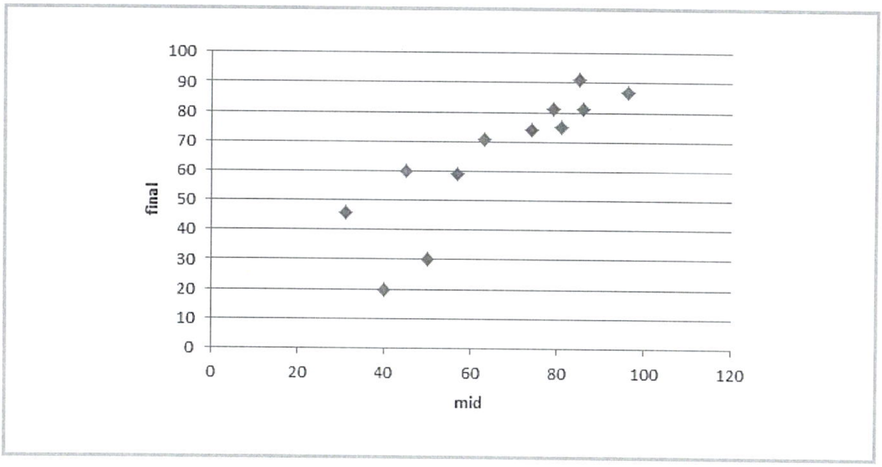

• 원형
먼저 원을 그리고 원을 부채꼴 모양으로 나누는데, 각 부채꼴의 넓이(또는 중심각의 크기)가 상대도수(또는 도수)에 비례하게 나눈 것이다. 다음은 앞의 김현수 선수의 안타 방향에 대한 자료를 3차원 원형그래프로 나타낸 것이다.

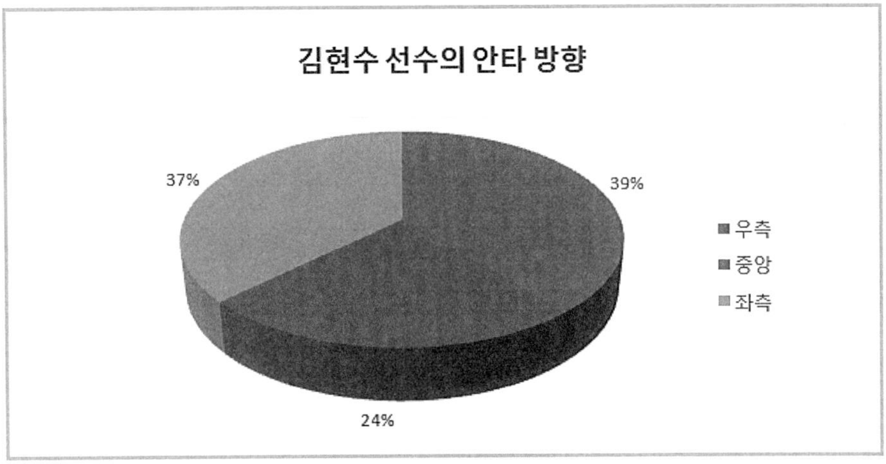

• 혼합형
두 개의 차트형이 합쳐진 것으로 두 개의 Y축을 가질 수도 있다.

• 3차원 세로막대형
2차원 좌표평면에 표시하는 방법과 3차원 공간에 표시하는 두 가지 방법이 있다.

• 3차원 표면형
3차원 세로막대형 위에 고무로 된 시트를 얹어놓은 것처럼 보인다. 3차원 표면형은 함수의 최솟값 또는 최댓값을 찾을 때 유용하다. 또한 자료의 양이 많을수록 유용하다.

• 기타
엑셀 2016버전에서는 이 밖에도 다양한 형태의 차트를 그릴 수 있는 도구를 제공하고 있다. 가능한 새 차트를 모두 보려면 차트 그룹에서 추천 차트, 모든 차트로 들어가면 확인할 수 있다. 예를 들어, 트리맵, 선버스트 차트, 폭포 차트, 상자 수염 그림 등이 있다.

■ 차트 마법사를 이용한 막대그래프 그리기

예제 2.7 다음의 자료는 어느 대학의 통계학과 학생 118명을 대상으로 아이돌 그룹 선호도에 대한 조사를 한 결과이다. 이 자료로 막대그래프를 그려라.

통계학과 학생들의 연예인 선호도 조사

연예인	남학생	여학생
여자친구	15	5
EXID	12	9
비투비	1	19
레드벨벳	2	9
방탄소년단	9	11
기타	15	11
합계	54	64

풀이 ① 자료의 입력

엑셀을 실행하고 워크시트에 다음과 같이 자료를 입력한 후 자료를 마우스로 다음과 같이 지정한다.

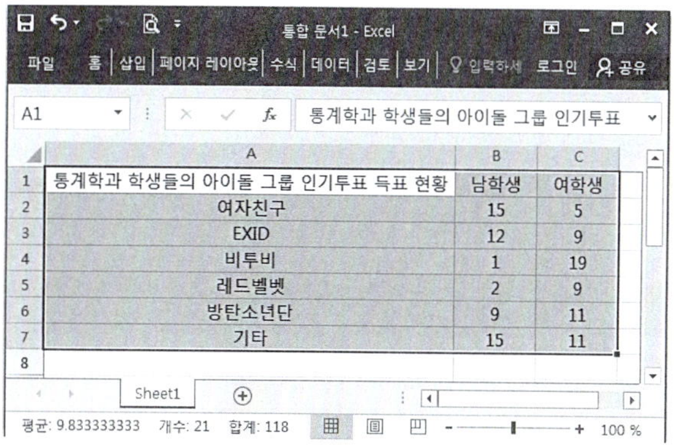

② 차트종류의 선택

[삽입] 탭의 [차트] 그룹에 있는 세로 막대형 아이콘을 클릭 후 펼쳐지는 목록에서 필요한 차트를 선택한다.

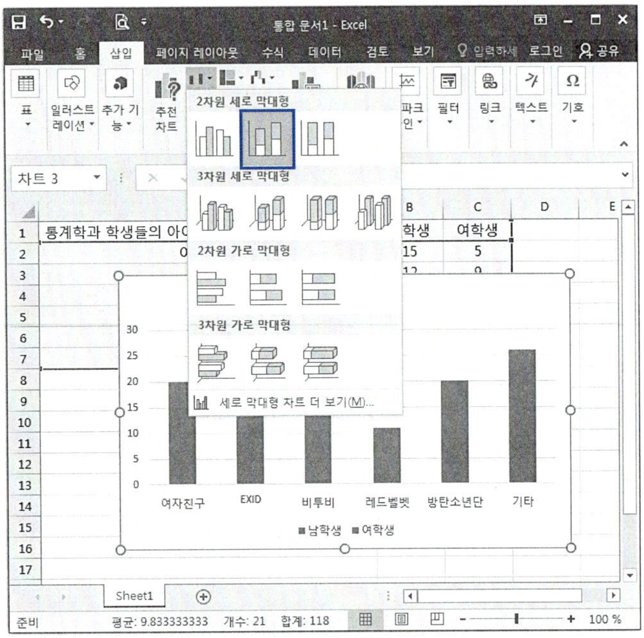

여기서는 남녀별로 선호 빈도를 합한 그래프를 보기 위해 누적세로막대형 차트를 선택한다. 이는 기준항목별로 교차된 항목의 합이 더해진 전체 누적값의 그래프를 표시한다. 항목별로는 색깔로 구분하게 된다.

다음의 그림과 같이 메뉴에 차트를 선택하면 [디자인], [서식]이라는 2개의 차트 도구모음이 생기면서 차트가 삽입되는 것을 볼 수 있다.

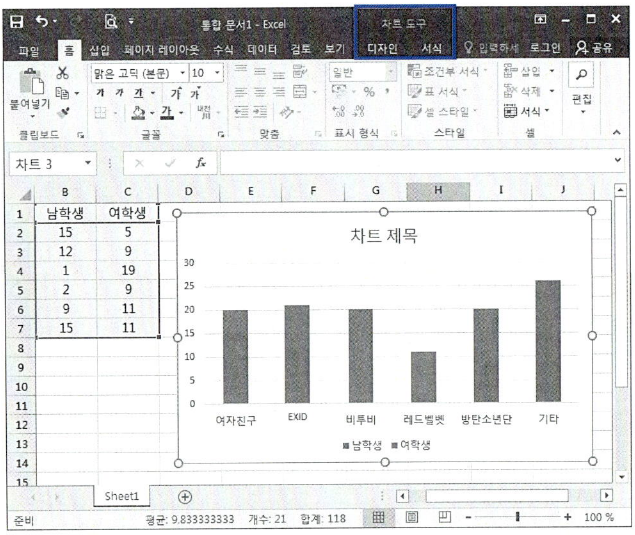

③ 데이터 범위의 선택

삽입된 차트의 행과 열을 변경하려면 차트 도구 [디자인] 탭에서 [행/열 전환]을 클릭하여 손쉽게 행과 열을 변경할 수 있다. 삽입된 차트의 데이터 범위를 변경하려면 [차트 도구]-[디자인] 탭-[데이터]에서 '데이터 선택' 도구를 클릭하면 아래와 같은 대화상자가 나오는데 오른쪽 원으로 표시된 부분의 [입력] 버튼을 클릭한 뒤에 워크시트의 데이터 셀을 마우스를 이용해 선택해 준 다음, 다시 [입력] 버튼을 클릭하면 원래의 마법사 대화상자로 돌아온다. 남자만 또는 여자만 보고 싶으면 해당되는 데이터 범위만 지정하면 된다. 자료의 항목분류 기준은 열(아이돌 그룹)을 기준으로 한다.

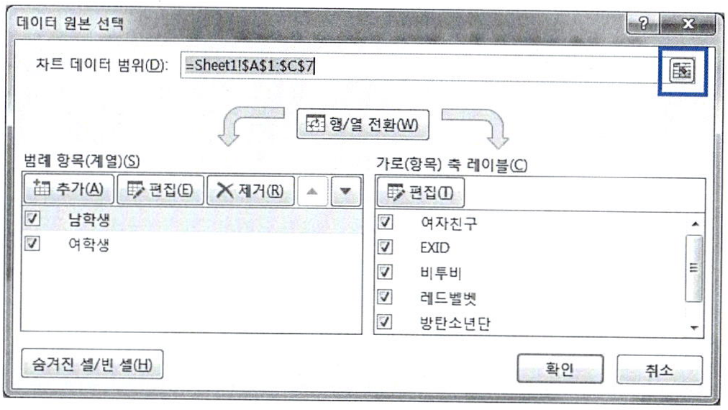

④ 차트 제목, 축 제목, 데이터 표, 데이터 레이블 추가하기

차트에 차트 제목, 축 제목, 데이터 표, 데이터 레이블 등을 추가하려면 차트 도구의 [디자인]에서 해당되는 도구모음을 클릭해서 선택·추가할 수 있다.

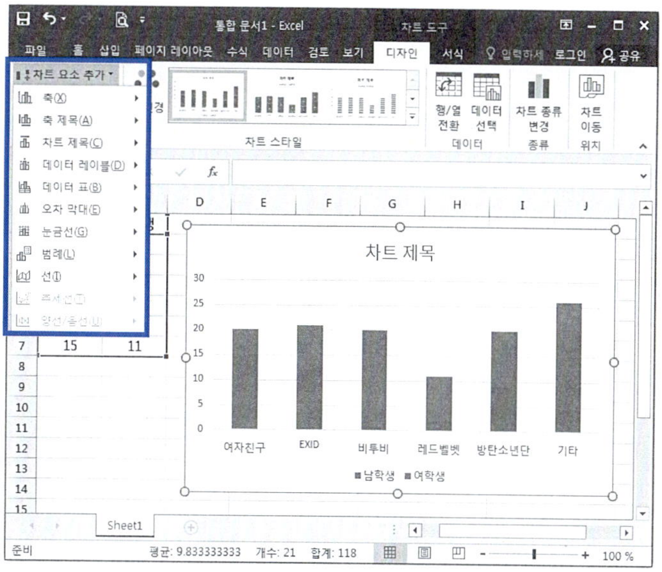

차트 제목, 축 제목, 데이터 표, 데이터 레이블을 추가하여 차트를 그려 보면, 아래와 같은 차트를 얻을 수 있고 차트와 축의 제목을 입력하기 위해 '차트 제목'이라는 문구를 두 번 클릭하여 원하는 제목을 입력한다.

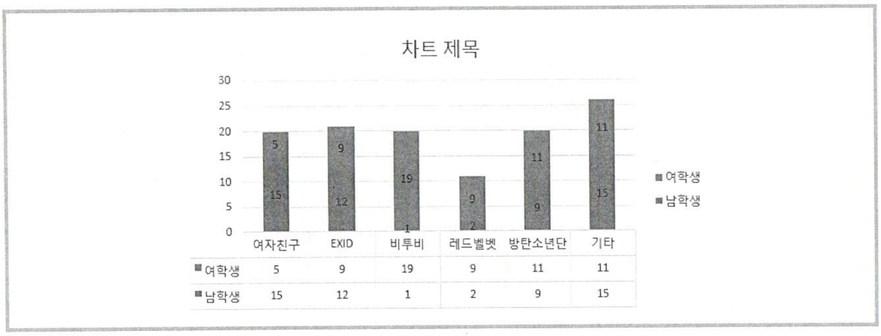

⑤ 출력위치의 변경

차트를 원하는 시트로 이동시키고 싶은 경우 차트 도구모음에서 [디자인] 탭의 [차트 이동]을 선택한다.

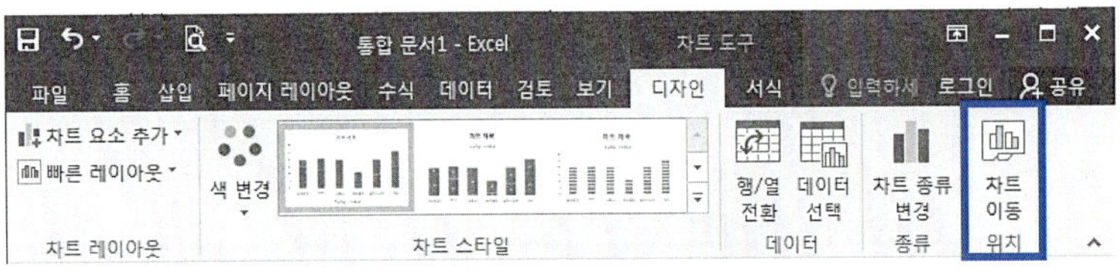

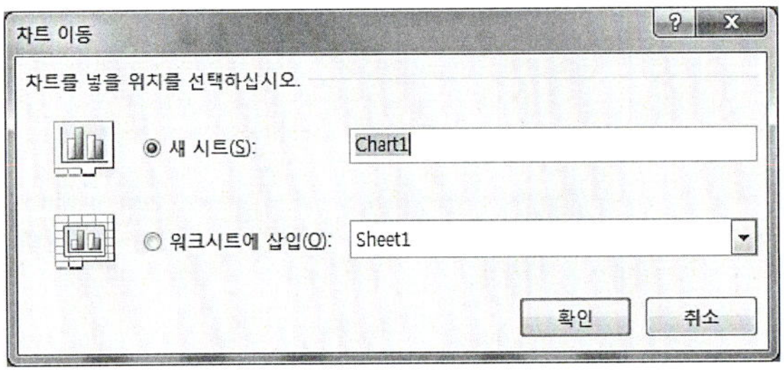

⑥ 출력결과

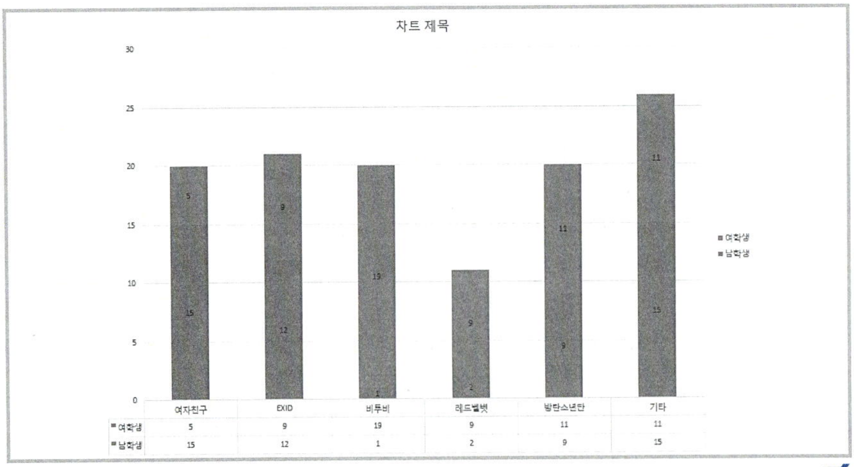

■ 차트 마법사를 이용한 원형그래프 그리기

예제 2.8 [예제 2.7]의 자료로 원형그래프를 그려 보자.

풀이 ① 앞의 막대그래프 그리기에서 ①처럼 자료를 드래그한다.

② [삽입] 탭의 [차트] 그룹에 있는 원형 아이콘을 클릭 후 펼쳐지는 목록에서 필요한 차트를 선택한다. 평면, 3차원 또는 조각난 형태 등이 선택 가능하다.

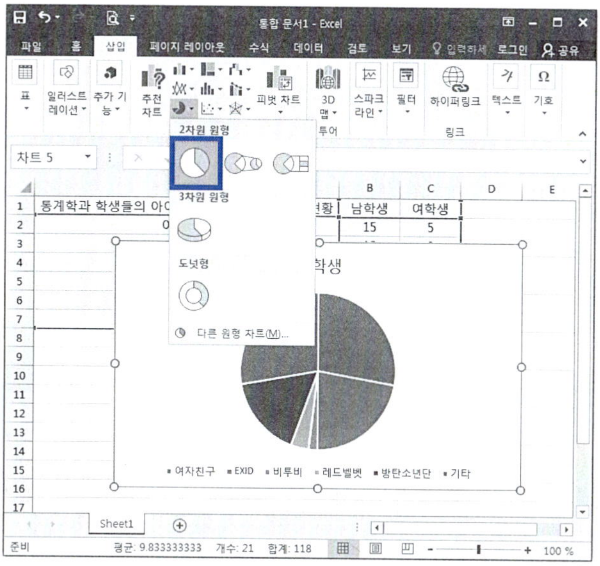

2차원 원형 그래프를 선택해서 그려 보면 세로 막대형에서와 같이 차트 도구모음이 생기면서 원형 차트가 그려진다.

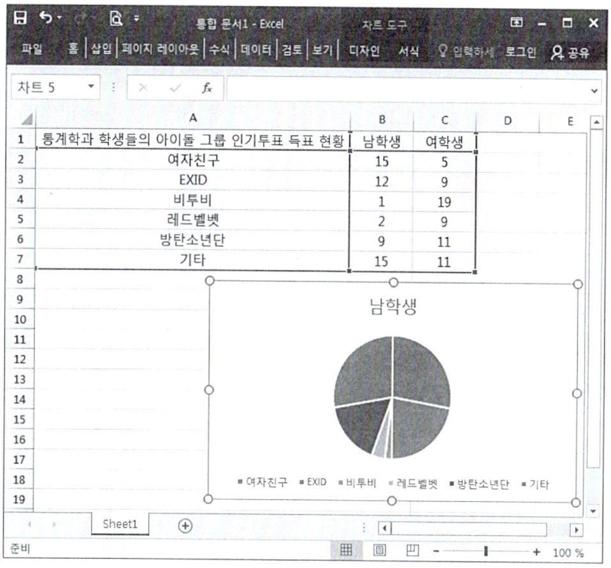

③ 차트 도구모음에서 [디자인]에서 [데이터 선택]을 클릭하여 어떤 기준변수로 그릴 것인지를 결정한다. 여자 변수를 기준으로 하고 싶으면 '남'을 제거하거나 '여'를 위로 이동시키면 된다.

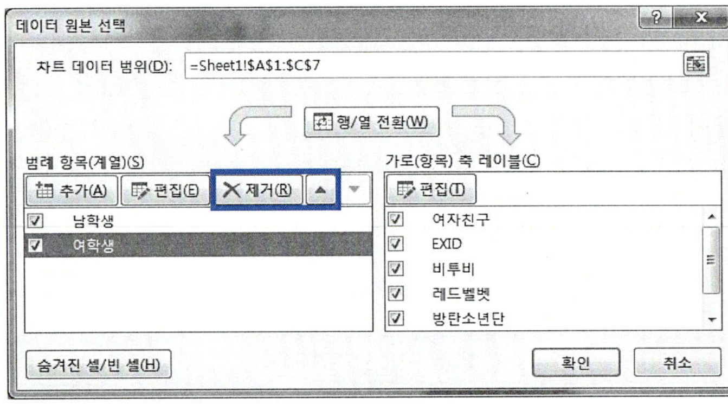

④ 끝으로 원형 그래프에 나타내고 싶은 항목을 선택한다.

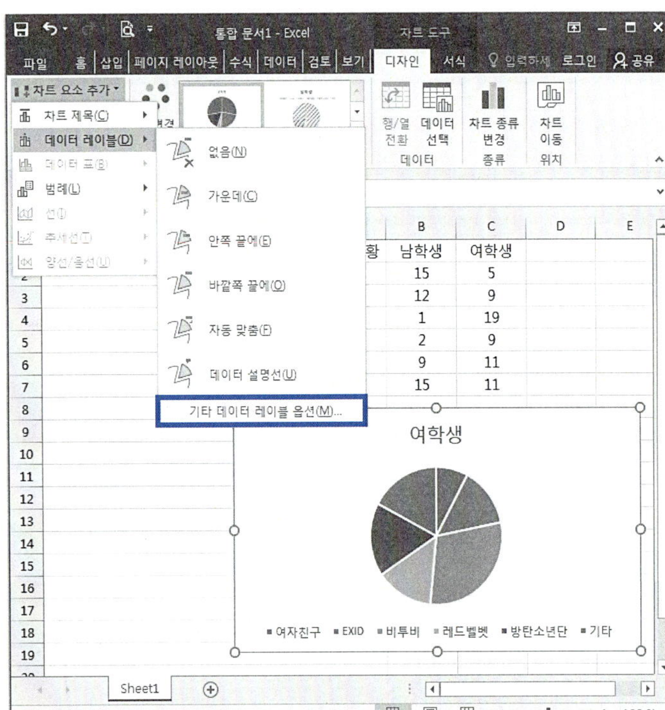

차트 도구의 [디자인] 탭에서 [데이터 레이블]을 클릭하여 펼쳐지는 항목에서 기타 데이터 레이블 옵션을 클릭하면 아래와 같은 데이터 레이블 서식으로 들어갈 수 있다.

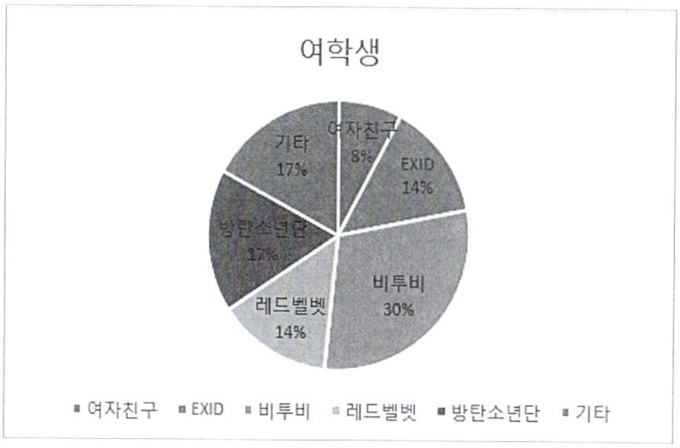

여기서는 항목 이름과 백분율을 선택하였다. ☑

■ 예제를 이용한 양적 자료의 도표화

예제 2.9 다음의 자료는 한국외국어대학교 여름 방학 영어 캠프에 참가한 초등학생들 중 30명의 키와 몸무게를 조사한 것이다. 자료를 이용하여 몸무게에 대한 도수분포표와 히스토그램을 그려 보자.

번호	키(cm)	몸무게(kg)	성별(남:1, 여:2)	번호	키(cm)	몸무게(kg)	성별(남:1, 여:2)
1	135	26	1	**16**	133	31	1
2	146	33	2	**17**	149	34	1
3	153	54	1	**18**	141	32	2
4	154	32	2	**19**	164	47	1
5	139	25	1	**20**	146	37	2
6	131	44	1	**21**	149	46	1
7	149	44	2	**22**	147	36	2
8	137	31	1	**23**	152	47	2
9	143	36	1	**24**	140	33	1
10	146	35	1	**25**	143	42	2
11	141	28	2	**26**	148	32	1
12	136	28	2	**27**	149	32	1
13	154	36	1	**28**	141	29	2
14	151	48	1	**29**	137	34	2
15	155	36	1	**30**	135	30	2

풀이 ① 아래와 같이 표의 자룟값을 엑셀의 워크시트에 입력한다. 이때 편의상 남자는 1, 여자는 2의 숫자로 입력한다.

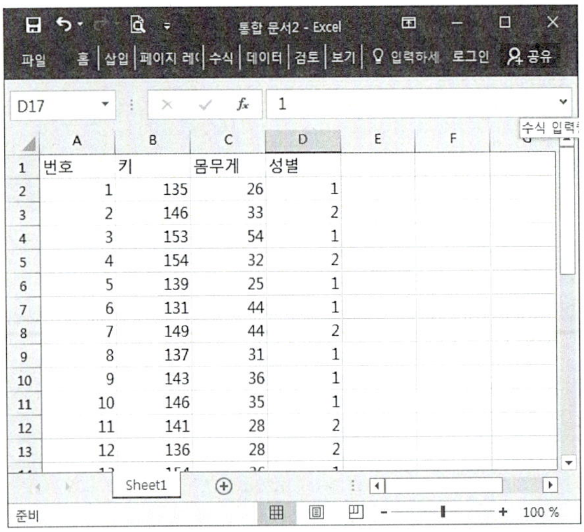

② 먼저 본문에서 배운 구간의 폭을 사용자가 정해 주는 방법을 사용하지 않고 엑셀에서 임의로 설정하는 구간의 폭을 사용하여 실행해 보도록 하자. 위와 같이 자료의 입력을 마친 후 [데이터] 탭–[데이터]–'데이터 분석' 도구에서 '히스토그램'을 선택한다. '데이터 분석' 도구가 없다면 새로 설치하여 사용하면 된다. 설치방법은 부록 A2.5 데이터 분석 도구 추가 부분에 자세하게 설명되어 있다.

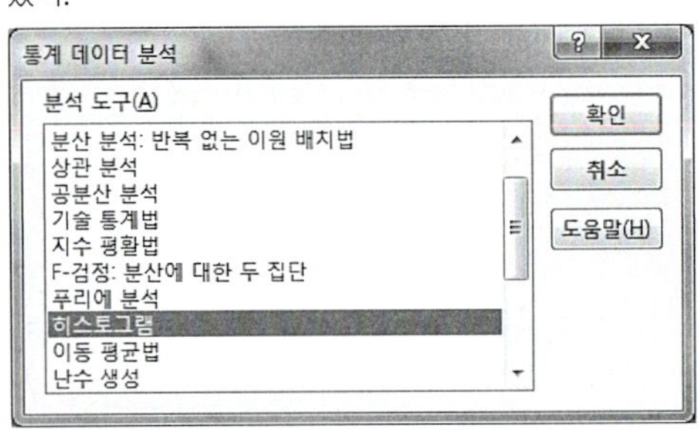

③ 히스토그램을 선택하면 다음과 같은 대화상자가 나타난다.

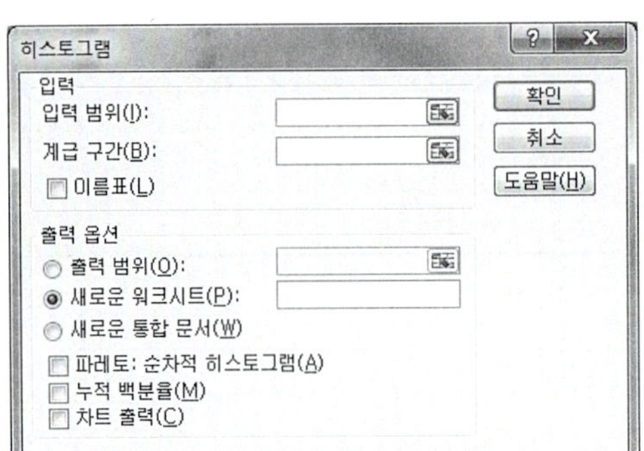

④ 입력 범위에 영어 캠프에 참가한 학생들의 몸무게 자료가 입력된 범위를 선택하고 계급구간은 지정하지 않는다. 대화상자의 출력 옵션 중 차트출력을 선택한다. 참고로 누적백분율 옵션은 도수분포표에 누적백분율을 계산하여 출력하고, 파레토 옵션은 빈도수가 높은 계급부터 내림차순으로 정렬하여 출력해 준다. 차트출력과 새로운 워크시트 출력 옵션을 선택하여 결과를 확인해 보자.

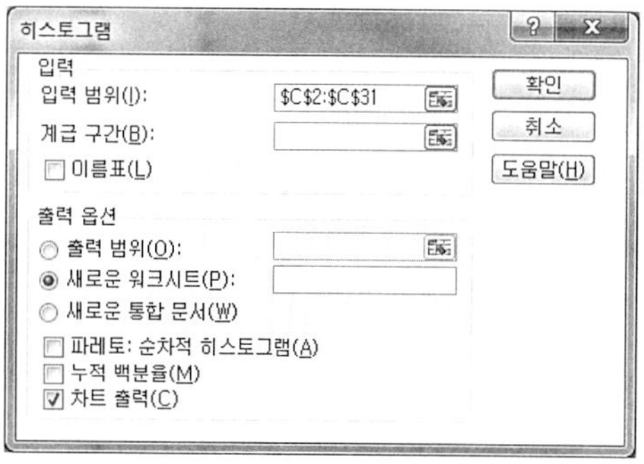

⑤ 아래의 출력된 히스토그램을 보면 마치 질적 자료의 경우처럼 구간별로 막대가 떨어져 있는 것을 볼 수 있는데, 이는 연속형 자료를 나타내는 것으로 적당하지 않다. 막대 그림을 클릭한 후 마우스 오른쪽 버튼을 클릭하면 데이터 계열 서식의 옵션이 나오는데 간격 너비를 0%로 조정하면 일반적으로 볼 수 있는 연속형 자료에서의 히스토그램 형태를 얻을 수 있다.

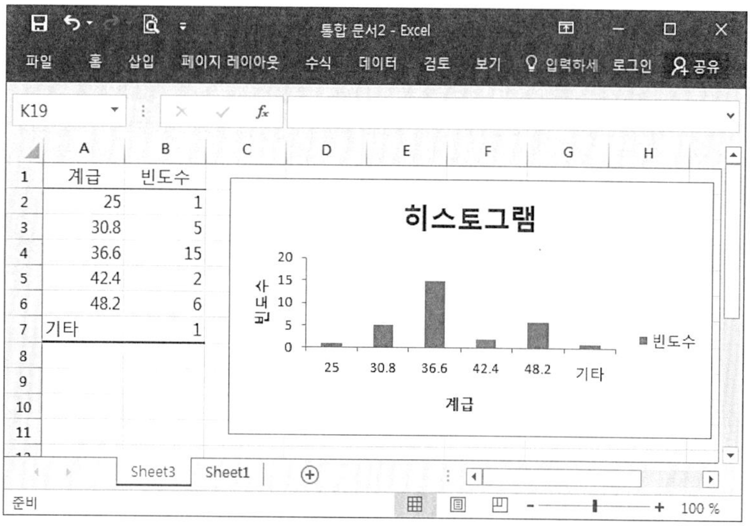

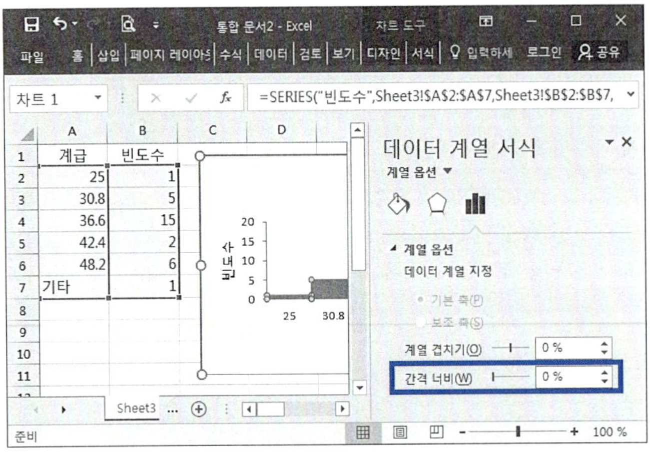

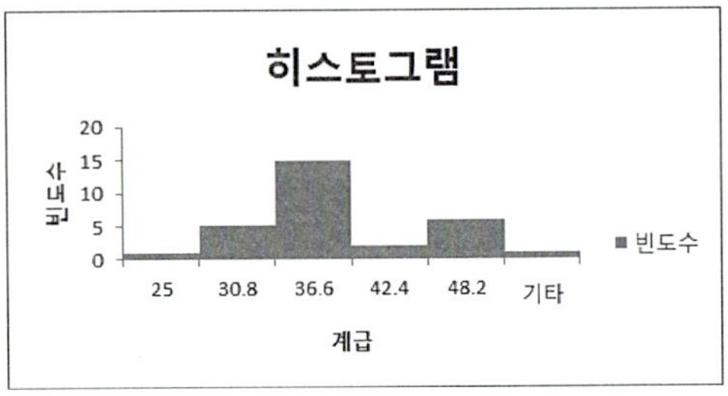

⑥ 앞의 결과는 사용자가 본문에 나오는 도수분포표의 구간을 나누는 공식을 사용하지 않고 엑셀에서 제공하는 기본 값을 가지고 수행한 것이다. 지금부터는 사용자가 계급의 구간을 정의하여 도수분포표와 히스토그램을 그린 결과를 살펴보도록 하겠다.

⑦ 자료의 수가 30이므로 적절한 계급의 수를 6으로 하자. 계급의 크기는 본문에서 다루어진 바에 의하면 4.8이 나오는데 5를 사용하기로 한다. 첫 번째 계급의 왼쪽 경계의 값은 25−1/2 = 24.5, 오른쪽 경계의 값은 29.5가 된다. F열에 계급의 오른쪽 경곗값을 넣어주고, 열 이름을 계급구간이라고 하였다. 아울러 각 계급의 의미도 함께 시트에 입력하였다.

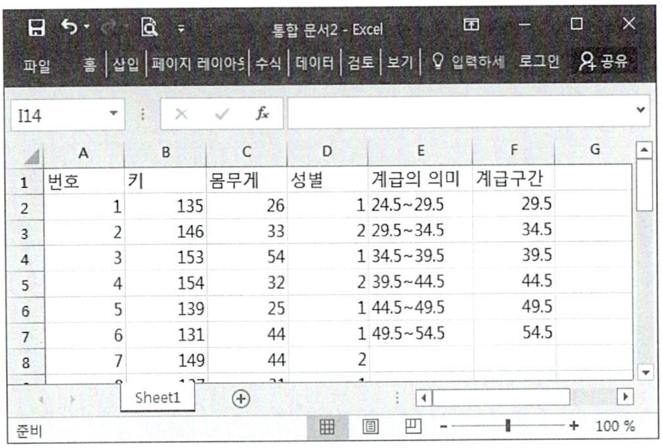

⑧ [도구]➪[데이터 분석]에서 히스토그램을 선택하여 자료의 범위를 입력하고 계급구간에 엑셀 시트의 계급구간($F$2:$F$7)을 입력한다.

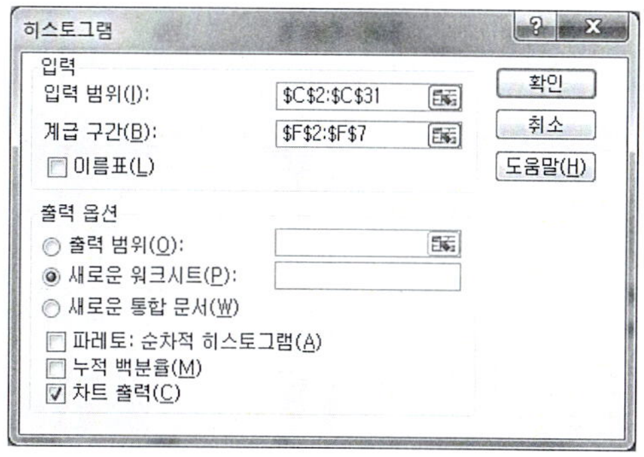

⑨ 아래의 출력결과를 얻는데 ⑤의 결과와 비교해 보면 비슷한 형태임을 알 수 있다. 단, 기타에 해당되었던 자료가 다른 계급에 포함되었다.

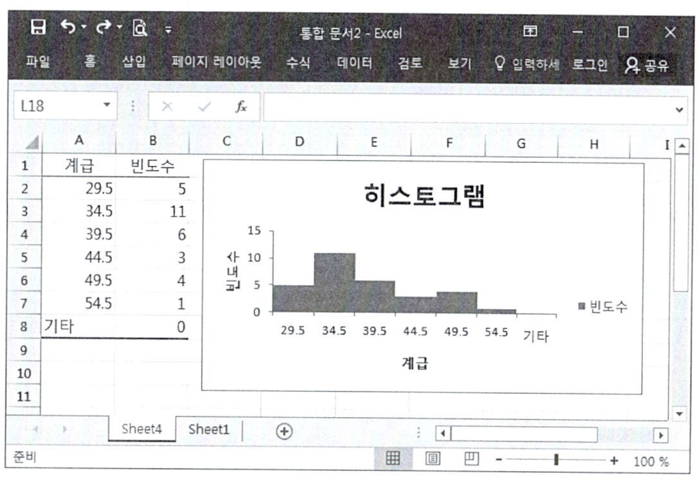

차트 마법사를 이용한 기타 그래프 그리기

• 주식형 차트

이름으로 알 수 있듯이 '주식형 차트'는 주가 변동을 나타내는 데 가장 많이 사용된다. 그러나 과학 데이터에도 이 차트를 사용할 수 있다. 예를 들어 주식형 차트를 사용하여 일일 기온 또는 연간 평균 기온 변화를 나타낼 수 있다. 주식형 차트를 예제를 이용하여 알아보자.

예제 2.10 다음의 엑셀 화면에 입력된 자료는 어느 주식의 2월 일부 기간의 가격이다. 이를 이용하여 주식형 차트를 그려 보자.

풀이 ① [삽입] 탭–[차트] 그룹에서 '폭포 차트 또는 주식형 차트 삽입'를 클릭한다.

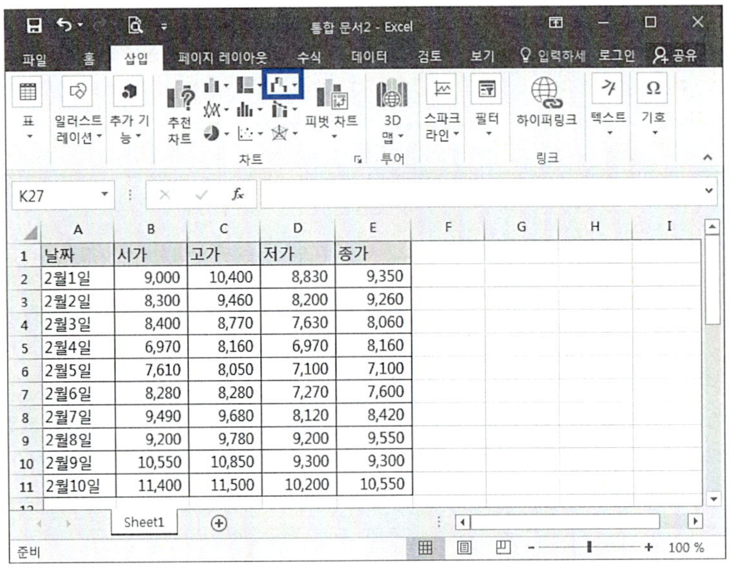

② 차트 갤러리 창의 주식형 범주에서 '시가–고가–저가–종가' 형태를 선택한다.

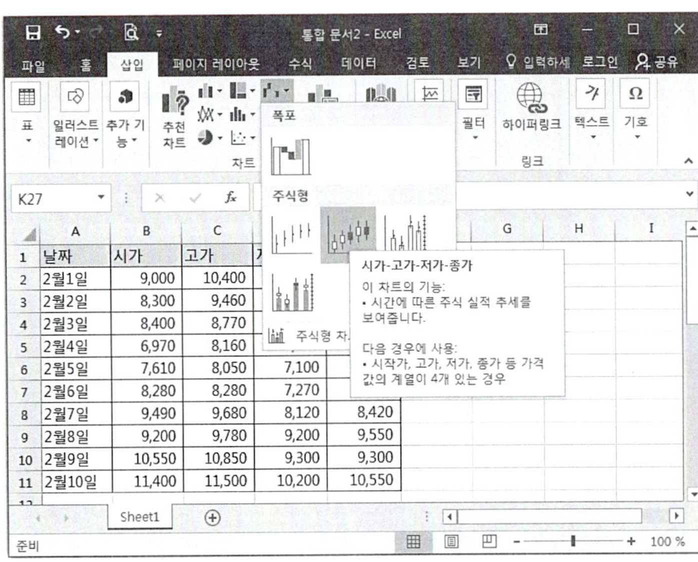

③ 워크시트에 주식형 차트가 삽입되었다. 차트의 크기와 위치를 적당히 조정해 준다.

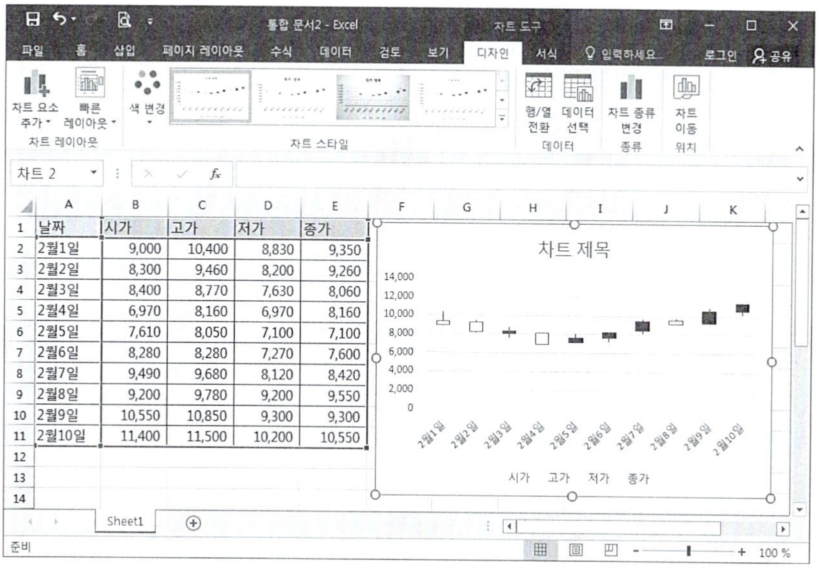

• 방사형 차트

모양 때문에 '거미줄 차트' 또는 '별 모양 차트'라고도 하는 '방사형 차트'에서는 차트 중앙에서 외부 링까지 이어지는 별도의 축을 따라 각 항목 값을 표시한다. 방사형 차트는 값의 축이 중간 지점에서 바깥쪽으로 뻗어나가는 형태로 특정 변수에 영향을 주는 정도를 항목별로 비교하는 데 유용하다. 방사형 차트를 예제를 이용하여 알아보자.

예제 2.11 한 전자제품 회사의 품목별 판매 대수와 판매 금액을 조사하여 판매금액에 대한 품목별 영향을 파악하고자 조사한 결과가 엑셀 화면에 있다. 이를 이용하여 방사형 차트를 그려 보자.

풀이 ① 표의 아무 셀이나 선택하고 [삽입] 탭-[차트] 그룹에서 '표면형 또는 방사형 차트 삽입' 도구를 클릭한다.

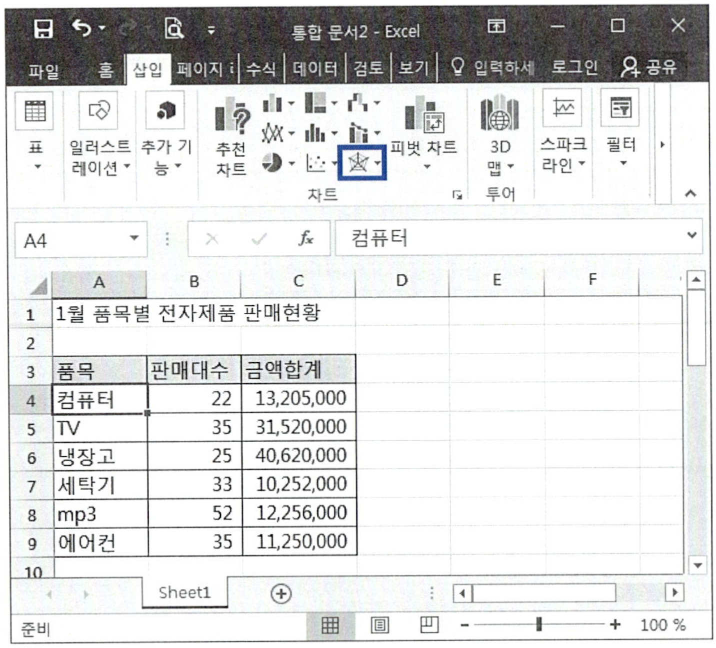

② 차트 갤러리 창의 방사형 범주에서 '채워진 방사형'을 선택한다.

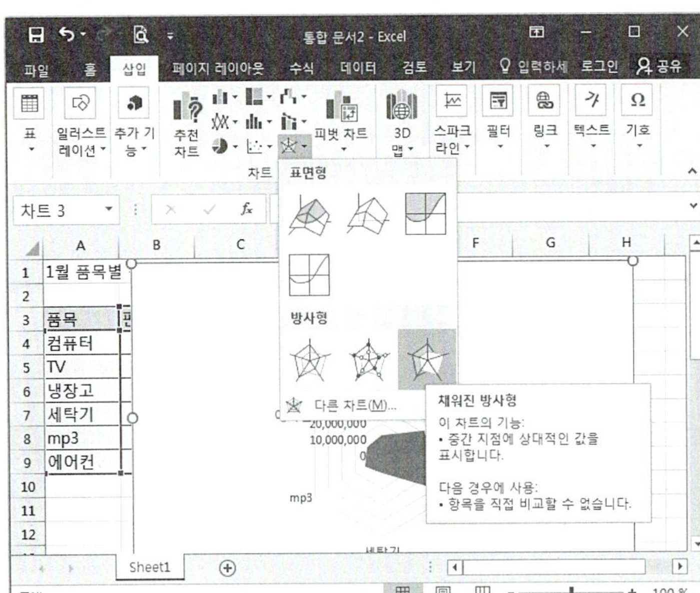

③ 워크시트에 방사형 차트가 삽입되었다. 차트의 크기와 위치를 적당히 조정해 준다. 차트를 살펴보면 판매 금액이 TV와 냉장고에 편중되어 있음을 알 수 있다.

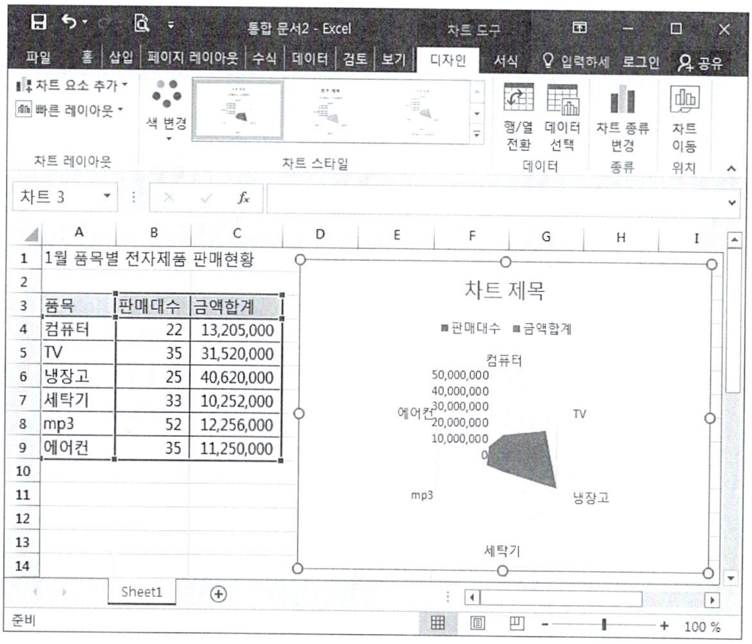

예제 2.12 [예제 2.11]에서 판매 대수에 따른 판매 금액의 합계를 비교하기 위해 '방사형 차트'를 '도넛형 차트'로 변경해 보자.

풀이 ① [디자인] 탭-[종류] 그룹에서 '차트 종류 변경' 도구를 클릭한다.

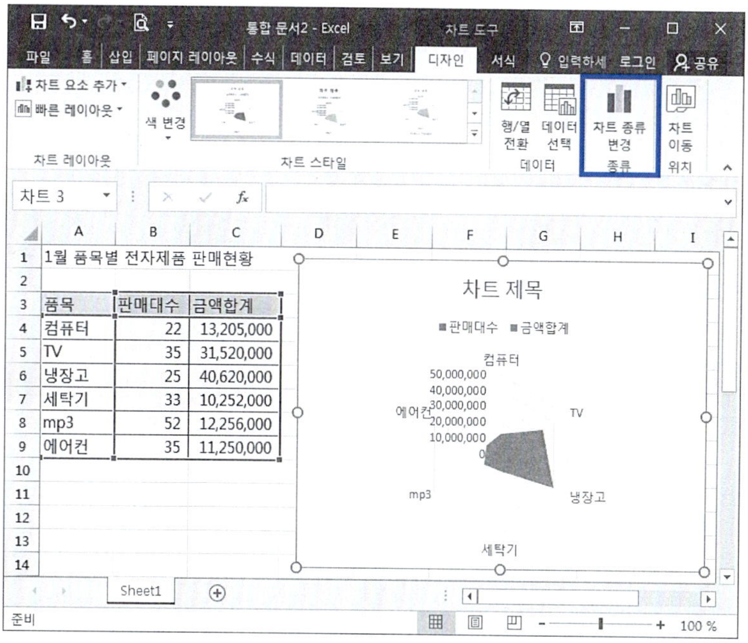

② '차트 도구 변경' 대화상자가 나타나면 원형 범주에서 도넛형을 선택한다.

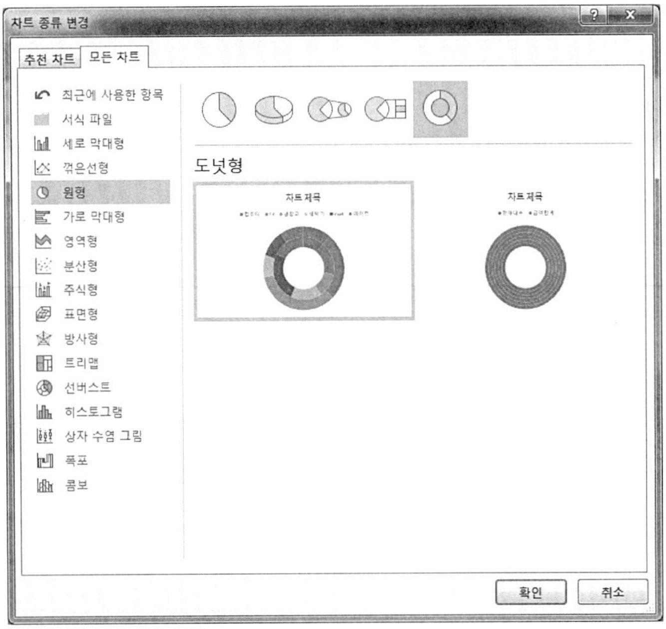

③ 워크시트에 도넛형 차트가 삽입되었다.

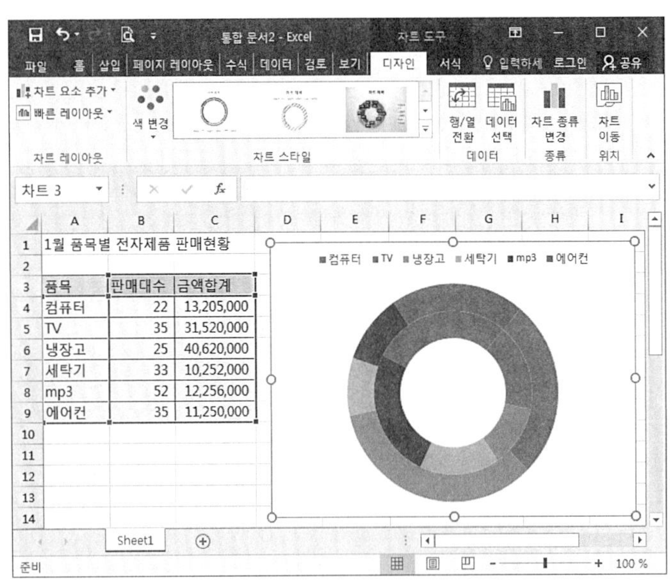

④ [디자인] 탭-[차트 레이아웃] 그룹에서 레이아웃을 선택하면 백분율이 표시되어 판매대수 대비 판매금액 합계를 비교 분석할 수 있다. mp3의 판매대수는 26%인데 판매금액 합계는 10%로 매우 적고, 냉장고의 판매대수는 13%인데 판매금액 합계는 34%로 매우 높게 차지하고 있음을 알 수 있다.

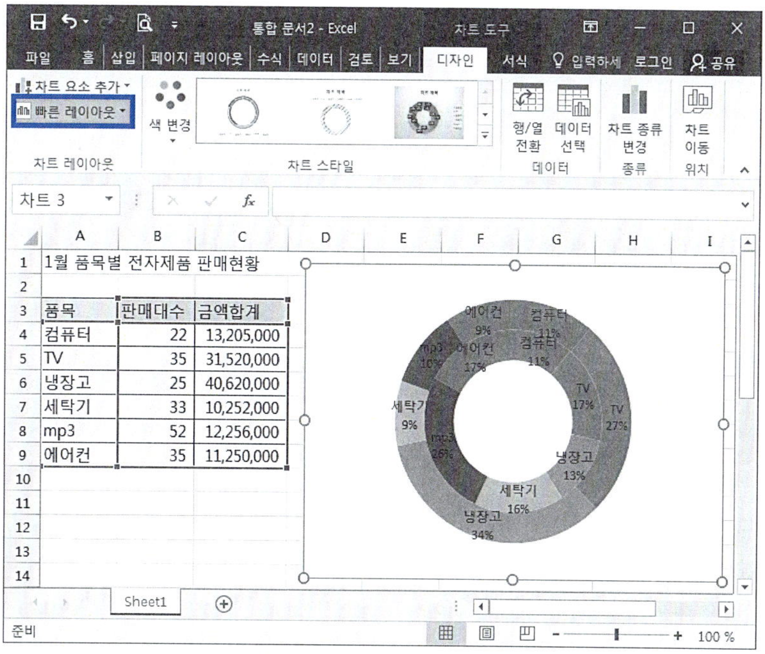
통합 문서2 - Excel
차트 도구
파일
홈
삽입
페이지 레이아웃
수식
데이터
검토
보기
디자인
서식
입력하세
로그인
공유
차트 요소 추가
빠른 레이아웃
색 변경
차트 레이아웃
차트 스타일
행/열 전환
데이터 선택
데이터
차트 종류 변경
종류
차트 이동
위치
차트 3
1월 품목별 전자제품 판매현황
품목
판매대수
금액합계
컴퓨터 22 13,205,000
TV 35 31,520,000
냉장고 25 40,620,000
세탁기 33 10,252,000
mp3 52 12,256,000
에어컨 35 11,250,000
에어컨 9%
컴퓨터 11%
mp3 10%
에어컨 17%
컴퓨터 11%
TV 17%
TV 27%
세탁기 9%
mp3 26%
냉장고 13%
세탁기 16%
냉장고 34%
Sheet1
준비
100 %

연습문제

1 다음과 같이 조사된 자료가 질적 자료인 것을 모두 찾아라.

① 우리 반 학생들의 키를 모두 조사하였다.

② 특정지역에 거주하는 주민 중 일부에 대하여 최종학력을 조사하였다.

③ 통계학과 학생들의 성적을 조사하였다.

④ 발 크기와 키에 관한 연관관계를 파악하기 위해 50명을 대상으로 조사하였다.

2 아래 자료는 통계학과 학생들의 중간고사 성적이다. 다음 물음에 답하여라.

89.5	95.5	84.0	62.0	99.0	71.0	75.0	71.5	48.5	100
58.0	77.0	80.0	91.0	94.5	77.0	99.0	39.5	68.0	60.5
70.0	75.0	66.5	100	88.0	78.5	65.0	44.0	90.0	93.0

(1) 이 자료는 질적 자료와 양적 자료 중에 어디에 속하는가? 그 이유는 무엇인가?

(2) 이 자료를 이용하여 도수분포표를 작성하여라.

(3) 학생들 중에 75점 이상에 해당하는 학생들의 상대도수는 얼마인가?

(4) 이 자료로 상대도수 히스토그램과 상대도수 다각형을 그려라.

3 어느 공장에서 만들어지는 형광등의 평균 수명을 나타낸 자료이다.(단위: 시간)

40	45	52	38	30	37	40	51	55	38	48	40

이 자료로 줄기를 10 단위로 줄기-잎 그림을 그려라. 또한 줄기를 5 단위로 하여 줄기-잎 그림도 그려라.

4 아래 자료는 어느 학과 학생의 기말시험 성적이다. 히스토그램을 그리고 분포 형태에 대해 설명하여라.

71 57 98 75 59 84 67 73 90 81 89 68 74 94 75 65 70 77 78 63
74 66 87 87 62 61 50 91 86 75

5 어느 대학의 학생들을 뽑아 각자 믿는 종교에 대한 가상의 설문조사 자료이다. 엑셀 차트 마법사를 이용하여 막대그래프를 그려라.

구분	학생수
기독교	100
불교	37
천주교	40
무교	13
기타	10

6 통계학과 학생들의 실습실 pc 사용에 관한 만족도에 대한 조사 자료이다. 엑셀을 이용해서 원형그래프를 그려라(백분율로 표시).

만족도	매우 만족	만족	그냥 그렇다	불만족	매우 불만족
학생수	56	32	6	5	1

7 연습문제 6번의 자료를 이용해서 막대그래프를 그리고, X축에는 "통계학과 PC만족도", Y축에는 "학생 인원수"라고 제목을 넣어라.

8 연습문제 6번의 자료를 가지고 그린 원형그래프이다. 아래의 원형그래프는 소수로 표시되어 있다. 이 그래프의 수치를 백분율로 고치려고 한다. 차트 마법사를 처음부터 다시 시작하지 말고 아래처럼 나온 결과에서 바로 바꾸려면 어떻게 해야겠는가?

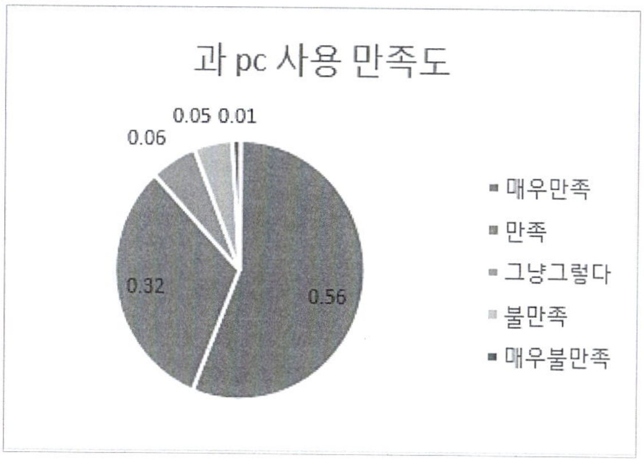

9 학생들의 통학시간 자료를 가지고 그린 그래프이다. 양적 자료이므로 히스토그램을 그려야 하는데 다음 결과는 막대그래프처럼 떨어져서 나왔다. 어떻게 하면 바꿀 수 있는지 설명하여라.

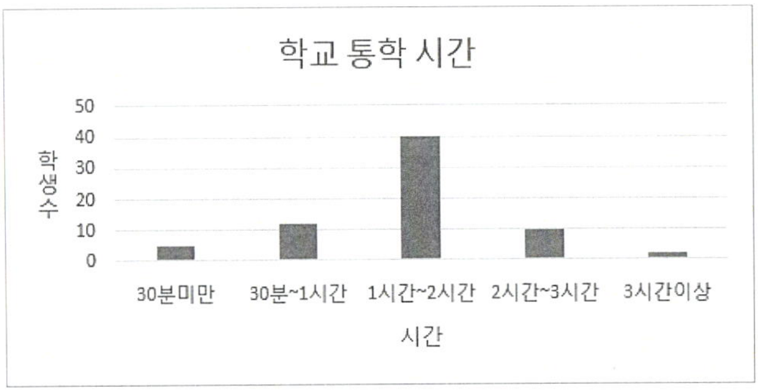

10 다음의 세 가지 상대도수 다각형에서 치우침의 정도(skewness)의 크기를 부호를 고려하여 설명하여라.

A.

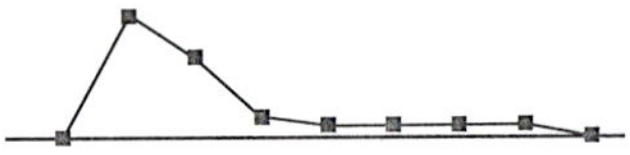

B.

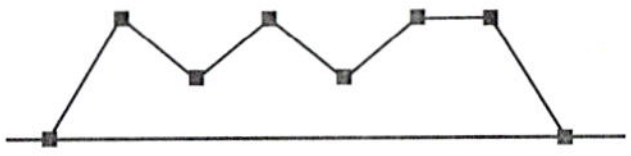

C.

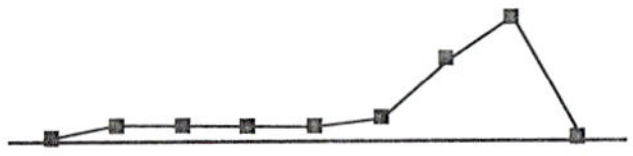

11 다음 자료는 2015년을 기준으로 우리나라의 지역별 영재교육 학급수를 나타낸 자료이다(한국교육개발원 자료). 엑셀을 이용하여 각 변수별로 행정구역에 대한 방사형 차트를 그려라.

행정구역별	영재학교, 과학고 수(개)	교육청 영재교육원 수(개)	대학영재교육원 수 (개)
서울특별시	60	340	129
부산광역시	64	219	32
대구광역시	29	84	50
인천광역시	24	54	39
광주광역시	14	60	31
대전광역시	35	29	44
울산광역시	10	64	21
경기도	37	124	105
강원도	8	78	39
충청북도	7	79	37
충청남도	10	93	36

행정구역별	영재학교, 과학고 수(개)	교육청 영재교육원 수(개)	대학영재교육원 수(개)
전라북도	9	112	42
전라남도	9	111	47
경상북도	15	139	57
경상남도	25	189	59
제주도	5	12	33

12 다음은 2015년 11월 23 ~ 27일의 코스피 지수(KOSPI)를 나타낸 자료이다(한국거래소 자료). 엑셀을 이용하여 적절한 주식형 차트를 그려라.

날짜	거래량	고가	저가	종가
15.11.23	481,951	2,038.72	2,026.40	2,028.99
15.11.24	454,457	2,033.18	2,014.88	2,030.68
15.11.25	391,647	2,018.93	2,007.91	2,009.42
15.11.26	417,005	2,019.95	2,003.06	2,016.29
15.11.27	383,231	2,008.34	1,992.86	2,003.70

주어진 자료를 요약할 수 있는 측도에는 관심의 대상에 따라 다양한 형태가 있으며, 이 장에서는 하나의 변량에 대해서 중심위치, 흩어진 정도 및 자료 내부에서 상대적 위치 등을 파악하기 위한 측도들에 대하여 소개할 것이다.

3.1 중심위치에 대한 측도

흔히 주어진 모집단에 대한 특성을 말할 때, 그 중심위치에 대하여 관심을 가지게 된다. 이러한 이유는 중심위치 주변에 분포한 자료들이 많을 것이라고 예상하기 때문에 중심위치를 그 모집단의 대푯값으로 쓰고 싶어 하기 때문일 것이다. 중심위치에 대한 측도(measures for central location)로는 **평균**(mean)이 가장 많이 알려져 있다고 볼 수 있으나 이 밖에도 **중앙값**(median), **최빈값**(mode), **절사평균**(trimmed mean) 등이 있으며 어떤 경우에는 이러한 값이 평균보다 더 정확한 정보를 주기도 한다. 따라서 이러한 중심위치의 측도들 중에서 어느 것을 사용할 것인가의 결정은 얻어진 자료의 측정 척도와 속성에 따라 달라지므로 자료의 특성을 말할 때는 이러한 측도를 다양하게 제시해 주는 것이 좋다고 하겠다. 일반적으로는 평균과 중앙값이 가장 많이 쓰인다.

▪ 평균(mean, average)

대부분의 경우 주어진 자료를 요약할 때는 평균 주행 거리, 평균 점수, 평균 수명, 평균 수입 등과 같이 용어를 사용한다. 여기서 평균은 산술평균(arithmetic mean)을 의미하는 것으로 관측한 자료가 모집단으로부터 뽑은 n개의 값

$$x_1,\ x_2, \cdots,\ x_n$$

으로 주어졌을 때, 다음과 같이 정의된다.

$$\text{평균} = \bar{x} = \frac{x_1 + x_2 + \cdots + x_n}{n} = \frac{1}{n}\sum_{i=1}^{n} x_i$$

위의 평균을 특히 **표본평균**(sample mean, $\bar{x}$로 표기)이라고 하며, 만약 모집단으로부터 뽑은 일부 표본이 아니라 크기가 N인 모집단 전체에 대하여 조사한 자료가

$$x_1,\ x_2, \cdots,\ x_N$$

일 때, 평균은 **모평균**(population mean, 보통 μ로 표기)이라고 하며 다음과 같이 계산된다.

$$\mu = \frac{x_1 + x_2 + \cdots + x_N}{N} = \frac{1}{N}\sum_{i=1}^{N} x_i$$

예제 3.1 5개의 관측값으로 이루어진 표본 75, 48.5, 59.7, 81, 91로부터 평균을 구하여라.

풀이 $\bar{x} = \frac{1}{5}\sum_{i=1}^{5} x_i = \frac{75 + 48.5 + 59.7 + 81 + 91}{5} = 71.04$

표본으로 조사한 자룟값이 많이 중복되는 경우가 흔히 있다. 이때의 표본은 서로 다른 관측값과 이에 해당되는 관측 도수로 요약될 수 있고, 그에 기초해서 평균을 구할 수 있다. 조사된 자료가 다음과 같이 주어졌을 때 평균을 구해 보자.

순번	관측값	도수
1	x_1	f_1
2	x_2	f_2
⋮	⋮	⋮
k	x_k	f_k
합계		n

총 자료의 수는 $n = \sum_{i=1}^{k} f_i$이고, 관측값 전체의 합은 $x_1 \times f_1 + x_2 \times f_2 + \cdots + x_k \times f_k$이다. 따라서 이 자료에 기초한 평균 $\bar{x}$는 다음과 같이 구해진다.

$$\bar{x} = \frac{x_1 \times f_1 + x_2 \times f_2 + \cdots + x_k \times f_k}{\sum_{i=1}^{k} f_i} = \frac{\sum_{i=1}^{k} x_i f_i}{n}$$

예제 3.2 어느 회사에서 생산직에 근무하는 근로자 20명을 표본으로 뽑아서 자녀수를 조사하였더니 아래와 같이 나타났다. 뽑힌 근로자의 평균 자녀수를 구하여라.

자녀수	0	1	2	3	4	합계
해당 근로자수	4	4	7	3	2	20

풀이
$$\bar{x}=\frac{\sum_{i=1}^{5}x_i f_i}{20}=\frac{0\times 4+1\times 4+2\times 7+3\times 3+4\times 2}{20}=\frac{35}{20}=1.75$$

■ 평균에 대한 해석

각 자료의 값과 평균과의 차이$(x_i-\bar{x})$를 **편차**(deviation)라고 하는데, 편차들의 합은 항상 0이다. 즉, $\sum_{i=1}^{n}(x_i-\bar{x})=0$임을 쉽게 확인할 수 있다. 이러한 성질은 평균에 대해 물리적으로 재미있는 해석을 할 수 있다는 것을 의미한다. 예를 들어 관측된 자료가 2, -1, 7, 3, 9 일 때, 평균은

$$\frac{2+(-1)+7+3+9}{5}=4$$

이다. 만약에 수직선 또는 어떤 막대기에 위의 자료를 좌표로 하는 점에 1kg의 무게를 둔다면 평균은 아래의 그림처럼 좌표가 4인 점이 무게 중심이 되어 이를 중심으로 평형이 이루어진다는 뜻이다.

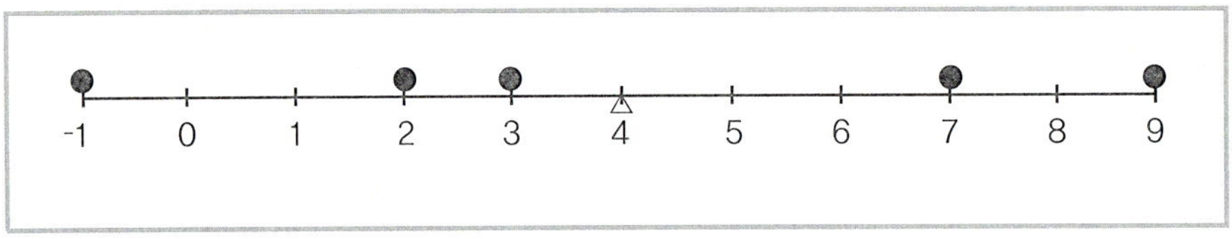

그림 3.1 평균의 의미

평균은 계산과 해석이 간편하며 수학적으로 취급하기 쉽다는 장점이 있는 반면에 자료 중에 대부분의 값보다 아주 크거나 아주 작은 극단값(extreme value) 또는 이상치(outlier)에 심각하게 영향을 받는다는 단점이 있다. 예를 들어 위의 자료에서 28이 하나 더 있는 경우에 평균은 48/6 = 8이 된다. 즉, 하나의 관측치만 추가하는데도 평균이 두 배가 되어 버리는 것이다. 이러한 경우에는 다음에 소개하는 중앙값이 중심위치에 대한 측도로서 더 선호된다고 하겠다.

참고로, 평균에는 지금까지 살펴본 산술평균외에 기하평균과 조화평균도 있다. 기하평균은 곱셈으로 계산하는 성장률, 증가율 등의 평균을 구할 때 사용된다. 조화평균은 평균속도의 계산 등과 같이 평균적인 변화율을 구할 때 주로 사용된다.

■ 중앙값(median)

평균과 더불어 양적 자료에 대하여 중심위치에 대한 측도로서 일반적으로 사용되는 것은 **중앙값**(median)이다. 중앙값은 자료를 크기순으로 나열할 때, 가운데에 위치하는 값을 의미한다. 따라서 자료의 수가 홀수 개일 경우에는 정 중앙에 위치하는 값이며, 자료의 수가 짝수 개일 경우에는 가운데에 위치하는 두 값의 산술평균이 된다. 즉, 주어진 n개의 관측치를

$$x_1, x_2, \cdots, x_n$$

이라고 하고, 이를 크기순으로 배열한 자료를

$$x_{(1)}, x_{(2)}, \cdots, x_{(n)}$$

이라고 할 때, 중앙값을 m이라고 하면

$$m = \begin{cases} x_{(k+1)}, & n = 2k+1 \\ (x_{(k)} + x_{(k+1)})/2, & n = 2k \end{cases}$$

와 같이 구할 수 있다. 중앙값은 자료에 크기가 아주 크거나 작은 극단값 또는 이상치가 추가되더라도 크기 순서에만 영향을 받으므로 평균보다 덜 민감하게 변한다. 다음의 예제에서 이러한 사실을 확인해 보자. 일반적으로 반응 속도, 가족 소득 등과 같이 분포 형태가 대칭이지 않고 치우침(skewness)의 정도가 심한 자료의 경우에는 중앙값이 분포의 중심 위치로서 더욱 유용한 정보를 담고 있다고 하겠다.

예제 3.3 수집된 자료가 2, −1, 7, 3, 9일 때 중앙값을 구하여라. 만약 관측값 28이 추가되면 중앙값은 어떻게 되는가?

풀이 주어진 자료를 크기순으로 늘어놓으면

$$-1,\ 2,\ 3,\ 7,\ 9$$

이고, 총 자료가 5개이므로 3번째에 해당하는 3이 중앙값이다. 이 자료에 28이라는 새로운 관측값이 추가될 경우에는 자료수가 6이 되어 3번째와 4번째 자료의 평균인 (3+7)/2 = 5 가 중앙값이 된다. 앞의 평균에서는 이 경우에 4에서 8로 변하였지만 중앙값은 3에서 5로 변하므로 덜 민감하게 반응하는 것이다. 만약 28보다 더욱 큰 값이 추가되었다면 평균은 더욱 크게 변하지만 중앙값은 여전히 5로 변동이 없다. ☑

■ 절사평균(trimmed mean)

평균이 자룟값에서 아주 크거나 아주 작은 극단값에 영향을 많이 받는다는 단점을 극복하기 위한 다른 방법은 절사평균을 사용하는 것이다. 절사평균(trimmed mean)은 자룟값들을 크기순으로 정렬한 후에 양쪽 극단의 자료를 일정한 비율만큼을 제외하고 구한 산술평균을 의미한다. 만약, 자료 가운데 상위, 하위 각 $(100\times\alpha/2)\%$를 버리고 나머지 자료로만 평균을 구하면 $(100\times\alpha)\%$ 절사평균이라고 한다. 예를 들어, 앞에서 설명한 평균은 0% 절사평균이라 할 수 있으며, 10% 절사평균은 자료에서 상위, 하위 각 5%를 버리고 구한 평균이다.

예제 3.4 어느 골퍼가 지난 일년 동안 라운딩한 스코어가 다음과 같다고 하자. 이 자료로부터 20% 절사평균을 구하여라.

88, 91, 97, 96, 109, 74, 82, 86, 92, 90

풀이 자료를 크기순으로 늘어놓으면

74, 82, 86, 88, 90, 91, 92, 96, 97, 109

이고, 자료의 수가 10개이므로 20%에 해당하는 2개를 양쪽에서 각각 1개씩 빼고 평균을 계산하면 다음과 같다.

$$\frac{82+86+88+90+91+92+96+97}{8}=90.25$$

■ **최빈값(mode)**

중심위치에 대한 측도로서 네 번째로 최빈값을 생각할 수 있는데 이것은 자료 가운데 가장 출현 빈도(frequency)가 높은 것을 말한다. 최빈값은 반드시 자룟값들의 중심 부분에 존재하는 것은 아니나, 일반적으로 자룟값들이 집중적으로 몰려 있는 부분이 중심위치를 나타낸다는 사실에 기초한 것이다. 2장에서 다룬 히스토그램에서 봉우리 부분의 도수가 가장 높다는 것을 상기하면 되겠다. 최빈값은 출현 빈도가 동일한 자료에서는 없는 경우도 있으며, 이러한 경우에는 도수분포표를 작성하여 관측 빈도가 가장 높은 계급의 중앙값을 최빈값으로 쓰기도 한다. 질적 자료에서도 관측 빈도가 가장 높은 대푯값을 나타내는데 최빈값이 사용될 수 있다.

예제 3.5 어느 속옷 가게 매장에서 어제 판매된 속옷의 사이즈가 다음과 같다. 최빈값을 구하여라.

90, 95, 100, 90, 85, 100, 100, 105,
110, 95, 105, 105, 95, 100, 100, 95

풀이 이 자료를 정리한 도수는 다음과 같으며 이에 기초하면 최빈값은 100이다.

속옷 사이즈	85	90	95	100	105	110
관측 도수	1	2	4	5	3	1

☑

분포 형태에 따른 중심위치의 측도 관계

분포 형태에 따른 중심위치의 세 가지 측도, 평균, 중앙값 그리고 최빈값의 관계가 [그림 3.2]에 묘사되어 있다. 분포 형태를 나타낸 곡선은 일단 상대도수 다각형을 부드럽게 연결한 것이라고 보자. 이에 대한 자세한 사항은 6장에서 다룰 것이다. (a)의 경우처럼 봉우리가 하나인 대칭형 분포에서는 이 세 값이 모두 일치한다. 그러나 대칭일지라도 (b)의 경우처럼 봉우리가 두 개 이상이라면 최빈값은 다른 것들과 다르게 된다. 또한 이 경우에는 최빈값이 두 개이며, 중심위치에 대한 측도로서는 적절치 않음을 알 수 있다.

2.3절에서 살펴본 치우친 분포의 경우에는 양의 치우침(오른쪽으로 꼬리가 긺)인지 음의 치우침(왼쪽으로 꼬리가 긺)인지에 따라서 관계가 달라진다. (c)의 경우에는 앞에서 알려진 대로 평균이 오른쪽 끝부분의 큰 값에 영향을 많이 받기 때문에 중앙값보다 커진다. 중앙값은 분포 곡선 아래의 면적을 이등분하는 수직선의 x 좌표에 해당된다. 반대로 (d)의 경우에는 작은 극단값이 평균에 영향을 많이 주어 상대적으로 작아지게 만든다.

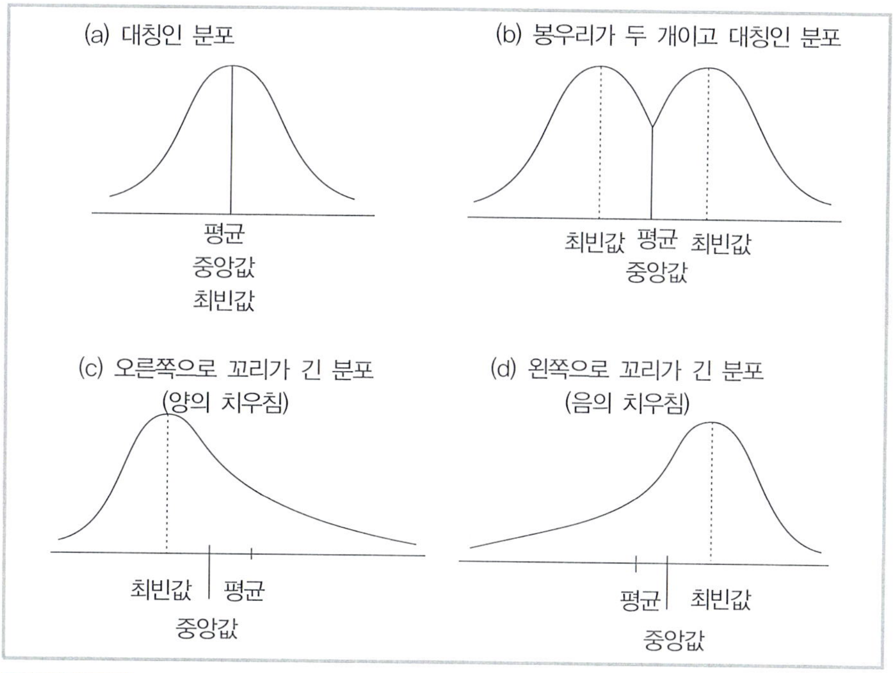

그림 3.2 평균, 중앙값과 최빈값의 관계

3.2 산포에 대한 측도

중심위치에 대한 측도가 데이터의 중심위치를 알아보는 데 유용하지만, 얻어진 데이터가 어떻게 흩어져 있는지를 모르면 이 측도들은 부분적인 정보만 제공하여 오해를 일으킬 소지가 있다. 일반적으로 데이터의 분포를 간략하고 적절하게 요약하는 데에는 중심위치에 대한 측도와 산포에 대한 측도가 동시에 요구된다. 자료의 산포를 나타내는 측도로는 **범위**(range), **사분위수 범위**(interquartile range), **분산**(variance)과 **표준편차**(standard deviation), **변동계수**(coefficient of variation) 등이 있다.

■ 범위(range)

자료의 산포 정도를 표현하는 간편한 방법 중 하나로, 자료를 크기순으로 나열할 때 양쪽 극단의 두 값의 차이를 의미한다. 즉,

$$\text{범위} = \text{자료의 최댓값} - \text{자료의 최솟값}$$

으로 정의되고 계산하기에는 간편하지만, 오직 두 개의 극값에 의해서만 결정되므로 단독으로는 큰 의미가 없고 다른 산포를 나타내는 측도와 함께 쓰일 때 비로소 유용한 측도가 될 수 있다.

예제 3.6 주어진 자료가 3, 2, 9, 15, 8, 5일 때 범위를 구하여라.

풀이 자료를 크기순으로 배열하면

2, 3, 5, 8, 9, 15

이므로 범위는 다음과 같이 계산된다.

$$\text{최댓값} - \text{최솟값} = 15 - 2 = 13$$ ☑

■ 사분위수 범위(interquartile range: IQR)

이를 정의하기 위해서는 먼저 **사분위수**(quartile)에 대한 정의가 필요하다. 사분위수는 전체 자료를 오름차순의 크기순으로 늘어놓았을 때, 네 등분하는 값을 의미한다. 네 등분하는 값들 중에 첫 번째를 제1사분위수(Q_1), 두 번째를 제2사분위수(Q_2), 세 번째를 제3사분위수(Q_3)라고 하며, 제2사분위수는 전체의 1/2 위치에 있는 값이므로 중앙값과 같음을 알 수 있다. 이때 사분위수 범위는 다음과

같이 정의된다.

$$\text{사분위수 범위: IQR = 제3사분위수 - 제1사분위수} = Q_3 - Q_1.$$

범위는 전체 자료를 가지고 구하지만 사분위수 범위는 크기순으로 상하위 각 25%를 제외한 자료로부터 범위를 구한 것이므로 극단값에 영향을 덜 받는다. 소수의 극단값이 흩어진 정도에 심각하게 영향을 주는 경우에 유용한 정보로 활용된다.

분산(variance)과 표준편차(standard deviation)

자료가 평균에서 얼마만큼 떨어져 있느냐를 측정하는 측도로서 가장 대표적으로 쓰이는 방법이다. 분산이란 자료들로부터 구한 편차 제곱의 평균으로 정의되고, 표준편차는 분산의 양의 제곱근으로 정의된다. 분산을 편차의 평균이 아닌 편차 제곱의 평균으로 구하는 이유는 앞의 3.1절 평균에 대한 의미에서 언급한대로 편차의 합은 항상 0이 되기 때문이다. 주어진 표본으로부터 구해진 분산을 특히 **표본분산**(sample variance), 표준편차를 **표본표준편차**(sample standard deviation)라고 하며, 크기가 n인 표본

$$x_1, x_2, \cdots, x_n$$

의 경우에 표본평균을 $\overline{x}$라고 하면, 다음과 같이 정의된다.

$$\text{표본분산: } s^2 = \frac{1}{n-1}\sum_{i=1}^{n}(x_i - \overline{x})^2$$

$$\text{표본표준편차: } s = \sqrt{s^2}$$

표본자료가 아니라 크기가 N인 모집단 전체 자료가 다음과 같이 주어진 경우에는

$$x_1, x_2, \cdots, x_N$$

모평균을 μ라고 할 때,

$$\text{모분산: } \sigma^2 = \frac{1}{N}\sum_{i=1}^{N}(x_i - \mu)^2$$

$$\text{모표준편차: } \sigma = \sqrt{\sigma^2}$$

으로 정의된다. 표본분산을 구할 때, 분모에 n으로 나눈 것을 쓰는 경우도 있지만 이 책에서는 $(n-1)$로 나눈 것만을 사용하기로 한다. 물론 n이 좀 크면 이 두 값은 거의 차이가 나지 않는다.

예제 3.7 다음의 주어진 표본으로 사분위수 범위, 분산 및 표준편차를 구하여라.

10, 7, 14, 32, 44, 28

풀이 사분위수 범위를 구하기 위해서는 먼저 자료를 크기 순서대로 정렬한 후에 이등분한다.

[7, 10, 14] [28, 32, 44]

제1사분위수는 앞부분의 중앙값인 10이고, 제3사분위수는 뒷부분의 중앙값인 32이다. 그러므로 사분위수 범위는 32 − 10 = 22이다. 분산을 구하기 위해서는 평균을 먼저 계산해야 한다. 평균은 $(7+10+14+28+32+44)/6=22.5$이며, 분산은 $[(7-22.5)^2+(10-22.5)^2+\cdots+(44-22.5)^2]/(6-1)=210.3$이다. 따라서 표준편차는 분산의 양의 제곱근으로 $\sqrt{210.3}=14.5$ 가 된다. ☑

참고

자료의 개수가 홀수 개인 경우에는 이등분할 때 중앙값을 양쪽에 모두 적어주고 앞부분과 뒷부분의 중앙값을 구하면 각각 제1, 3사분위수가 된다. 예를 들어 [예제 3.7]에서 자료에 18이 더 있는 경우에는

[7, 10, 14, 18] [18, 28, 32, 44]

로 나누고, 앞부분의 중앙값 (10+14)/2=12가 제1사분위수가 되며, 뒷부분의 중앙값 (28+32)/2=30이 제3사분위수가 된다. 그러므로 사분위수 범위는 30 − 12 = 18이다.

참고

앞에서 정의된 분산을 구하기 위한 간편식으로는

$$\sum_{i=1}^{n}(x_i-\overline{x})^2=\sum_{i=1}^{n}x_i^2-2\overline{x}\sum_{i=1}^{n}x_i+n\overline{x}^2=\sum_{i=1}^{n}x_i^2-n\overline{x}^2$$

임을 이용하여,

$$s^2=\frac{1}{n-1}\ \{\sum_{i=1}^{n}x_i^2-n\overline{x}^2\}$$

이 사용된다.

■ 변동계수(coefficient of variation: cv)

평균이 크게 다른 두 개 이상의 집단에 대하여 산포의 정도를 비교하고자 할 때 또는 각 집단의 상대적 동질성을 비교하고자 할 때 주로 사용된다. 일반적으로 분포의 형태가 비슷하다면 자료의 평균값이 클수록 표준편차의 값도 커지게 된다.

따라서 평균값이 크게 다른 집단의 산포를 비교할 때 표준편차의 크기만을 비교하면 공평한 비교가 되지 않고 오류에 빠질 수 있다. 변동계수는 이와 같은 상황에서 합리적으로 산포의 정도를 제시할 수 있는 측도이다. 변동계수는 표준편차를 평균으로 나누어서 결과적으로 단위와 무관하게 계산되며 서로 다른 단위로 측정된 자료들의 산포를 비교할 때 표준편차보다 유용하다.

$$변동계수: \ cv = \frac{s}{\bar{x}}$$

예제 3.8 아래의 자료는 어느 호텔에서 이벤트 광고 전과 광고 후의 객실 투숙률을 일정기간 조사한 자료이다. 이 광고전 투숙률과 광고후 투숙률의 산포를 비교하기 위해 적절한 측도를 계산하여라.

광고 전 투숙률(%)	86	85	92	89	83	90	88	91	79	83
광고 후 투숙률	0.88	0.91	0.94	0.84	0.97	0.89	0.99	0.88	0.89	0.96

풀이 광고 전 투숙률은 백분율(%)로, 광고 후 투숙률은 소수점을 포함한 값으로 표시되어 있으므로 그냥 분산을 구해선 공평한 비교가 안 된다. 공평한 비교를 위해서는 각 자료를 같은 단위로 변환한 후에 분산을 구하거나 변동계수를 계산해야 한다. 광고 전 자료의 평균은 86.6, 표준편차는 4.14이므로 변동계수는 4.14/86.6=0.0478이다. 반면에 광고 후 자료의 평균은 0.915, 표준편차는 0.048이므로 변동계수는 0.048/0.915=0.052이다. ☑

3.3 상대적 위치에 대한 측도

특정한 자룟값이 주어진 자료에서 어떤 위치에 있는지를 나타내주는 측도이다. 이러한 상대적 위치의 측도로 흔히 쓰이는 것은 백분위수와 z-점수(표준화 점수)가 있다.

■ 백분위수(percentiles)

오름차순으로 크기 순서에 따라 나열한 자룟값들을 주어진 비율에 의해 등분하는 수 값을 일컫는다. 제p백분위수는 자룟값 중에서 많아야 $p\%$가 그 값보다 작고, 동시에 많아야 $(100-p)\%$가 그 값보다 크게 되는 값에 해당한다. 제1사분위수, 중앙값, 제3사분위수는 각각 제25, 제50, 제75백분위수에 해당된다. 이 정의에 충실하면 별다른 공식 없이도 백분위수를 찾는 것이 가능하다.

예제 3.9 다음의 15개의 자료로부터 제25, 제40, 제50, 제75 백분위수를 각각 구하고 사분위수 범위를 구하여라.

$$30,\ 3,\ 10,\ 1,\ 12,\ 21,\ 5,\ 7,\ 24,\ 17,\ 18,\ 3,\ 8,\ 26,\ 28$$

풀이 먼저 주어진 자료를 오름차순으로 정렬하면,

$$1,\ 3,\ 3,\ 5,\ 7,\ 8,\ 10,\ 12,\ 17,\ 18,\ 21,\ 24,\ 26,\ 28,\ 30$$

이고, 제25백분위수는 많아야 0.25 × 15 = 3.75개(즉, 3개)의 자료가 그 값보다 작고, 동시에 많아야 0.75 × 15 = 11.25개(즉, 11개)의 자료가 그 값보다 크게 되는 값이다. 이 조건을 만족하는 관측값은 5밖에 없다. 제40백분위수는 많아야 0.4 × 15 = 6 개의 자료가 그 값보다 작고, 많아야 0.6 × 15 = 9개의 자료가 그 값보다 크게 되는 값이다. 이 조건을 만족하는 값은 8과 10 사이에 있는 모든 값이다. 이 경우에는 보통 두 값의 평균을 취한다. 즉, 제40백분위수는 9이다. 또한 중앙값은 12이고 이것은 제50백분위수에 해당된다. 제75백분위수는 많아야 0.75 × 15 = 11.25개(즉, 11개)의 자료가 그 값보다 작고, 동시에 많아야 0.25 × 15 = 3.75개(즉, 3개)의 자료가 그 값보다 커야 한다. 이 조건을 만족시키는 관측값은 24이다. 그러므로 사분위수 범위는

$$\text{IQR} = Q_3 - Q_1 = 24 - 5 = 19\ .$$

참고

자료의 개수가 n이라고 할 때, 자료를 오름차순으로 배열한 후에 제$(100\times p)$ 백분위수는 다음과 같이 구할 수 있다.

1) np가 정수이면, np번째와 $(np+1)$번째 자료의 평균
2) np가 정수가 아니면, np보다 큰 최소의 정수를 m이라 할 때 m번째 자료

z−점수(z-score)

어떤 특정한 자룟값이 평균으로부터 표준편차의 몇 배만큼 떨어져 있는가를 측정하는 측도로, 표본자료 $x_1, x_2, \cdots, x_n$ 이 주어지면 다음과 같이 계산된다.

$$z_i = \frac{x_i - \bar{x}}{s},\quad i = 1, 2, \cdots, n$$

예제 3.10 앞의 [예제 3.9]의 자료에서 관측값 7의 z−점수를 확인해 보자.

풀이 평균은

$$\frac{1+3+3+5+7+8+10+12+17+18+21+24+26+28+30}{15} = 14.2$$

이며, 분산 계산을 위한 간편식을 이용하면 표준편차는

$$\sqrt{\frac{1}{14}\{(1^2+3^2+\cdots+30^2)-15\times14.2^2\}}=9.88$$

이 된다. 그러므로 관측값 7의 z-점수는 $\frac{7-14.2}{9.88}=-0.729$가 되며, 이것은 관측값 7이 평균으로부터 표준편차의 0.729배만큼 아래쪽에 있게 된다는 것을 의미한다. ☑

3.4 엑셀을 이용한 실습 I

새로운 통합 문서를 작성할 때 가장 기초가 되는 작업은 자료의 입력과 수정이다. 사용자는 워크시트에서 정보의 입력, 변환, 삭제 및 추가, 이동 및 복사, 선택하여 붙여넣기 등 다양한 기능을 활용하여 효과적으로 통합 문서를 작성할 수 있다. 이에 관해서는 부록에서 간단히 살펴볼 수 있고 본격적인 엑셀을 활용하는 단계에서 다시 한 번 학습하자.

▪ 자료의 입력

먼저 데이터를 입력할 셀을 선택한 다음, 데이터를 입력하고 Enter 키를 누르거나, 또는 마우스 포인터를 입력을 원하는 셀에 위치한 후 마우스의 왼쪽 단추를 더블 클릭하고 데이터를 입력한다. 사용자는 워크시트의 셀에 숫자, 문자(영문자, 한글, 한자), 특수문자, 함수식 등을 입력할 수 있다.

▪ 입력된 자료의 수정

이미 입력된 자료를 수정하기 위해서는 수정을 원하는 셀로 이동한 후에 수식 입력줄에 해당 자료를 입력하고 Enter 키를 쳐서 수정을 마친다.

▪ 선택 영역 지정 방법

주어진 워크시트를 수정, 복사, 삭제, 이동 등을 하기 위해서는 먼저 편집할 영역을 지정해야 한다. 엑셀에서 마우스를 사용하여 원하는 범위를 설정하는 방법은 다음과 같다.

단일 셀의 선택	원하는 셀로 이동하여 마우스의 왼쪽 버튼을 누른다.
이웃한 여러 개의 셀들의 선택	원하는 범위의 시작 셀에서 마우스의 왼쪽 버튼을 누르고 누른 상태에서 원하는 범위까지 이동 후에 버튼을 놓는다. [이를 드래그&드롭(drag&drop)이라 함] 그러면 시작 셀에서 마지막 셀까지 범위가 직사각형으로 선택된다. 또는 지정하고 싶은 범위의 시작 셀을

	Shift 키를 누르고 클릭하고 마지막 셀을 클릭한다.
이웃하지 않은 여러 개의 셀들의 선택	이웃하지 않은 복수의 셀들을 선택하기 위해서는 Ctrl 키를 누른 상태에서 마우스로 원하는 셀들을 선택한다.
전체 행이나 열의 선택	행 머리글이나 열 머리글을 마우스로 클릭한다.

■ 행, 열의 삽입과 삭제

워크시트를 사용하여 자료를 정리하다 보면 행이나 열을 삽입해야 하는 경우가 흔히 있다. 사용하고 있는 워크시트에 행이나 열을 삽입하려면 삽입하고 싶은 행이나 열의 다음 행 머리글(이름)이나 열 머리글(이름)을 마우스로 클릭하여 선택한다. 그리고, 마우스 오른쪽을 클릭하여 [삽입]을 선택하면 현재 셀의 위쪽이나 왼쪽으로 행 또는 열이 추가된다. 전체 행이나 열을 제거하고자 할 때에는 먼저 행 머리글(이름)이나 열 머리글(이름)을 마우스로 클릭하여 제거할 행이나 열을 선택한다. 선택된 행이나 열의 내용을 지우기 위해서는 마우스 오른쪽을 클릭하여 [삭제]를 선택한다.

■ 채우기 기능

채우기 기능은 선택된 범위의 한쪽에 있는 셀의 내용과 서식을 나머지 부분에 복사하는 기능과 연속적인 데이터를 손쉽게 입력하는 기능을 갖는다. 채우기 기능을 이용하는 방법은 메뉴의 [채우기] 명령을 이용하는 방법과 마우스를 사용하는 방법이 있다. [채우기] 명령을 이용하는 방법은 아래 그림과 같다.

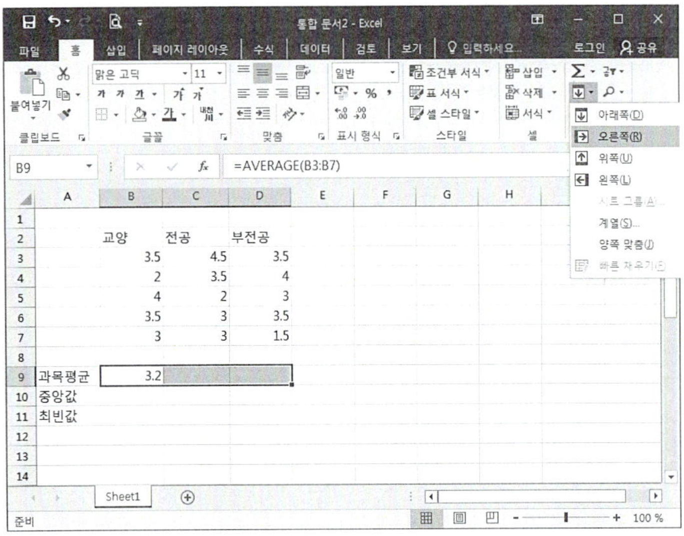

마우스를 사용하는 방법은 다음의 절차에 의한다.

1. 먼저 채우기를 할 부분을 마우스를 사용하여 선택한다.
2. 다음으로 선택된 범위의 가장 왼쪽의 내용과 서식을 나머지 선택된 셀들에 복사하면 되므로 [홈]-[편집] 메뉴의 [채우기] 명령에서 [오른쪽으로] 부명령을 사용한다.

이러한 채우기 기능은 메뉴를 사용하지 않고 마우스를 사용하여 간단하게 처리할 수 있다. 먼저 채우기의 기준이 되는 셀인 B9(위의 그림에서) 셀을 선택한다. 마우스를 선택된 셀의 오른쪽 하단 경계 영역의 채우기 핸들 위에 놓는다. 여기에서 채우기 핸들이란 선택 영역의 오른쪽 하단 경계 영역의 모서리에 있는 작고 검은 사각형을 말한다. 마우스를 채우기 핸들 위에 두면 포인터는 검은 십자가 모양으로 바뀐다. 원하는 위치까지 채우기 핸들을 드래그&드롭하면 자동으로 각 과목의 평균 점수가 계산된다.

3.5 엑셀을 이용한 실습 II

이 절에서는 3장의 본문에서 학습한 여러 가지 측도들을 엑셀을 이용하여 구하는 방법을 예제를 중심으로 문법과 함께 살펴보자.

■ 중심위치 측도의 계산

예제 3.11 다음의 자료는 통계학과 학생 10명의 미적분학, 통계학, 실용영어 중간고사 점수이다. 엑셀을 이용하여 아래 자료의 중심위치 측도를 구해 보도록 하자.

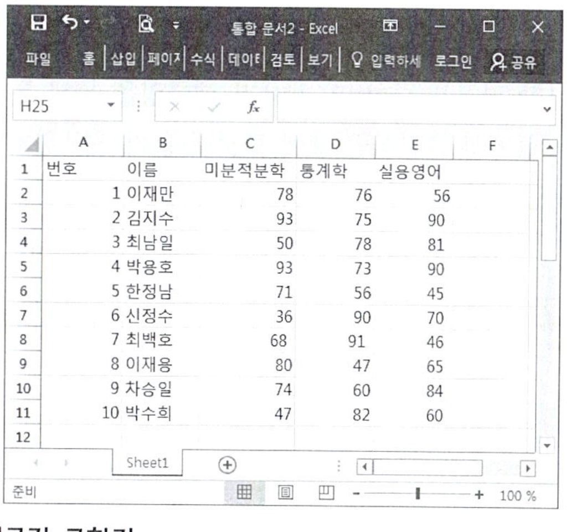

번호	이름	미분적분학	통계학	실용영어
1	이재만	78	76	56
2	김지수	93	75	90
3	최남일	50	78	81
4	박용호	93	73	90
5	한정남	71	56	45
6	신정수	36	90	70
7	최백호	68	91	46
8	이재용	80	47	65
9	차승일	74	60	84
10	박수희	47	82	60

- **엑셀을 이용한 평균값 구하기**

• 엑셀을 이용한 최빈값 구하기

MODE.SNGL

목적 주어진 자료에서 최빈값을 구한다.

구문 MODE.SNGL(number1, number2, …)

number1, number2, …: 최빈값을 구하기 위한 인수

미적분학과 실용영어의 경우에는 각각 93점, 90점이 두 번 나타나서 최빈값이 되나 통계학의 경우에는 관측값의 빈도가 모두 1로 최빈값은 존재하지 않는다. 관측값의 빈도가 1보다 크면서 같은 것이 있을 경우에는 어느 것이라도 최빈값이 될 수 있다. 바꾸어 말하면 어느 것도 최빈값이 될 수 없다는 뜻이기도 하다. Excel 2007 및 이전 버전에서 사용되었던 함수 MODE 역시 사용할 수 있다.

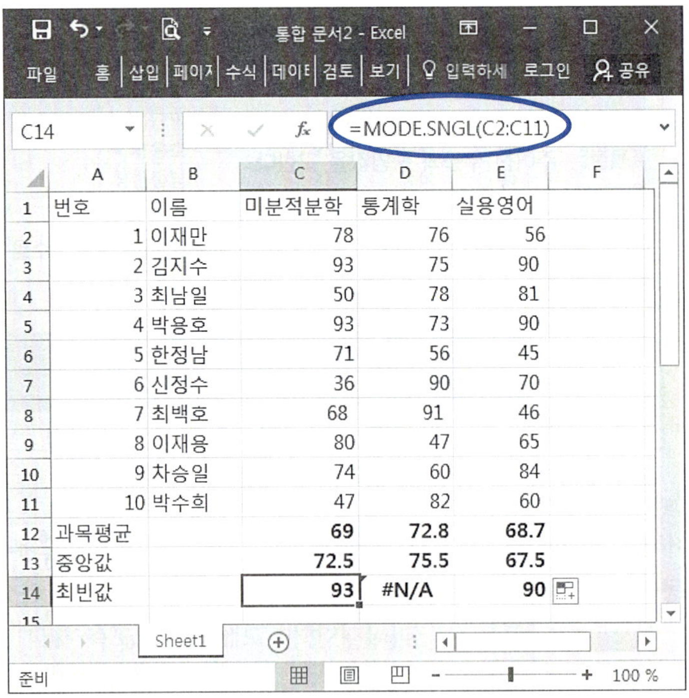

	A	B	C	D	E	F
1	번호	이름	미분적분학	통계학	실용영어	
2	1	이재만	78	76	56	
3	2	김지수	93	75	90	
4	3	최남일	50	78	81	
5	4	박용호	93	73	90	
6	5	한정남	71	56	45	
7	6	신정수	36	90	70	
8	7	최백호	68	91	46	
9	8	이재용	80	47	65	
10	9	차승일	74	60	84	
11	10	박수희	47	82	60	
12	과목평균		**69**	**72.8**	**68.7**	
13	중앙값		**72.5**	**75.5**	**67.5**	
14	최빈값		**93**	**#N/A**	**90**	

• 엑셀을 이용한 절사평균 구하기

본문에서 논의된 바와 같이 상·하위 각 $(100 \times \alpha/2)\%$를 버린 후에 구하는 $(100 \times \alpha)\%$ 절사평균을 구하고 싶으면 아래의 형식에서 비율(percent)에 총 버리는 비율 α를 입력한다. 아래의 예에서는 10개 중 2개를(즉, 상·하위 각 1개

를) 버린 후에 평균인 20% 절사평균을 출력한다.

TRIMMEAM

목적 자료로부터 절사평균을 구한다.

구문 TRIMMEAN({number1, number2, …}, percent)

number1, number2, …: 절사평균을 구하기 위한 인수 또는 데이터 입력 범위, percent는 자료 중 버리는 전체 비율

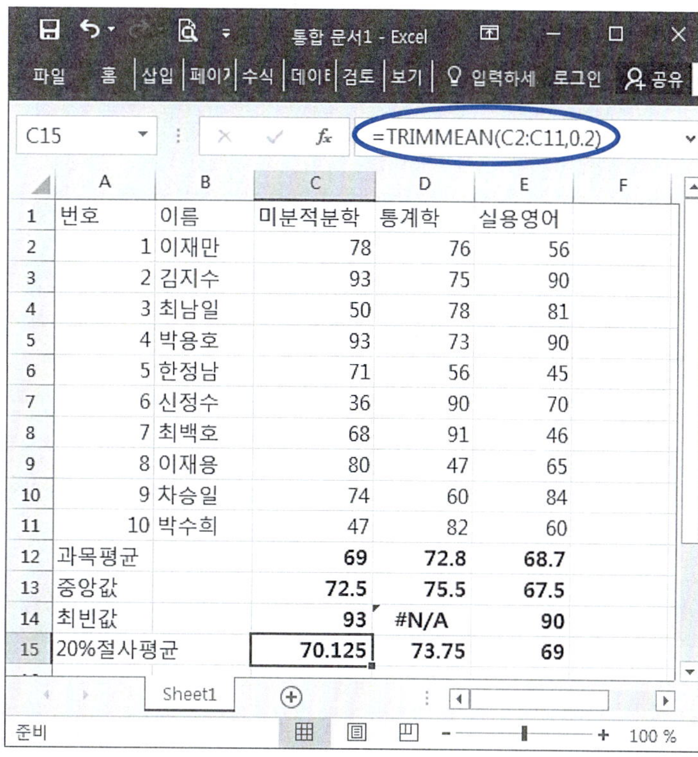

C15 =TRIMMEAN(C2:C11,0.2)

	A	B	C	D	E
1	번호	이름	미분적분학	통계학	실용영어
2	1	이재만	78	76	56
3	2	김지수	93	75	90
4	3	최남일	50	78	81
5	4	박용호	93	73	90
6	5	한정남	71	56	45
7	6	신정수	36	90	70
8	7	최백호	68	91	46
9	8	이재용	80	47	65
10	9	차승일	74	60	84
11	10	박수희	47	82	60
12	과목평균		69	72.8	68.7
13	중앙값		72.5	75.5	67.5
14	최빈값		93	#N/A	90
15	20%절사평균		70.125	73.75	69

▪ 산포 측도의 계산

• 엑셀을 이용한 표준편차 구하기

STDEV.S

목적 주어진 자료에 대한 표본표준편차를 구한다.

구문 STDEV.S(number1, number2, …)

number1, number2, …: 표본표준편차를 구하기 위한 인수

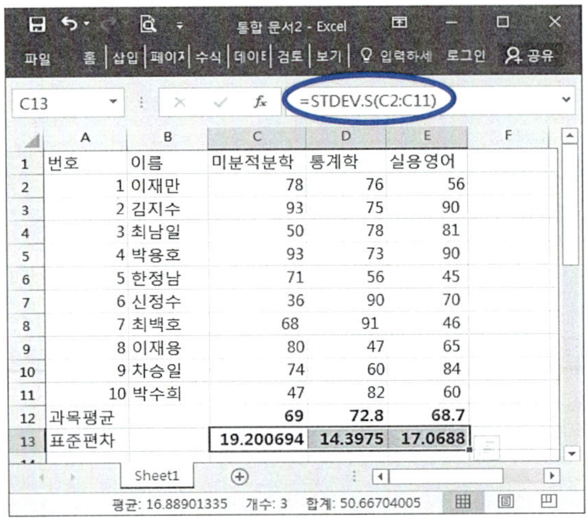

C13 =STDEV.S(C2:C11)

	A	B	C	D	E	F
1	번호	이름	미분적분학	통계학	실용영어	
2	1	이재만	78	76	56	
3	2	김지수	93	75	90	
4	3	최남일	50	78	81	
5	4	박용호	93	73	90	
6	5	한정남	71	56	45	
7	6	신정수	36	90	70	
8	7	최백호	68	91	46	
9	8	이재용	80	47	65	
10	9	차승일	74	60	84	
11	10	박수희	47	82	60	
12	과목평균		69	72.8	68.7	
13	표준편차		19.200694	14.3975	17.0688	

평균: 16.88901335 개수: 3 합계: 50.66704005

• **엑셀을 이용한 분산 구하기**

VAR.S

목적 주어진 자료에 대한 표본분산을 구한다.

구문 VAR.S(number1, number2, …)

number1, number2, …: 표본분산을 구하기 위한 인수

다음 예에서는 VAR.S 함수를 이용하지 않고 분산이 표준편차의 제곱임을 이용하여 구해 보았다. 이처럼 구해진 셀들 간의 적절한 연산을 통하여 원하는 수치를 얻을 수도 있다.

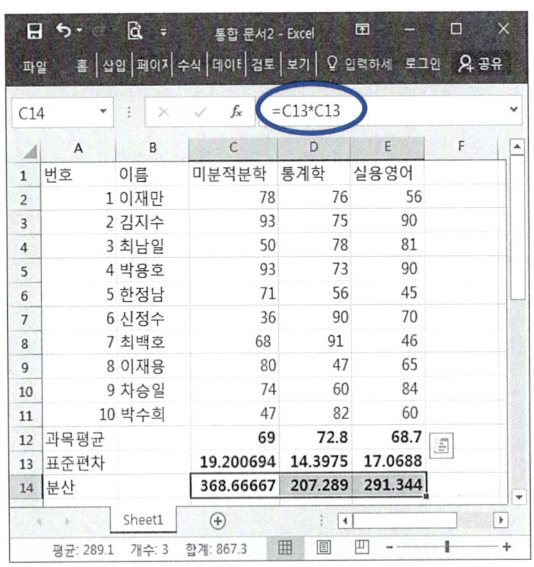

C14 =C13*C13

	A	B	C	D	E	F
1	번호	이름	미분적분학	통계학	실용영어	
2	1	이재만	78	76	56	
3	2	김지수	93	75	90	
4	3	최남일	50	78	81	
5	4	박용호	93	73	90	
6	5	한정남	71	56	45	
7	6	신정수	36	90	70	
8	7	최백호	68	91	46	
9	8	이재용	80	47	65	
10	9	차승일	74	60	84	
11	10	박수희	47	82	60	
12	과목평균		69	72.8	68.7	
13	표준편차		19.200694	14.3975	17.0688	
14	분산		368.66667	207.289	291.344	

평균: 289.1 개수: 3 합계: 867.3

• **엑셀을 이용한 변동계수 구하기**

변동계수를 자동으로 구하는 엑셀 내장함수는 없다. 그러므로 변동계수의 정의대로 '표준편차/평균'의 식을 C15에 구하고, 채우기 기능으로 D15와 E15에도 변동계수를 구할 수 있다.

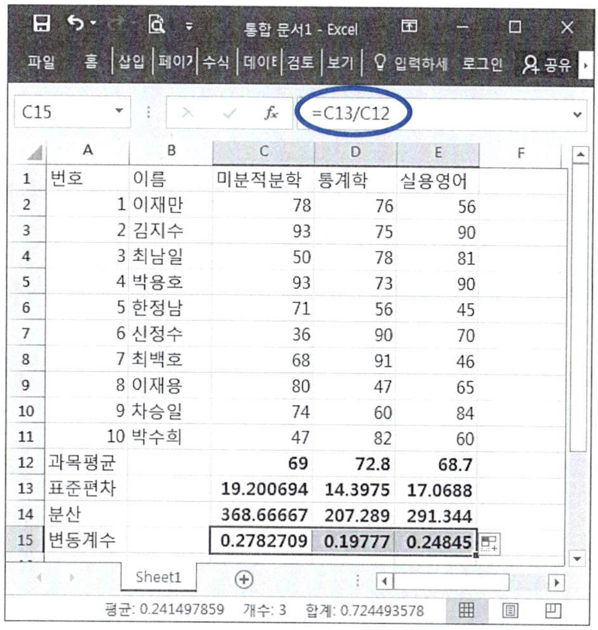

	A	B	C	D	E
1	번호	이름	미분적분학	통계학	실용영어
2	1	이재만	78	76	56
3	2	김지수	93	75	90
4	3	최남일	50	78	81
5	4	박용호	93	73	90
6	5	한정남	71	56	45
7	6	신정수	36	90	70
8	7	최백호	68	91	46
9	8	이재용	80	47	65
10	9	차승일	74	60	84
11	10	박수희	47	82	60
12	과목평균		69	72.8	68.7
13	표준편차		19.200694	14.3975	17.0688
14	분산		368.66667	207.289	291.344
15	변동계수		0.2782709	0.19777	0.24845

상대적 위치 측도의 계산

• **엑셀을 이용한 백분위수 구하기**

PERCENTILE.INC

목적 자료에서 특정한 위치에 있는 수치를 파악할 수 있다.

구문 percentile.inc({number1, number2, …}, p)

number1, number2, …: 백분위수를 구하기 위한 인수 또는 데이터 입력 배열, p는 (100 × p)% 백분위수를 의미하고, 경곗값을 포함한 0에서 1 사이의 수이다.

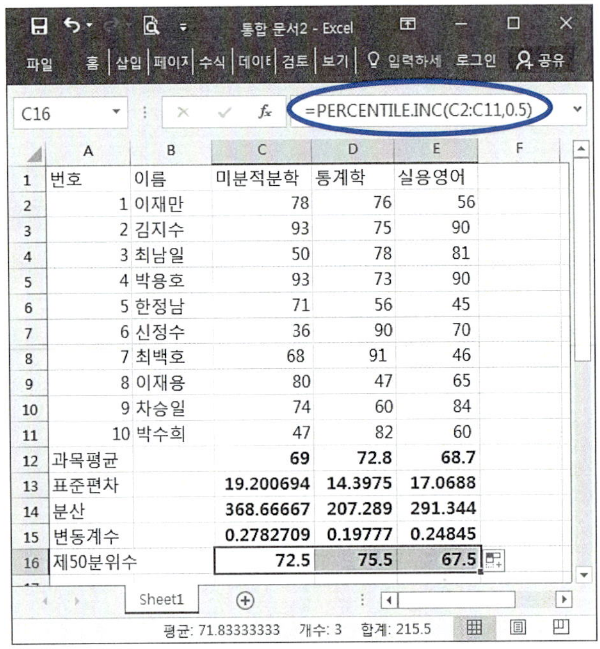

=PERCENTILE.INC(C2:C11,0.5)

	A	B	C	D	E
1	번호	이름	미분적분학	통계학	실용영어
2	1	이재만	78	76	56
3	2	김지수	93	75	90
4	3	최남일	50	78	81
5	4	박용호	93	73	90
6	5	한정남	71	56	45
7	6	신정수	36	90	70
8	7	최백호	68	91	46
9	8	이재용	80	47	65
10	9	차승일	74	60	84
11	10	박수희	47	82	60
12	과목평균		**69**	**72.8**	**68.7**
13	표준편차		**19.200694**	**14.3975**	**17.0688**
14	분산		**368.66667**	**207.289**	**291.344**
15	변동계수		**0.2782709**	**0.19777**	**0.24845**
16	제50분위수		72.5	75.5	67.5

평균: 71.83333333 개수: 3 합계: 215.5

• 엑셀을 이용한 z-점수(표준화 점수) 구하기

엑셀에서 기본적으로 제공하지 않으므로 정의대로 연산을 통해 구해야 한다. 통계학에 대한 z-점수를 구해 보자. 여기서 주의해야 할 점은 z-점수를 구하는 수식에서 개인의 통계학 점수는 드래그별로 변하는 상대참조이지만 평균과 표준편차는 고정된 것이므로 절대참조를 해야 한다는 점이다. 절대참조는 영역의 앞에 $를 붙여야 하는 것을 잊지 말아야 한다. F2 셀에 z-점수를 계산하고 [드래그&드롭]한 결과 화면이다.

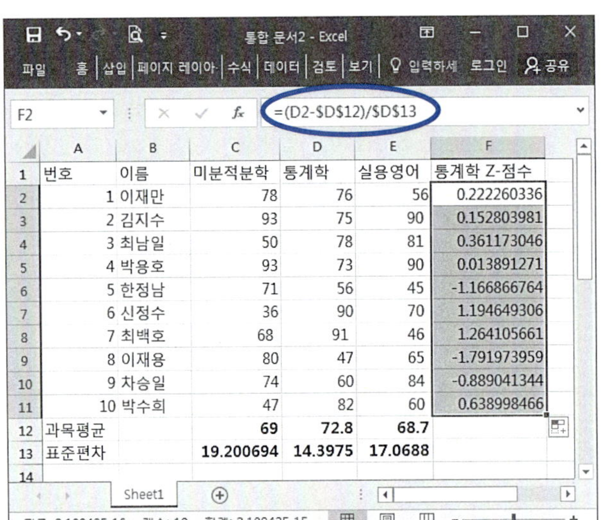

=(D2-$D$12)/$D$13

	A	B	C	D	E	F
1	번호	이름	미분적분학	통계학	실용영어	통계학 Z-점수
2	1	이재만	78	76	56	0.222260336
3	2	김지수	93	75	90	0.152803981
4	3	최남일	50	78	81	0.361173046
5	4	박용호	93	73	90	0.013891271
6	5	한정남	71	56	45	-1.166866764
7	6	신정수	36	90	70	1.194649306
8	7	최백호	68	91	46	1.264105661
9	8	이재용	80	47	65	-1.791973959
10	9	차승일	74	60	84	-0.889041344
11	10	박수희	47	82	60	0.638998466
12	과목평균		**69**	**72.8**	**68.7**	
13	표준편차		**19.200694**	**14.3975**	**17.0688**	

평균: 2.10942E-16 개수: 10 합계: 2.10942E-15

■ 자동합계로 계산하기

자동합계란 셀 영역에 입력되어 있는 숫자를 계산할 때 마우스 클릭 한 번으로 간단히 합계, 평균, 최댓값, 최솟값 등을 계산할 수 있도록 제공되는 기능이다. 앞에서 구한 평균값을 예로 들어 자동합계 기능으로 구해 보자.

① C12 셀을 선택한 후 [수식] 탭-[함수 라이브러리] 그룹에서 자동 합계 도구의 ▾를 클릭하고 평균을 선택한다. [홈] 탭-[편집] 그룹에서도 자동 합계 도구를 이용할 수 있다.

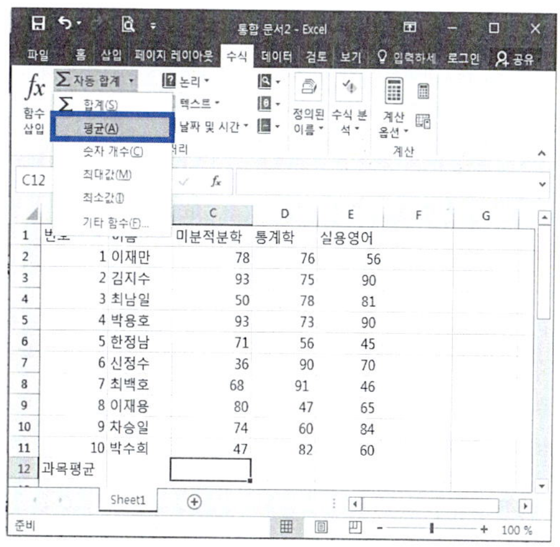

② Enter를 누르면 C12 셀에 미분적분학의 평균이 계산되고, C12 셀의 오른쪽 아랫부분에 포인터를 가져가 E12 셀까지 드래그하면 과목별 평균을 모두 계산할 수 있다.

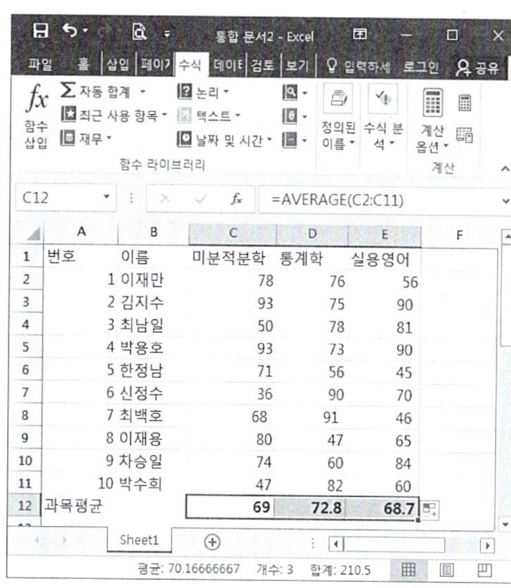

다른 함수를 사용해야 할 경우 함수추가를 클릭하면 본 교재에서 다루지 않는 다양한 함수들의 사용이 가능하다.

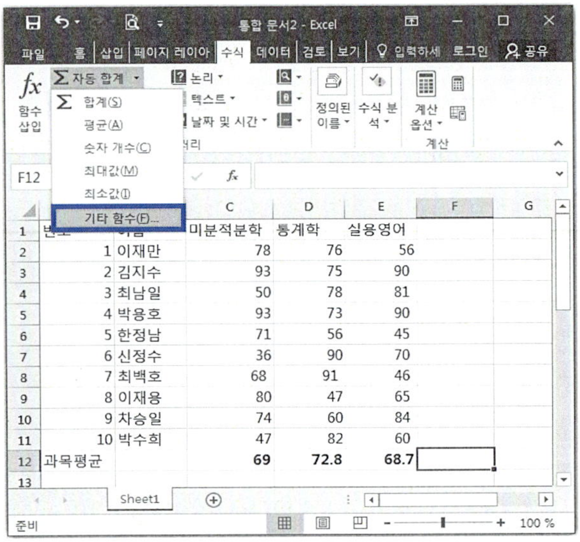

함수들의 자세한 사용법은 함수를 클릭하고 '도움말'을 누르면 자세한 용도와 문법이 설명되어 있다.

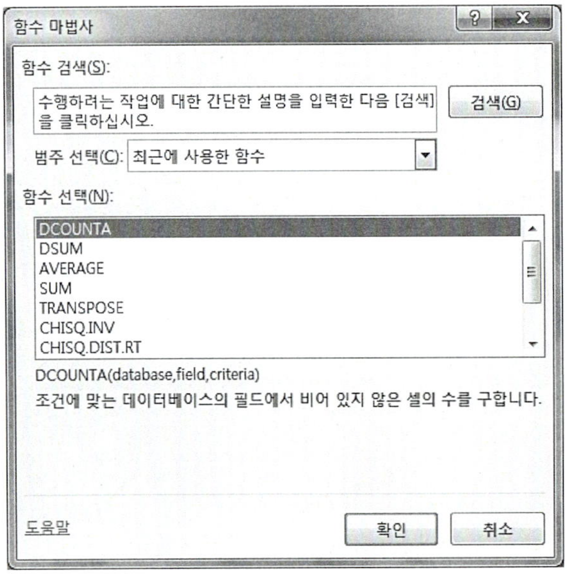

■ 데이터 분석을 이용한 통계량 구하기

'데이터 분석' 도구를 이용하여 여러 가지 측도들을 구할 수 있다. 구하는 방법은 다음과 같다.

① [데이터] 탭–[분석]에서 '데이터 분석' 도구를 클릭한다.

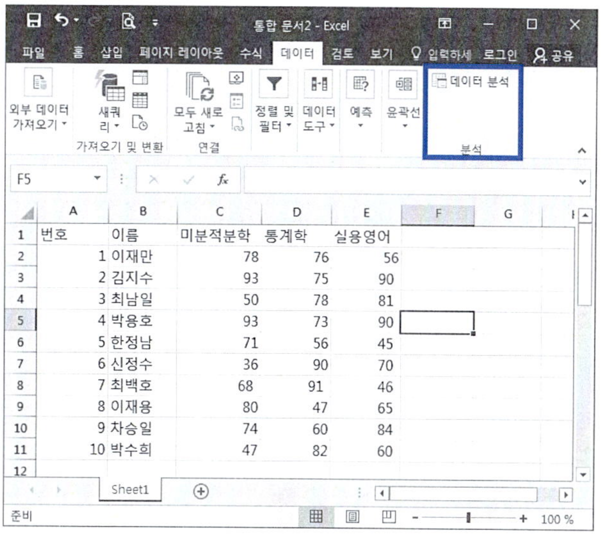

② '통계 데이터 분석' 대화상자가 나타나면 '분석 도구'에서 '기술 통계법'을 선택하고 확인을 클릭한다.

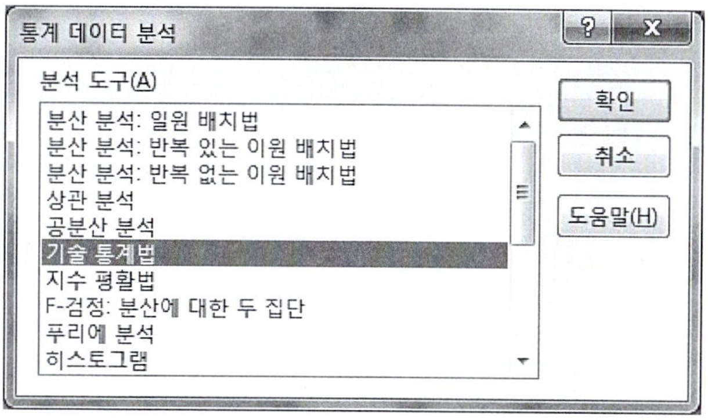

③ '기술 통계법' 대화상자에서 입력 범위에는 미분적분학의 점수를 입력하고 출력 범위는 $G$2로 지정해준다. 그리고 요약 통계량에 체크를 한다.

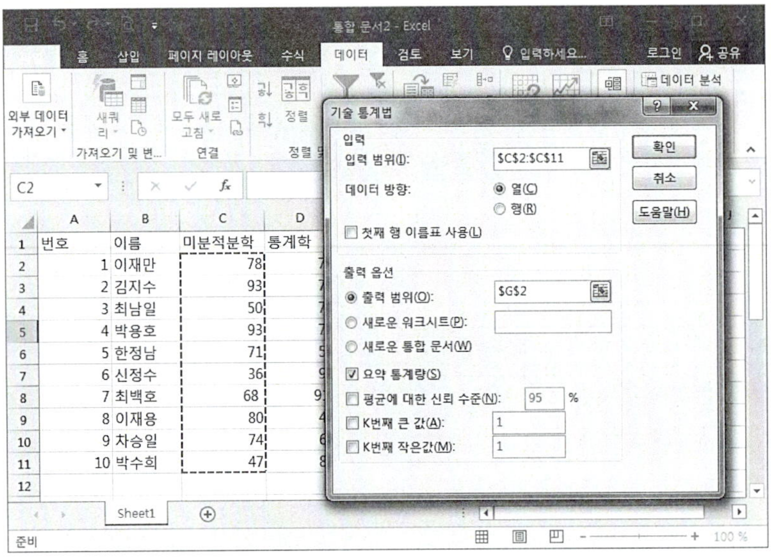

④ 출력 범위에 '미분적분학'의 평균, 표준오차, 중앙값 등 여러 가지 측도들이 출력되었다.

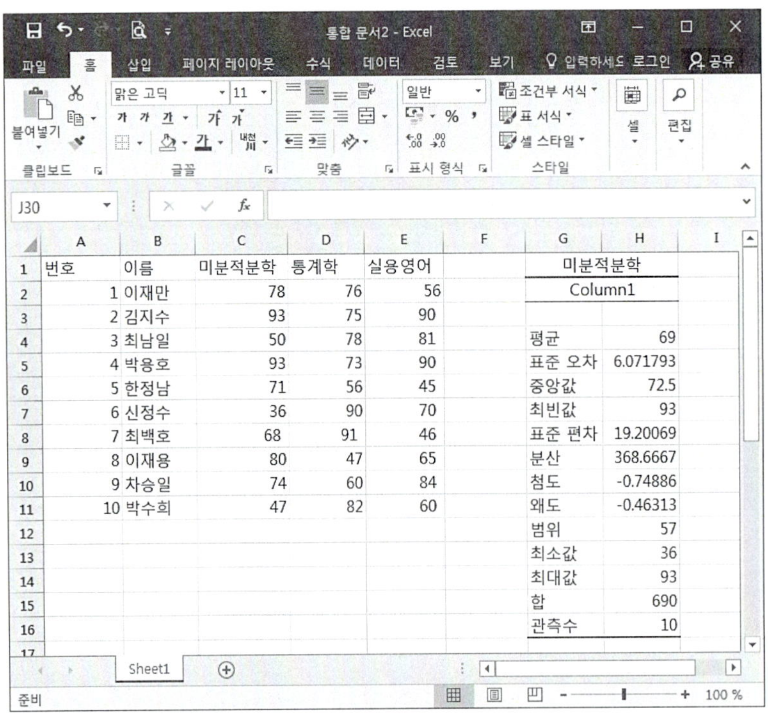

연습문제

1 어느 대학 1학년 학생들의 영어시험 중간고사 성적 중 일부를 조사한 것이다.

65	70	88	90	91	45	70	50	39	50
78	90	99	79	56	78	89	70	90	45
87	55	65	91	48	50	77	80	60	65
70	80	96	70	80	58	99	100	30	60

(1) 성적의 평균과 표준편차를 구하여라.

(2) 성적의 최빈값 및 중앙값을 구하여라.

2 어느 공장의 두 기계의 생산품 중 발생하는 불량품 개수를 1주일 동안 조사한 것이다.

기계 1	6	3	0	4	7	2	0
기계 2	2	3	0	0	1	0	3

각 기계의 불량품 발생 개수의 평균과 표준편차를 구하고 비교하여라.

3 위암 말기에 있는 환자들이 병원 수술 후 생존기간을 조사한 것이다. 20% 절사평균과 평균을 구한 후 비교하여라.

15	3	46	340	50	48	60	30	28	45

4 아래 주어진 표본자료로부터 범위(range)를 계산하여라.

3	7	4	2.5	3	20	5	5	15	3.5	3

5 아래 자료는 어느 과목의 기말고사 성적의 일부이다.

80	79	58	75	82	94	61	77	54	77	75	67	62	61	64
45	58	86	67	83	70	91	48	78	86	66	52	80	59	55

이 자료를 바탕으로 기말고사 성적의 사분위수를 구하고 범위 및 사분위수 범위를 구하여라.

6 다음에서 첫 번째 자료들은 초등학교 6학년들의 키 자료이고, 두 번째 자료들을 대학생들의 키 자료이다. 변동계수를 계산하고 산포의 정도를 비교하여라.

6학년	138.0	141.3	128.8	145.4	138.4	133.4
대학생	180.3	170.0	150.5	164.4	173.0	162.9

7 다음 10명의 중간고사 자료를 이용하여 백분위수를 구하여라.

58	74	78	60	88	82	59	40	99	71

제25백분위수와 제75백분위수를 찾고, 제30백분위수를 구하여라.

8 위 문제 7의 자료를 이용해서 각각의 z-점수를 구하여라.

9 다음 요약된 결과로부터 x들의 분산을 구하여라.

$$y_i = x_i^2,\quad \bar{y} = 37.56,\quad \bar{x} = 3.78 \quad i = 1, 2, \cdots, 10$$

10 다음 요약된 결과로부터 x들의 변동계수를 계산하여라.

$$\sum_{i=1}^{10} x_i^2 = 300 \qquad \sum_{i=1}^{10} x_i = 40$$

11 아래 그림은 엑셀 워크시트이다. 아래 그림에서 보이는 "정보통계"라는 글을 오른쪽 5칸을 반복해서 채우려면 어떻게 해야 하는가?

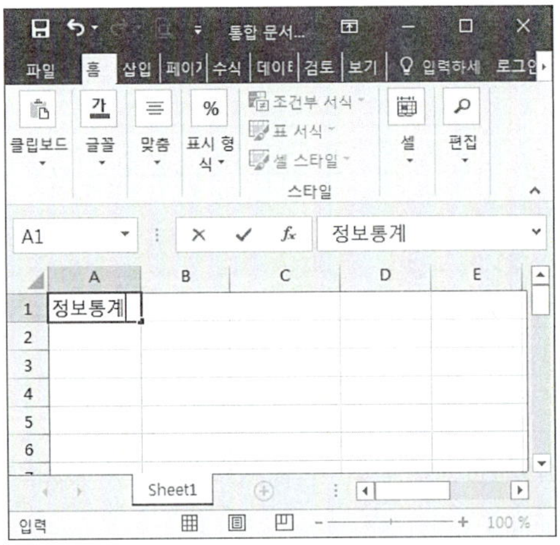

12 아래 주어진 표본자료에서 함수 마법사를 이용해서 점수에 대한 중심위치 측도(평균, 중앙값, 최빈값)를 계산하여라.

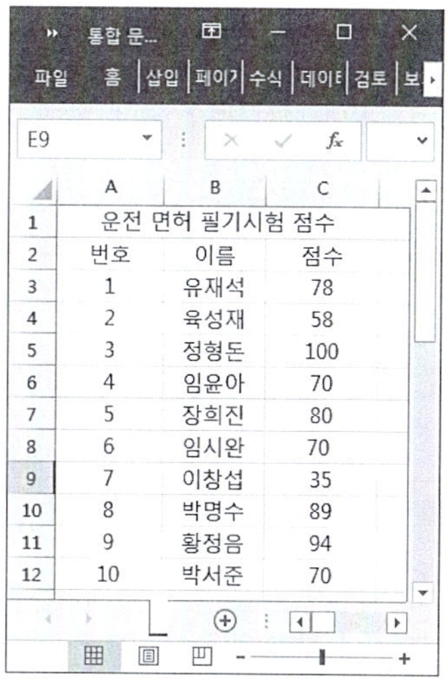

	A	B	C
1	운전 면허 필기시험 점수		
2	번호	이름	점수
3	1	유재석	78
4	2	육성재	58
5	3	정형돈	100
6	4	임윤아	70
7	5	장희진	80
8	6	임시완	70
9	7	이창섭	35
10	8	박명수	89
11	9	황정음	94
12	10	박서준	70

13 어느 학과 학생들의 기말고사 성적 중 일부이다.

번호	이름	미적분학	통계학
1	권지용	75	78
2	김슬기	98	100
3	한혜진	46	70
4	임현식	77	68
5	이예진	88	89
6	이민혁	98	60
7	윤보미	74	99
8	정은지	67	64
9	문근영	55	88
10	강동원	75	80

위 자료를 엑셀 워크시트에 저장하고 표본평균과 표본분산을 구하여라.

14 위 자료에서 미적분학의 중앙값을 구하려면 어떤 함수를 사용해서 작성해야 하는지 함수를 적고 그 값을 찾아보아라. (엑셀에 들어가는 함수와 셀을 적어라.)

15 아래 자료는 어느 학교의 학생들 일부를 뽑아 체중을 조사한 자료이다. 이 자료를

이용해서 20% 절사평균을 엑셀을 이용해서 구하여라.

56.4	120.0	67.3	52.0	48.0	76.0	90.5	56.7	45.0	60.4

16 다음은 어떤 시험에서 채점 결과 중 일부 표본자료이다.

번호	이름	성적
1	류준열	78
2	박보검	48
3	고경표	89
4	윤현민	66
5	백진희	90
6	유아인	47
7	신세경	56
8	이정현	77
9	진구	100
10	김무열	98

위 자료를 엑셀 워크시트에 저장하고 성적의 변동계수와 제25백분위수를 구하여라.

17 연습문제 16번의 자료에서 성적 옆의 열에 z-점수라는 열을 생성하여 해당되는 값을 채워라.

4장

확률 및 확률분포

확률 이론은 통계학, 특히 불확실한 상황에서 의사결정을 할 때의 통계적 추론에서 핵심적인 요소라고 할 수 있다. 불확실한 상황은 실제 생활에서 의사 결정에 관여하는 모든 요소에 대해 정확한 정보를 갖지 못하기 때문에 생겨난다. 예를 들어 어떤 제품에 대한 미래 수요, 경기에서 이길 가능성, 다음 분기에 특정 공장에서 생산되는 제품의 불량률, 항공기 이용 승객의 변화 가능성 등에 대해서 판단하고자 할 때, 관련되는 사항은 너무 많기 때문에 정확하게 결론을 내리기 어렵다. 다만, 활용 가능한 정보를 이용하여 그 가능성에 대해 언급하고자 할 때, 확률 이론은 연관되어 있는 불확실성 또는 가능성의 정도를 측정하는 근거로 사용된다. 이 장에서는 기초적인 확률 이론에 대해 소개하고 간단한 활용 방법들에 대해 살펴보고자 한다.

실생활에서 우리는 대학입시에서 합격 가능성이 높은 곳에 지원한다든가, 비 올 가능성이 10%라면 이를 무시하고 우산을 챙기지 않는다거나, 약속 시간에 늦을 가능성이 높은 사람을 만날 때는 서두르지 않는다거나 경마에서 이길 가능성이 높은 말에 상금을 거는 것처럼 알게 모르게 가능성을 전제로 한 무수한 의사결정을 하고 있다. 여기서의 가능성이 바로 확률의 개념에 해당되는 것으로 정확하게 이를 계산하는 것이 합리적인 의사결정의 초석이 된다고 할 수 있다.

4.1 확률

확률(probability)이란 어떤 현상이 일어날 가능성에 대한 믿음의 정도 또는 어떤 실험(experiment)에서 특정한 사건(event)의 발생 비율에 해당되는 개념이다. 이는 어떤 사건(또는 사상)이 일어날 가능성을 수리적(0과 1 사이의 값)으로 표현한 것에 해당되며, 이 값이 크면 사건이 일어날 가능성이 크고, 값이 작으면 가능성이 적다고 판단하게 된다. 이러한 확률의 개념은 세 가지로 구분하여 설명할 수 있다.

■ 확률의 고전적 정의

공정한 하나의 동전을 던지는 실험을 할 때 앞면이 나올 확률은 누구나 1/2이라고 할 것이다. 이것은 실험의 결과가 앞면 또는 뒷면 두 가지인데 그 중에 하나에 해당되므로 간단히 구할 수 있는 것이다. 어떤 실험에서 나올 수 있는 모든 가능한 결과의 집합을 **표본공간**(sample space)이라고 하고 보통 S라고 표기한다. 예를 들어 위의 동전 던지기 실험에서 표본공간은 {앞면, 뒷면}이 된다. 또한 표본공간의 원소 또는 부분 집합으로 관심의 대상이 되는 결과의 집합을 **사건** 또는 **사상**(event)이라고 한다. 특히, 표본공간의 하나의 원소로만 이루어진 사건을 **단순사건**(simple event, elementary event)이라고도 한다. 사건 A가 일어날 확률을 $P(A)$라고 표기하며, 표본공간 S가 유한집합이고 표본공간의 원소들이 일어날 가능성이 모두 같은 경우에 확률의 고전적 정의는 다음과 같다.

$$P(A) = \frac{\text{사건 } A\text{에 해당되는 원소의 수}}{\text{표본공간 } S\text{의 원소의 수}}$$

확률을 이러한 고전적 정의로 구할 수 있는 예들은 다음과 같다.

1) 동전을 두 번 던질 때, 앞면이 한 번만 나올 확률

2) 정육면체 주사위를 던질 때, 3의 눈이 나올 확률
3) 정육면체 주사위를 던질 때, 짝수의 눈이 나올 확률
4) 52장의 트럼프 카드에서 한 장을 뽑을 때, 하트 무늬가 나올 확률
5) 로또 복권에서 1등에 당첨될 확률

예제 4.1 공정한 동전을 두 번 던지는 실험을 할 때, 앞면이 한 번만 나올 사건을 A라고 하면 사건 A가 일어날 확률은 얼마인가?

풀이 동전의 앞면을 H(head), 뒷면을 T(tail)라고 하자. 그러면 동전을 두 번 던지는 실험의 표본공간 S는 다음과 같다.

$$S=\{(H, H), (H, T), (T, H), (T, T)\}$$

사건 A의 집합은 $\{(H, T), (T, H)\}$ 의 두 가지로 이루어져 있으므로

$$P(A)=2/4=1/2$$

이다. ☑

■ 확률의 경험적 정의

반복되는 실험에서 상대도수(relative frequency)의 개념으로 특정한 사건이 발생할 확률을 설명하는 것이 확률의 경험적 정의에 해당된다. 즉, 전체 실험 횟수 또는 관측 도수를 n이라고 하고, 특정 사건 A의 발생 횟수 또는 관측 도수를 x라고 하면 경험적 정의에 의한 확률 $P(A)$는 다음과 같이 정의된다.

$$P(A)=\frac{\text{사건 } A \text{의 발생 횟수}}{\text{전체 실험 횟수}}=\frac{x}{n}$$

여기서 n이 충분히 크면 사건 A에 대한 확률에 대해서 보다 신빙성 있게 말할 수 있다. 이는 확률을 상대도수의 극한 개념으로 설명한 것에 해당된다.

경험적 정의에 의한 확률로 구할 수 있는 예로는 다음과 같은 것들이 있다.

1) 어떤 병원에서 특정 수술의 성공 확률
2) 어떤 타자가 타석에서 안타를 칠 확률
3) 어느 가게에 방문하는 손님이 물건을 구입할 확률
4) 어느 공장에서 생산되는 제품의 전구가 불량품일 확률

예제 4.2 새로 문을 연 전자 제품 매장에 지금까지 방문한 사람이 154명인데 이 중에 108명이 제품을 구매하였다. 이제 어떤 손님이 매장에 들어 왔을 때, 경험에 의하면

이 손님이 제품을 구매할 확률은 얼마인가?

풀이 확률의 경험적 정의에 의하여 구하는 확률은 108/154 = 0.7013으로, 이 손님이 제품을 구매할 확률은 약 0.70이라고 할 수 있다. ☑

■ 확률의 주관적 정의

앞에서 확률에 대한 두 가지 측면의 정의를 보았는데, 실생활에서는 관심을 갖는 확률 문제에서 일어날 수 있는 사건의 가능성이 서로 같지 않다던가, 실험의 반복에 대한 정보가 없는 경우가 허다하다. 예를 들어 내년에 우리나라 경제 성장률이 5% 이상일 확률, 울릉도의 한 지점에서 석유가 나올 확률, 어느 골프 선수가 이번 대회에서 우승할 확률 등이 이에 속하며, 이러한 경우에 확률은 주관적인 감각이나 판단에 의한 믿음의 정도를 나타낸다고 볼 수 있다. 물론 이러한 판단의 근거로는 비슷한 상황의 결과나 과거의 경험에 기초한 경우가 종종 있다.

■ 확률의 성질

표본공간 $S = \{A_1, A_2, \cdots, A_n\}$ 가 주어졌을 때, 단순사건 A_i에 할당되는 확률은 다음의 기초적인 조건을 만족해야 한다.

(i) 모든 i에 대하여 $0 \le P(A_i) \le 1,\ i = 1, \cdots, n$.

(ii) $P(A_1) + P(A_2) + \cdots + P(A_n) = \sum_{i=1}^{n} P(A_i) = 1$

하나의 사건 A의 확률은 표본공간에서 A에 포함되는 단순사건들에 할당되어 있는 확률의 합과 같다. 확률의 성질을 알아보기 위해 몇 가지 사건의 조합에 대해 살펴보자. 사건 A 또는 사건 B가 일어날 사건을 A와 B의 **합사건**(union)이라고 하며, $A \cup B$라고 나타낸다. 이것은 사건 A, B 중 어느 하나 또는 둘 다에 속하는 모든 단순사건들의 모임에 해당된다. 또한 사건 A와 사건 B가 동시에 일어나는 사건을 **곱사건**(intersection)이라고 하며 $A \cap B$로 나타낸다. 이것은 사건 A, B 둘 다에 속하는 모든 단순사건들의 모임에 해당된다. A의 **여사건**(complement)은 사건 A에 속하지 않는 표본공간의 모든 원소의 집합을 의미하며 A^c 또는 $\overline{A}$로 나타낸다. 어떤 두 사건이 동시에 일어날 수 없을 때, 이 두 사건을 서로 **배반사건**(mutually exclusive event)이라고 하며, 이는 $A \cap B = \phi$(공집합)인 두 사건 A, B를 의미한다. 예를 들어 사건 A와 A^c은 서로 배반이다. 이와 같은 관계를 그림으로 나타내 본 것이 [그림 4.1]이며 이러한 그림을 **벤다이어그램**(Venn diagram)이라고 한다.

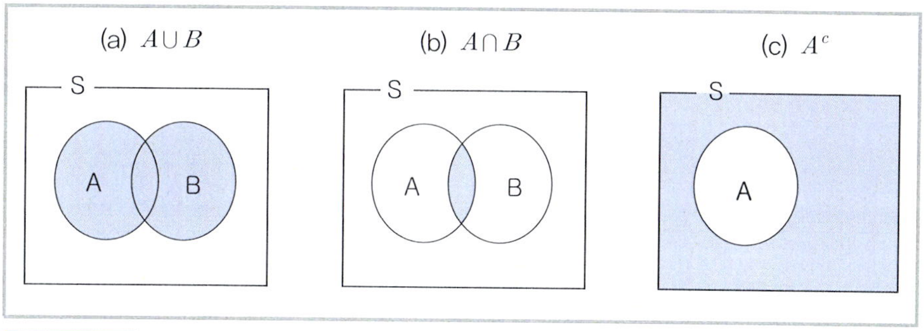

그림 4.1 벤다이어그램

이와 같은 사건의 정의들에 기초하여 다음과 같은 확률의 몇 가지 성질들을 유도할 수 있다.

(a) $P(A \cup B) = P(A) + P(B) - P(A \cap B)$. (확률의 덧셈법칙)

(b) A와 B가 서로 배반사건일 때, $P(A \cap B) = P(\phi) = 0$.

(c) A^c가 A의 여사건일 때, $P(A) + P(A^c) = 1$, 또는
$P(A^c) = 1 - P(A)$.

예제 4.3 각 면에 1부터 8까지 숫자가 적힌 정팔면체 주사위를 던지는 실험에서 다음과 같은 사건을 생각해 보자.

A: 2, 3, 5 또는 7의 눈이 나오는 사건
B: 7 이상의 눈이 나오는 사건
C: 3의 배수인 눈이 나오는 사건

(1) 표본공간을 정의하고, 각 단순사건에 대해 확률을 할당하여라.
(2) 사건 A의 확률을 구하여라.
(3) B의 여사건 B^c의 확률을 구하여라.
(4) A와 B의 곱사건, $A \cap B$의 확률을 구하여라.
(5) A와 B의 합사건, $A \cup B$의 확률을 구하여라.
(6) B와 C는 서로 배반사건인가 답하여라.

풀이 (1) 표본공간은 $S = \{1, 2, 3, 4, 5, 6, 7, 8\}$이고, 각 단순사건의 확률은

$$P(1) = P(2) = \cdots = P(8) = \frac{1}{8}$$

로 동일하다.

(2) 사건 A는 $\{2, 3, 5, 7\}$에 해당되며 확률은 $P(A) = 4/8 = 0.5$

(3) 사건 B는 {7, 8}에 해당되며 확률은 $P(B) = 2/8 = 0.25$ 이므로

$$P(B^c) = 1 - P(B) = 1 - 0.25 = 0.75$$

(4) $A \cap B = \{7\}$ 이므로 $P(A \cap B) = 1/8 = 0.125$

(5) $P(A \cup B) = P(A) + P(B) - P(A \cap B) = 0.5 + 0.25 - 0.125 = 0.62$

(6) C는 {3, 6}에 해당하고 $B \cap C = \phi$이므로 B와 C는 서로 배반사건 ☑

■ 확률의 계산

확률의 계산에서 자주 필요한 경우의 수를 쉽게 파악할 수 있는 조합과 순열에 대해서 살펴보자. 서로 다른 n개의 대상 중에서 r개를 뽑기만 하는 경우를 **조합**(combination)이라고 하며, ${}_nC_r$ 또는 $\binom{n}{r}$로 나타낸다. 이에 대한 모든 경우의 수는

$${}_nC_r = \binom{n}{r} = \frac{n!}{r!(n-r)!}$$

로 계산되며, 여기서 $x! = x(x-1)(x-2)(x-3)\cdots 2 \cdot 1$ 이고 "x 팩토리얼(factorial)"이라고 읽는다. 단, $0! = 1$ 로 정의한다.

서로 다른 n개의 대상을 일렬로 배열하는 경우의 수는

$$n! = n(n-1)(n-2)(n-3)\cdots 2 \cdot 1$$

이다. 서로 다른 n개의 대상 중에 중복이 없이 r개를 뽑아서 배열하는 경우를 **순열**(permutation)이라고 하고, ${}_nP_r$로 나타낸다. 이에 대한 경우의 수는 n개의 대상 중에 r개를 뽑고(${}_nC_r$), 뽑힌 각 경우에 대해 다시 이 r개를 배열하는 경우의 수($r!$)를 곱한 것으로 계산된다. 즉,

$${}_nP_r = {}_nC_r \times r! = \frac{n!}{r!(n-r)!} \times r! = \frac{n!}{(n-r)!} = n(n-1)(n-2)\cdots(n-r+1)$$

이다.

예제 4.4 7명의 의원 A, B, C, D, E, F, G 중에서 3명의 대표의원을 뽑는 방법의 수는?

풀이 이는 3명을 뽑기만 하는 것으로 조합에 해당되며, 7명의 의원에서 3명을 뽑는 방법의 수는

$${}_7C_3 = \binom{7}{3} = \frac{7!}{3!(7-3)!} = \frac{7 \times 6 \times 5}{3 \times 2 \times 1} = 35$$

이다. ☑

예제 4.5 7명의 의원 A, B, C, D, E, F, G 중에서 위원장 1명, 부위원장 1명을 뽑는 방법의 수는?

풀이 이것은 순서가 관여되는 순열에 해당되는 것으로 7명 중에서 2명을 뽑고, 다시 이 두 사람을 순서대로 배열하는 경우의 수에 해당된다. 즉, 7명 중에 2명을 뽑는 순열의 수는

$$ {}_7P_2 = {}_7C_2 \times 2! = \frac{7!}{(7-2)!} = \frac{7 \times 6 \times 5 \times 4 \times 3 \times 2 \times 1}{5 \times 4 \times 3 \times 2 \times 1} = 42 $$

이다. ☑

서로 다른 n개의 대상 중에서 중복을 허락하여 r개를 뽑아 일렬로 배열하는 경우, 즉 중복을 허락하고 순서를 고려하여 r개를 뽑는 경우를 **중복순열**(repeated permutation)이라고 하고 경우의 수는 ${}_n\Pi_r$로 나타낸다. 경우의 수 계산은

$$ {}_n\Pi_r = n^r $$

로 구할 수 있다. 예를 들어 a, b 중에서 중복을 허락하여 세 개를 뽑아 배열하는 경우는 aaa, aab, aba, abb, baa, bab, bba, bbb의 여덟 개이다. 이것은 두 개 중에서 세 개를 택하는 중복순열로 세 개의 칸 □ □ □ 에 a 또는 b를 넣는 방법 $2 \times 2 \times 2 = 8$로 계산될 수 있으며, ${}_2\Pi_3 = 2^3 = 8$ 과 같다. 이러한 중복순열은 대표적으로 서로 다른 것을 서로 다른 것에 나누어 주는 경우의 수를 구할 때 적용할 수 있다.

서로 다른 n개의 대상 중에서 중복을 허락하여 r개를 뽑기만 하는 경우, 즉 중복을 허락하면서 순서를 고려하지 않고 r개를 뽑는 경우를 **중복조합**(repeated combination)이라고 하고 경우의 수는 ${}_nH_r$로 나타낸다. 경우의 수 계산은

$$ {}_nH_r = {}_{n+r-1}C_r $$

와 같이 구할 수 있다. 예를 들어 집합 $S=\{1,2,3,4\}$에서 중복을 허락하여 3개의 원소를 뽑아 집합으로 표현한 경우는 $\{1,1,1\}, \{1,1,2\}, \{1,1,3\}, \cdots, \{4,4,4\}$로 4개 중에 3개를 택하는 중복조합에 해당된다. 이것은 ${}_4H_3 = {}_{4+3-1}C_3 = {}_6C_3 = 20$으로 계산된다.

예제 4.6 다음의 각 물음에 대한 경우의 수를 구하여라.

(a) 서로 다른 다섯 종류의 과일을 서로 다른 세 개의 쟁반에 놓는 경우의 수

(b) 어떤 버스의 현재 탑승인원이 8명이다. 지금부터 종점까지는 5개의 정류장이 있다고 할 때, 이 승객들이 내리는 경우의 수

(c) 모양과 크기가 같은 5통의 편지를 우체통 A, B, C에 넣는 경우의 수

(d) 10명의 유권자가 3명의 후보자에게 무기명으로 투표할 때 결과로 나타날 수 있는 경우의 수

풀이 (a) 과일이 다섯 가지이고 각 과일을 각 접시에 놓을 수 있는 경우가 세 가지이므로, 경우의 수는 $3\times3\times3\times3\times3$이다. 이것은 순서가 관여되는 순열에 해당되는 것으로 세 개의 쟁반 가운데 중복을 허락하여 다섯 개를 뽑아 일렬로 배열하는 중복 순열의 경우에 해당된다. 그러므로 경우의 수는 ${}_3\Pi_5 = 3^5$.

(b) 각 탑승객이 내릴 수 있는 정거장이 5개씩이고, 이것은 5개의 정류장에서 중복을 허락하여 8개를 뽑아 배열하는 중복순열이므로 ${}_5\Pi_8 = 5^8$.

(c) 편지가 구분이 되지 않으므로 이것은 3개의 우체통에서 중복을 허락하여 5개를 뽑는 중복조합에 해당된다. 그러므로 경우의 수는 ${}_3H_5 = {}_{3+5-1}C_5 = {}_7C_5 = 21$.

(d) 누가 투표한지 구분이 되지 않으므로 이것은 순서와 상관없이 3명의 이름 중에서 중복을 허락하여 10번 부르는 경우이다. 즉, ${}_3H_{10} = {}_{3+10-1}C_{10} = {}_{12}C_{10} = 66$. ☑

4.2 조건부 확률과 베이즈 정리

앞에서 우리는 표본공간이 주어진 경우 또는 표본공간을 구성할 수 있는 경우의 확률에 대해 살펴보았다. 여기서는 실험의 결과가 표본공간의 일부만 나타날 수 있다는 정보가 주어졌을 때 확률에 대해 살펴보고자 한다.

■ 조건부 확률

앞의 [예제 4.3]의 실험의 결과 짝수의 눈이 관측되었다고 주어졌을 때, 사건 B의 확률을 구하는 문제를 생각해 보자. 우선, 짝수의 눈이 관측되었다는 정보가 주어지면 실험의 가능한 결과의 집합인 표본공간이 [그림 4.2]에 주어진 것처럼 (a)에서 (b)의 그림자 영역으로 변화하게 된다. 이에 따라, 표본공간 위에서 정의되는 확률도 변화하게 되는 것이다.

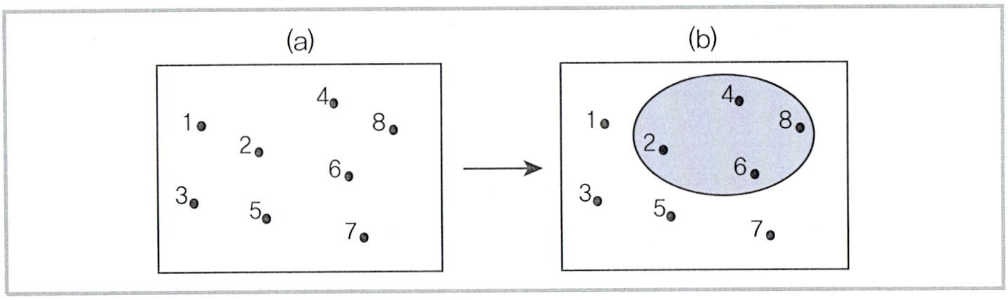

그림 4.2 표본공간의 변화

이와 같이 어떤 사건이 발생했다는 조건이 주어진 상태에서 다른 사건이 발생할 확률을 **조건부 확률**(conditional probability)이라고 한다. 두 개의 사건 A와 B가 있고 A가 일어날 확률이 0보다 크다고 하자. 이때 사건 A가 일어났다는 조건하에서 사건 B가 일어날 조건부 확률은

$$P(B|A)=\frac{P(A\cap B)}{P(A)}$$

으로 정의된다. 이것은 S를 유한한 표본공간이라고 하고, $n(S)$를 S의 원소의 수라고 할 때, 확률의 정의에 의하여 다음과 같이 설명될 수 있다.

$$P(B|A)=\frac{n(A\cap B)}{n(A)}=\frac{n(A\cap B)/n(S)}{n(A)/n(S)}=\frac{P(A\cap B)}{P(A)}$$

예제 4.7 대학의 어느 강좌에서 수강생 중에서 25%가 A학점을 받았으며, 1학년 중에서 A학점을 받은 학생은 전체 수강학생의 15%라고 한다. 임의로 한 학생을 선택했는데 그 학생이 A학점을 받았다고 주어졌을 때, 그 학생이 1학년일 확률은 얼마인가?

풀이 임의로 선택된 학생이 A학점을 받은 학생일 사건을 A, 1학년 학생일 사건을 B라고 하면 고려하는 사건은 A가 주어졌을 때 B가 일어나는 것이므로 조건부 확률의 계산은 다음과 같다.

$$P(B|A)=\frac{P(A\cap B)}{P(A)}=\frac{0.15}{0.25}=\frac{3}{5}=0.6$$

조건부 확률의 정의를 이용하면 두 개의 사건 사이의 관계에 대해 판단할 수 있다. 하나의 사건이 일어났다는 사실이 다른 사건이 일어날 확률에 영향을 주지 않는 경우에 두 사건은 서로 **독립사건**(independent event)이라고 하며, 그렇지 않은 경우에는 **종속사건**(dependent event)이라고 한다. 즉, 두 사건 A와 B가 있을 때, $P(B|A)=P(B)$이거나 $P(A|B)=P(A)$이면 A와 B가 서로 독립이라고 하고, 그렇지 않으면 서로 종속이라고 한다.

예제 4.8 하나의 동전을 두 번 던지는 실험에서 첫 번째에 앞면이 나오는 사건을 A, 두 번째에 앞면이 나오는 사건을 B라고 하면 두 사건 A와 B는 서로 독립인가?

풀이 동전의 앞면을 H, 뒷면을 T라고 하면 표본공간 S는 다음과 같다.

$$S=\{(T,T),\ (T,H),\ (H,T),\ (H,H)\}$$

사건 A와 B에 해당되는 것은

$$A=\{(H,T),\ (H,H)\},\ B=\{(T,H),\ (H,H)\}$$

이므로,

$$P(A)=\frac{1}{2},\ P(B)=\frac{1}{2},\ P(A\cap B)=\frac{1}{4},\ P(B|A)=\frac{P(A\cap B)}{P(A)}=\frac{1/4}{1/2}=\frac{1}{2}$$

이다. $P(B)=P(B|A)$ 이므로 두 사건 A와 B는 서로 독립이다. ☑

■ 확률의 곱셈법칙

확률 계산을 위한 법칙 중의 하나로 곱사건에 대한 확률을 조건부 확률을 이용하면 계산할 수 있다. 조건부 확률의 정의로부터

$$P(A|B)=\frac{P(A\cap B)}{P(B)} \text{ 이고 } P(B|A)=\frac{P(A\cap B)}{P(A)}$$

이므로 다음과 같이 곱사건에 대한 확률을 구할 수 있다.

확률의 곱셈법칙
임의의 두 사건 A, B에 대하여 $P(A\cap B)=P(A)\times P(B|A)=P(B)\times P(A|B)$.

조건으로 주어진 정보가 어느 것이냐에 따라 위의 식 중에 하나를 택하여 계산하면 된다. 두 사건 A, B가 서로 독립일 경우에는 $P(B|A)=P(B)$이므로 $P(A\cap B)=P(A)\times P(B)$ 이 성립함을 쉽게 알 수 있다.

독립사건의 곱셈법칙
서로 독립인 두 사건 A, B에 대하여 $P(A\cap B)=P(A)\times P(B)$.

예제 4.9 10개의 빨간 공과 6개의 파란 공이 들어 있는 상자로부터 하나씩 두 개의 공을 뽑는다고 할 때, 첫 번째 공이 빨간 공이고 두 번째 공이 파란 공일 확률을 구하여라. 단, 꺼낸 공은 되돌려 넣지 않기로 한다.

풀이 첫 번째 공이 빨간 공일 사건을 A, 두 번째 공이 파란 공일 사건을 B라고 하자. 구하는 확률은 다음과 같다.

$$P(A\cap B)=P(A)\times P(B|A)=\frac{10}{16}\times\frac{6}{15}=\frac{1}{4}$$

☑

예제 4.10 주머니 안에 50개의 제비가 있다. 이 중에서 2개는 당첨금을 받을 수 있는 것이고, 나머지는 무효 제비이다. 이제 두 사람이 제비를 뽑는데 처음 뽑는 사람이 당첨 제비를 뽑는 사건을 A, 두 번째 사람이 당첨 제비를 뽑는 사건을 B라고 하면 두 사건 A와 B는 서로 독립인가?

풀이 이 문제는 두 가지 상황에 따라 답이 달라질 수 있다.

① 뽑은 제비를 주머니에 되돌려 넣지 않는 경우

$$P(B)=\frac{2}{50}\times\frac{1}{49}+\frac{48}{50}\times\frac{2}{49}=\frac{98}{2450}=\frac{1}{25}$$

$$P(B|A)=\frac{P(A\cap B)}{P(A)}=\frac{\frac{2}{50}\times\frac{1}{49}}{\frac{2}{50}}=\frac{1}{49}$$

$P(B)\neq P(B|A)$ 이므로 두 사건 A와 B는 서로 독립이 아니다.

② 뽑은 제비를 주머니에 되돌려 넣는 경우

$$P(B)=\frac{2}{50}\times\frac{2}{50}+\frac{48}{50}\times\frac{2}{50}=\frac{100}{2500}=\frac{1}{25}$$

$$P(B|A)=\frac{P(A\cap B)}{P(A)}=\frac{\frac{2}{50}\times\frac{2}{50}}{\frac{2}{50}}=\frac{1}{25}$$

$P(B)=P(B|A)$ 이므로 두 사건 A와 B는 서로 독립이다. ☑

■ 베이즈 정리

앞에서 우리는 사건 A가 일어났다고 주어졌을 때, 사건 B가 일어날 조건부 확률을

$$P(B\,|\,A)=\frac{P(A\cap B)}{P(A)}$$

으로 정의하였고 이를 구하는 방법에 대해 학습하였다. **베이즈 정리**(Bayes' Theorem)는 영국의 수학자이자 목사인 토머스 베이즈(Thomas Bayes, 1702 ~ 1761)에 의해서 소개된 것으로, 특히 위의 조건부 확률을 구할 때, $P(A\cap B)$와 $P(A)$가 직접 주어지지 않은 경우에 유용하게 쓰일 수 있다. 베이즈 정리는 확률의 계산에 유용하게 쓰일 뿐만 아니라 의사결정론(Decision Theory)에서도 중요한 역할을 한다. 예를 들어 다음의 문제를 생각해 보자.

"어떤 공장에서 숙련공 김씨와 초보자 박씨 두 사람이 각각 총 생산되는 제품의 80%, 20%를 만들어 낸다고 하자. 경험에 의하면 김씨가 생산하는 제품 중에서

1%, 박씨가 생산하는 제품 가운데서 10%가 불량품이라고 알려져 있다. 어느 날 공장에서 생산된 제품 가운데서 임의로 한 개를 선택해서 보았는데 그것이 불량품이었다. 이 제품을 김씨가 생산했을 확률은 얼마인가?"

이 문제를 풀기 위하여 김씨가 제품을 생산하는 사건을 A, 생산된 제품이 불량품일 사건을 B라고 하자. 그러면 박씨가 제품을 생산하는 것은 A^c, 생산된 제품이 양호품일 사건은 B^c에 해당된다고 할 수 있다. 문제에서 주어진 것은

$$P(A)=0.8,\ \ P(A^c)=0.2,\ \ P(B\,|\,A)=0.01,\ \ P(B\,|\,A^c)=0.1$$

로 요약될 수 있고, 구하려는 확률은 $P(A\,|\,B)$에 해당된다. 이 확률을 구하기 위해서는 $P(B)$와 $P(A\cap B)$ 값이 필요한데, 주어진 조건을 이용해서 다음과 같이 이러한 값들을 구할 수 있다.

$$\begin{aligned}
P(A\cap B) &= P(A)\times P(B\,|\,A)=0.8\times 0.01=0.008\\
P(B) &= P(B\cap(A\cup A^c))=P((B\cap A)\cup(B\cap A^c))\\
&= P(B\cap A)+P(B\cap A^c)\\
&= P(A)\times P(B\,|\,A)+P(A^c)\times P(B\,|\,A^c)\\
&= 0.8\times 0.01+0.2\times 0.1\\
&= 0.028
\end{aligned}$$

그러므로 우리가 구하는 확률은

$$\begin{aligned}
P(A\,|\,B) &= \frac{P(A\cap B)}{P(B)}=\frac{P(A\cap B)}{P(A)\times P(B\,|\,A)+P(A^c)\times P(B\,|\,A^c)}\\
&= \frac{0.008}{0.028}=0.286
\end{aligned}$$

이다.

이와 같은 내용은 베이즈 정리로 일반화될 수 있는데, 이는 [그림 4.3]에서와 같이 서로 배반인 k개의 사건 $A_1, A_2, \cdots, A_k$에 대하여 어떤 사건 B가 주어졌을 때, $A_i\,|\,B$의 조건부 확률을 구하는 문제이다.

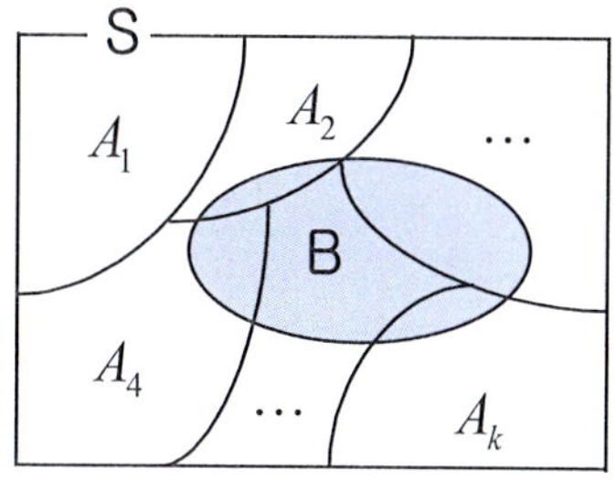

그림 4.3 베이즈 정리 설명을 위한 그림

[그림 4.3]에서 사건 B의 확률은 다음과 같이 나타내질 수 있는데 이를 전확률공식이라고 한다.

$$P(B) = P(A_1 \cap B) + P(A_2 \cap B) + \cdots P(A_k \cap B)$$
$$= P(A_1) \times P(B|A_1) + \cdots + P(A_k) \times P(B|A_k)$$

베이즈 정리(Bayes' Theorem)

$A_1, A_2, \cdots, A_k$를 각각 일어날 확률이 0보다 큰 k개의 서로 배반인 사건이고, $A_1 \cup A_2 \cup \cdots \cup A_k = S$임을 만족할 때, 임의의 사건 B에 대하여 다음이 성립한다.

$$P(A_i|B) = \frac{P(A_i) \times P(B|A_i)}{P(A_1) \times P(B|A_1) + P(A_2) \times P(B|A_2) + \cdots + P(A_k) \times P(B|A_k)}$$
$$= \frac{P(A_i) \times P(B|A_i)}{\sum_{j=1}^{k} P(A_j) \times P(B|A_j)}$$

예제 4.11 어느 고등학교의 학생들은 전교생이 등교 시에 버스와 지하철 둘 중 하나만을 이용한다고 한다. 버스를 이용하는 경우가 40%이고, 지하철을 이용하는 경우가 60%라고 한다. 그리고 지각할 가능성은 버스를 이용하는 날이 30%이고, 지하철을 이용하는 날이 10%라고 한다. 오늘 아침 김양이 지각했는데, 지하철을 타고 왔을 확률을 구하여라.

풀이 이 문제를 풀기 위해 학생이 버스를 이용할 사건을 A_1이라고 하고, 지하철을 이용할 사건을 A_2, 김양이 지각할 사건을 B라고 하면,

$$P(A_1) = 0.4,\ P(A_2) = 0.6,\ P(B|A_1) = 0.3,\ P(B|A_2) = 0.1$$

이 된다. 김양이 지각했는데, 지하철을 타고 왔을 확률은

$$P(A_2 | B) = \frac{P(A_2)P(B | A_2)}{P(A_1)P(B | A_1) + P(A_2)P(B | A_2)}$$

$$= \frac{0.6 \times 0.1}{0.4 \times 0.3 + 0.6 \times 0.1}$$

$$= 0.333$$

즉, 김양이 지각했는데, 지하철을 타고 왔을 확률은 약 0.33이다. ☑

예제 4.12 어떤 보험 회사는 고객들을 고위험, 중위험, 저위험 고객의 3가지 유형으로 분류한다. 고객들 중 20%가 고위험 고객이고, 30%가 중위험 고객, 나머지 50%가 저위험 고객에 해당된다. 어떤 한 고객이 1년에 적어도 한 번 사고를 낼 확률이 고위험 고객은 0.25, 중위험 고객은 0.16, 저위험 고객은 0.10이라고 하자.

(a) 보험회사의 고객들 중 임의로 어느 한 고객을 선택하였을 때, 그 고객이 1년에 적어도 한 번 사고를 낼 확률은 얼마인가?

(b) 어떤 한 사람이 1년에 적어도 한 번 사고를 낸 고객이라면, 그 고객이 고위험 고객에 해당될 조건부 확률은 얼마인가?

풀이 고위험 고객을 A_1이라고 하고, 중위험 고객을 A_2, 저위험 고객을 A_3라고 한다. 그리고 1년에 적어도 한 번 사고를 낼 사건을 B라고 하면,

$$P(A_1) = 0.2, \ P(A_2) = 0.3, \ P(A_3) = 0.5$$
$$P(B | A_1) = 0.25, \ P(B | A_2) = 0.16, \ P(B | A_3) = 0.10$$

(a) 고객이 1년에 적어도 한 번 사고를 낼 확률은

$$\begin{aligned} P(B) &= P(B | A_1)P(A_1) + P(B | A_2)P(A_2) + P(B | A_3)P(A_3) \\ &= 0.25 \times 0.2 + 0.16 \times 0.3 + 0.1 \times 0.5 \\ &= 0.148 \end{aligned}$$

(b) $P(A_1 | B) = \frac{P(B | A_1)P(A_1)}{P(B)} = \frac{0.25 \times 0.2}{0.148} = 0.338$ ☑

4.3
확률변수

이 절에서는 확률변수의 개념을 소개함으로써 앞에서 배운 확률의 응용에 대한 사항을 확장시키려고 한다. 확률변수를 소개하고 나면, 확률변수가 어떤 값을 취할 확률을 나타내는 확률분포에 대해 살펴보고, 이를 이용하여 기댓값과 분산의 정의 및 계산하는 방법에 대해서도 살펴볼 것이다.

■ 확률변수

확률변수(random variable)는 표본공간 내의 각 사건들에 실수값을 대응시키는 함수를 의미한다. 간단하게 표현하면 사상(event)들을 수치적인 표현으로 바꾼 것이 확률변수이다. 이와 같은 확률변수는 실험의 결과가 숫자로 나오는 경우이거나 숫자로 표현하기 곤란한 질적 자료의 형태로 나오는 경우에도 확률을 표현하는 데 유용하게 사용될 수 있다.

예를 들어 동전을 세 번 던지는 실험을 생각해 보자. 실험의 가능한 결과들의 모임인 표본공간 S는 다음과 같다. 단, H는 앞면(Head), T는 뒷면(Tail)이라고 하자.

$$S = \{(T, T, T), (H, T, T), (T, H, T), \cdots, (H, T, H), (T, H, H), (H, H, H)\}$$

이 실험에서 앞면이 2번 나오는 사건의 확률을 표현하려면

$$P\{(H, H, T) \text{ 또는 } (H, T, H) \text{ 또는 } (T, H, H)\}$$

의 형태가 된다. 이 실험의 결과에 앞면의 수를 대응시키는 함수를 X라고 정의하면, 앞의 확률 표현은 간단히 $P(X=2)$로 표현할 수 있다. 즉, 이때 X가 확률변수가 되며, 이를 이용하면 확률의 표현을 보다 간단명료하게 할 수 있는 것이다. 여기서 X가 취할 수 있는 값은 0, 1, 2, 3이 된다. 확률변수의 예로는 다음과 같은 것들을 들 수 있겠다.

(a) 주사위를 던질 때 나오는 눈의 수 V
(b) 어느 공장에서 생산된 1,000개의 제품 중 불량품의 수 W
(c) 대학입시에서 합격여부 X(예: 합격이면 1, 불합격이면 0)
(d) 어느 대학 학생들의 키 Y
(e) 어느 공장에서 생산되는 전구의 수명 Z

위의 예에서 (a), (b) 및 (c)에서 정의된 확률변수는 특히 셀 수 있는 이산적인 값을 취한다고 하여 **이산형 확률변수**(discrete random variable)라고 하며, (d)와 (e)의 경우에는 연속적인 실수값을 취할 수 있으므로 **연속형 확률변수**(continuous random variable)라고 한다. 일반적으로 확률변수는 대문자로 나타내며, 실험의 결과로 나타나는 확률변수의 실제 관측값은 소문자로 나타낸다.

확률분포

확률변수가 취할 수 있는 값과 각 대응하는 확률을 나타낸 것이 **확률분포**(probability distribution)이다. 앞의 동전 던지기 예에서 확률변수 X의 확률분포는 [표 4.1]과 같으며 이와 같은 확률분포는 그래프로 나타낼 수도 있다.

[표 4.1] 하나의 동전을 세 번 던질 때 앞면의 수 X의 확률분포

x	0	1	2	3	계
$P(X=x)$	1/8	3/8	3/8	1/8	1

확률질량함수

이산형 확률변수 X의 관측값이 x가 될 확률, 즉 $P(X=x)$를 **확률질량함수**(probability mass function, p.m.f)라고 하며 $f(x)$로 나타낸다. 확률질량함수 $f(x)$는 다음과 같은 성질을 만족시켜야 한다.

(a) 모든 x에 대하여 $f(x) \geq 0$.

(b) 모든 x에 대한 $f(x)$의 합은 1이다. 즉, $\sum_x f(x) = 1$.

(c) $P(a \leq X \leq b) = \sum_{a \leq x \leq b} f(x)$

예제 4.13 어느 저금통에 십 원짜리 동전이 5개, 백 원짜리 동전이 15개, 오백 원짜리 동전이 10개 있다. X를 저금통에서 뽑은 하나의 동전의 금액이라고 할 때 X의 확률분포를 구하여라.

풀이

x	10	100	500	계
$P(X=x)$	1/6	1/2	1/3	1

결합확률분포

하나의 확률변수가 아니라 두 개 이상의 확률변수들이 어떤 확률적 관계를 가지고 관측되는 경우가 흔히 있다. 이와 같은 경우에 두 확률변수들의 결합에 대해 각각 취하는 값과 대응 확률을 나타낸 것을 **결합확률분포**(joint probability distribution) 또는 **결합분포**(joint distribution)라고 한다. 예를 들어 1부터 4까지 적힌 정사면체 주사위를 두 번 던지는 실험을 생각해 보자. 처음 나오는 눈을 확률변수 X라고 하고, 두 번의 실험 중에 3의 눈이 나오는 횟수를 확률변수 Y라고 하면 두 확률변수 X와 Y의 결합확률분포는 [표 4.2]와 같이 얻을 수 있다.

[표 4.2] 정사면체 주사위를 던질 때 나오는 눈 X와 Y의 결합확률분포

y \ x	1	2	3	4	계
0	3/16	3/16	0	3/16	9/16
1	1/16	1/16	3/16	1/16	6/16
2	0	0	1/16	0	1/16
계	4/16	4/16	4/16	4/16	1

결합확률질량함수

두 이산형 확률변수 X와 Y 순서쌍 (X, Y)의 관측값이 (x, y)가 될 확률, 즉 $P(X=x,\ Y=y)$를 **결합확률질량함수**(joint probability mass function)라고 하며 $f(x, y)$로 나타낸다. 결합확률질량함수 $f(x, y)$는 다음과 같은 성질을 만족시켜야 한다.

(a) 모든 (x, y)에 대하여 $f(x, y) \geq 0$.

(b) 모든 (x, y)에 대한 $f(x, y)$의 합은 1이다. 즉, $\sum_x \sum_y f(x, y) = 1$.

(c) $P(a \leq X \leq b, c \leq Y \leq d) = \sum_{a \leq x \leq b} \sum_{c \leq y \leq d} f(x, y)$.

[표 4.2]의 결합확률분포에서 행의 합, 열의 합은 각각 X와 Y의 확률분포와 일치한다. 이와 같이 X와 Y의 결합확률분포에서 행의 합, 열의 합인 X와 Y의 확률분포를 **주변확률분포**(marginal probability distribution)라고 한다. X와 Y의 주변확률분포를 결정짓는 **주변확률질량함수**(marginal probability mass function)인 $f_X(x)$와 $f_Y(y)$는 결합확률질량함수로부터 다음과 같이 결정된다.

$$f_X(x) = \sum_{\text{모든 } y} f(x, y), \qquad f_Y(y) = \sum_{\text{모든 } x} f(x, y)$$

[표 4.3] [표 4.2]에서 X의 주변확률분포

x	1	2	3	4	계
$f_X(x)$	4/16	4/16	4/16	4/16	1

[표 4.4] [표 4.2]에서 Y의 주변확률분포

y	0	1	2	계
$f_Y(y)$	9/16	6/16	1/16	1

두 사건의 독립은 4.2절에서 살펴보았고, 두 확률변수의 독립에 대한 사항도 비슷하게 정의할 수 있다. X, Y의 결합확률질량함수를 $f(x, y)$, X와 Y의 주변확률질량함수를 각각 $f_X(x)$와 $f_Y(y)$라고 할 때, 모든 x와 y에 대해

$$f(x, y) = f_X(x) \times f_Y(y)$$

이 성립하면 두 확률변수 X, Y는 **서로 독립**(mutually independent)이라고 하며 독립이 아닌 경우에는 **서로 종속**(mutually dependent)이라고 한다. 예를 들어 [표 4.2], [표 4.3]과 [표 4.4]로부터 볼 때,

$$3/16 = f(1, 0) \neq f_X(1) \times f_Y(0) = 4/16 \times 9/16$$

이므로 확률변수 X, Y는 서로 종속이다.

4.4 확률변수의 기댓값과 분산

우리는 일상생활에서 기댓값 또는 평균이라는 말을 자주 사용한다. 대부분의 경우 그것은 3장에서 학습한 대로 주어진 자료로부터의 산술평균을 의미한다. 이 절에서는 확률변수의 분포가 주어진 경우에 모집단의 기댓값과 분산을 구하는 것에 대해 살펴보고자 한다. 이때 확률은 모집단과 표본 사이의 관계에서 중요한 역할을 한다.

■ 확률변수의 기댓값(평균)

앞의 3장에서 평균에 대한 소개를 할 때, 모집단이 N개의 관측값으로 이루어진 경우 모평균을

$$\mu = \frac{1}{N}\sum_{i=1}^{N} x_i = \sum_{i=1}^{N} x_i \cdot (1/N)$$

로 나타냄을 살펴보았다. 여기서 x_i는 어떤 확률변수 X의 관측값으로 볼 수 있고, $1/N$은 각 관측값에 주어지는 확률 또는 상대도수의 개념으로 볼 수 있다. 따라서 관측값들이 서로 같은 것들이 있으면 합하는 인자의 수와 확률(상대도수)을 수정하여 다음과 같이 확률변수 X의 평균, 즉 모집단의 평균을 정의할 수 있다.

$$\mu = \sum_{x} x \cdot P(X=x)$$

위의 평균은 확률변수 X의 **기댓값**(expected value)이라고도 하며 $E(X)$로 나타낸다. 일반적으로 이산형 확률변수의 경우에는 아래와 같이 기댓값을 정의한다.

> **이산형 확률변수의 기댓값**
>
> 이산형 확률변수 X가 취할 수 있는 값이 $x_1, x_2, \cdots, x_N$이고 각 값을 취할 확률을 $P(X=x_i)=f(x_i),\ i=1, \cdots, N$이라 할 때, 확률변수 X의 기댓값은
>
> $$\mu = E(X) = \sum_{i=1}^{N} x_i \cdot f(x_i)\ .$$

예제 4.14 [표 4.1]의 확률분포로부터 하나의 동전을 세 번 던질 때, 앞면이 나올 횟수 X의 기댓값을 구하여라.

풀이 $E(X) = \sum x_i \cdot f(x_i) = 0 \times \frac{1}{8} + 1 \times \frac{3}{8} + 2 \times \frac{3}{8} + 3 \times \frac{1}{8} = \frac{3}{2}$ ☑

확률변수 기댓값을 계산할 때, 다음 기댓값의 성질은 여러 경우에 계산을 간편하게 해준다.

> **기댓값의 성질**
>
> X, Y를 임의의 두 확률변수라 하고, a, b를 상수라고 할 때, 다음의 관계가 성립한다.
>
> (a) $E(a) = a$
>
> (b) $E(aX) = aE(X)$
>
> (c) $E(aX+b) = aE(X)+b$
>
> (d) $E(X \pm Y) = E(X) \pm E(Y)$
>
> $E(aX \pm bY) = aE(X) \pm bE(Y)$
>
> (e) X, Y가 서로 독립인 경우에는 $E(XY) = E(X)E(Y)$

예제 4.15 확률변수 X가 어떤 복권의 당첨 상금이고 각 상금을 타게 될 확률, X의 확률분포가 다음 [표 4.5]와 같다고 하자.

[표 4.5] 복권당첨금 X의 확률분포

등수	1등	2등	3등
상금(X)	1,000	500	0
$P(X=x)=f(x)$	1/10	2/5	1/2

(a) 이 복권의 당첨금 X의 기댓값을 구하여라.

(b) $2X+100$의 기댓값을 구하여라.

풀이 (a) $E(X)=\sum x_i \cdot f(x_i)=1000\times\frac{1}{10}+500\times\frac{2}{5}+0\times\frac{1}{2}=300.$

(b) $E(2X+100)=2E(X)+100=2\times 300+100=700.$

■ 분산

3장에서 N개의 관측값 $x_1, x_2, \cdots, x_N$으로 이루어진 모집단의 분산은 모평균이 μ일 때

$$\sigma^2=\frac{1}{N}\sum_{i=1}^{N}(x_i-\mu)^2=\sum_{i=1}^{N}(x_i-\mu)^2\cdot(1/N)$$

으로 정의됨을 보았다. 평균의 경우와 마찬가지로 이것은 x_i가 확률변수 X의 관측값이라고 하면

$$\sigma^2=\sum_{x}(x-\mu)^2\cdot P(X=x)$$

로 다시 나타낼 수 있다. 이를 확률변수 X의 **분산**(variance)이라고 한다. 즉, 확률변수 X의 분산은 X의 편차 제곱의 평균으로 정의되고 $Var(X)$으로 표기된다. 여기서 편차라 함은 확률변수와 그 기댓값과의 차이를 의미한다. 이산형 확률변수인 경우에 분산의 정의는 다음과 같다.

이산형 확률변수의 분산

이산형 확률변수 X가 취할 수 있는 값이 $x_1, x_2, \cdots, x_N$이고 각 값을 취할 확률을 $P(X=x_i)=f(x_i),\ i=1,\cdots,N$이라 하자. 확률변수 X의 기댓값을 $\mu=E(X)$라 하면, X의 분산은

$$\sigma^2=Var(X)=E[(X-\mu)^2]=\sum_{x}(x-\mu)^2 f(x)$$

여기서 위의 식은 계산상의 편의를 위하여 기댓값의 성질을 이용하면 다음과 같이 표현됨을 알 수 있다.

$$\begin{aligned} Var(X) &= E[(X-\mu)^2] \\ &= E(X^2 - 2\mu X + \mu^2) \\ &= E(X^2) - 2\mu E(X) + [E(X)]^2 \\ &= E(X^2) - [E(X)]^2 \\ &= \sum_x x^2 f(x) - [\sum_x x f(x)]^2 \end{aligned}$$

즉, 확률변수 X의 분산은 "X의 제곱의 평균 − X의 평균의 제곱"과 같은 간편식으로도 구할 수 있는 것이다.

예제 4.16 위의 [표 4.5]에 주어진 확률분포로부터 X의 분산을 구하여라.

풀이 [예제 4.14]에 의하면 X의 기댓값은 $E(X) = \mu = 300$ 이고, 분산의 공식을 이용하면,

$$\begin{aligned} Var(X) &= E[(X-\mu)^2] \\ &= \sum_x (x-\mu)^2 f(x) \\ &= (1000-300)^2 \times \frac{1}{10} + (500-300)^2 \times \frac{2}{5} + (0-300)^2 \times \frac{1}{2} \\ &= 110000 \end{aligned}$$

참고로 분산 계산을 위한 간편식을 이용해서 풀면 다음과 같다.

$$\begin{aligned} Var(X) &= E(X^2) - [E(X)]^2 \\ &= 1000^2 \times \frac{1}{10} + 500^2 \times \frac{2}{5} + 0^2 \times \frac{1}{2} - 300^2 \\ &= 110000 \end{aligned}$$

☑

확률변수 X의 표준편차(standard deviation)는 분산의 양의 제곱근에 해당되며 보통 $SD(X)$라고 표기한다. 즉,

$$SD(X) = \sqrt{Var(X)}\ .$$

기댓값의 경우처럼 분산을 계산할 때, 다음의 성질은 여러 경우에 계산을 간편하게 해준다.

분산의 성질 I

X를 임의의 확률변수라고 하고, a, b를 상수라고 할 때, 다음의 등식이 성립한다.

(a) $Var(a) = 0$

(b) $Var(aX) = a^2 Var(X)$

(c) $Var(aX \pm b) = a^2 Var(X)$

■ 공분산

공분산(covariance)은 두 확률변수 X, Y의 기댓값을 각각 μ_X, μ_Y라고 할 때, X가 μ_X보다 커질 때 Y가 μ_Y보다 커지는 경향이 있는지 여부를 측정하는 측도로 다음과 같이 정의된다.

$$Cov(X, Y) = E\{(X-\mu_X)(Y-\mu_Y)\}.$$

공분산이 적당히 큰 양의 값을 가지면 X가 증가할 때 Y도 증가하는 경향이 있다는 뜻이며, 반대로 음의 값으로 적당히 작은 값을 취할 때는 그 반대의 경향이 있다는 뜻이다. 공분산이 0에 가까운 값을 가지면 X와 Y의 증감 사이에는 별 관계가 없다는 의미로 받아들일 수 있다. 여기서 공분산이 적당히 크다 또는 작다는 기준이 애매하기 때문에 공분산을 이용하여 **상관계수**(correlation coefficient)라는 것을 정의하여 사용하는데, 이것에 관해서는 11장에서 배우기로 한다.

공분산의 정의에서 기댓값을 전개해서 정리하면 다음과 같은 간편식을 얻을 수 있다.

$$\begin{aligned}
Cov(X, Y) &= E\{(X-\mu_X)(Y-\mu_Y)\} \\
&= E\{XY - X\mu_Y - \mu_X Y + \mu_X \mu_Y\} \\
&= E(XY) - E(X)\mu_Y - \mu_X E(Y) + \mu_X \mu_Y \\
&= E(XY) - \mu_X \mu_Y \\
&= \sum_x \sum_y xy\, f(x, y) - \mu_X \mu_Y
\end{aligned}$$

앞에서 배운 기댓값의 성질에 의하면 서로 독립인 두 확률변수 X, Y에 대하여 $E(XY) = E(X)E(Y)$ 이 성립하므로 이 경우에는 $Cov(X, Y) = 0$ 이다. 공분산의 성질을 이용하면 다음과 같은 분산에 관한 추가 성질을 얻을 수 있다.

분산의 성질 II

X, Y를 임의의 두 확률변수라고 하고, a, b를 상수라고 할 때, 다음의 등식이 성립한다.

(a) $Var(X \pm Y) = Var(X) + Var(Y) \pm 2Cov(X, Y)$

$Var(aX \pm bY) = a^2 Var(X) + b^2\, Var(Y) \pm 2ab\,Cov(X, Y)$

(b) X, Y가 서로 독립인 경우에는

$Var(X \pm Y) = Var(X) + Var(Y)$

$Var(aX \pm bY) = a^2 Var(X) + b^2 Var(Y)$

예제 4.17 두 확률변수 X, Y의 결합확률분포가 다음과 같을 때, 물음에 답하여라.

y \ x	−1	0	1
0	$\frac{1}{3}$	0	$\frac{1}{3}$
1	0	$\frac{1}{3}$	0

(a) $E(XY)$를 구하여라.

(b) X와 Y의 주변확률분포를 각각 구하고, $E(X)$와 $E(Y)$를 구하여라.

(c) X와 Y의 공분산 $Cov(X, Y)$를 구하여라.

(d) X와 Y는 서로 독립인가?

풀이 (a) $E(XY) = -1 \times 0 \times \frac{1}{3} + 0 \times 1 \times \frac{1}{3} + 1 \times 0 \times \frac{1}{3} = 0.$

(b) X와 Y의 주변확률분포는 다음과 같다.

x	-1	0	1
$f_X(x)$	1/3	1/3	1/3

y	0	1
$f_Y(y)$	2/3	1/3

$$E(X) = -1 \times \frac{1}{3} + 0 \times \frac{1}{3} + 1 \times \frac{1}{3} = 0,\ \ E(Y) = 0 \times \frac{2}{3} + 1 \times \frac{1}{3} = \frac{1}{3}.$$

(c) $Cov(X, Y) = E(XY) - E(X)E(Y) = 0 - 0 \times \frac{1}{3} = 0.$

(d) 두 확률변수 X와 Y가 서로 독립이려면 모든 x와 y에 대해

$$f(x, y) = f_X(x) \times f_Y(y)$$

이 성립해야 한다. 그런데 $f(-1, 0) = 1/3$, $f_X(-1) = 1/3$이고 $f_Y(0) = 2/3$이므로 $f(-1, 0) \neq f_X(-1) \times f_Y(0)$이다. 그러므로 X와 Y는 서로 독립이 아니다. 이 예제가 시사하는 바는 두 확률변수가 서로 독립이면 공분산은 0이지만 그 역은 성립하지 않는다는 것이다.

4.5 엑셀을 이용한 확률 계산 실습

다음은 확률분포표가 주어졌을 때, 엑셀을 이용한 누적확률 계산을 나타낸 그림이다. '함수 마법사'에서 통계함수의 PROB을 선택한 뒤, 확률변수 X의 범위(x_range), 확률분포상의 주어진 확률값의 범위(prob_range), 누적확률을 구하고자 하는 X 구간(lower_limit, upper_limit)을 적으면 된다.

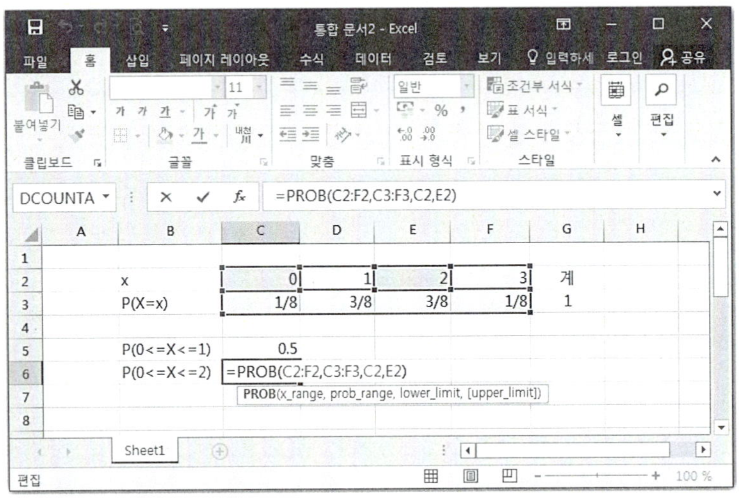

예제 4.18 1부터 4까지 적혀 있는 정사면체 주사위 두 개를 던졌을 때 나오는 눈의 합을 확률변수 X라고 하고 X가 5보다 작을 확률을 구하여라.

풀이 – 두 주사위의 눈의 합과 그 눈이 나올 확률을 구해서 다음과 같이 입력한다.

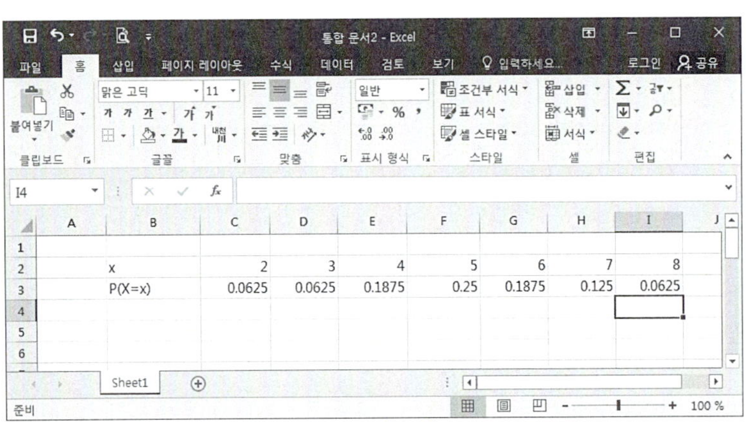

− B5 셀에 $P(X \leq 5)$를 입력하고 C5 셀에서 함수 마법사를 이용해서 PROB 함수를 선택하고 확인을 누른다.

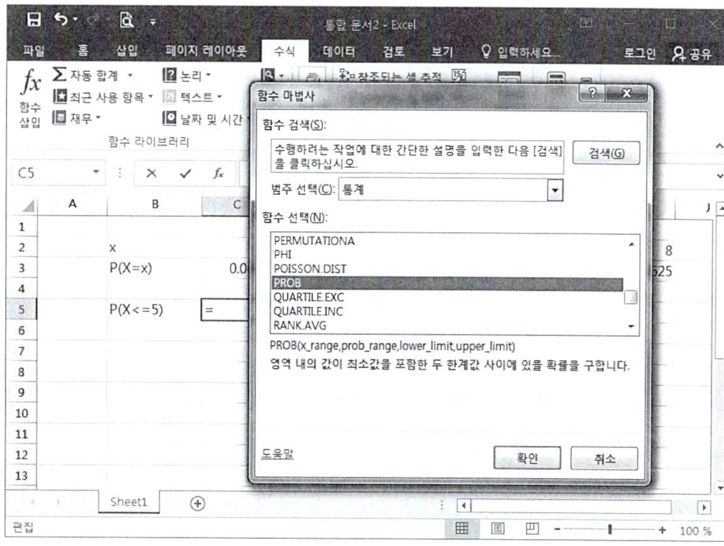

− 다음과 같은 창이 뜨는데 그 창에 X값이 지정된 셀의 범위와 그 X값에 해당하는 확률값이 있는 셀의 범위를 지정한 후, 우리가 구하려고 하는 X값의 하한값과 상한값이 있는 셀을 정해준다($X \leq 5$).

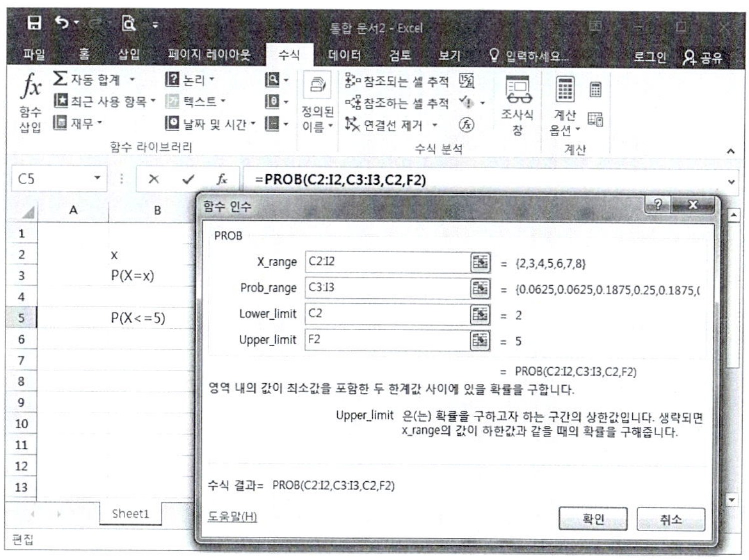

– 이와 같이 입력하고 확인을 눌러주면 다음과 같은 값이 나온다.

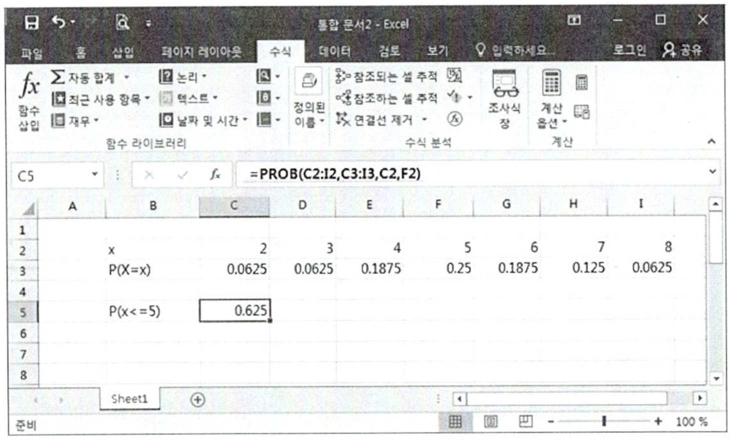

예제 4.19 다음과 같은 확률분포가 주어졌을 때, X의 기댓값과 분산을 구하여라.

x	0	1	2	3	4
$f(x)$	0.2	0.3	0.3	0.1	0.1

풀이 – 기댓값을 계산하기 위해서 C5 셀에 C2*C3를 계산한다. 이는 $xf(x)$에 해당된다.

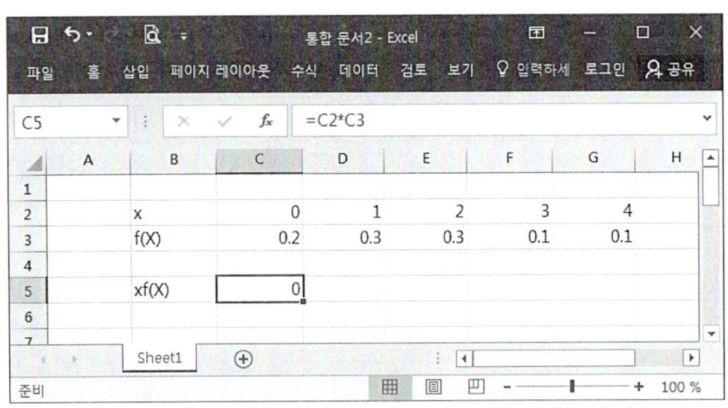

– 위에서 계산한 C5 셀을 클릭하고 C5 우측하단에 커서를 놓으면 커서가 십자 표시로 바뀐다. 이때 마우스를 [드래그&드롭]해서 G5 셀까지 선택하면 자동으로 나머지 D2*D3, E2*E3, F2*F3, G2*G3이 D5부터 G5까지에 $xf(x)$ 값이 계산된다.

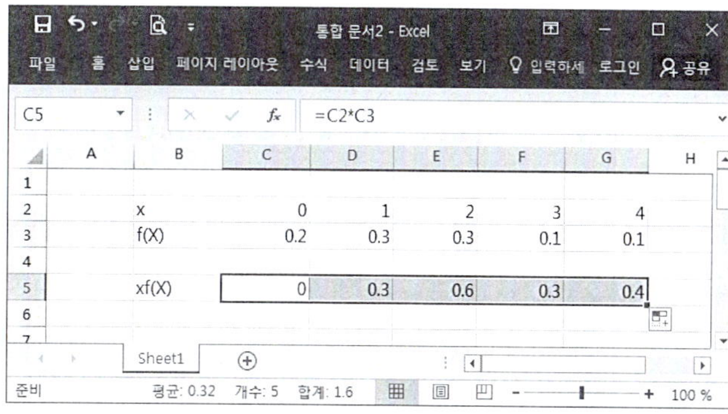

– 분산을 구하기 위해서 $x^2f(x)$를 비슷한 방법으로 C6부터 G6에 추가로 계산한다.

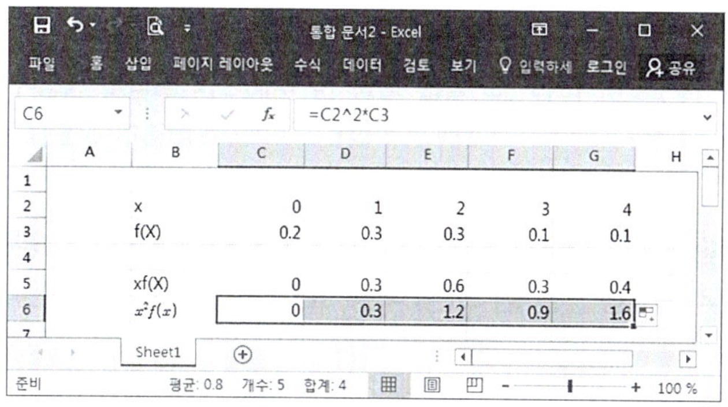

– 기댓값($E(X)=\sum xf(x)$)은 C5 셀에서 G5 셀까지의 합으로 계산된다.

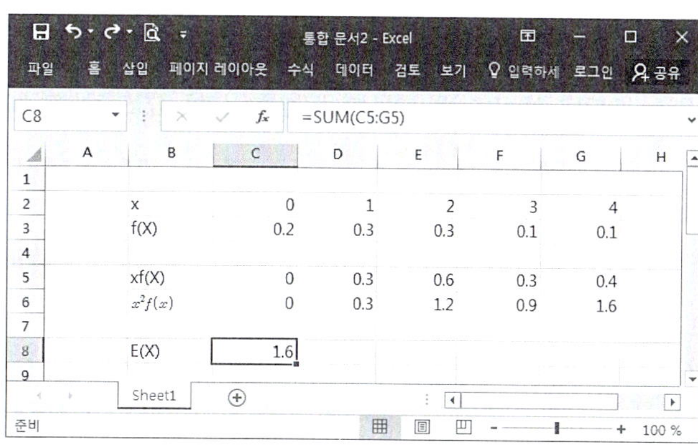

– 분산계산을 위해서는 $Var(X)=\sum x^2f(x)-\{E(X)\}^2$이므로 아래의 수식 입력줄과 같이 C9 셀을 지정하고 수식을 입력 계산하여 분산을 구한다.

10 방정식 $x+y+z=8$을 만족하는 음이 아닌 정수의 순서쌍 (x, y, z)의 개수를 구하여라. 또한 양의 정수의 순서쌍은 몇 개인가?

11 흰 공 6개, 검은 공 4개가 들어 있는 주머니에서 한 개씩 두 번 공을 꺼낼 때, 다음 각 경우에 대하여 두 개가 모두 흰 공일 확률을 구하여라.

(1) 처음에 꺼낸 공을 다시 집어넣지 않는 경우

(2) 처음에 꺼낸 공을 다시 집어넣는 경우

12 통계학 수업을 듣는 학생 중에 남학생은 40%이고, 여학생은 60%이다. 기말에 이 과목에서 A를 받은 남학생은 10%이고, 여학생은 20%이다. 어느 학생이 A를 받았을 때 그 학생이 남학생일 확률을 구하여라.

13 모자 안에 10개의 공이 들어 있다. 이 중 3개는 빨간 공이고 나머지는 파란 공이다. 이 모자 안에서 공을 순서대로 두 개 뽑을 때, 모두 빨간 공일 확률과 하나는 빨간 공이고 다른 하나는 파란 공이 나올 확률을 구하여라. (뽑은 공은 다시 모자에 넣지 않는다고 한다.)

14 통계학과 3학년 학생들이 이번 달 15일부터 18일까지 수학여행을 가려고 계획을 세우고 있다. 매달 15일 비가 온 확률은 0.2이고 비가 오지 않은 확률은 0.8이다. 그리고 경험적으로 보면 기상청의 일기예보가 맞을 확률은 0.7이고 틀릴 확률은 0.3이다. 기상청에서 15일 비가 온다고 예보를 했는데 실제로 비가 올 확률은 얼마인가?

15 동전 한 개를 4번 던지는 실험을 하였다. 사건 A, B가 다음과 같이 정의된다고 하자.

A={HTTH, HTHH, HHTH, HHHH},

B={HHTT, HTHT, HTTH, THHT, THTH, TTHH}

이 두 사건은 서로 독립인지 확인하여라.

16 어떤 인형을 만드는 공장이 있다. 이 공장에서는 3개의 작업 라인을 통해서 인형을 생산한다. 각 라인마다 공장 전체 생산 중 A라인은 40%, B라인은 30%, C라인은 30%를 생산한다. 또한 각 라인에서 생산된 상품의 불량률이 A라인은 20%, B라인은 40%, C라인은 10%라고 한다. 이 공장에서 나온 제품 중 우연히 구입한 것이 불량품이라고 한다. 그 불량품이 B라인에서 나온 제품일 확률을 구하여라.

17 아래는 확률변수 X가 취할 수 있는 값과 그 값들을 취할 확률을 나타낸 확률분포표이다. X의 기댓값과 분산을 구하여라.

x	1	2	3	4	5	6
$f(x)$	$\frac{1}{10}$	$\frac{3}{10}$	$\frac{1}{10}$	$\frac{2}{10}$	$\frac{2}{10}$	$\frac{1}{10}$

18 어떤 확률변수 X가 -1, 0, 1이라는 값을 취할 수 있고, 각각의 값을 취할 확률은 0.2, 0.5, 0.3이다. 이 경우에 $E(X^2)$ 값을 구하여라.

19 주머니 속에 1000원짜리 지폐, 5000원짜리 지폐, 10,000원짜리 지폐가 각각 1장, 2장, 3장으로 모두 6장이 들어 있다. 우연히 길을 가다가 책방에 들러 정가 18,000원인 책을 사고 주머니에서 임의로 지폐 3장을 꺼내 지불하였을 때, 받을 거스름돈의 기대 금액은 얼마인가?

20 두 확률변수 X와 Y가 다음과 같은 결합확률분포를 갖는다고 하자. 물음에 답하여라.

y \ x	-1	0	1	합계
-1	0.09	(a)	0.11	0.3
0	0.14	0.16	(c)	0.4
1	(b)	0.14	0.09	0.3
합계	0.3	0.4	0.3	1.0

(1) 위의 (a), (b), (c)에 들어갈 값을 구하여라.
(2) X와 Y의 주변확률분포를 구하여라.
(3) 두 확률변수 X와 Y는 서로 독립인가?
(4) $E(X)$, $E(Y)$, $Var(X)$, $Var(Y)$를 구하여라.
(5) $Cov(X, Y)$를 구하여라.

21 다음의 엑셀 화면에서 A4 셀에 $P(1 \le X \le 3)$을 구하도록 수식 입력줄에 입력할 내용을 써라.

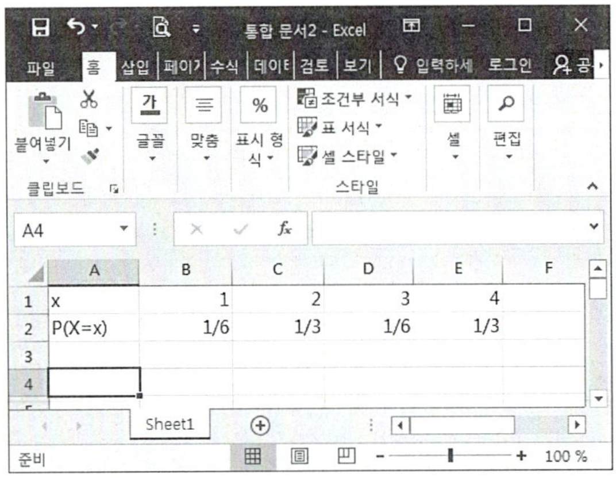

22 동전 3개를 던져서 앞면이 나오는 횟수를 확률변수 X라고 할 때, X의 확률분포와 기댓값, 분산을 엑셀을 이용해서 구하여라.

23 어느 복권의 당첨금과 뽑힐 확률을 나타낸 것이다. 이 복권 가격이 500원이라면 당신은 이 복권을 구입할 의사가 있는가? 그 이유는 무엇인가?

당첨금	100만 원	10만 원	5만 원	1만 원
확률	0.00001	0.0001	0.001	0.01

24 다음 엑셀 화면에서 (1), (2), (3)에 각각 원하는 값을 구하기 위한 수식 입력줄의 내용을 써라.

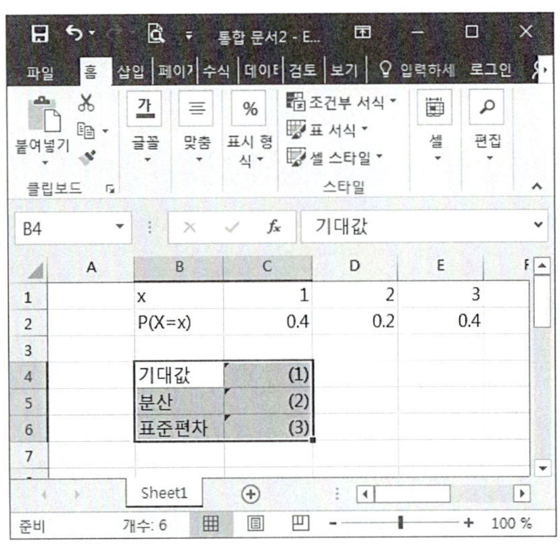

25 두 확률변수 X와 Y의 결합확률분포가 다음과 같이 주어져 있다. 엑셀을 이용하여 물음에 답하여라.

y \ x	0	1	2
0	0.05	0.25	0.05
1	0.25	0.25	0.15

(1) X와 Y의 주변확률분포를 구하여라.

(2) 두 확률변수 X와 Y는 서로 독립인가?

(3) $E(X)$, $E(Y)$, $Var(X)$, $Var(Y)$를 구하여라.

5장

이산형 확률분포

이 장에서는 통계학에서 자주 사용되고 중요하게 다루어지는 확률분포 중에서 이산형으로 대표적인 몇 가지를 살펴보고자 한다. 특히 이항분포, 초기하분포와 포아송분포에 대해 집중적으로 학습하고 그 적용 범위 및 특성에 대해 살펴보고자 한다. 아울러 엑셀을 이용하여 각 분포를 이용한 확률을 구하는 방법도 익힐 것이다.

5.1 이산 균일분포 / 5.2 이항분포
5.3 초기하분포 / 5.4 포아송분포
5.5 이항분포의 포아송근사 / 5.6 엑셀을 이용한 실습

5.1 이산 균일분포

확률변수가 취할 수 있는 값이 이산형일 때, 그 확률변수의 분포를 이산형 확률분포라고 한다. 이산 균일분포는 이산형 확률분포 가운데 가장 단순한 분포로 유한한 표본공간에서 정의되며 표본공간 내의 모든 사건의 발생 가능성이 동일한 확률분포이며 **이산 균등분포**(discrete uniform distribution)라고도 한다. 표본공간이 m개의 원소로 이루어져 있다면 각 사건이 발생할 확률은 $1/m$이 된다. 만약 확률변수 X의 표본공간이 $\{x_1, x_2, \cdots, x_m\}$ 이면

$$P(X = x_i) = \frac{1}{m},\ i = 1, 2, \cdots, m$$

이다. 예를 들어, 주머니 속에 1부터 10까지 적힌 공이 들어 있고, 하나를 뽑을 때 나오는 눈의 수가 바로 이산 균일분포를 따르며, 이때 각 눈이 관측될 확률은 1/10로 동일한 것이다.

5.2 이항분포

일상생활에서 흔히 우리는 어떤 실험의 결과가 관심이 있는 것과 그렇지 않은 것 두 가지로만 나타나는 경우를 접할 수 있다. 예를 들면,

(a) 하나의 동전을 던지는 실험
(b) 하나의 제품을 양호품인지 불량품인지 판정하는 실험
(c) 어느 시험에서 합격 여부
(d) 어느 운동 경기의 승패(단, 무승부는 없다고 한다.)

와 같은 경우가 이에 해당된다. 이러한 시행 또는 실험을 **베르누이 시행**(Bernoulli trial)이라고 하며, 관심이 있는 것을 성공(S), 그렇지 않은 것을 실패(F)라고 표현할 때, 베르누이 시행에서 성공 또는 실패할 확률은 각각 $P(S) = p$, $P(F) = 1 - p$라 나타내기로 한다.

베르누이 시행을 따르는 확률변수를 X라고 하면, 보통 성공인 경우에는 $X=1$, 실패인 경우에는 $X=0$으로 나타낸다. 따라서 $P(X=1)=p$, $P(X=0)=1-p$로 표시될 수 있으며 X의 기댓값과 분산은 다음과 같이 계산됨을 쉽게 확인할 수 있다.

베르누이 시행의 평균과 분산

확률변수 X가 성공률 p인 베르누이 시행을 따를 때, X의 평균과 분산은

$$E(X)=p,\ \ Var(X)=p(1-p).$$

종종 반복되는 베르누이 시행으로 이루어지는 실험이 있다. 각 시행의 결과는 각각 '성공'과 '실패'로 구분할 수 있는 두 가지만 나타나고, 성공의 횟수 또는 실패의 횟수에 관심이 있다. 이런 실험은 동전을 여러 번 던질 때 앞면이 나오는 횟수, 조립 라인에서 불량품을 가려내는 시험을 할 때 발견되는 불량품의 개수, 또한 카드를 뽑는 실행을 계속할 때 하트가 뽑히는 횟수 등등 많은 예가 있다. 카드 뽑기에서는 각 시행은 그 뽑힌 카드가 하트냐 아니냐에 따라서 '성공' 또는 '실패'로 불릴 수 있다. 불량품을 가려내는 각 시행은 서로 독립이며, 다음 카드를 뽑기 전에 각 카드들을 되돌려 넣고 잘 섞는다면, 이 실험 역시 반복되는 시행에서 독립이다. 또한 각 시행에서 '성공'의 확률은 변치 않는다는 유사한 특성을 갖고 있다고 볼 수 있다.

이런 형식의 실험을 **이항실험**(binomial experiments)이라고 한다. 카드 뽑기 예에서, 반복되는 시행에서의 '성공'을 관측할 확률은 만약 카드를 되돌려 넣지 않는다면 변한다. 즉, 이 경우에 첫 번째 카드를 뽑을 때 하트가 나올 확률은 1/4이다. 그러나 두 번째 시도에서, 첫 번째의 뽑힌 카드가 하트이냐 아니냐에 따라서 확률은 12/51 또는 13/51으로 달라진다. 이것은 더 이상 이항실험으로 고려되지 않는다. 이항실험은 다음과 같은 특성들을 가지고 있다.

이항실험의 특성

(a) 반복되는 n번의 시행으로 구성된 실험.

(b) 각 시행의 결과는 '성공'과 '실패'로 분류될 수 있다.

(c) 각 시행에서 '성공'의 확률 p는 변하지 않는다.

(d) 반복된 시행들은 서로 독립이다.

일반적으로, 성공률 p인 베르누이 시행을 독립적으로 n번 반복 시행할 때, 성공의 횟수를 X라고 하면 X는 **이항분포**(binomial distribution)를 따른다고 하고, 기호로는 $X\sim B(n, p)$로 나타낸다. 확률변수 X가 이항분포 $B(n, p)$를 따를 때 확률

질량함수 $P(X=x)$는 다음과 같이 주어진다.

이항분포 $B(n, p)$의 확률질량함수

n번의 독립적인 시행 중 처음 x번 성공하고 나머지 $(n-x)$번 실패하는 확률이 $p^x(1-p)^{n-x}$이고, x개의 p와 $(n-x)$개의 $(1-p)$를 배열하는 경우의 수가 $\binom{n}{x}$이므로

$$f(x)=P(X=x)=\binom{n}{x}p^x(1-p)^{n-x} \qquad x=0, 1, \cdots, n\ .$$

시행 횟수 $n=4$일 때, p값의 변화에 따른 이항분포의 확률질량함수를 [그림 5.1]에 나타내었다. $p=0.5$일 때는 n값에 관계없이 이항분포는 항상 대칭이며, 그 밖의 경우에는 비대칭형태의 분포를 보인다. p값이 클수록 성공이 나올 가능성이 많으므로 x값이 큰 쪽의 확률이 커지고, p값이 작은 경우에는 이와 반대의 형태를 띤다.

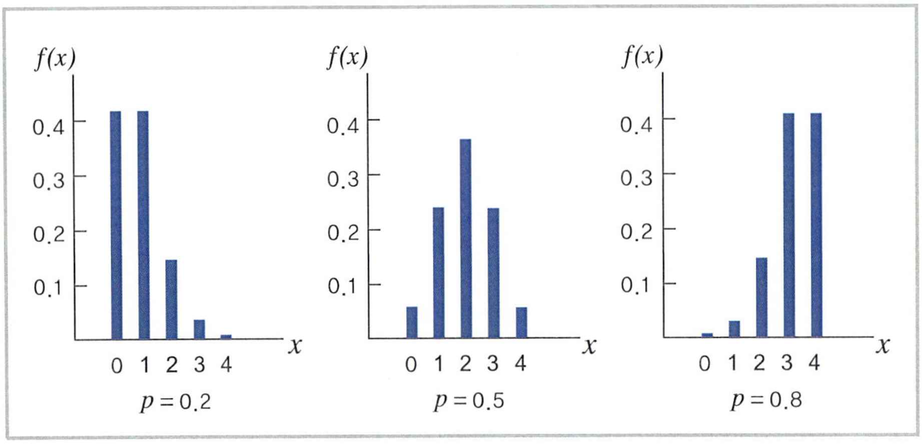

그림 5.1 이항분포의 확률질량함수 형태($n=4$일 때)

예제 5.1 어떤 수술방법의 성공률은 85%라고 한다. 한 의사가 그 수술법을 8명의 환자에게 시행했을 때 성공한 환자의 수를 확률변수 X라고 하면 X는 어떤 분포를 따르는가?

풀이 각각의 수술을 한 번의 시행으로 보면 8번의 시행을 했으며, 그 시행은 각각 독립적이다. 또한 시행의 결과로는 단 두 가지 성공과 실패만이 있다. 그러므로 다음과 같이 이항분포를 따른다.

$$X \sim B(8, 0.85)$$

예제 5.2 두 프로야구 팀 A, B가 시즌 중 6번 시합을 한다. 매 시합에서 A팀이 이길 확률이 0.6일 때, 아래에 답하여라. 단, 무승부인 경우는 없다고 하자.

(a) 6번 시합 중 A팀이 2번 이길 확률을 구하여라.

(b) 6번 시합 중 A팀이 이길 횟수가 2번 이하일 확률을 구하여라.

풀이 (a) A팀이 이긴 횟수를 확률변수 X라고 할 때, X는 $B(6, 0.6)$을 따른다. 여섯 번의 시합 중 A팀이 2번 이길 확률은 다음과 같이 구해진다.

$$P(X=2)=\binom{6}{2}(0.6)^2(1-0.6)^{6-2}=\frac{6!}{2!4!}(0.6)^2(1-0.6)^4=0.13824$$

(b) A팀이 2번, 1번 또는 0번 이길 확률식은 다음과 같이 나타낼 수 있다.

$$\begin{aligned}P(X\le 2)&=P(X=0)+P(X=1)+P(X=2)\\&=\binom{6}{0}(0.6)^0(1-0.6)^{6-0}+\binom{6}{1}(0.6)^1(1-0.6)^{6-1}+\binom{6}{2}(0.6)^2(1-0.6)^{6-2}\\&=0.004+0.037+0.138=0.179\end{aligned}$$

[예제 5.2]에서와 같이 이항분포의 누적확률을 구하기 위하여 일일이 확률을 구하는 번거로움을 피하기 위해 부록의 [표 1]에 이항분포의 누적확률을 계산해 놓았다. 이 표를 이용하면 $X\sim B(n,p)$일 때, 0과 n 사이의 임의의 정수 k에 대해 $P(X\le k)$ 값을 읽을 수 있다. 또한 $P(X=k)=P(X\le k)-P(X\le k-1)$임을 이용하면 $P(X=k)$ 값도 쉽게 구할 수 있다. 이항분포를 따르는 확률변수의 기댓값과 분산을 구하는 과정은 생략하고 결과만을 소개하면 다음과 같다.

이항분포의 평균과 분산

확률변수 X가 시행횟수 n이고 한 번 시행에서 성공률 p인 이항분포를 따를 때, 즉 $X\sim B(n,p)$일 때, X의 평균과 분산은

$$E(X)=np,\quad Var(X)=np(1-p)\ .$$

예제 5.3 [예제 5.2]에서 A팀이 이길 횟수에 대한 평균과 분산을 구하여라.

풀이 A팀이 이길 횟수 X는 $B(6,\ 0.6)$을 따르므로 평균과 분산은 다음과 같이 계산된다.

$$E(X)=np=6\times(0.6)=3.6$$
$$Var(X)=np(1-p)=6\times(0.6)\times(1-0.6)=1.44$$

예제 5.4 불량률이 0.1인 어느 공정에서 25개의 표본을 랜덤하게 추출하였다. 이 가운데서 7개 이상의 불량품이 포함되어 있을 확률을 구하여라. 또한, 뽑힌 표본에 포함된 불량품 개수의 기댓값은 얼마인가?

풀이 포함된 불량품의 개수를 X라고 하면, X는 $B(25, 0.1)$을 따른다.

$$P(X \geq 7) = 1 - P(X \leq 6) = 1 - \sum_{x=0}^{6} P(X = x) = 1 - \sum_{x=0}^{6} \binom{25}{x} 0.1^x 0.9^{25-x} = 0.009$$

임을 알 수 있다. 이 값은 부록의 누적이항분포표를 이용하면 더욱 쉽게 구할 수 있다. 즉,

$$P(X \geq 7) = 1 - P(X \leq 6) = 1 - 0.991 = 0.009.$$

표본에 포함된 불량품 개수의 기댓값 $E(X)$는 $np = 25 \times 0.1 = 2.5$ 이다. ☑

5.3 초기하분포

베르누이 시행에서 파생되는 다른 분포로는 초기하분포를 들 수 있다. 초기하분포의 이해를 쉽게 하도록 다음의 예를 생각해 보자. 어떤 항아리 속에 30개의 공이 들어 있다고 하자. 그 중에 빨간 공이 10개이고, 나머지 20개는 노란 공이다. 이 중에서 뽑은 공을 되돌려 넣지 않고 9개를 뽑을 때 빨간 공이 4개 뽑힐 확률을 구해 보자. 서로 다른 표본이 뽑히는 경우의 수는 $\binom{30}{9}$이고, 빨간 공에서 4개를 뽑을 경우의 수는 $\binom{10}{4}$, 나머지 20개의 노란 공에서 5개를 뽑는 경우의 수는 $\binom{20}{5}$가 된다. 따라서 이 경우에 빨간 공이 4개 뽑힐 확률은

$$\frac{\binom{10}{4}\binom{20}{5}}{\binom{30}{9}}$$

이 된다. 이를 일반화하여 설명하기 위하여 관심의 대상이 되는 모집단의 크기를 N, 그 모집단에서 특정 속성을 갖는 것의 개수를 M이라고 하자. 물론 $0 \leq M \leq N$을 만족해야 함은 당연하다. 이 모집단에서 k개의 표본을 추출한다고 할 때, 특정 속성을 갖는 것의 개수를 X라고 하자. 여기서 이해를 쉽게 하도록 $k \leq M$임을 가정하자. 이제 $P(X = x)$를 구하는 과정을 살펴보면, 먼저 서로 다른 표본이 뽑히는

경우의 수는 $\binom{N}{k}$이고, 특정 속성을 갖는 것에서 x개를 뽑을 경우의 수는 $\binom{M}{x}$, 특정한 속성을 갖지 않는 것에서 나머지 $(k-x)$개를 뽑는 경우의 수는 $\binom{N-M}{k-x}$이다. 따라서 $X=x$일 확률은

$$P(X=x)=\frac{\binom{M}{x}\binom{N-M}{k-x}}{\binom{N}{k}}$$

이 된다. 이와 같이 두 가지 속성만을 갖는 모집단에서 표본을 추출하였을 때, 특정 속성을 가지는 것의 개수를 X라고 하면 X는 **초기하분포**(hypergeometric distribution)를 따른다고 하고, 기호로는 $X \sim HyperGeo(N, M, k)$로 나타낸다. 확률변수 X가 초기하분포 $HyperGeo(N, M, k)$를 따를 때 확률질량함수 $P(X=x)$는 다음과 같이 주어지며, 몇 가지 경우에 그 형태를 [그림 5.2]에 나타내었다.

초기하분포 $HyperGeo(N, M, k)$의 확률질량함수

크기 N인 모집단에서 특정 속성을 갖는 것의 개수가 M이라고 하자. 이 모집단에서 뽑힌 표본을 되돌려 넣지 않고 $k(<M)$개의 표본을 추출한다고 할 때, 특정 속성을 갖는 것의 개수를 X라고 하면

$$f(x)=P(X=x)=\frac{\binom{M}{x}\binom{N-M}{k-x}}{\binom{N}{k}}, \quad x=0,1,\cdots,k.$$

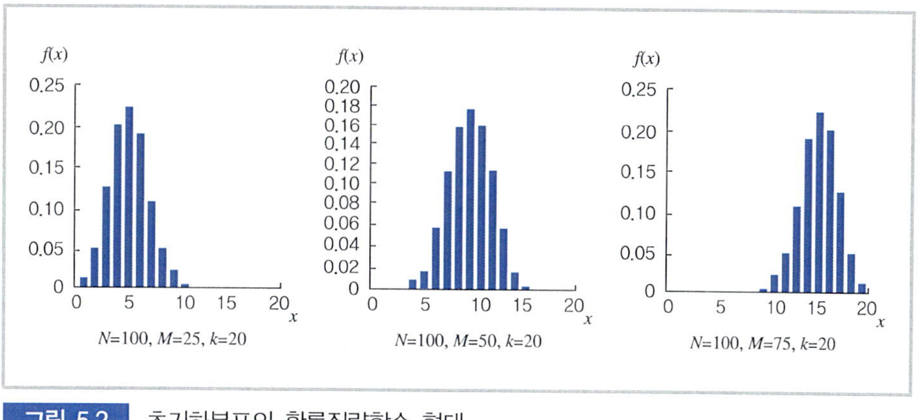

그림 5.2 초기하분포의 확률질량함수 형태

초기하분포의 평균과 분산은 이산형 확률변수의 기댓값의 정의에 따라 구할 수 있는데, 그 과정에서 $x\binom{M}{x} = M\binom{M-1}{x-1}$의 관계와 초기하분포의 확률질량함수의 합이 1이라는 사실이 유용하게 쓰인다. 자세한 유도 과정과 분산에 대한 결과는 생략하고 평균에 대한 결과만을 소개하면 다음과 같다.

초기하분포의 평균

확률변수 X가 $HyperGeo(N, M, k)$를 따를 때, X의 평균은

$$E(X) = \frac{Mk}{N}.$$

참고로, X가 초기하분포 $HyperGeo(N, M, k)$를 따른다는 것은, k개의 뽑힌 표본 중에서 특정 속성을 갖는 것의 비율이 $\frac{M}{N}$인 이항분포와 유사하게 해석될 수 있다. 따라서 초기하분포의 기댓값은 $n = k$, $p = \frac{M}{N}$인 이항분포의 기댓값의 형태로 설명될 수 있다. 물론, 이항분포와 달리 추출된 표본들을 다시 되돌려 넣지 않기 때문에 표본의 각 원소들이 서로 동일한 분포를 따르지는 않는다. 즉, 개개의 표본을 뽑을 때 성공 확률이 달라진다는 뜻이다. 따라서 이항분포와 정확히 같지는 않으며 분산도 약간 차이가 나는 형태가 된다.

예제 5.5 어느 구두 제조 공장에서는 하루에 30켤레의 구두를 수제로 제작하고 있는데 이 중에서 5켤레가 불량품이라고 한다. 어느 날 4켤레의 구두를 표본으로 뽑았을 때, 불량품이 적어도 하나 포함되어 있을 확률과 불량품이 2개 들어 있을 확률을 구하여라. 또한, 뽑힌 표본에 포함된 불량품 개수의 기댓값은 얼마인가?

풀이 포함된 불량품의 개수를 X라고 하면, X는 $HyperGeo(30, 5, 4)$를 따른다. 그러므로

$$P(X \geq 1) = 1 - P(X=0) = 1 - \binom{5}{0}\binom{25}{4} \Big/ \binom{30}{4} = 1 - 0.4616 = 0.5384,$$

$$P(X=2) = \binom{5}{2}\binom{25}{2} \Big/ \binom{30}{4} = 0.1095$$

이고, $E(X) = (5 \times 4)/30 = 0.6667$ 임을 알 수 있다. ☑

5.4 포아송분포

이산형 확률분포 중에서 두 번째로 중요하다고 할 수 있는 것이 **포아송분포**(poisson distribution)이다. 이항분포가 고정된 횟수의 시행에서 성공 횟수에 대응되는 분포인데 비해 포아송분포는 어느 희귀한 사건이 어떤 일정한 시간대에 또는 특정 영역에서 발생한 횟수로 정의되는 확률변수가 갖는 분포이다. 포아송분포에 대한 예로는 어느 전화 교환기에 지정된 시간 동안에 걸려오는 전화의 수, 특정 시간 동안 어느 가게로 들어오는 손님의 수, 영국에서 1년간 말에 채여 사망한 사람의 수, 어떤 책의 한 페이지에서 발생하는 오자의 수, 어떤 시간 동안 특정 톨게이트를 통과하는 차량의 수 등을 들 수 있다. 그런데 이와 같은 사건의 수가 포아송분포를 따르기 위해서는 다음과 같은 세 가지 우선 조건을 만족해야 한다.

포아송분포의 우선 조건

1. 어떤 구간에서 발생하는 사건의 수는 다른 구간에서 발생하는 사건의 수와 독립이다.
2. 어떤 구간에서 하나의 사건이 발생할 확률은 구간의 길이가 같으면 시작 시점에 관계없이 일정하고, 구간의 길이가 커지면 확률도 비례하여 커진다.
3. 어느 한 구간에서 두 개 또는 그 이상의 사건이 발생할 확률은 구간의 길이가 짧아지면 0으로 간다.

단위(시간, 공간)당 어떤 사건이 평균적으로 λ회 발생된다고 할 때, 확률변수 X를 같은 단위(시간, 공간)당 실제 발생되는 사건의 수로 정의하면, X는 모수가 λ인 포아송분포를 따르며, $X \sim Poi(\lambda)$으로 나타낸다. 이때 X의 확률질량함수는 다음과 같으며, 그 형태를 세 가지 경우에 대해 확률이 너무 작은 부분은 생략하고 [그림 5.3]에 나타내었다.

포아송분포의 확률질량함수

확률변수 X가 모수가 λ인 포아송분포를 따르면, 즉, $X \sim Poi(\lambda)$이면

$$P(X=x) = \frac{e^{-\lambda}\lambda^x}{x!}, \quad x = 0, 1, 2, \cdots$$

여기서, $e \approx 2.718$로 자연로그의 밑에 해당된다.

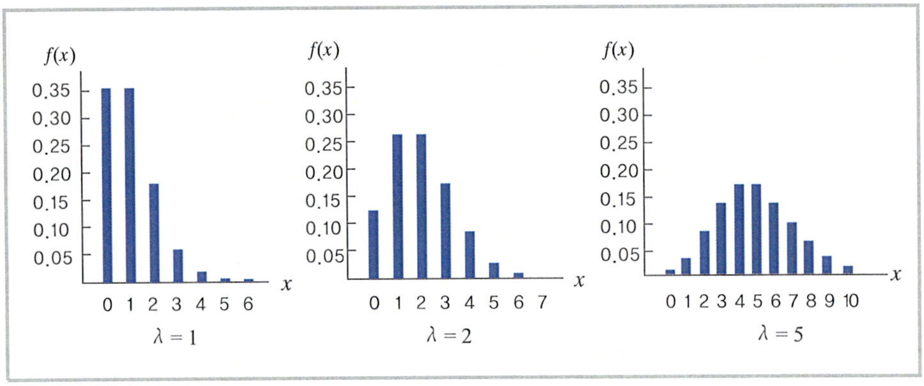

그림 5.3 포아송분포의 확률질량함수 형태

계산과정은 이 책의 수준을 넘으므로 생략하고, 포아송분포의 평균과 분산을 나타내면 다음과 같다.

포아송분포의 평균과 분산

$X \sim Poi(\lambda)$ 일 때, $E(X) = \lambda$, $Var(X) = \lambda$.

참고로, 단위(시간, 공간)당 어떤 사건이 평균적으로 λ회 발생된다고 할 때, 확률변수 X를 t단위(시간, 공간)동안 발생되는 사건의 수로 정의하면, X는 포아송분포 $Poi(\lambda t)$를 따른다. 이때 X의 확률질량함수는 다음과 같다.

$$P(X=x) = \frac{e^{-\lambda t}(\lambda t)^x}{x!}, \quad x = 0, 1, 2, \cdots$$

예제 5.6 어떤 지역에서 교통사고가 하루에 평균적으로 0.5회 발생된다고 한다. 다음 물음에 답하여라.

(a) 이 지역에서 오늘 교통사고가 일어나지 않을 확률과 3번 이상 일어날 확률을 계산하여라.

(b) 오늘과 내일 동안 이 지역에서 교통사고가 일어나지 않을 확률을 구하여라.

(c) 오늘과 내일 동안 이 지역에서 일어날 교통사고 건수의 기댓값은 얼마인가?

풀이 (a) 오늘 하루 동안에 발생될 교통사고의 건수를 확률변수 X라고 정의하면, 교통사고는 하루에 평균적으로 0.5회 발생하므로 X는 포아송분포 $Poi(0.5)$를 따른다. 따라서 X의 확률질량함수는

$$P(X=x) = \frac{e^{-0.5}(0.5)^x}{x!}, \quad x = 0, 1, 2, \cdots$$

이다. 교통사고가 일어나지 않을 확률은

$$P(X=0)=\frac{e^{-0.5}(0.5)^0}{0!}=0.607$$

이고, 3번 이상 발생될 확률은

$$\begin{aligned}P(X\geq 3)&=1-P(X\leq 2)=1-[P(X=0)+P(X=1)+P(X=2)]\\&=1-0.986=0.014\end{aligned}$$

이다. 따라서 이 지역에서 하루 동안 교통사고가 3번 이상 발생된다는 것은 매우 희박하다고 할 수 있다.

(b) 오늘과 내일 동안에 발생될 교통사고의 건수를 확률변수 X라고 정의하면, 교통사고는 하루에 평균적으로 0.5회 발생하므로 X는 포아송분포 $Poi(0.5\times 2)$를 따른다. 따라서 X의 확률질량함수는

$$P(X=x)=\frac{e^{-1}1^x}{x!},\ x=0,1,2,\cdots$$

이다. 오늘과 내일 교통사고가 일어나지 않을 확률은

$$P(X=0)=\frac{e^{-1}1^0}{0!}=0.368$$

(c) (b)에서 X의 기댓값은 포아송분포의 성질로부터 $E(X)=\lambda t=0.5\times 2=1$ 임을 알 수 있다.

☑

앞의 [예제 5.6]에서와 같이 포아송분포의 누적확률을 일일이 구하는 번거로움을 피하기 위해 부록의 [표 2]에 포아송분포의 누적확률을 계산해 놓았다. 이 표를 이용하면 $X\sim Poi(\lambda)$일 때, 0 이상 임의의 정수 k에 대해 $P(X\leq k)$ 또는 $P(X=k)$의 값을 쉽게 구할 수 있다.

5.5 이항분포의 포아송근사

이항분포와 포아송분포는 서로 다른 분포이나 밀접한 관련이 있다고 할 수 있다. 평균이 λ인 포아송분포를 따르는 확률변수가 있을 때, 구간을 n개의 매우 짧은 소구간으로 나눈다면(즉, n이 충분히 크다면) 각 소구간에서 사건이 발생할 확률은 근사적으로 $p=\lambda/n$이라고 할 수 있고, 이때 포아송분포는 이항분포로 근사시킬 수

있다. 또한 n이 충분히 크고 p가 아주 작을 때, 이항분포를 따르는 확률변수는 포아송분포로 근사시킬 수 있다. 이 성질은 n이 아주 큰 경우에는 이항분포표에서 값을 제공하지 않으므로 특히 유용하게 쓰일 수 있다.

이항분포의 포아송근사

확률변수 X가 이항분포 $B(n, p)$를 따르고, n이 충분히 크고, p가 아주 작을 때, X의 분포는 평균이 $\lambda = np$인 포아송분포로 근사시킬 수 있다. 보통 n이 클 때, $np < 5$를 만족하게 p가 작으면 근사 정도가 좋다고 한다.

[표 5.1]에 $n = 40$, $p = 0.05$인 이항분포의 확률과 이에 대한 근사로 $\lambda = np = 2$인 포아송분포의 확률을 x가 0에서 7까지에 대해 비교해 놓았다. 근사 정도가 그리 나쁘지 않고, 부록에서 $n = 40$일 때의 이항분포 확률을 제공하고 있지 않으므로 이 경우에 이항분포의 확률은 포아송분포표로부터 근사 확률을 이용하면 되는 것이다.

[표 5.1] 이항분포와 포아송분포의 확률비교

x	이항분포의 확률 ($n = 40$, $p = 0.05$)	포아송분포의 확률 ($\lambda = np = 2$)
0	0.129	0.135
1	0.271	0.271
2	0.278	0.271
3	0.185	0.180
4	0.090	0.090
5	0.034	0.036
6	0.011	0.012
7	0.003	0.003

예제 5.7 확률변수 X가 $n = 25$이고 $p = 0.1$인 이항분포를 따른다고 할 때, 다음에 답하여라.

(a) 부록의 이항분포표를 이용하여 $P(X = 0)$, $P(X = 1)$, $P(X = 2)$를 구하여라.

(b) (a)에서 구하는 확률을 포아송근사를 이용하여 구하고, (a)의 결과와 비교하여라.

풀이 (a) 부록의 [표 1] 누적이항분포표에서 $n = 25$, $p = 0.1$일 때, $P(X = 0) = 0.072$, $P(X = 1) = 0.271 - 0.072 = 0.199$, $P(X = 2) = 0.537 - 0.271 = 0.266$임을 쉽게 확인할 수 있다.

(b) X의 분포는 $\lambda = np = 2.5$인 포아송분포에 의해 근사될 수 있다. 따라서 부록의 누적포아송분포표를 이용하면 $P(X = 0) = 0.082$, $P(X = 1) = 0.287 - 0.082 = 0.205$, $P(X = 2) =$

$0.544-0.287=0.257$이다. 이 경우에는 p값이 그리 작지 않아서 (a)의 결과와 비교해 보면 조금 차이가 나지만 그리 나빠지는 않음을 알 수 있다. ☑

5.6
엑셀을 이용한 실습

예제 5.8 20개 문항의 오지선다형 시험문제가 있다. 답안을 임의로 작성한다고 할 때, 5개 문항을 맞출 확률을 구하여라.

풀이 보기가 5개인 문제이므로 정답을 맞출 확률은 0.2이다. $n=20$, $p=0.2$이므로 $X \sim B(20, 0.2)$이고, $P(X=5)$인 확률은 아래와 같이 함수 마법사를 통해 구하는 방법과 수식 입력줄에 직접 입력 방법을 통해 구할 수 있다.

• 함수 마법사를 이용하는 방법

① 메뉴의 [수식] 선택 후에 [함수 삽입]을 클릭한다.

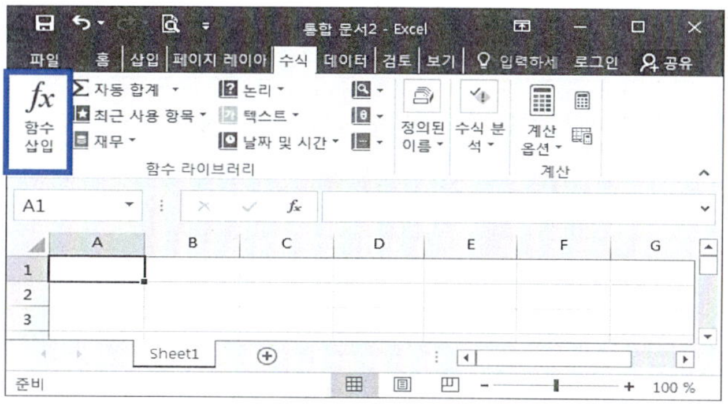

② 함수 마법사 대화상자의 통계함수에서 BINOM.DIST를 선택한다.

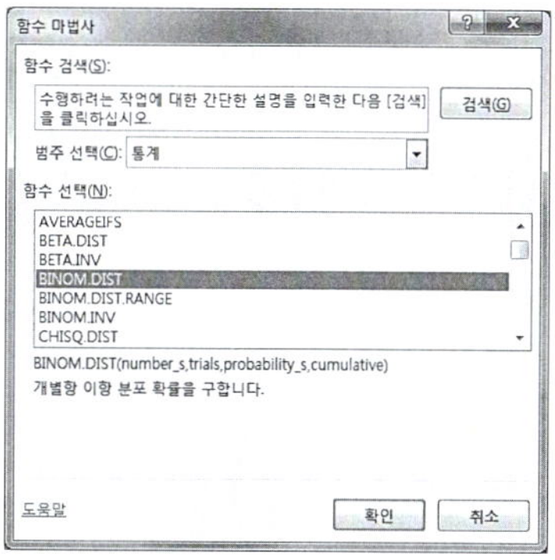

③ 다음 대화상자에 n과 p를 입력해 줌으로써 개별적인 이항분포확률과 누적확률을 모두 구할 수 있다. 누적확률을 구하기 위해 Cumulative 창에 TRUE(혹은 1)를 적어주며, 개별적인 확률 $P(X=x)$을 계산하고자 할 때는 FALSE(혹은 0)를 적으면 된다. 이 예제에서는 개별 확률을 구하는 것이므로 0을 입력한다. 따라서 5개 맞출 확률 $P(X=5)=0.175$임을 알 수 있다.

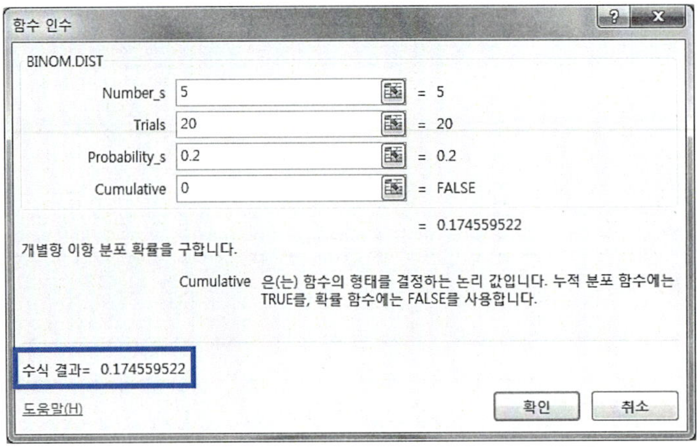

- **수식 입력줄을 이용하는 방법**

> **= BINOM.DIST(c, n, p, cumulative)**
>
> **목적** 이항 확률변수 X의 확률 또는 누적확률을 계산
>
> c: 특정한 값, n: 시행 횟수, p: 성공 확률
>
> cumulative: TRUE(혹은 1), FALSE(혹은 0)
>
> TRUE: 누적확률 $P(X \leq c)$ 계산
>
> FALSE: 개별확률 $P(X=c)$ 계산

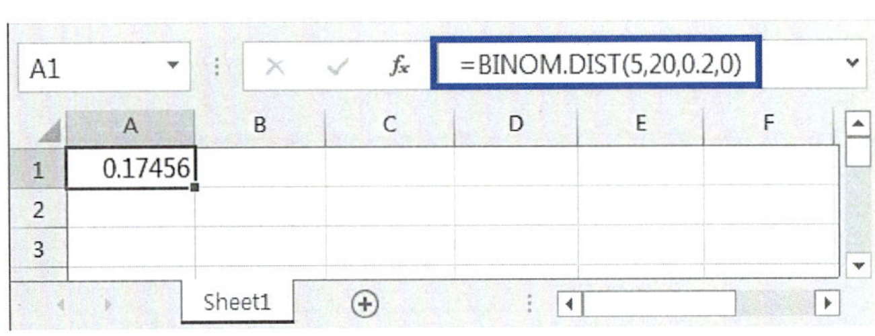

$P(X=5)=0.175$로 함수 마법사를 이용한 것과 같은 결과를 나타낸다. ☑

예제 5.9 $X \sim B(10, 0.5)$일 때 확률변수 X의 확률분포를 구하여라.

풀이 ① 다음의 그림에서와 같이 우선 셀 B2와 셀 B3에 n과 p값을 입력한다.

② 이항분포에서 $n=10$일 때 취할 수 있는 이항확률변수 X의 값은 0부터 10까지이다. 셀 A5에 0을 입력한 후 셀 A5에서 "ctrl"키를 누른 채 채우기 핸들을 셀 A15까지 끌어 연속적인 값을 자동적으로 입력한다. 셀 B5에 커서를 두고 수식 입력줄에 =BINOM.DIST(A5,$B$2,$B$3,0)을 입력하면 $X=0$일 확률은 0.0010이 된다. 이때 이항분포의 모수인 n($B$2)과 p($B$3)의 입력은 절대참조($표시)를 사용한다. 왜냐하면 수식복사를 할 때 모수값은 변하는 값이 아니기 때문이다. 이어서 채우기 핸들 [드래그&드롭]을 사용해서 셀 B6 이하도 채울 수 있다.

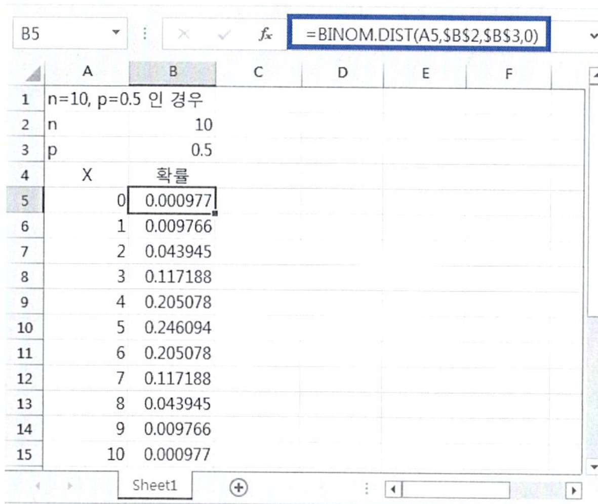

	A	B	C	D	E	F
1	n=10, p=0.5 인 경우					
2	n	10				
3	p	0.5				
4	X	확률				
5	0	0.000977				
6	1	0.009766				
7	2	0.043945				
8	3	0.117188				
9	4	0.205078				
10	5	0.246094				
11	6	0.205078				
12	7	0.117188				
13	8	0.043945				
14	9	0.009766				
15	10	0.000977				

☑

예제 5.10 어느 항공사의 예약 부도율은 10%이다. 정원이 200명인 항공기에 200명의 예약이 완료되었다. 실제 탑승객이 185명 이상일 확률은 얼마인가?

풀이 실제 탑승객 수를 X라고 하면 이는 B(200,0.9)를 따른다. 원하는 확률은 다음과 같이 구할 수 있다.

$$P(X \geq 185) = P(X = 185) + \cdots + P(X = 200)$$

위의 직접적인 계산은 복잡하므로 엑셀의 '함수 마법사'에 의해 구해 보자. 엑셀에서 이항분포의 누적확률이 계산되므로 우선 $P(X \leq 184) = 1 - P(X \geq 185)$를 구해 보면

① 엑셀의 메뉴 바에서 '수식' 선택 후에 함수 삽입을 클릭한다.
② 함수 마법사 대화상자의 통계함수에서 BINOM.DIST를 선택한다.
③ 대화상자에 n과 p를 입력해 준다.
④ 누적확률을 구하기 위해 Cumulative 창에 TRUE(혹은 1)를 적어주며, 개별적인 확률 $P(X=x)$을 계산하고자 할 때는 FALSE(혹은 0)를 적는다.

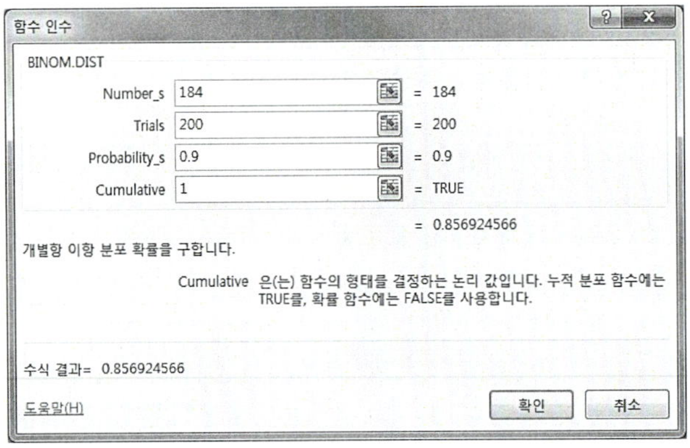

$P(X \leq 184) = 0.8569$ 이므로, $P(X \geq 185) = 1 - 0.8569 = 0.1431$ 이다. ☑

예제 5.11 현재 우리나라에서 시행되고 있는 로또 복권 추첨은 1부터 45까지의 연속되는 45개의 숫자 중에 반복을 허용하지 않고 6개의 당첨 번호를 정확히 맞추면 1등에 당첨된 것으로 한다. 그리고 2등은 이 6개의 당첨 번호 중에 5개를, 3등은 4개를 맞추면 된다. 이제 어떤 사람이 로또 복권을 한 장 구입하였는데 1등에 당첨될 확률을 구하여라. 또한 3등에 당첨될 확률은 얼마인가?

풀이 복권 당첨번호를 맞추는 횟수를 X라고 하면 X는 $HyperGeo(45,6,6)$을 따른다. 1등에 당첨될 확률인 $P(X=6)$을 함수 마법사를 이용하여 구해 보고, 3등에 당첨된 확률인 $P(X=4)$를 수식 입력줄을 이용하는 방법으로 구해 보자.

- **함수 마법사를 이용하는 방법**

① 메뉴의 [수식] 선택 후에 [함수 삽입]을 클릭한다.

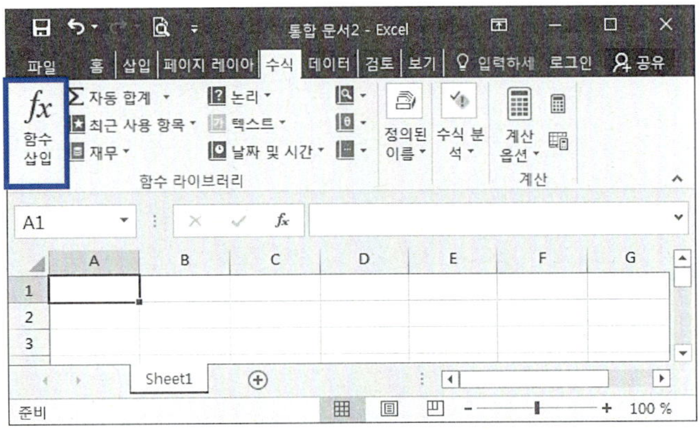

② 함수 마법사 대화상자의 통계함수에서 HYPGEOM.DIST를 선택한다.

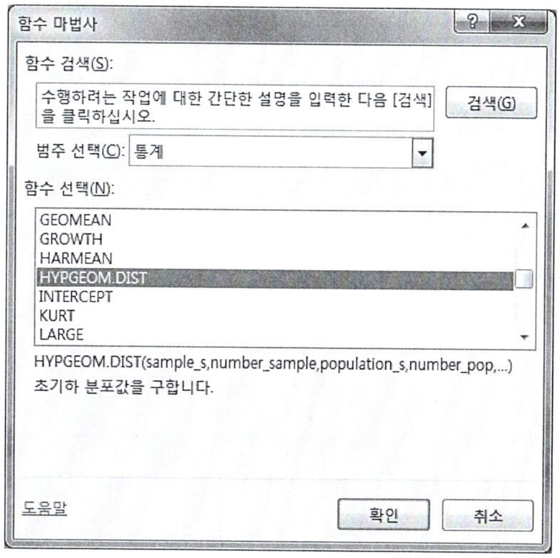

③ 대화상자가 나타나면 각 항목별로 해당되는 수를 입력한다. Sample_s는 뽑힌 표본에서 특정 속성을 갖는 성공 도수(본문의 표기에서 확률변수 X)를 나타낸다. 즉, 표본을 뽑았을 때 1등 당첨번호일 경우의 수인 6을 입력하고, Number_sample은 뽑는 표본의 크기(본문의 표기에서 k)인 6을 입력한다. Population_s는 모집단에서 특정 속성을 갖는 성공 도수(본문의 표기에서 M)이므로 6을 입력하고, Number_population은 모집단 크기(본문의 표기에서 N)인 45를 입력한다. 마지막으로 Cumulative는 함수의 형태를 결정하는 논리값으로 누적분포함수일 경우 TRUE(또는 1)를, 확률밀도함수일 경우 FALSE(또는 0)를 입력하는데 이 문제의 경우 $P(X=6)$을 구하는 것으로 확률밀도함수에 해당하므로 FALSE(또는 0)를 입력한다.

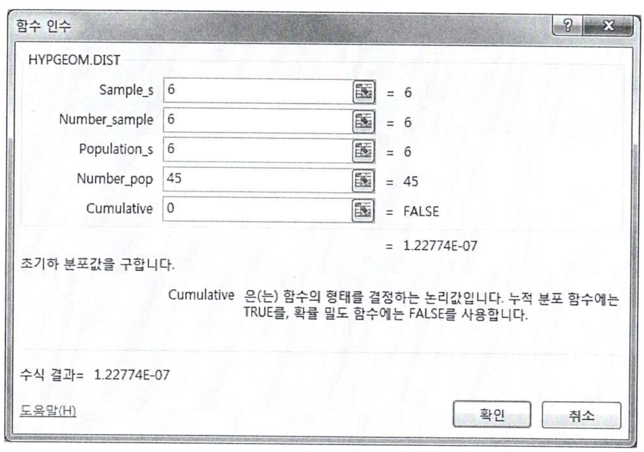

1등에 당첨될 확률인 $P(X=6)=1.22774E-07$로 0에 매우 가까움을 알 수 있다. 이론적으로 이 확률은 $\dfrac{\binom{6}{6}\binom{39}{0}}{\binom{45}{6}}$에 해당된다.

• **수식 입력줄을 이용하는 방법**

=HYPGEOM.DIST(x, M, k, N, Cumulative)

목적 주어진 표본의 크기, 모집단의 성공 도수와 크기에 대하여 주어진 표본의 성공 도수가 출현할 확률을 계산

x: 표본추출 시 특정한 속성을 갖는 것의 개수

M: 모집단에서 특정한 속성을 갖는 것의 개수

k: 표본의 추출 횟수

N: 모집단의 크기

cumulative: TRUE(혹은 1), FALSE(혹은 0)

TRUE: 누적확률 계산

FALSE: 개별확률 계산

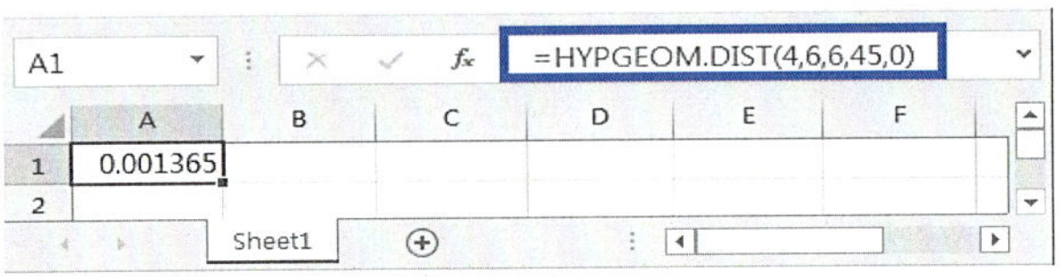

3등에 당첨될 확률인 $P(X=4)=0.00136$임을 알 수 있다. ☑

예제 5.12 플로리다 턴 파이크(Florida turn pike)에서, 하루에 평균 4건의 교통사고가 발생한다고 한다. 그렇다면 하루에 3번 교통사고가 일어날 확률은 얼마인가?

풀이 교통사고가 발생하는 횟수를 확률변수 X라고 하면 X는 평균이 4인 포아송분포를 따른다. $X \sim Poi(4)$ 일 때, $P(X=3)$를 함수 마법사를 이용하거나 수식 입력줄을 이용하는 두 가지 방법으로 구할 수 있다.

• **함수 마법사를 이용하는 방법**

① 엑셀의 메뉴 바에서 '수식' 선택 후에 함수 삽입을 클릭한다.

② 함수 마법사 대화상자의 통계함수에서 POISSON.DIST을 선택한다.

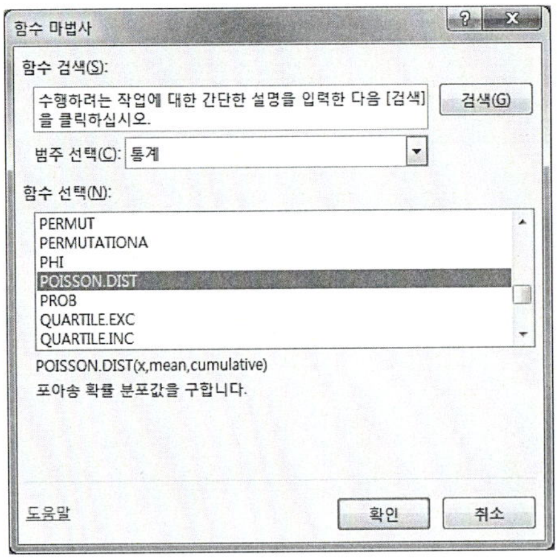

③ 다음 대화상자에 X와 Mean 자리에 해당되는 값과 평균을 각각 입력해 줌으로써 개별적인 포아송확률과 누적확률을 모두 구할 수 있다. 여기서는 Cumulative 자리에 개별확률을 구하는 것이므로 0(또는 FALSE)을 입력한다.

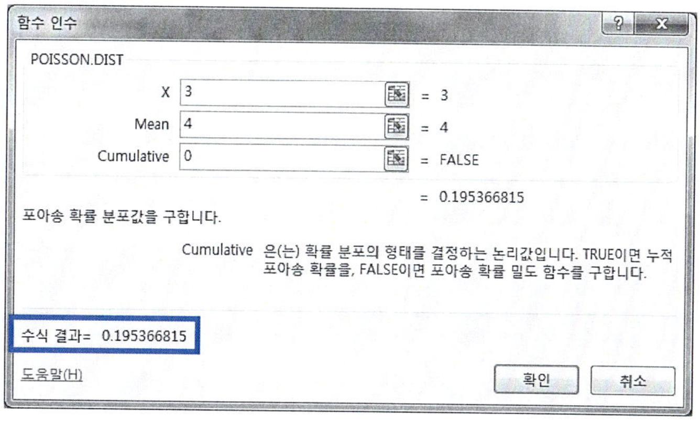

따라서 하루에 3번 교통사고가 일어날 확률은 $P(X=3)=0.195$임을 알 수 있다.

• 수식 입력줄을 이용하는 방법

= POISSON.DIST(c, mean, cumulative)

목적 X가 포아송분포를 따를 때 X의 확률 또는 누적확률을 계산

c: 특정한 값, mean: 평균(λ)

cumulative: TRUE(혹은 1), FALSE(혹은 0)

TRUE: 누적확률 $P(X \le c)$ 계산

FALSE: 개별확률 $P(X=c)$ 계산

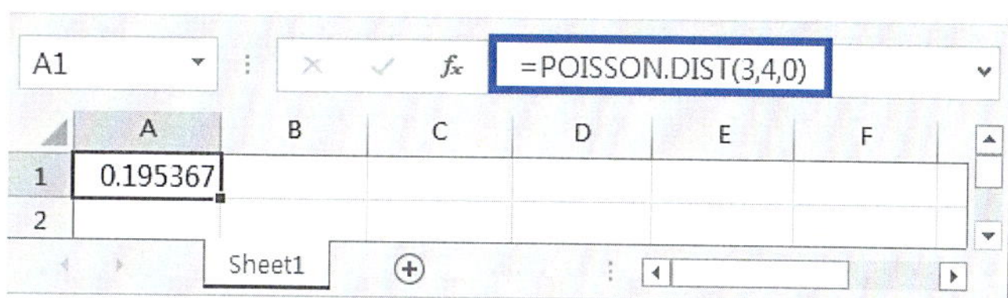

$P(X=3)=0.195$로 함수 마법사를 이용한 것과 같은 결과를 제공한다.

연습문제

1 1부터 10까지 동일한 면적을 차지하도록 제작된 원형 룰렛판이 있다. 룰렛판이 돌 때, 화살을 던져서 맞히는 숫자에 대한 확률분포를 구하여라. 단, 화살은 무조건 원판에 맞고, 경계점에 맞는 경우는 없다고 가정한다.

2 어느 도시 지역에서 전체 절도의 70%의 원인이 마약을 사기 위해 필요한 돈 때문인 것으로 조사되었다. 이 지역에서 발생한 5건의 절도 사건에 대해 다음 확률을 구하여라.

(1) 정확히 2건의 사건이 약을 사기 위해 필요한 돈 때문에 발생했을 확률

(2) 적어도 3건의 사건이 약을 사기 위해 필요한 돈 때문에 발생했을 확률

3 어려운 심장수술에서의 환자가 회복될 확률은 0.7이다. 7명의 수술환자 중에서 5명이 회복될 확률을 구하여라.

4 건강검진학회에서 신경안정제에 대하여 연구하였다. 이 조사에서 응답자의 약 70%가 신경안정제는 실제 문제를 감추기만 할 뿐 아무런 치료에 도움이 되지 않는다고 답했다. 이 연구를 참고로 했을 때, 랜덤하게 뽑힌 5명의 사람들 중 적어도 3명이 위와 같은 의견을 말할 확률을 구하여라.

5 어떤 질병에 대해 예방접종을 한 쥐 중에 80%의 쥐가 그 질병에 걸리지 않았다는 것이 알려져 있다. 예방 접종된 5마리의 쥐가 있을 때 다음의 확률을 구하여라.

(1) 병에 걸린 쥐가 없을 확률

(2) 두 마리 이하가 병에 걸렸을 확률

(3) 병에 걸린 쥐가 3마리보다 클 확률

6 어느 비행기의 엔진들은 독립적으로 작동하고, 고장 날 확률은 0.4이다. 최소한 반 이상의 엔진들이 작동되면 안전 비행을 할 수 있다고 가정하자. 4개의 엔진이 있는 비행기와 2개의 엔진이 있는 비행기 중 어느 것이 더 안전하게 비행을 마칠 수 있겠는가?

7 위의 6번에서, 만약 고장 날 확률이 0.2라면 어떠한가?

8 10명의 학생 중 남자는 7명이고 여자는 3명이다. 임의로 6명을 뽑았을 때, 여학생의 수가 2명일 확률을 구하여라.

9 양호품인 전구 5개와 불량품인 전구 2개가 들어 있는 상자가 있다. 여기서 무작위로 3개를 동시에 뽑았을 때, 이 중에서 1개의 전구가 불량품일 확률을 구하여라.

10 어느 교차로에서 매달 평균 3건의 사고가 일어난다고 할 때, 다음의 확률을 구하여라.

(1) 다음 달에 이 교차로에서 5건의 사고가 일어날 확률

(2) 3건보다 적은 수의 사고가 다음 달에 일어날 확률

(3) 적어도 2건의 사고가 다음 달에 일어날 확률

11 어느 비서는 대개 한 페이지당 2개의 오타를 낸다고 한다. 다음 확률을 구하여라.

(1) 다음 페이지에서 4개 혹은 그 이상의 오타를 낼 확률

(2) 다음 페이지에서 어떤 오타도 내지 않을 확률

12 미 동부 어떤 지역에서, 매해 평균 6번의 허리케인의 피해를 입는다고 한다. 이 지역에 대해 내년에 허리케인의 피해가 6번에서 8번 사이일 확률을 구하여라.

13 어느 레스토랑에서는 일일 평균 5가지의 야채로 만든 샐러드를 제공한다. 샐러드 제공에 관한 다음의 확률을 구하여라.

(1) 어느 특정한 날에 5가지 이상의 야채가 들어 있을 확률

(2) 내일부터 4일 동안에 5가지 이상의 야채가 들어 있는 날이 3일 이상일 확률

14 어느 시골 상점에 손님이 하루 평균 10명이 온다고 한다. 어느 날 손님이 한 명도 오지 않을 확률은 얼마인가?

15 어떤 제품의 로트는 불량률이 0.5%로 알려져 있다. 이 로트에서 무작위로 100개를 뽑을 때, 불량품의 개수가 3개 이하일 확률을 구하고자 한다.

(1) 이항분포를 이용하여 확률을 구하여라.

(2) 포아송분포를 이용하여 확률을 구하고 (1)과 비교하여라.

(3) 100개 중 불량품 개수의 기댓값 및 분산을 구하여라.

16 철수네 집에 시간당 평균적으로 걸려오는 전화 횟수가 3번이라고 한다. 만일 철수 혼자 집을 보다가 15분간 샤워를 한다면 그 사이에 전화벨이 울릴 확률은 얼마인가?

17 어느 24시간 편의점에 방문하는 고객의 수는 심야에 30분당 평균 8명이라고 하자. 심야에 30분당 고객이 5명 이하가 올 확률이 20%를 넘으면 현재 점원 중 한 명을 감원하려고 한다. 그 결정은 어떻게 되겠는가?

18 어느 아이돌 그룹을 좋아하는 여중생들은 전체의 약 35%라고 한다. 20명을 임의로 뽑았을 때 다음의 확률을 엑셀을 이용하여 구하여라.

(1) 9명 이하가 이 아이돌 그룹의 팬일 확률

(2) 적어도 8명이 이 아이돌 그룹의 팬일 확률

19 일본에서의 지진 유무의 기록을 보면 월별 평균 3건의 지진이 발생한다고 한다. 한 달 동안 지진이 한 번도 발생하지 않을 확률을 엑셀을 이용하여 구하여라.

20 어느 한 지역에서 고양이를 키우는 가구는 전체의 30%라고 한다. 임의로 5가구를 뽑았을 때, 고양이를 키우는 가구 수를 X라고 하면 다음의 빈칸을 엑셀을 이용하여 채워라.

	A	B	C	D
1	X	확률		
2	0	0.16807		
3	1	0.36015		
4	2			
5	3			
6	4			
7	5			
8				

21 한 개의 주사위를 6번 던질 때 짝수가 나오는 횟수와 홀수가 나오는 횟수의 차의 제곱을 확률변수 X라고 하자. 이때 X의 기댓값 $E(X)$를 구하여라.

6장

연속형 확률분포

앞 장에서는 이산적인 값을 취하는 이산형 확률분포에 대해 살펴보았다. 여기서 취할 수 있는 이산적인 값은 이항분포의 경우처럼 유한개이거나 포아송분포의 경우처럼 무한 개일 수도 있다. 이 장에서는 실수값 전체 또는 어느 특정 구간내의 실수값 전체를 취할 수 있는 연속형 확률분포에 대하여 살펴보고자 한다. 특히, 통계학에서 가장 중요하게 다루어지는 정규분포에 대해 집중적으로 학습하게 될 것이다.

6.1 확률밀도함수

연속형 확률변수와 이산형 확률변수의 가장 큰 차이점은 관심의 대상이 되는 사건의 종류에 있다고 할 수 있다. 이산형 확률변수의 경우에는 가능한 관측값을 모두 열거할 수 있고 따라서 각각의 값을 취할 사건에 대한 확률이 의미가 있다고 할 수 있다. 그러나 연속형 확률변수의 경우에는 취할 수 있는 임의의 두 값 사이에 항상 다른 가능한 값이 존재하기 때문에 일일이 열거하는 것이 불가능하다. 그러므로 연속형 확률변수의 경우에 관심이 있는 사건은 항상 구간(interval)의 형태로 나타나게 된다. 앞 장에서 사용되었던 이산형 확률변수의 분포에서 확률질량함수의 개념에 대응되는 연속형 확률변수의 분포를 나타내는 것을 **확률밀도함수(確率密度函數, probability density function)**라고 한다. 이 함수의 그래프는 2장에서 배운 상대도수다각형에 대한 근사적인 형태가 되며, 정의는 다음과 같다.

확률밀도함수(probability density function, p.d.f)

어떤 함수 $f(x)$가 다음과 같은 조건을 만족하면 $f(x)$는 확률변수 X의 확률밀도함수가 된다. 또한 $f(x)$가 확률밀도함수라면 다음과 같은 조건을 반드시 만족해야 한다.

1. 모든 x에 대하여 비음(nonnegative)이다. 즉, $f(x) \geq 0$.
2. 확률밀도함수 아래의 전체 면적은 1이다. 즉, $\int_{-\infty}^{\infty} f(x)dx = 1$.
3. 확률변수 X가 a와 b 사이, 즉 구간(a,b)에 있을 확률은 해당 구간에서 확률밀도함수의 아래 부분의 면적과 같다. 즉,

$$P(a< X< b) = \int_a^b f(x)dx.$$

이산형 확률분포에서 확률질량함수값이 확률을 나타냈던 것에 반해, 연속형에서 확률밀도함수값은 확률을 나타내지 않는다. 연속형 확률변수가 하나의 값을 취할 확률은 확률밀도함수 아래의 해당 구간에서 면적이 항상 0이기 때문이다. 즉, X가 확률밀도함수 $f(x)$를 따르는 연속형 확률변수일 때, 임의의 값 a에 대하여 $P(X=a)=0$ 이 성립하고, $f(x) \neq P(X=x)$이다. 또한 이로부터 X가 연속형이면 $P(a \leq X \leq b) = P(a < X \leq b) = P(a \leq X < b) = P(a < X < b)$임을 알 수 있다.

연속형 확률변수의 기댓값과 분산

연속형 확률변수 X의 확률밀도함수가 $f(x)$일 때, X의 기댓값과 분산은 이산형 확률변수의 경우에서 합이 적분으로 바뀌어 다음과 같이 계산된다.

$$E(X) = \mu = \int_{-\infty}^{\infty} x f(x) dx \quad , \quad Var(X) = E(X-\mu)^2 = \int_{-\infty}^{\infty} (x-\mu)^2 f(x) dx$$

6.2 균일분포

연속형 분포 가운데서 가장 간단한 형태가 **균일분포**(uniform distribution)이다. 이는 균등분포라고도 하며, 이론적인 성질을 밝히기 위해서는 자주 쓰이나 분포의 특성상 실용적인 측면은 조금 약하다고 할 수 있겠다. 균일분포는 유한인 특정한 구간 안에서는 시점에 관계없이 동일한 확률 구조를 갖고, 그 구간 밖에서는 관측값이 절대로 나올 수 없는 분포에 해당된다. 예를 들어, 구간 (a,b)에서 균일분포는 $a < x < b$ 인 모든 x에 대하여는 같은 정도의 발생 가능성을 가지나 $x \leq a$ 이거나 $x \geq b$ 인 경우는 발생할 수 없는 경우에 해당되며, 확률밀도함수는 다음과 같다.

균일분포의 확률밀도함수

확률변수 X가 구간 (a,b)에서 균일분포를 따를 때, X의 확률밀도함수는

$$f(x) = \frac{1}{b-a}, \quad a < x < b$$

이고

$$X \sim U(a,b)$$

라고 나타낸다. 이를 그래프로 나타내면 다음과 같다.

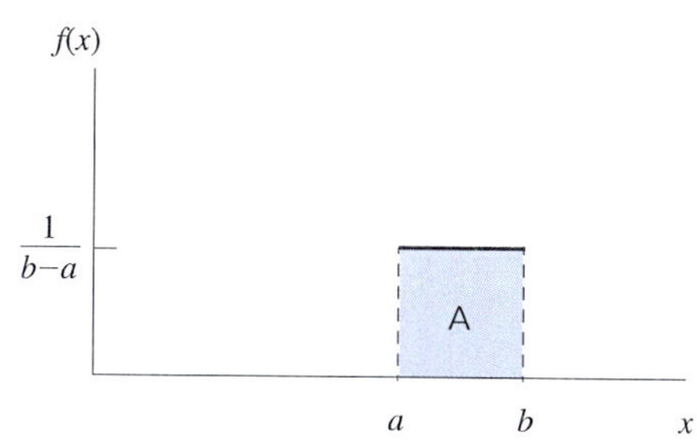

즉, 구간 (a,b)에서 확률밀도함수는 상수값이고, 확률밀도함수 아래 영역 A의 면적은

$$(b-a) \times \frac{1}{b-a} = 1.$$

균일분포를 따르는 확률변수의 기댓값은 연속형 확률변수의 기댓값과 분산의 정의로부터 적분을 이용하여 구할 수 있다. 즉, (a,b)에서 균일분포를 따르는 확률변수 X에 대해서

$$E(X) = \mu = \int_a^b x \frac{1}{b-a} dx, \; Var(X) = \int_a^b (x-\mu)^2 \frac{1}{b-a} dx$$

이며, 이를 계산하면 다음과 같다.

균일분포의 기댓값과 분산

확률변수 X가 구간 (a,b)에서 균일분포를 따를 때, 즉 $X \sim U(a,b)$ 일 때,

$$E(X) = \frac{a+b}{2}, \quad Var(X) = \frac{(b-a)^2}{12}.$$

참고

균일분포에서 양쪽 구간의 경계에 등호가 들어가도 기댓값과 분산은 동일하다. 다만, 확률밀도함수에 구간의 양 경계에 등호가 들어갈 뿐이고, 연속형 확률변수인 경우에 어떤 한 점을 취할 확률은 0이기 때문에 등호 여부가 차이를 주지 않는 것이다.

예제 6.1 확률변수 X가 구간 $(50, 80)$에서 균일분포를 따른다고 하자.

(1) X가 60과 70 사이에 있을 확률을 구하라.

(2) X의 기댓값과 분산을 구하여라.

풀이 (1) X의 확률밀도함수는 $f(x) = \frac{1}{80-50} = \frac{1}{30}$, $50 < x < 80$.

그러므로, $P(60 \le X \le 70) = \int_{60}^{70} \frac{1}{30} dx = 10 \times \frac{1}{30} = \frac{1}{3}.$

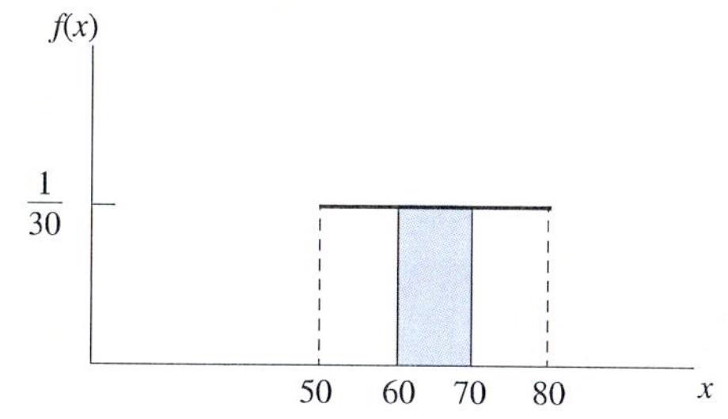

(2) $E(X)=\dfrac{50+80}{2}=65$, $Var(X)=\dfrac{(80-50)^2}{12}=75$.

6.3 정규분포

연속형 확률분포 가운데서 가장 중요하게 다루어지는 분포가 바로 **정규분포**(normal distribution)이다. 정규분포는 19세기 최대의 수학자라고 불리는 독일의 가우스(Carl Friedrich Gauss, 1777 ~ 1855)에 의해 제시된 것으로 **가우스분포**(Gaussian distribution)라고도 한다. 독일이 과거에 유로화를 쓰기 이전에 사용하던 화폐 중 10마르크화 앞면에는 가우스의 사진과 정규분포곡선이 함께 그려져 있을 정도로 정규분포는 현대 통계학의 기반을 형성하는 데 필수적이고 중요했다고 할 수 있다. 정규분포의 주요 특징으로는 분포 형태가 한 점을 중심으로 좌우 대칭이며 종 모양(bell-shaped)이고, 그 대칭점이 바로 모평균이고 중앙값이라는 점 등이 있다.

그림 6.1 과거 독일 화폐인 10마르크 앞면

또한, 대칭점에서 멀어지는 꼬리부분은 급격히 낮아져서 0으로 가까이 가고, 분포곡선은 평균과 분산에 의해서만 그 형태가 결정된다는 특징이 있다. 정규분포가 특히 중요한 이유 중에 하나는 실제 자료들 가운데 정규분포에 가까운 분포 형태를 보이는 것이 많다는 것이다. 예를 들어, 어느 집단에 속한 사람들의 신장 또는 몸무게 자료, 어느 학급의 시험성적, 어느 실험에서 관측된 값들의 측정 오차 등이 이에 속한다. 초기의 통계학자들은 모든 자료의 히스토그램이 정규분포의 형태와 유사하지 않으면 비정상적인 자료라고 생각하였고, 이러한 이유로 이 분포에 정상이라는 뜻의 "normal" 이라는 단어를 사용하였고, normal distribution을 정규분포 또는 정상분포라고 번역한 것이다.

정규분포가 중요하게 다루어지는 또 다른 이유는 이 분포가 이산형 분포인 이항분포 등을 포함한 다른 분포들에 대한 근사로 사용될 수 있다는 점이다. 이에 기초하여 분포에 관계된 모수를 추정하고 그 성질을 규명할 수 있다. 앞으로 8장 이후에서 학습하게 되는 거의 모든 내용은 정규분포를 기본 가정으로 한다고 볼 수 있다.

[그림 6.2]는 정규분포에서 평균 μ와 표준편차 σ의 변화에 따라 정규분포곡선의 형태가 어떻게 변하는지를 나타내고 있다. 먼저, (a)에서 알 수 있듯이 평균값의 변화는 곡선의 중심위치만을 바뀌게 할 뿐 곡선의 형태에는 변화를 주지 않는다. 또한 (b)로부터 분산 σ^2이 작아지면 평균 주위로 밀집된 형태이고, 반대로 σ^2의 값이 커지면 곡선의 형태가 점차 높이는 낮아지면서 평평해짐을 알 수 있다.

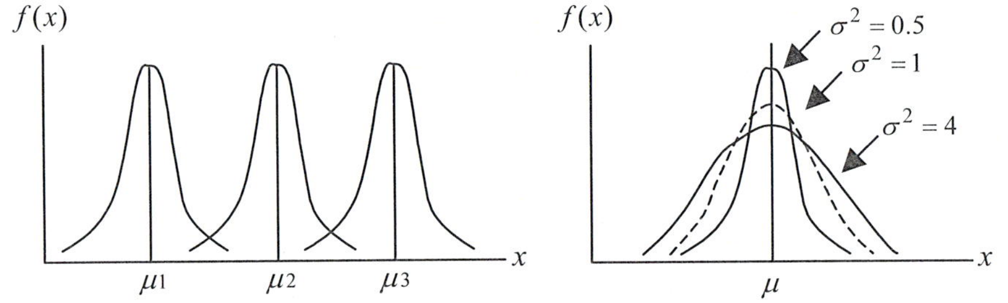

(a) 평균 다르고 분산 같은 것　　(b) 평균 같고 분산 다른 것

그림 6.2 정규분포의 확률밀도함수 형태

정규분포의 확률밀도함수를 수식으로 나타내어 보면 다음과 같다.

정규분포의 확률밀도함수

확률변수 X가 평균이 μ이고 분산이 σ^2인 정규분포를 따를 때, 확률밀도함수는

$$f(x) = \frac{1}{\sqrt{2\pi}\,\sigma} e^{-\frac{1}{2\sigma^2}(x-\mu)^2}, \; -\infty < x < \infty, \; -\infty < \mu < \infty, \; \sigma^2 > 0$$

이고,

$$X \sim N(\mu, \sigma^2)$$

이라고 나타낸다. 여기서 $\pi = 3.14159\cdots$ 이고, $e = 2.71828\cdots$ 이다.

정규분포에서 확률변수 X가 평균을 중심으로 표준편차의 몇 배 이내에 있는지에 따른 확률이 [그림 6.3]에 나타나 있다. 확률변수 X가 정규분포 $N(\mu, \sigma^2)$을 따를 때, 확률밀도함수 곡선 아래의 전체 면적은 1이고 X가 평균 μ에서 $\pm\sigma$ 이내에 있을 확률, 즉 $P(\mu-\sigma < X < \mu+\sigma)$은 A_1의 면적과 같으며 0.683이다. 또한 X가 평균 μ에서 $\pm 2\sigma$ 이내에 있을 확률, 즉 $P(\mu-2\sigma < X < \mu+2\sigma)$ 은 A_1과 A_2를 합친 면적이며 0.954이다. 그리고 X가 평균 μ에서 $\pm 3\sigma$ 이내에 있을 확률, 즉 $P(\mu-3\sigma < X < \mu+3\sigma)$은 A_1, A_2와 A_3를 모두 합친 면적으로 0.997과 같다. 즉, 정규분포에서 평균을 중심으로 세 배의 표준편차를 벗어난 자료가 관측될 가능성은 아주 희박하다는 것을 의미한다.

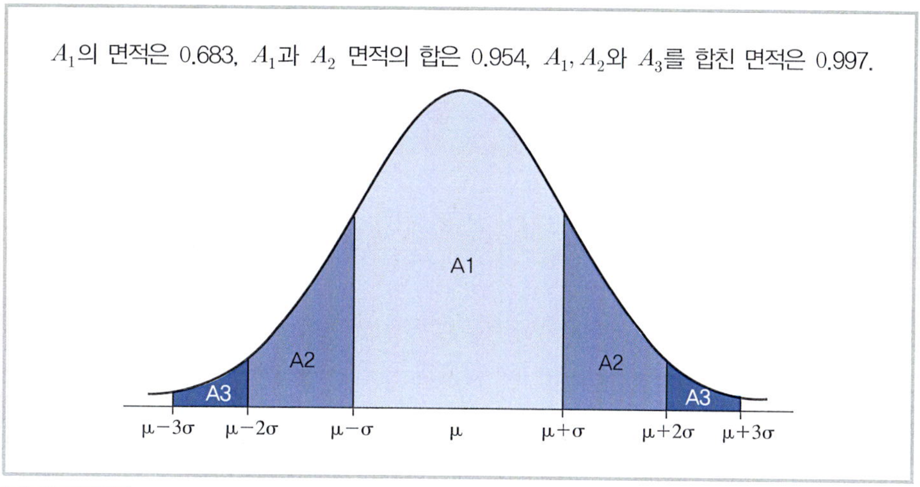

그림 6.3 정규분포의 대표적인 확률

정규분포에서 평균이 0, 분산이 1인 경우를 특별히 **표준정규분포**(standard normal distribution)라고 하며, 통계적 추론에서 중요한 역할을 한다. 표준정규분포를 따르는 확률변수는 보통 Z로 표기하며,

$$Z \sim N(0,1)$$

이라고 나타낸다.

부록 [표 3]에 주어진 표준정규분포표와 확률의 성질을 이용하여 $Z \sim N(0,1)$일 때, $P(0 \leqq Z \leqq z)$에 해당되는 확률을 읽는 법은 다음과 같다.

1) 표준정규분포표의 좌측 첫 번째 세로줄(첫 열)은 z의 소수점 첫째 자리까지의 값이고, 첫 번째 가로줄(첫 행)은 소수점 둘째 자릿수를 뜻한다.
2) 예를 들어, $P(0 \leqq Z \leq 0.41)$을 구하려면 첫 열에서 해당되는 값(0.4)과 첫 행에서 해당되는 둘째 자리 값(0.01)이 만나는 점의 값을 읽으면 된다. 아래 그림에서 보듯이 이 값은 $P(0 \leqq Z \leq 0.41) = 0.1591$이다.

z	0.00	0.01	0.02	0.03	0.04
0.0	0.0000	0.0040	0.0080	0.0120	0.0160
0.1	0.0398	0.0438	0.0478	0.0517	0.0557
0.2	0.0793	0.0832	0.0871	0.0910	0.0948
0.3	0.1179	0.1217	0.1255	0.1293	0.1331
0.4	0.1554	0.1591	0.1628	0.1664	0.1700
0.5	0.1915	0.1959	0.1985	0.2019	0.2054
0.6	0.2257	0.2291	0.2324	0.2357	0.2389

3) 표준정규분포가 0에 대해 좌우 대칭인 성질을 이용하면 $P(Z \leqq 0) = 0.5$이고,

$$P(Z \leq 0.41) = P(Z \leqq 0) + P(0 \leqq Z \leq 0.41) = 0.6591$$

임을 알 수 있다.

Z가 연속형 확률변수이고 확률의 성질을 이용하면 1), 2), 3)에 의해 다음과 같은 확률을 계산할 수 있다.

(1) $P(x \leqq Z \leqq y) = P(Z \leqq y) - P(Z < x) = P(Z \leqq y) - P(Z \leqq x)$
(2) $P(Z \geqq z) = 1 - P(Z < z) = 1 - P(Z \leqq z)$

몇 가지 예제를 통하여 정규분포의 확률을 구하는 방법을 살펴보기로 하자.

예제 6.2 확률변수 Z가 $N(0,1)$을 따를 때, 다음의 확률을 표준정규분포표를 이용하여 구하여라.

(1) $P(0 \leq Z \leq 1.25)$　　(2) $P(Z \geq 1.25)$

(3) $P(-2.0 \leq Z \leq 1.5)$

풀이 다음의 그림을 참고하자.

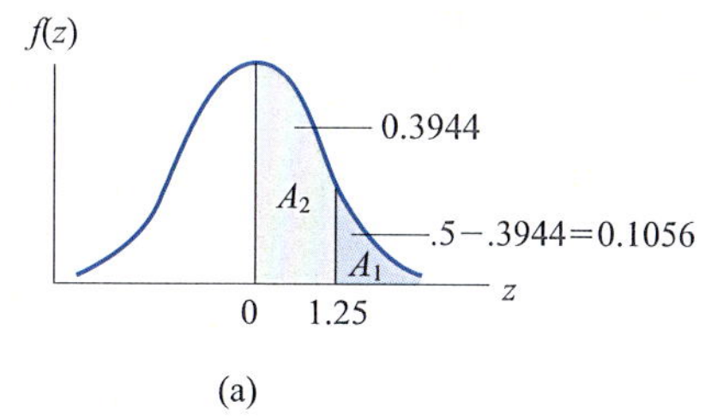

그림 (a)에서 A_1과 A_2 영역의 면적 합은 전체 면적의 반이므로 0.50이다. 표준정규분포표로부터 $P(0 \leq Z \leq 1.25) = 0.3944$이므로

$$P(Z \geq 1.25) = 0.5 - 0.3944 = 0.1056$$

그림 (b)에서 $P(-2.0 \leq Z \leq 1.5) = P(-2.0 \leq Z \leq 0) + P(0 \leq Z \leq 1.5) = A_1$의 면적 + A_2의 면적이고,

$$P(-2.0 \leq Z \leq 0) = P(0 \leq Z \leq 2.0) = 0.4772$$

이므로

$$P(-2.0 \leq Z \leq 1.5) = 0.4772 + 0.4332 = 0.9104.$$

예제 6.3 확률변수 Z가 $N(0,1)$을 따를 때, 다음을 만족하는 z_0를 구하여라.

(1) $P(0 \leq Z \leq z_0) = 0.1736$　　(2) $P(Z > z_0) = 0.1056$

풀이 표준정규분포표로부터 확률을 먼저 읽고 역으로 z_0를 찾는다.

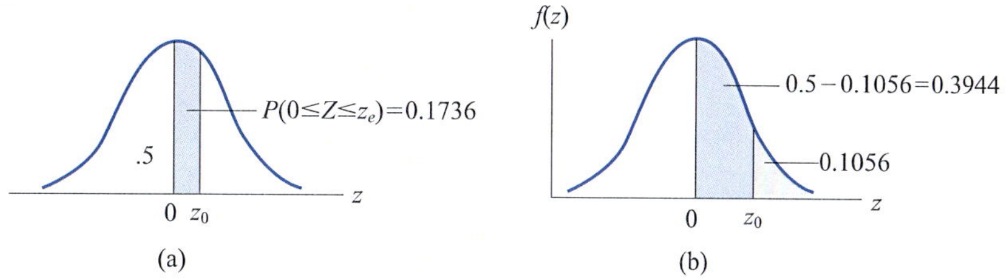

(1) 그림 (a)에서는 표로부터 바로 읽으면 $z_0 = 0.45$.

(2) 그림 (b)에서는

$$P(0 \leqq Z \leqq z_0) = 0.5 - P(Z > z_0) = 0.3944$$

임을 이용하여 표로부터 z_0를 찾으면 $z_0 = 1.25$.

참고

[예제 6.3]의 (2)와 같이 $Z \sim N(0,1)$ 일 때, 주어진 α값에 대하여 $P(Z > z) = \alpha$ 를 만족하는 z의 값을 z_α로 표기하고, 이를 표준정규분포의 상위 $(100 \times \alpha)$ 백분위수라고 한다.

아래 그림 (a)는 $z_{\alpha/2}$와 $-z_{\alpha/2}$를 나타낸 것이다. 표준정규분포의 성질로부터 $-z_{\alpha/2} = z_{1-\alpha/2}$임을 알 수 있다. 예를 들어, 그림 (b)에서처럼 $z_{0.025} = 1.96$이다.

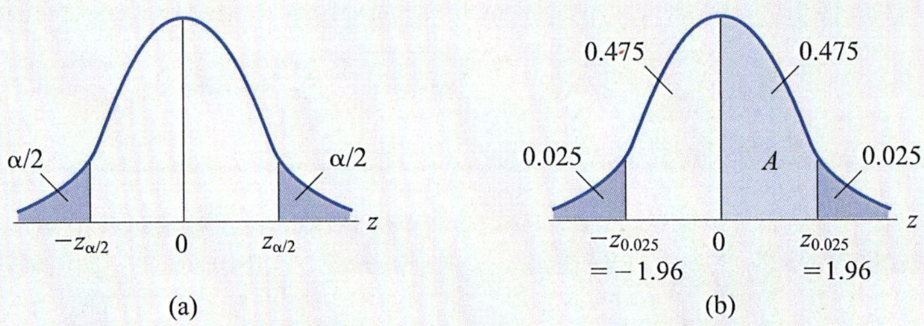

일반적으로 표준정규분포에서 많이 쓰이는 백분위수는 다음과 같다.

$$z_{0.005} = 2.58, \; z_{0.025} = 1.96, \; z_{0.05} = 1.645$$

정규분포에 상수를 더하거나 곱한 것은 정규분포를 따르고, 정규분포를 따르는 확률변수끼리 더하거나 빼도 역시 정규분포를 따른다. 이 사실과 앞의 4장에서 학습한 기댓값과 분산의 성질을 이용하면 다음과 같은 정규분포의 성질을 얻을 수 있다.

정규분포의 성질

(1) $X \sim N(\mu, \sigma^2)$ 일 때, 임의의 상수 a, b에 대하여 $aX + b \sim N(a\mu + b, a^2\sigma^2)$ 이다.

(2) $X \sim N(\mu, \sigma^2)$일 때, $Z = \dfrac{X - \mu}{\sigma}$ 라고 하면, $Z \sim N(0,1)$ 이다.

(3) $X \sim N(\mu_1, \sigma_1^2)$, $Y \sim N(\mu_2, \sigma_2^2)$ 이고, X와 Y가 서로 독립일 때, 임의의 상수 a, b에 대하여 $aX + bY \sim N(a\mu_1 + b\mu_2, a^2\sigma_1^2 + b^2\sigma_2^2)$.

위의 정규분포의 성질로부터 표준정규분포에 관한 확률을 이용하여 여러 가지 정규분포에 관한 확률을 구할 수 있다. 즉, 확률변수 X의 분포가 $N(\mu,\sigma^2)$일 때, $(X-\mu)/\sigma$의 분포는 $N(0,1)$이므로 다음의 사실이 성립함을 알 수 있다.

$$P(X \leq x) = P\left(\frac{X-\mu}{\sigma} \leq \frac{x-\mu}{\sigma}\right) = P\left(Z \leq \frac{x-\mu}{\sigma}\right),$$

$$P(x \leq X \leq y) = P\left(\frac{x-\mu}{\sigma} \leq \frac{X-\mu}{\sigma} \leq \frac{y-\mu}{\sigma}\right) = P\left(\frac{x-\mu}{\sigma} \leq Z \leq \frac{y-\mu}{\sigma}\right).$$

다음의 예제를 통하여 이 내용을 학습해 보자.

예제 6.4 어느 학과 학생들의 통계학 성적의 분포가 $N(50,8^2)$을 따른다고 한다. 50점에서 60점 사이의 학생들에게 B학점을 준다고 할 때, B학점을 받게 될 학생의 비율을 구하여라.

풀이 정규분포 $N(50,8^2)$을 따르는 확률변수를 X라고 하면, 50점에서 60점 사이의 비율은 다음과 같이 구할 수 있다.

$$P(50 \leq X \leq 60) = P\left(\frac{50-50}{8} \leq \frac{X-50}{8} \leq \frac{60-50}{8}\right)$$

$$= P(0 \leq Z \leq 1.25) = 0.3944.$$

이 과정은 다음 그림의 (a)에서의 음영 처리된 확률을 (b)의 경우로 바꾸어 계산할 수 있음을 의미한다.

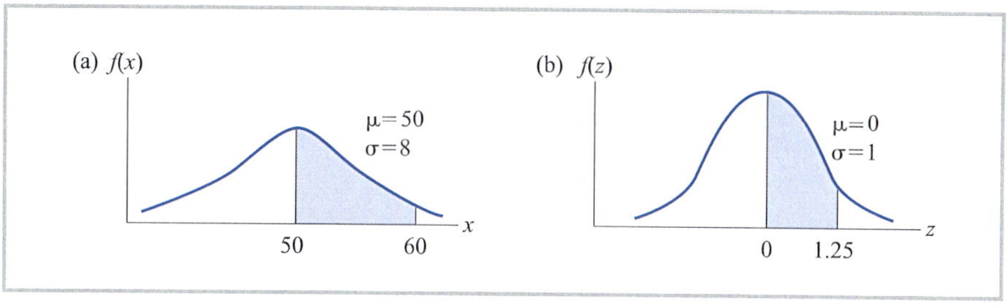

이 책의 8장부터 다루는 통계적 추론의 내용은 대부분 모집단의 분포가 정규분포라는 가정을 바탕으로 하고 있다. 따라서 이러한 통계적 추론의 방법을 적용하기 전에 정규모집단의 가정을 검토해 보아야 한다. 주어진 자료가 정규분포를 따르는지 가정을 검토하기 위해서는 간단히 **정규분포 분위수대조도**(normal probability plot, normal quantile–quantile plot)를 이용하는 방법이 있다. 주어진 자룟값의 백분위수들과 표준정규분포의 백분위수를 좌표로 하는 점들을 그림으로 나타낸 것이 정규분포 분위수대조도이고, 일반적으로 점들이 직선 주위에 밀집하여 나타나면 모집단의 분포가 정규분포라는 가정이 타당하다고 할 수 있다. 엑셀에서는 기본적으로 이 그림을 제공하지는 않으나 간단한 절차를 통해서 그려볼 수는 있다. 여기서는 생략하고, 나중에 11장 회귀분석에서 살펴보기로 한다.

6.4 지수분포

지수분포는 이산형 분포인 포아송분포와 밀접한 관계가 있다. 5장에서 단위시간당 발생횟수가 일정한 경우 어떤 주어진 시간 동안 발생한 사건의 수는 포아송분포를 따름을 배웠다. 사건 발생 횟수가 포아송분포를 따를 때, 첫 번째 사건이 발생할 때까지의 대기시간(waiting time)의 분포가 바로 **지수분포**(exponential distribution)이다. 또한 지수분포는 연속되는 사건 사이의 대기시간의 분포에도 사용될 수 있다. 예를 들어 어떤 매장에 방문하는 손님의 수가 포아송분포를 따를 때, 첫 번째 손님이 방문할 때까지의 대기시간의 분포, 두 번째 손님이 방문 후에 세 번째 손님이 방문할 때까지의 대기시간의 분포가 모두 지수분포를 따른다.

지수분포

(1) 단위당 발생률이 λ인 포아송분포에서, 첫 번째 사건이 발생할 때까지의 대기시간(waiting time)의 분포

(2) 단위당 발생률이 λ인 포아송분포에서 연속되는 사건 사이의 대기시간의 분포

지수분포의 확률밀도함수를 수식으로 나타내어 보면 다음과 같다.

지수분포의 확률밀도함수

확률변수 X가 모수가 λ인 지수분포를 따를 때, 확률밀도함수는

$$f(x) = \lambda e^{-\lambda x}, \quad x \geq 0$$

이고,

$$X \sim \mathrm{Exp}(\lambda)$$

라고 표기한다. 여기서 λ는 이 분포의 형태를 결정짓는 모수이다. $(\lambda > 0)$

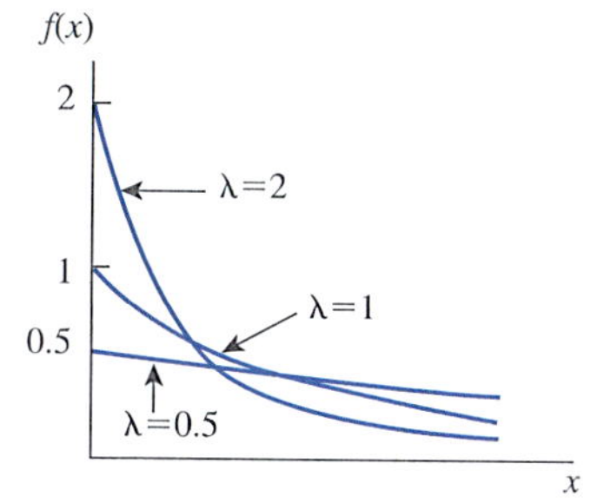

그림 6.4 지수분포의 확률밀도함수 형태

지수분포를 따르는 확률변수의 기댓값은 연속형 확률변수의 기댓값과 분산의 정의로부터 적분을 이용하여 구할 수 있다. 즉, 확률변수 X가 지수분포를 따를 때,

$$E(X) \equiv \mu = \int_0^{\infty} x\,\lambda e^{-\lambda x} dx\,,\ Var(X) = \int_0^{\infty} (x-\mu)^2 \lambda e^{-\lambda x}\,dx$$

이며, 이를 계산하면 다음과 같다.

지수분포의 기댓값과 분산

확률변수 X가 모수가 λ인 지수분포를 따를 때,

$$E(X) = \frac{1}{\lambda}\,,\ Var(X) = \frac{1}{\lambda^2}\,.$$

확률변수 X가 모수가 λ인 지수분포를 따르는 경우, 즉 $X \sim \mathrm{Exp}(\lambda)$일 때, 다음과 같이 확률을 계산할 수 있다.

$$P(X \geq a) = e^{-\lambda a},\ P(X \leq a) = 1 - e^{-\lambda a}\,,$$

$$P(a \leq X \leq b) = P(X \leq b) - P(X < a) = e^{-\lambda a} - e^{-\lambda b}\,.$$

예제 6.5 어느 주유소의 주인은 주유를 위해 자동차가 시간당 평균 120대가 들어옴을 관측하였다. 다음 물음에 답하여라.

(a) 두 번째 자동차가 들어온 후에 다음 자동차가 3분 이내에 도착하지 않을 확률을 지수분포를 이용하여 구하여라.

(b) (a)의 확률을 포아송분포를 이용하여 구하여라.

풀이 (a) 이 경우에 단위시간은 분(minute)이라고 하자. 이 주유소에 자동차가 들어오는 대수는 분당 $\lambda = 120/60 = 2$인 포아송분포를 따른다. 그러므로 첫 자동차가 올 때까지 대기시간이나 앞에 자동차가 들어온 후에 다음 자동차가 들어올 때까지의 대기시간을 확률변수 X라고 하면, X는 $\lambda = 2$인 지수분포를 따르게 된다. 다음 자동차가 들어올 때까지의 시간이 3분 이상 걸릴 확률은

$$P(X \geq 3) = e^{-2 \times 3} = e^{-6} = 0.0025$$

이다.

(b) Y를 3분 이내에 도착하는 자동차의 대수라고 하자. 그러면, 5.3절의 내용에 의해 Y는 모수가 $\lambda t = 2 \times 3 = 6$인 포아송분포를 따른다. 포아송분포의 확률질량함수를 이용하면 구하고자 하는 확률은

$$P(Y=0) = \frac{e^{-6} \times 6^0}{0!} = 0.0025$$

으로 (a)에서 구한 것과 일치함을 알 수 있다. ☑

참고

지수분포의 변형된 확률밀도함수 형태

확률변수 X가 모수가 λ인 지수분포를 따르는 경우, $\lambda = \frac{1}{\theta}$로 변환하여 확률밀도함수를

$$f(x) = \frac{1}{\theta} e^{-\frac{x}{\theta}}, \ x \geq 0, \ \theta > 0$$

로 나타내기도 한다. 이렇게 나타내어진 경우에는 기댓값과 분산의 정의대로 구해보면 $E(X) = \theta$, $Var(X) = \theta^2$이 된다.

6.5 이항분포의 정규근사

앞의 5장에서 n이 충분히 크고, p가 아주 작은 경우에 이항분포의 확률을 포아송분포로 근사시켜 구할 수 있음을 보았다. 하지만 n이 충분히 크고 p도 적당히 크거나 n이 지나치게 크면 포아송분포표를 이용한 근사로도 확률을 구하기 어려운 경우가 있다. 이제, 이항분포의 확률을 정규분포를 이용하여 근사적으로 구하는 방법에 대하여 살펴보자. 이항분포를 따르는 확률변수는 다음과 같이 정규분포로 근사될 수 있다.

이항분포의 정규근사

이항분포 $B(n,p)$를 따르는 확률변수 X는 n이 충분히 크면 근사적으로 정규분포 $N(np,np(1-p))$를 따른다.

이와 같은 이항분포의 정규근사는 $np > 5$ 이고 $n(1-p) > 5$ 이면 근사 정도가 좋은 것으로 알려져 있으며, 이에 관한 이론적인 내용은 7.4절에서 언급될 것이다. 그러면 이항분포의 정규근사에 대한 예를 살펴보자. [그림 6.5]는 이항분포 $B(20, 0.4)$의 히스토그램과 이를 근사하는 정규분포 $N(8, 4.8)$의 확률밀도함수를 함께 그린 것이다. 왼쪽 그림에서 음영 처리된 부분은 $X \sim B(20, 0.4)$ 일 때 $P(9 \leq X \leq 12)$에 해당되고, 오른쪽 그림의 음영은 $Y \sim N(8, 4.8)$ 일 때 $P(8.5 \leq Y \leq 12.5)$를 나타내고 있다. 양쪽 끝의 값에서 0.5씩을 빼고 더해주는 이유는 구하는 이항분포의 확률에서 양 끝값에 등호가 포함되어 있으므로 Y의 범위에 포함시키면서 이산형 확률변수를 연속형으로 근사시키는 경우에 연속성 수정을 위한 것이다. 그림에서 보면 n은 20으로 그리 크지 않더라도 근사 정도는 상당히 좋은 것으로 나타나고 있다.

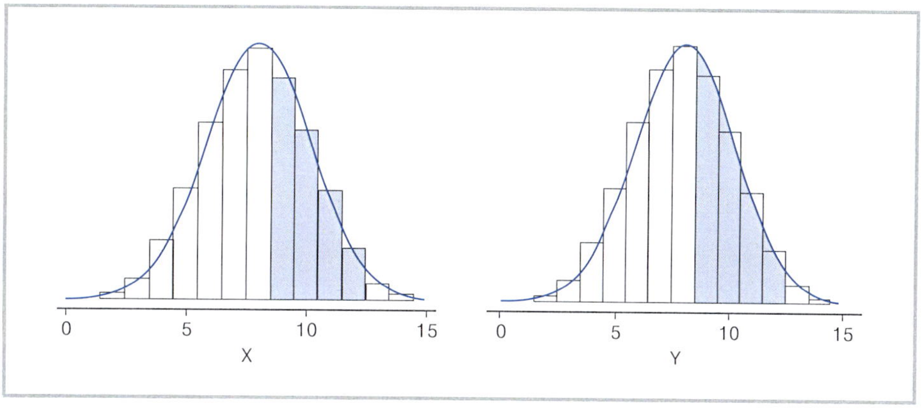

그림 6.5 이항분포 $B(20, 0.4)$의 히스토그램과 이를 근사하는 정규분포곡선

정규분포를 이용한 이항분포의 확률을 계산하는 몇 가지 식을 정리해 보면 다음과 같다.

정규분포를 이용한 이항분포의 확률 계산

$X \sim B(n,p)$ 이고 n이 충분히 커서 $np > 5$, $n(1-p) > 5$ 를 만족하면, 0 이상의 정수 c_1, c_2에 대하여 다음이 성립한다. 단, $Y \sim N(np, np(1-p))$, $Z \sim N(0,1)$.

(1) $P(X=c_1) \approx P(c_1-0.5 \leqq Y \leqq c_1+0.5)$

$$= P\left(\frac{c_1-0.5-np}{\sqrt{np(1-p)}} \leqq Z \leqq \frac{c_1+0.5-np}{\sqrt{np(1-p)}}\right)$$

(2) $P(X \leqq c_1) \approx P(Y \leqq c_1+0.5)$

$$= P\left(Z \leqq \frac{c_1+0.5-np}{\sqrt{np(1-p)}}\right)$$

(3) $P(c_1 \leqq X \leqq c_2) \approx P(c_1-0.5 \leqq Y \leqq c_2+0.5)$

$$= P\left(\frac{c_1-0.5-np}{\sqrt{np(1-p)}} \leqq Z \leqq \frac{c_2+0.5-np}{\sqrt{np(1-p)}}\right)$$

예제 6.6 확률변수 X가 이항분포 $B(50, \frac{1}{5})$을 따를 때 다음 확률의 근삿값을 구하여라.

(a) $P(X=10)$　　(b) $P(X<12)$　　(c) $P(9<X \leqq 12)$

풀이 $np = 50 \times \frac{1}{5} = 10 > 5$, $n(1-p) = 50 \times \frac{4}{5} = 40 > 5$이므로 정규근사가 가능하다.

$Var(X) = np(1-p) = 50 \times \frac{1}{5} \times \frac{4}{5} = 8$ 이므로 $Y \sim N(10,8)$이라 하면,

(a) $P(X=10) \approx P(9.5 \leq Y \leq 10.5)$

$$= P\left(\frac{9.5-10}{\sqrt{8}} \leq Z \leq \frac{10.5-10}{\sqrt{8}}\right)$$

$$= P(-0.18 \leq Z \leq 0.18)$$

$$= 2 \times 0.0714 = 0.1428$$

(b) $P(X<12) = P(X \leq 11)$

$$\approx P(Y \leq 11.5)$$

$$= P\left(Z \leq \frac{11.5-10}{\sqrt{8}}\right)$$

$$= P(Z \leq 0.53) = 0.7019$$

(c) $P(9<X \leq 12) = P(10 \leq X \leq 12)$

$$\approx P(9.5 \leq Y \leq 12.5)$$

$$= P\left(\frac{9.5-10}{\sqrt{8}} \leq Z \leq \frac{12.5-10}{\sqrt{8}}\right)$$

$$= P(-0.18 \leq Z \leq 0.88)$$

$$= 0.382$$

☑

6.6
엑셀을 이용한 실습

예제 6.7 평균이 58이고 분산이 9인 정규분포를 따르는 확률변수 X에 대하여 다음의 확률을 엑셀을 이용하여 구하여라.

(1) $P(X \leqq 65)$ (2) $P(52 \leqq X \leqq 63)$

풀이 ① 엑셀을 실행하여 우선 구하고자 하는 확률을 아래와 같이 입력한다.

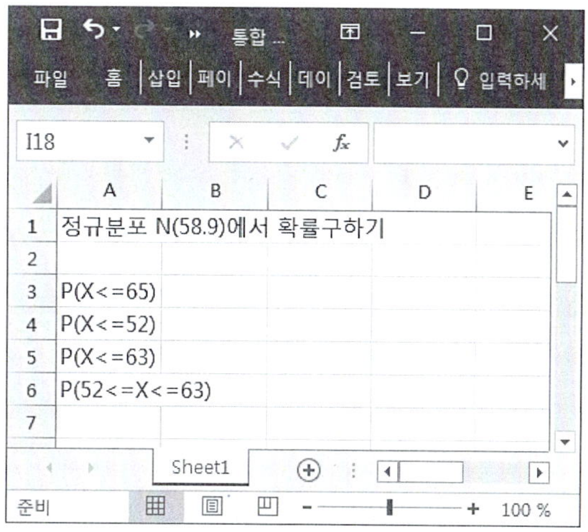

② C3 셀에서 마우스를 누르고 [함수 마법사]를 열어서 [통계]에서 [NORM.DIST]를 선택한다. 함수를 선택할 때마다 아래에 기능이 나타난다.

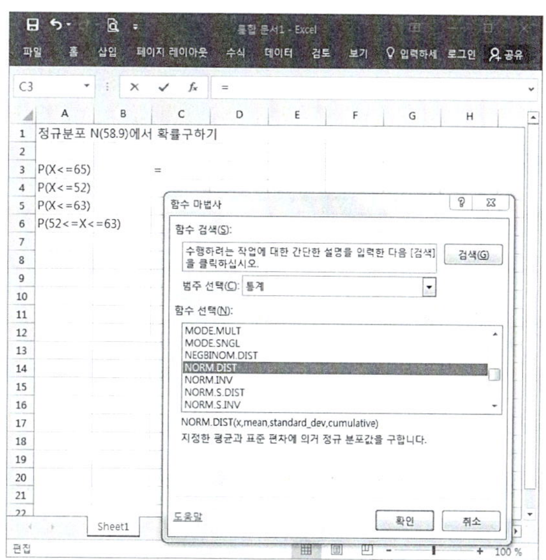

③ 평균과 표준편차와 구하고자 하는 누적확률에 해당되는 값을 입력하고 [확인]을 누른다.

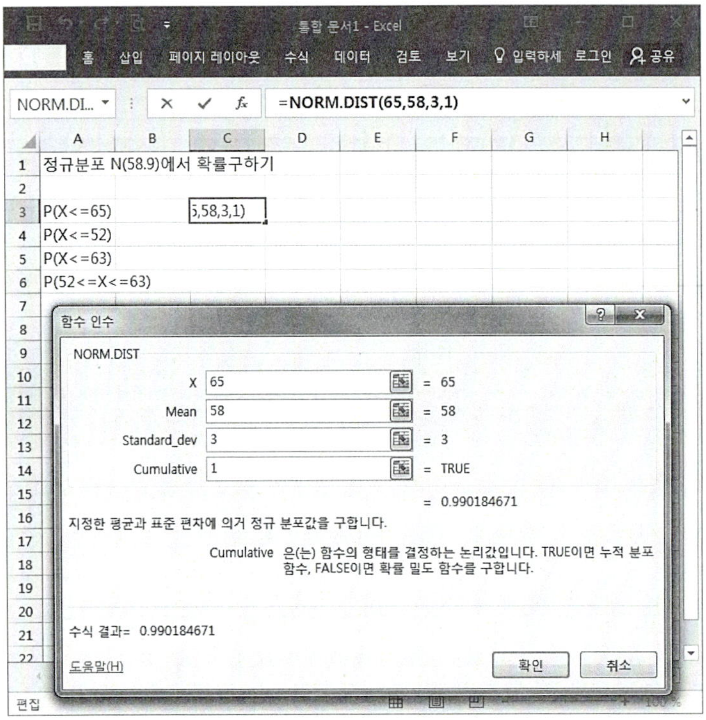

④ 같은 요령으로 C4 와 C5 셀에 각 확률을 계산한다. C6 셀의 값은 아래 그림처럼 =C5-C4로 구한다. 이것은 $P(52 \leq X \leq 63) = P(X \leq 63) - P(X \leq 52)$ 임을 이용한 것이다.

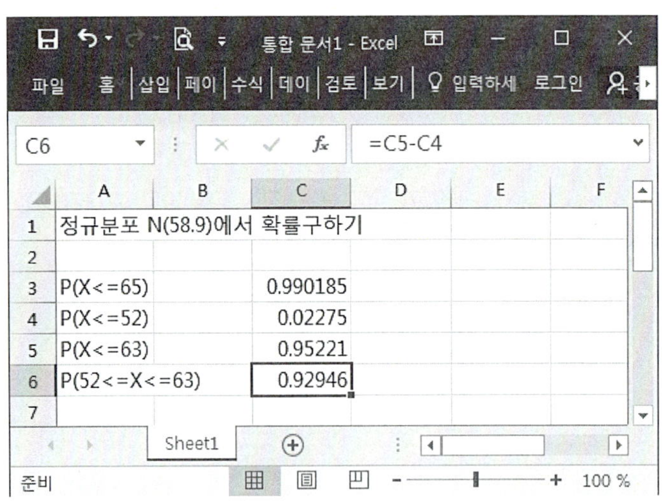

예제 6.8 통계학과 학생의 중간시험 점수는 평균 72이고 표준편차가 10인 정규분포를 따른다고 한다. 엑셀을 이용하여 다음 물음에 답하여라.

(1) 65점 이하인 학생의 비율은 얼마인가?

(2) 60점 이상 80점 이하인 학생의 비율은 얼마인가?

풀이

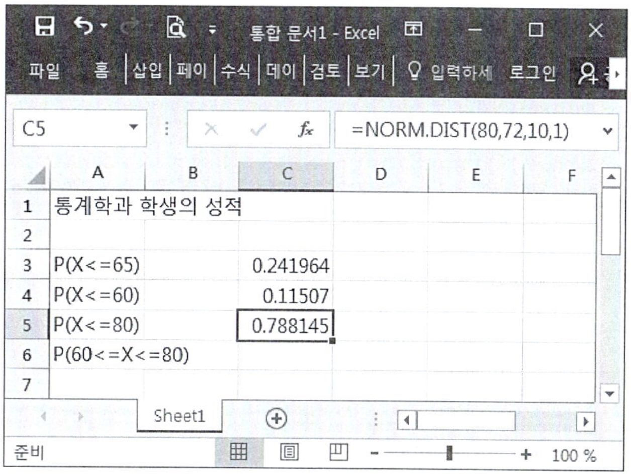

① [예제 6.7]에서와 같이 [함수 마법사]를 이용하던지 또는 확률을 구하고자 하는 셀에 클릭하고 아래 그림처럼 [수식 입력줄]에 직접 함수를 입력하여 구할 수도 있다. 단, 이때는 등호(=)를 꼭 써야 함을 명심하자. 또한 C3 셀에 입력하고 나서 C4, C5 셀로 [드래그&드롭]하고 나서 구하고자 하는 확률에 해당되는 값만 바꾸어서 구할 수도 있다.

② 마찬가지로 C6 셀을 클릭하고, [=C5–C4]로 60과 80 사이의 확률을 구한다.

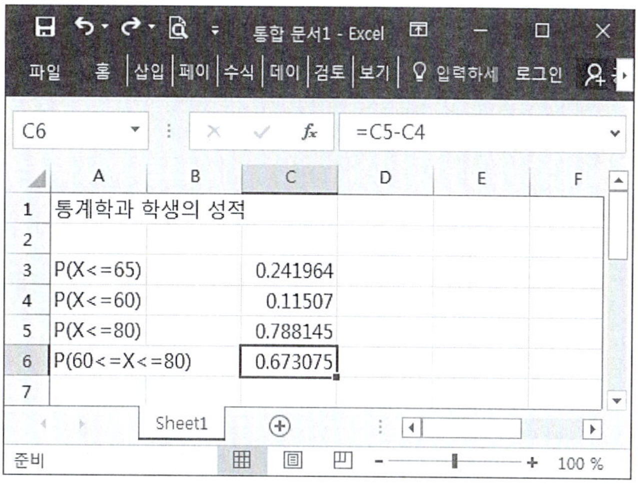

예제 6.9 확률변수 X가 $N(25, 2^2)$를 따를 때, 다음을 만족하는 z_0를 엑셀을 이용하여 구하여라.

(1) $P(X \geq z_0) = 0.05$　　　　(2) $P(X \leq z_0) = 0.821$

풀이 ① 엑셀을 실행시켜 필요한 서식을 미리 작성한다.

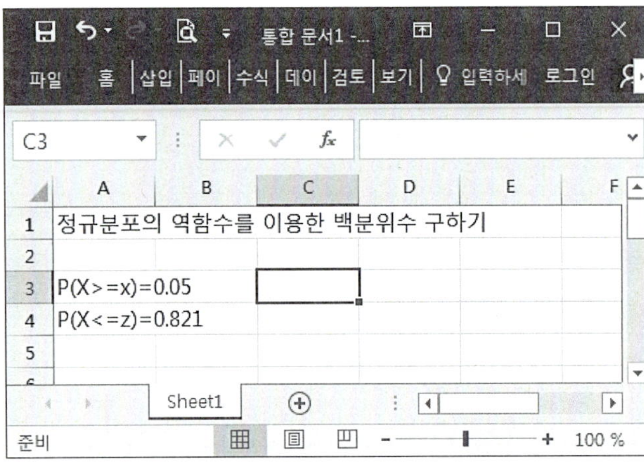

② [함수 마법사]에서 [통계]의 [NORM.INV]를 선택한다. 이 함수는 정규분포의 누적분포함수의 역함수이다. 즉, p가 주어졌을 때, $P(X \leq x) = p$인 x를 제공해 준다.

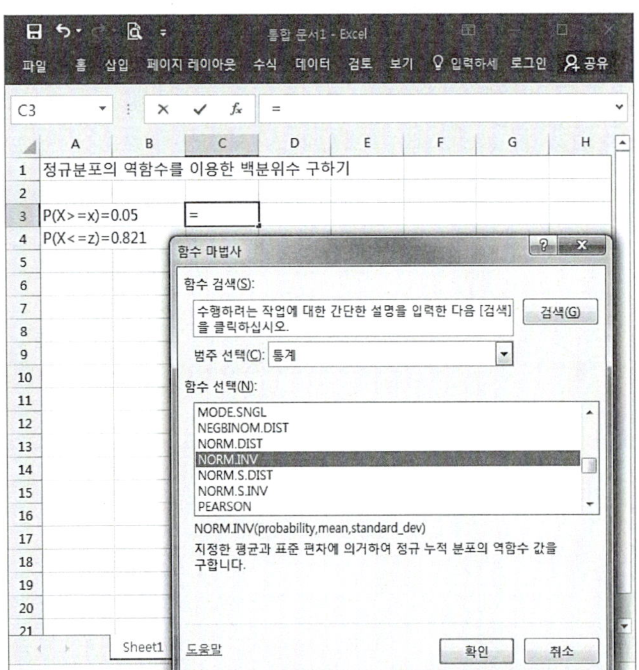

③ 평균과 표준편차 그리고 누적확률을 입력한다. 문제 (1)에서의 답을 구하려면 누적확률인 0.95를 넣어 주어야 한다.

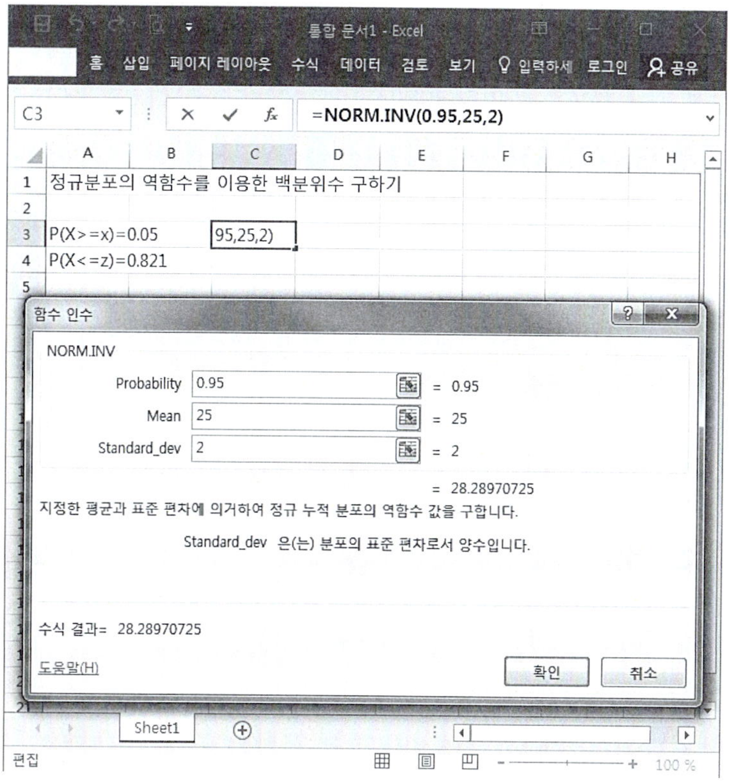

④ [함수 마법사]를 이용하지 않고 직접 [수식 입력줄]에 식을 입력하여 값을 구할 수도 있다.

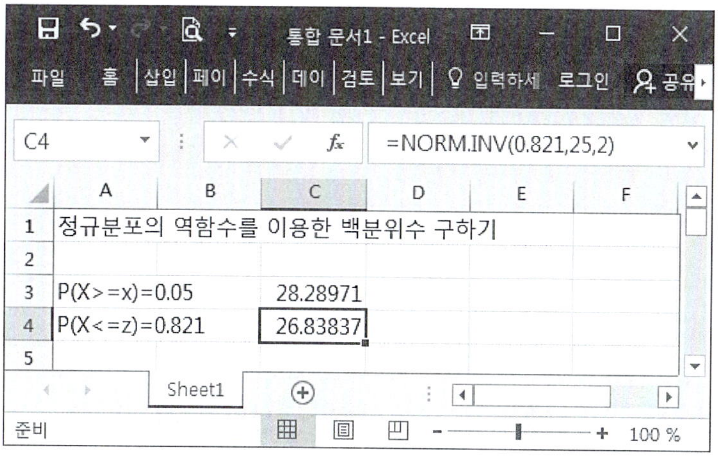

연습문제

1 확률변수 X의 확률밀도함수가 다음과 같을 때, 물음에 답하여라.

$$f(x) = -0.5x + 1,\ 0 \leq x \leq 2.$$

(1) $f(x)$의 그래프를 그려라.

(2) $f(x)$가 확률밀도함수의 조건을 만족하는지 확인하여라.

(3) $P(X \leq 0.7)$, $P(X \geq 1.5)$, $P(X = 1.0)$을 각각 구하여라.

2 확률변수 X가 구간 $(20, 40)$에서 균일분포를 따를 때, X의 확률밀도함수와 평균, 분산을 구하여라.

3 $Z \sim N(0, 1)$ 일 때, $P(Z \leq 1.25)$, $P(-1.25 \leq Z \leq 0.5)$의 값을 구하여라.

4 확률변수 X가 $N(6.2, 0.9^2)$인 정규분포를 따른다고 할 때, 다음 확률을 구하여라.

(1) $P(5.3 \leq X \leq 7.1)$ (2) $P(X \geq 7.1)$

5 어느 상점의 하루 수입액이 평균 30만 원이고 표준편차가 5만 원인 정규분포를 따른다고 할 때, 하루 수입액이 20만 원 미만인 경우의 확률을 구하여라.

6 $X \sim N(40, 20)$일 때, 엑셀을 이용하여 다음 확률을 계산하여라.

(1) $P(30 \leq X \leq 50)$ (2) $P(X \leq 60)$

7 $\mu = 20, \sigma^2 = 40$인 정규분포를 따르는 확률변수 X가 있다. $P(X \leq z_0) = 0.45$ 일 때 z_0의 값을 구하여라.

8 표준정규분포를 따르는 Z에 대하여 다음을 만족시키는 k값을 구하여라.

(1) $P(Z < k) = 0.0427$ (2) $P(Z > k) = 0.2946$

(3) $P(-0.93 < Z < k) = 0.7235$

9 평균이 18이고 표준편차가 2.5인 정규분포를 따르는 확률변수 X에 대해 다음을 구하여라.

(1) $P(X< 15)$
(2) $P(X< k)=0.2236$ 일 때 k값
(3) $P(X> k)=0.1814$ 일 때 k값
(4) $P(17< X< 21)$

10 어느 연구소에서 발표한 보고서에 따르면, 실험용 쥐들에게 음식을 지극히 제한시키고, 비타민과 단백질을 풍부하게 하면, 쥐들의 수명은 평균 40개월, 표준편차는 6.3개월이라고 한다. 이 실험에서 쥐들의 수명이 정규분포를 따른다고 가정할 때 다음의 확률을 구하여라.

(1) 수명이 32개월보다 길 경우
(2) 수명이 37개월에서 48개월 사이일 경우

11 한 제과점에서 판매되는 호밀빵의 평균 길이는 30cm이고, 표준편차는 2cm이다. 호밀빵의 길이가 정규분포를 따른다고 할 때 다음 확률을 구하여라.

(1) 호밀빵의 길이가 29.3cm에서 33.5cm일 경우
(2) 호밀빵의 길이가 25.5cm보다 작을 경우

12 교외에서 도심 사무실로 매일 출근하는 변호사가 있다. 그의 출근에 소요되는 시간은 평균 24분이고, 표준편차는 3.8분이다. 이 변호사의 출근 시간이 정규분포를 따른다고 할 때 다음을 구하여라.

(1) 출근 시간이 적어도 30분 이상 걸릴 확률
(2) 사무실은 9시에 시작하고, 이 변호사는 8시 45분에 집에서 출근한다면 지각할 확률
(3) 월요일부터 금요일 5일간의 출근에서 적어도 두 번 30분 이상 걸릴 확률

13 어느 시험의 성적이 평균이 74, 표준편차가 7.9인 정규분포를 따른다고 할 때, 다음을 구하여라.

(1) 하위 10%가 F학점을 맞는다고 할 때, F를 면할 수 있는 가장 낮은 점수
(2) 상위 5%가 A학점을 맞는다고 할 때, B학점에서 가장 높은 점수

14 수학 시험에서 평균은 82점이고 분산은 25점이었다. 88점에서 94점까지의 학생들은 B학점을 맞게 된다. 이 시험 점수가 정규분포를 따르고, 8명이 B학점을 받았을 때, 최소 몇 명의 학생들이 이 시험을 보았다고 생각되는가?

15 어느 회사의 600명의 지원자들의 아이큐 수치는 정규분포를 따르며, 평균은 115이고 표준편차는 12이다. 이 회사의 입사를 위한 최소 요구 아이큐가 95라면, 몇 명의 지원자들이 탈락하겠는가?

16 어느 매장의 경영자는 고객이 그 매장에서 서비스를 받기 위해 기다리는 시간을 조사한 결과 모수가 $\lambda = 6$(분)인 지수분포를 따른다고 한다. 고객의 서비스 대기 시간의 평균과 분산을 구하여라.

17 어떤 기계를 수리하는 데 걸리는 시간은 모수가 $\lambda = 2$(시간)인 지수분포를 따른다고 한다. 수리 시간이 2시간을 초과할 확률을 구하여라.

18 10%의 불량률을 내는 공정이 있다. 이 공정으로부터 생산된 100개의 상품을 랜덤하게 선택했을 때, 다음을 구하여라.

(1) 불량품이 13개를 초과할 확률

(2) 불량품이 8개보다 적을 확률

19 어떤 심장수술로부터 환자가 완전히 회복될 확률은 0.9이다. 60명의 환자가 이 심장수술을 받는다고 할 때, 다음의 확률을 구하여라.

(1) 53명에서 57명의 환자가 완전히 회복될 확률

(2) 50명 미만의 환자가 회복될 확률

20 어느 단체에서 발표한 통계에 따르면, 12월 주말 밤에 운전자 10명 중 1명은 음주운전을 한다고 한다. 만약 다음 주 토요일에 400명의 운전자를 임의로 선택했을 때, 아래의 확률을 구하여라.

(1) 음주운전자가 32명 미만일 확률

(2) 음주운전자가 49명 이상일 확률

(3) 음주운전자가 35명 이상 47명 미만일 확률

21 평균이 200이고, 표준편차가 40인 정규분포를 따르는 X에 대하여 a, b 값을 엑셀을 이용하여 구하여라.

(1) $P(X > a) = 0.0023$ (2) $P(X \le b) = 0.5239$

22 1000점 만점인 어느 회사의 입사 시험에서 지원자 2000명의 득점 분포는 평균이 450점, 표준편차가 75점인 정규분포를 따르고 합격자가 246명이라고 할 때, 합격 최저 점수를 구하여라.

23 어느 역에서 A열차가 오전 7시부터 15분 간격으로 역에 도착하고, B열차는 오전 7시 5분부터 15분 간격으로 역에 도착한다. 어떤 승객이 오전 7시와 8시 사이에 균일하게 분포된 어느 시간에 역에 도착하여 먼저 도착하는 열차를 탄다고 한다. 이 승객이 A열차를 탈 확률은 얼마인가?

24 동건이네 집에서는 아침식사로 빵 하나와 우유 한 잔을 먹는다고 하자. 빵에서 섭취할 수 있는 열량은 평균 200, 표준편차 10칼로리인 정규분포를 따르고, 우유 한 잔으로부터 섭취되는 열량은 평균 90, 표준편차 5인 정규분포를 따른다.

(1) 동건이네 집에서 1인당 아침식사에서 섭취하는 열량의 평균과 표준편차와 그 분포를 구하여라.

(2) 이 가정에서 1년간 계획이 매일 아침식사에서 300칼로리 이상을 섭취하려고 한다면, 1년 중 약 며칠 정도만이 이 목표를 달성할 수 있는지 엑셀을 이용하여 구하여라.

25 서울시의 어떤 시책에 대하여 시민 전체 중 찬성하는 사람은 75%, 반대하는 사람은 25%임을 알고 있다. 임의로 300명의 시민을 뽑을 때, 찬성자가 70% 이상 80% 이하가 될 확률을 구하여라.

7장

표본분포

통계적 추론을 합리적으로 하기 위해서는 모집단의 구조를 잘 반영하는 표본을 추출하는 것이 매우 중요하다. 그러나 아무리 표본을 잘 추출한다고 하더라도 모집단을 설명하는 데는 오차가 있기 마련이며 그런 오차를 줄이려는 것 또한 중요하다. 수집된 표본으로부터 조사된 결과가 모집단 전체를 조사했을 때의 결과와 어떤 관계인지를 규명할 수 있다면 모집단의 특성을 이해하는 데 도움이 될 것이다. 이 장에서는 이러한 모집단의 특성과 표본의 특성 간의 관계에 대해 학습할 것이다. 아울러, 통계학의 여러 이론 가운데 가장 핵심이 된다고 할 수 있는 중심극한정리에 대해서도 학습할 것이다.

7.1 서론

앞의 1장에서 모집단으로부터 추출된 표본에 기초한 분석으로 모집단의 특성에 대해 과학적인 결론을 내리는 일련의 과정을 통계적 추론(statistical inference)이라고 정의하였다. 합리적인 통계적 추론을 위해서는 모집단의 구조를 잘 반영할 수 있는 표본을 추출하는 것이 매우 중요하다. 그러나 아무리 표본을 잘 추출한다고 하더라도 모집단을 설명하는 데는 오차가 있기 마련이며 그런 오차를 줄이려는 것 또한 중요하다고 할 것이다. 추출된 표본으로부터 조사된 결과가 모집단 전체를 조사했을 때의 결과와 어떤 관계인지를 규명할 수 있다면 모집단의 특성을 이해하는 데 도움이 될 것이다. 이 장에서는 이러한 모집단의 특성과 표본의 특성 간의 관계에 대해 학습할 것이다. 아울러, 통계학의 이론적 근거를 형성하는 여러 정리 가운데 가장 핵심이 된다고 할 수 있는 중심극한정리에 대해서도 학습할 것이다.

위에서 언급된 내용들을 학습하기 전에 몇 가지 용어에 대해 소개하고자 한다. 모집단의 특성에 관계되는 평균, 비율 또는 표준편차 등 관심의 대상이 되는 미지의 참값을 **모수**(parameter)라고 하며, 표본의 특성과 구분하여 모평균, 모비율, 모표준편차라고 한다. 한편, 모집단으로부터 추출된 표본에 기초하여 계산되는 수치함수를 **통계량**(statistic)이라고 한다. 예를 들어, 표본에서 계산되는 평균, 중앙값, 사분위수, 분산, 표준편차 등등이 모두 통계량에 해당된다. 모집단에서 표본을 추출할 때, 한 번 뽑힌 것을 확인한 후 다시 되돌려 넣고 표본을 뽑는 추출 방법을 **복원추출**(sampling with replacement)이라고 하고, 이와는 반대로 한 번 뽑힌 것을 확인한 후 다시 되돌려 넣지 않고 표본을 뽑는 추출 방법을 **비복원추출**(sampling without replacement)이라고 한다. 모집단의 모든 원소가 뽑힐 확률이 동일한 조건하에서 추출된 표본을 **단순랜덤표본**(simple random sample)이라고 한다.

이 밖에도 모집단의 각 원소가 뽑힐 확률을 다르게 하거나 몇 개의 원소들을 그룹으로 묶어서 그룹을 추출하는 방법으로 표본을 형성하는 경우도 있으나 단순랜덤표본이 가장 많이 쓰인다고 하겠다. 단순랜덤표본은 간단히 **랜덤표본** 또는 **확률표본**이라고도 한다. 앞으로는 랜덤표본 또는 확률표본이라고 하면 표본 내의 모든 원소들이 서로 독립이고 동일한 분포를 따른다(independently and identically distributed; i.i.d)는 뜻으로 해석하면 된다.

7.2

평균의 표본분포

모집단에서 일정한 크기의 표본을 추출하여 통계량을 구하는 것을 반복할 때, 이 통계량들이 이루는 분포를 **표본분포**(sampling distribution)라고 한다. 특히 이 통계량이 평균일 때를 평균의 표본분포라고 한다. 평균의 표본분포에 대해 살펴보기 위해 모집단을 $\{1, 2, 3, 4\}$라고 하고, 여기서 뽑히는 수를 X라고 하면 모집단의 분포는 [표 7.1]과 같다.

[표 7.1] 모집단의 분포

x	1	2	3	4
$P(X=x)$	1/4	1/4	1/4	1/4

이로부터 확률변수 X의 기댓값은 정의에 의하면

$$\begin{aligned} E(X) = \mu &= \sum x P(X=x) \\ &= 1 \cdot \frac{1}{4} + 2 \cdot \frac{1}{4} + 3 \cdot \frac{1}{4} + 4 \cdot \frac{1}{4} \\ &= \frac{5}{2} \end{aligned}$$

이고, 분산은

$$\begin{aligned} Var(X) = \sigma^2 &= E(X^2) - \{E(X)\}^2 \\ &= \sum x^2 P(X=x) - \mu^2 \\ &= 1 \cdot \frac{1}{4} + 2^2 \cdot \frac{1}{4} + 3^2 \cdot \frac{1}{4} + 4^2 \cdot \frac{1}{4} - (\frac{5}{2})^2 \\ &= \frac{5}{4} \end{aligned}$$

가 됨을 쉽게 확인할 수 있다. 이 모집단으로부터 크기 2인 표본을 복원추출하여 표본평균을 구하면 [표 7.2]와 같이 총 16가지의 표본과 각각에 대응되는 표본평균이 구해진다.

[표 7.2] 가능한 표본과 표본평균

표본	표본평균	표본	표본평균	표본	표본평균	표본	표본평균
(1, 1)	1	(2, 1)	1.5	(3, 1)	2	(4, 1)	2.5
(1, 2)	1.5	(2, 2)	2	(3, 2)	2.5	(4, 2)	3
(1, 3)	2	(2, 3)	2.5	(3, 3)	3	(4, 3)	3.5
(1, 4)	2.5	(2, 4)	3	(3, 4)	3.5	(4, 4)	4

따라서 [표 7.2]에 의하면 표본평균의 표본분포는 다음 [표 7.3]과 같다.

[표 7.3] 표본평균의 분포

$\overline{x}$	1	1.5	2	2.5	3	3.5	4
$P(\overline{X}=\overline{x})$	1/16	2/16	3/16	4/16	3/16	2/16	1/16

[표 7.1]과 [표 7.3]에 기초해서 확률변수 X와 표본평균 $\overline{X}$의 분포를 그림으로 나타내면 다음과 같다.

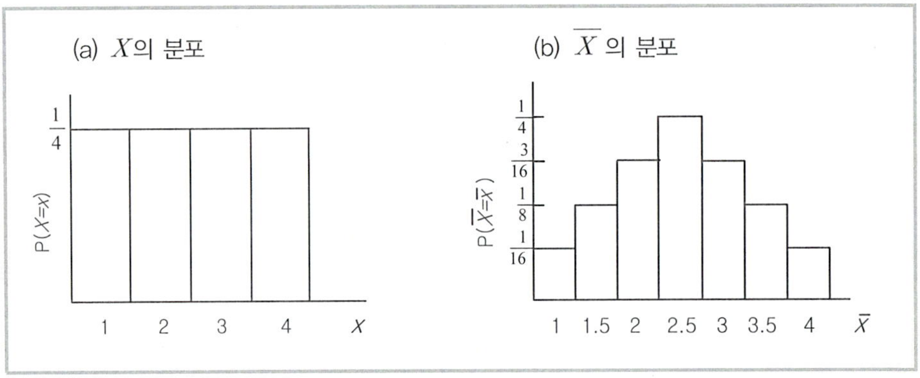

그림 7.1 확률변수 X와 표본평균 $\overline{X}$의 분포

여기서 주목할 점은 $\overline{X}$의 분포는 X의 분포와 분명히 다르다는 것이다. [그림 7.1]의 분포 형태에서 추측할 수 있는 내용은 두 분포의 평균은 같으며 분산은 $\overline{X}$의 분포가 더 작다는 것이다. 이는 다음 절에서 다시 확인할 수 있다.

7.3 표본평균의 기댓값과 분산

[표 7.3]에 주어진 표본평균 $\overline{X}$의 확률분포로부터

$$E(\overline{X}) = \sum \overline{x}\, P(\overline{X} = \overline{x})$$

$$= 1 \times \frac{1}{16} + 1.5 \times \frac{1}{8} + 2 \times \frac{3}{16} + 2.5 \times \frac{1}{4} + 3 \times \frac{3}{16} + 3.5 \times \frac{1}{8} + 4 \times \frac{1}{16}$$

$$= \frac{5}{2}.$$

즉, [표 7.1]에서 구한 기댓값과의 관계는 $E(\overline{X}) = \mu = E(X)$ 임이 성립함을 알 수 있다. 다음은 표본평균 $\overline{X}$의 분산을 구해 보자.

$$\begin{aligned} Var(\overline{X}) &= E(\overline{X} - E\overline{X})^2 \\ &= E(\overline{X}^2) - (E\overline{X})^2 \\ &= \sum \overline{x}^2 P(\overline{X} = \overline{x}) - [\sum \overline{x}\, P(\overline{X} = \overline{x})]^2 \\ &= \frac{110}{16} - \frac{25}{4} = \frac{5}{8} \end{aligned}$$

이고, 이로부터 [표 7.1]에서 구한 분산과의 관계는 $Var(\overline{X}) = \frac{5}{8} = \frac{(5/4)}{2} = \frac{\sigma^2}{n}$ 이 성립함을 알 수 있다. 표본평균의 기댓값과 분산에 관한 내용을 요약하면 다음과 같다.

표본평균의 기댓값과 분산

모평균이 μ, 모분산이 σ^2인 모집단으로부터 크기 n인 확률표본 $X_1, \cdots, X_n$을 복원추출할 때, 표본평균 $\overline{X}$의 기댓값과 분산은 다음과 같다.

$$E(\overline{X}) = \mu, \quad Var(\overline{X}) = \frac{\sigma^2}{n}$$

표본평균의 기댓값과 분산에 대한 증명은 4장에서 학습한 기댓값과 분산의 성질을 이용하면 간단히 확인해 볼 수 있다. 즉, 모평균이 μ, 모분산이 σ^2인 모집단으로

부터 크기가 n인 확률표본 $X_1,\cdots,X_n$을 추출할 때, $E(X_i)=\mu$이므로 기댓값의 성질로부터

$$\begin{aligned} E(\overline{X}) &= \frac{1}{n}E(X_1+\cdots+X_n) \\ &= \frac{1}{n}\{E(X_1)+\cdots+E(X_n)\} \\ &= \mu\,. \end{aligned}$$

또한 $X_1,\cdots,X_n$이 서로 독립이고 $Var(X_i)=\sigma^2$이므로 분산의 성질로부터

$$\begin{aligned} Var(\overline{X}) &= \frac{1}{n^2}Var(X_1+\cdots+X_n) \\ &= \frac{1}{n^2}\{Var(X_1)+\cdots+Var(X_n)\} \\ &= \frac{\sigma^2}{n}\,. \end{aligned}$$

예제 7.1 어느 대학교 입학생 1000명의 평균 수능 성적은 315점이고 분산은 400점으로 알려져 있다. 크기 n이 50인 표본을 복원추출로 랜덤하게 뽑을 때 표본평균의 기댓값과 분산을 구하여라.

풀이 표본평균을 $\overline{X}$라 하면, $E(\overline{X})=\mu=315$, $Var(\overline{X})=\frac{\sigma^2}{n}=\frac{400}{50}=8$이다. ☑

참고로 모집단의 분포가 정규분포 $N(\mu,\sigma^2)$인 경우에는 6.3절에서 언급한 정규분포의 성질로부터 $\overline{X}$의 분포가 정규분포임을 알 수 있다. 또한, 위에서 본 바와 같이 $\overline{X}$의 평균과 분산이 각각 $\mu, \sigma^2/n$이므로 다음이 성립하게 된다.

$$\overline{X} \sim N(\mu, \frac{\sigma^2}{n}).$$

정규모집단에서 표본평균의 표본분포

정규분포 $N(\mu,\sigma^2)$으로부터 랜덤표본 $X_1,\cdots,X_n$을 추출할 때, 표본평균 $\overline{X}$의 분포는 $N(\mu,\frac{\sigma^2}{n})$을 따른다.

위의 내용은 [그림 7.2]에서 보듯이 표본평균의 기댓값 $\mu_{\overline{x}}$는 모평균과 동일하고,

표본평균의 분산 $\sigma_{\bar{x}}^2$은 표본의 크기 n이 커질수록 감소한다는 뜻이다.

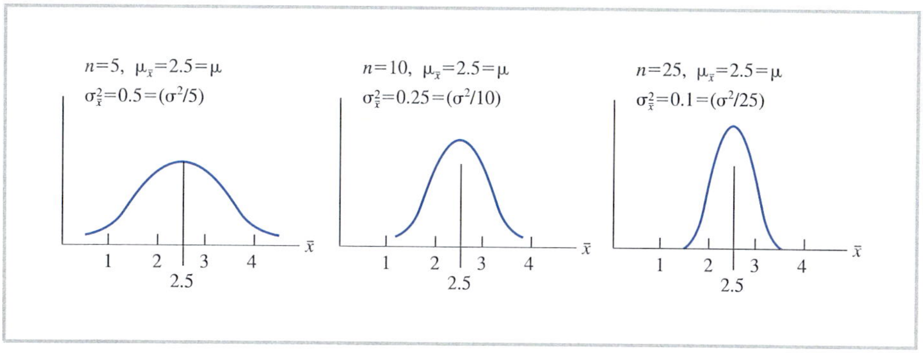

그림 7.2 표본크기의 변화에 따른 $\overline{X}$의 분포

예제 7.2 어느 공장에서 생산되는 통조림은 내용물 함량이 200g으로 표시되어 있고, 함량의 표준편차는 4g이라고 한다. 이 공장의 통조림 내용물의 함량은 정규분포를 따른다고 한다. 이 공장에서 생산되는 통조림을 랜덤하게 25통을 뽑았을 때, 평균 함량이 202g 이상일 확률을 구하여라.

풀이 $\overline{X}$의 분포는 $N(200, \frac{16}{25})$이므로,

$$P(\overline{X} \geq 202) = P\left(\frac{\overline{X}-200}{4/5} \geq \frac{202-200}{4/5}\right)$$
$$= P(Z \geq 2.5) = 0.0061\,.$$

7.4 중심극한정리

모집단이 정규분포를 따르지 않고 다른 임의의 분포를 따르는 경우에는 표본평균의 분포가 어떠한가에 대해 알아보기로 하자. 이는 통계적 추론에서 가장 중요한 정리 중에 하나라고 할 수 있는 **중심극한정리**(central limit theorem; CLT)에 의해 설명되는 것으로 그 내용은 다음과 같다.

중심극한정리

평균이 μ이고 분산이 σ^2인 임의의 모집단에서 랜덤표본 $X_1,\cdots,X_n$을 추출할 때, 표본의 크기 n이 충분히 크면, 표본평균 $\overline{X}$는 근사적으로 $N(\mu,\dfrac{\sigma^2}{n})$을 따른다. 즉, n이 충분히 클 때 근사적으로 다음이 성립한다.

$$\frac{\overline{X}-\mu}{\sigma/\sqrt{n}} \sim N(0,1)$$

중심극한정리의 중요한 의미는 모집단의 분포가 어떤 형태이든 간에, 표본의 크기가 충분히 크면 표본평균의 분포는 근사적으로 정규분포를 따르게 된다는 사실이다. 이것이 정규분포가 통계적 추론에서 중추적 역할을 하는 이유 중 하나이며 앞으로 이러한 사실을 이용하게 될 것이다. 중심극한정리를 적용하기 위해 충분하다는 표본의 크기는 일반적으로 30 이상을 의미한다. 하지만 분포 형태가 확연하게 봉우리가 두 개 이상이라든지 한쪽으로 지나치게 치우쳐 있는 경우처럼 모집단의 분포가 지나치게 정규분포와 다른 경우는 보다 큰 표본이 있어야 중심극한정리를 적용시킬 수 있다.

[그림 7.3]은 몇 가지 모집단에서 표본크기의 변화에 따른 표본평균의 표본분포를 나타내고 있다. X가 정규분포를 따를 때는 $\overline{X}$의 분포는 $n=5$와 $n=30$인 경우 모두 정규분포를 따른다. X가 균일분포를 따를 때는 $\overline{X}$의 분포가 $n=5$일 때보다 $n=30$인 경우가 훨씬 정규분포에 가깝다고 할 수 있고, $n=5$일 때는 중심극한정리를 적용시키기 어렵다. 6장에서 다룬 연속형 확률분포 가운데 하나인 지수분포의 경우에는 $\overline{X}$의 분포가 $n=5$와 $n=30$인 경우 모두 정규분포와는 조금 차이가 난다고 할 수 있다. 정규분포로의 근사가 만족스럽기 위해서는 표본의 크기 n을 좀 더 크게 할 필요가 있다. 일반적으로 중심극한정리를 적용하기 위해서 비대칭분포의 경우에는 대칭분포인 경우보다 더 많은 표본을 필요로 한다.

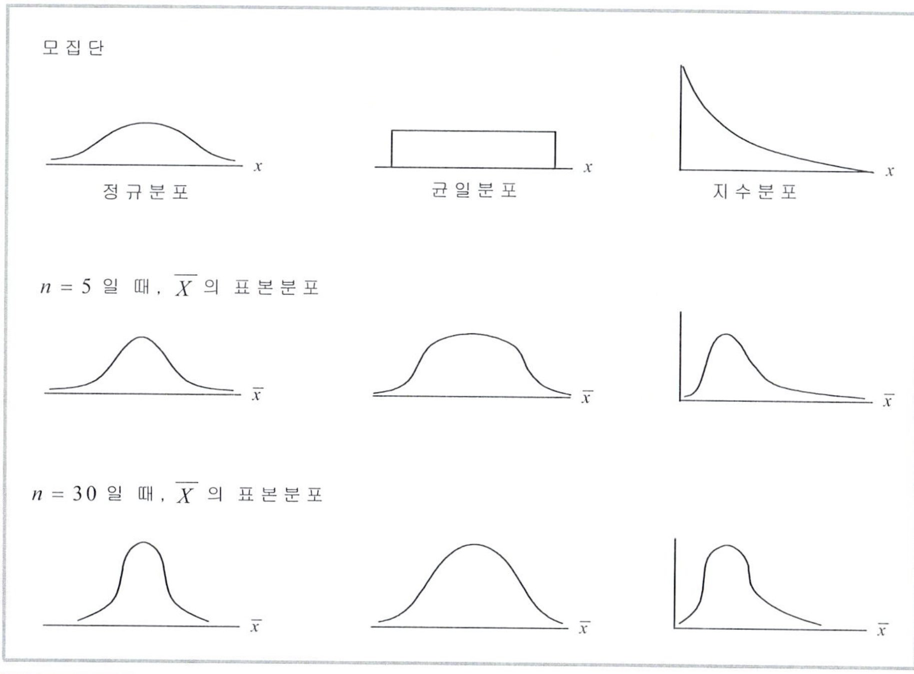

그림 7.3 서로 다른 모집단에서 추출된 표본평균 $\overline{X}$의 표본분포

예제 7.3 평균이 82이고 분산이 144인 임의의 모집단으로부터 다음과 같은 표본을 추출하였을 때 물음에 답해보자.

(a) 크기가 64인 표본을 랜덤추출할 때, 표본평균이 80.8에서 83.2 사이에 있을 확률은 얼마인가?

(b) 표본의 크기가 100일 때는 표본평균이 구간 (80.8, 83.2)에 있을 확률은 얼마인가?

풀이 $X_1, X_2, \cdots, X_n$을 $\mu = 82$, $\sigma^2 = 144$인 임의의 모집단으로부터 추출된 표본이라고 하자. 이 때, $n = 64$ 혹은 100인 경우는 표본의 크기가 상당히 크다고 할 수 있으므로, 표본평균 $\overline{X}$의 분포는 중심극한정리에 의해 근사적으로 $N(82, \frac{144}{n})$를 따른다.

(a) 표본의 크기가 $n = 64$일 때는 근사적으로

$$\overline{X} \sim N(82, \frac{144}{64}) \equiv N(82, (\frac{3}{2})^2)$$

이다. 따라서 Z를 표준정규분포를 따르는 확률변수라고 하면

$$P(80.8 < \overline{X} < 83.2) = P(\frac{80.8-82}{3/2} \le \frac{\overline{X}-82}{3/2} \le \frac{83.2-82}{3/2})$$

$$\approx P(-0.8 \le Z \le 0.8)$$

$$= 0.7881 - 0.2119 = 0.5762\,.$$

(b) 표본의 크기가 $n = 100$인 경우에는 근사적으로

$$\overline{X} \sim N(82, \frac{144}{100}) \equiv N(82, (\frac{6}{5})^2)$$

이므로

$$P(80.8 < \overline{X} < 83.2) = P(\frac{80.8-82}{6/5} \le \frac{\overline{X}-82}{6/5} \le \frac{83.2-82}{6/5})$$

$$\approx P(-1 \le Z \le 1)$$

$$= 0.8413 - 0.1587 = 0.6826\,.$$ ☑

[예제 7.3]의 (a), (b) 두 경우를 비교해 보면 표본평균이 모평균 μ주변의 어떤 특정 구간 안에 있을 확률이 표본의 크기가 커짐에 따라 증가함을 알 수 있다. 즉, 표본의 크기가 커짐에 따라 표본평균의 분산이 작아져서 분포가 모집단의 기댓값 μ를 중심으로 더욱 밀집하게 된다.

예제 7.4 과거의 경험으로 볼 때, 어느 특정 노선의 비행기 승객 1인당 평균 짐의 무게는 18kg이고, 분산이 9kg^{2}이라고 한다. 어느 특정한 날에 이 비행기를 탑승하는 승객 가운데 랜덤추출한 36명의 승객들의 평균 짐의 무게가 17kg 이상일 확률은 얼마인가?

풀이 $X_1, X_2, \cdots, X_{36}$을 승객들 짐의 무게라고 하면 모평균과 모분산은 각각 $\mu = 18$, $\sigma^2 = 9$이다. $n = 36$으로 충분히 크므로 중심극한정리에 의해 근사적으로 $\overline{X} \sim N(18, \frac{9}{36})$ 이 성립한다. 그러므로, $P(\overline{X} \ge 17) = P\left(\frac{\overline{X}-18}{3/6} \ge \frac{17-18}{3/6}\right) = P(Z \ge -2) = P(Z \le 2) = 0.9772$. ☑

앞의 6.4절에서 이항분포의 확률을 정규분포를 이용하여 근사적으로 구하는 방법에 대하여 공부하였다. 그에 대한 이론적 근거를 간단히 살펴보자. $X_1, \cdots, X_n$이 성공률 p인 베르누이 시행에서 추출된 랜덤표본이라고 할 때, $X = X_1 + \cdots + X_n$는 이항분포 $B(n, p)$를 따름은 앞의 5장에서 배운 바 있다. 이 경우 X_i의 평균과 분산은 $E(X_i) = p$, $Var(X_i) = p(1-p)$이므로 n이 충분히 클 때, 표본평균 $\overline{X} = X/n$의 분포는 중심극한정리로부터 근사적으로

$$\frac{\overline{X} - p}{\sqrt{\frac{p(1-p)}{n}}} \sim N(0, 1)$$

이다. 한편,

$$\frac{\overline{X}-p}{\sqrt{\frac{p(1-p)}{n}}}=\frac{X-np}{\sqrt{np(1-p)}}$$

이고, 연속형 확률분포인 정규분포로의 근사 정도를 높이기 위해 여기에다 연속성 수정을 해 주었던 것이다.

7.5 엑셀을 이용한 실습

예제 7.5 모집단이 정규분포일 경우에는 표본평균의 분포가 정규분포임은 이미 학습하였다. 다음의 순서대로 실습을 통해 이를 살펴보자.

1) 모평균 μ가 20이고 표준편차가 3인 정규모집단에서 크기 40인 표본을 50번 반복적으로 엑셀에서 추출해 보자.

① 우선 표본 50개 이름을 입력한다. 셀 B2에 표본1을 입력한 후 [드래그&드롭]으로 셀 AY2까지 끌면 자동적으로 표본1에서 표본50까지 입력된다. 아래 그림은 그 일부를 나타낸다.

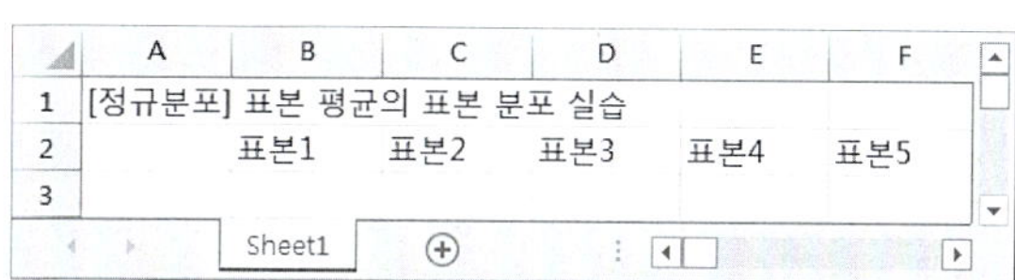

② 평균 μ가 20이고 표준편차가 3인 정규모집단에서 크기 40인 표본을 50번 반복적으로 추출하기 위해서 메뉴줄에서 [데이터] ➪ [데이터 분석] ➪ [난수 생성]을 선택하면 아래 대화상자가 나타난다.

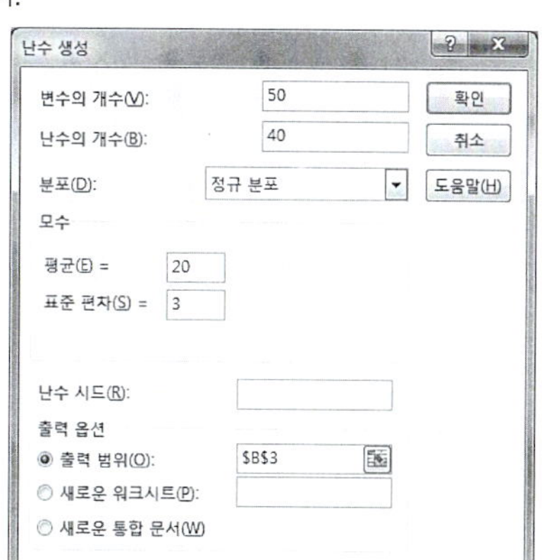

변수의 개수 입력란에 50, 난수의 개수 입력란에 40을 입력하고, 분포에는 원하는 분포를 선택한다. 모수에서 평균 입력란에 20, 표준편차 입력란에 3, 분포에 정규분포를 선택하고 출력 옵션에서 출력 범위를 셀 B3부터라고 하면 크기가 40개(행)인 50개(열)의 표본이 자동적으로 출력된다. 다음의 그림은 5행부터 42행까지와 D열부터 AW열까지 셀을 숨기고 나타낸 것이다.

	A	B	C	AX	AY
1	[정규분포] 표본 평균의 표본 분포 실습				
2		표본1	표본2	표본49	표본50
3		25.85222	17.46158	21.03561	23.23701
4		23.8258	23.13773	18.18584	24.18365
43	표본평균	20.1114	20.04483	19.96891	20.43313
44	xbar표본평균	19.92602			
45	xbar표본표준편차	0.451534			

Sheet1

2) 표본평균들의 평균과 표준편차를 구하여 보자.

① 각 표본에서 표본평균을 구하기 위해서 셀 B43에 =AVERAGE(B3:B42)를 입력하면 20.090이다. 셀 B43에서 [드래그&드롭]을 이용해서 셀 AY43까지 끌면 수식이 자동 복사되어 나머지 표본평균들이 자동적으로 계산된다.

② 50개 표본에서 계산된 표본평균들의 평균을 계산하기 위해서 셀 B44에 =AVERAGE(B43 : AY43)를 입력하면 19.960이 된다. 또한, 추출된 50개 표본에서 계산된 표본평균들의 표준편차는 셀 B45에 =STDEV.S(B43:AY43)를 입력하면 0.460이 된다.

3) 2)번에서 구한 표본평균들의 평균과 표준편차를 이론적 분포와 비교하여 보자.

① 표본평균의 표본분포에서 평균은 모평균인 20이다. 셀 B44에서 계산된 표본평균들의 평균은 19.96으로 모평균과 거의 일치됨을 알 수 있다.

② 표본평균의 이론적 표본분포에서 표준편차는 $sd(\overline{X})=3/\sqrt{40}=0.474$이다. 셀 B45에서 계산된 표본평균들의 표준편차는 0.461로 조금 작게 나타났다. 만약 추출하는 표본의 크기 40을 증가시키면(예를 들면 100) 표본평균들의 표준편차는 이론적 값인 0.474로 접근할 것이다.

4) 도수분포표와 히스토그램 출력하기

① 히스토그램을 그리기 전에 워크시트에 다음과 같이 계급구간을 정해준다.

18
18.5
19
19.5
20
20.5
21
21.5
22

② 50개 표본평균에 대해서 도수분포표와 히스토그램을 동시에 출력시키기 위해서 [데이터] ➪ [데이터 분석] ➪ [히스토그램]을 선택하여 다음과 같이 하면 결과를 얻게 된다.

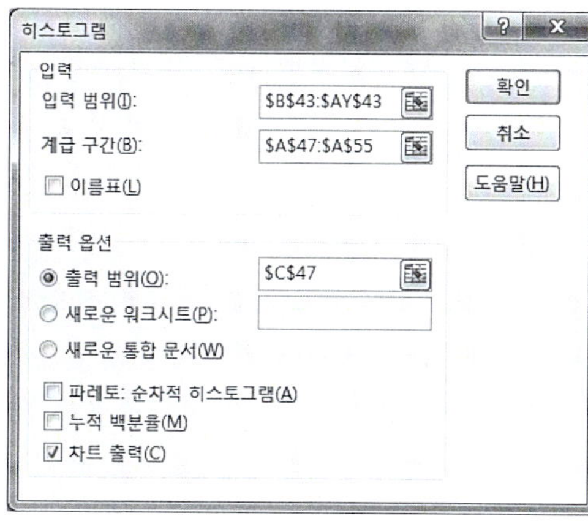

③ 입력 범위에 데이터를 입력, 계급구간은 위에서 정한 계급구간을 입력, 출력 범위를 정해서 입력하면 다음과 같이 도수분포표와 히스토그램이 출력된다. 이 결과를 보면 정규분포의 형태에서 벗어나지 않고 있음을 알 수 있다.

계급	빈도수
18	0
18.5	0
19	2
19.5	8
20	14
20.5	22
21	4
21.5	0
22	0
기타	0

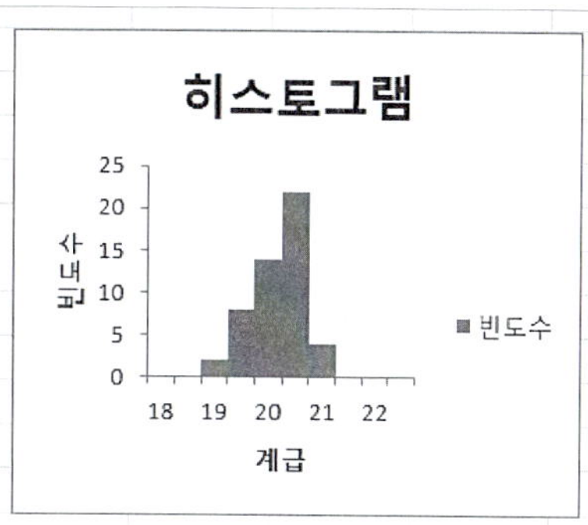

예제 7.6 모집단이 포아송분포인 경우에 중심극한정리가 적용되는 내용을 [예제 7.5]에서와 동일한 절차로 학습해 보자. 이항분포나 다른 모집단의 경우에도 비슷하게 확

인해 볼 수 있다.

1) 평균 $\lambda = 5$인 포아송분포에서 크기 40인 표본을 50번 반복적으로 추출해 보자.

① [예제 7.5]의 1)의 ①처럼 셀 B2부터 AY2까지에 표본1에서 표본50까지 입력한다.

② 평균 λ가 5인 포아송 모집단에서 크기 40인 표본을 50번 반복적으로 추출하기 위해서 메뉴줄에서 [데이터] ➪] [데이터 분석] ➪ [난수 생성]을 선택한다.

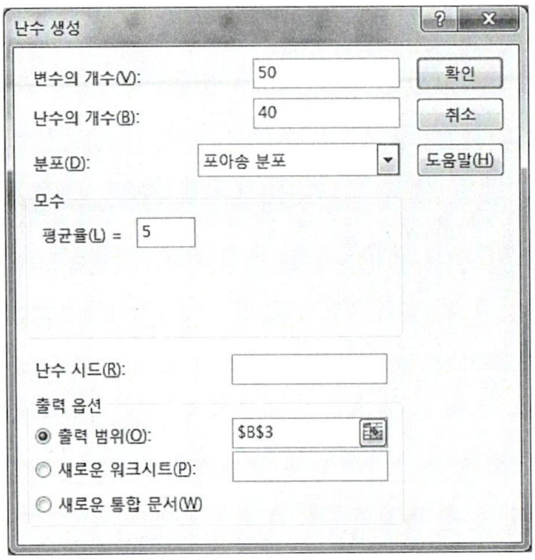

③ 변수의 개수 입력란에 50, 난수의 개수 입력란에 40, 분포에 포아송분포, 모수에서 평균율에 5를 선택하고 출력 옵션에서 출력 범위를 셀 B3라고 하면 셀 B3부터 크기가 40개(행)인 50개(열)의 표본이 자동적으로 출력된다. 다음은 5행부터 42행까지와 D열부터 AW열까지 셀을 숨기고 나타낸 것이다.

	A	B	C	AX	AY
1	[정규분포] 표본 평균의 표본 분포 실습				
2		표본1	표본2	표본49	표본50
3		6	6	8	5
4		6	9	2	4
42		5	8	4	2
43	표본평균	5.725	4.95	5.475	4.775
44	xbar표본평균	4.9145			
45	xbar표본표준편차	0.341556			

2) 표본평균들의 평균과 표준편차를 구하여 보자.

① 각 표본에서 표본평균을 구하기 위해서 셀 B43에 =AVERAGE(B3:B42)를 입력하면 5.575이다. 셀 B43에서 채우기 핸들을 이용해서 셀 AY43까지 끌면 수식이 자동 복사되어 나머지 표본평균들이 자동적으로 계산된다.

② 50개 표본에서 계산된 표본평균들의 평균 $E(\overline{X})$의 추정치인 표본평균을 계산하기 위해

서 셀 B44에 = AVERAGE(B43: AY43)를 입력하면 4.989가 된다. 추출한 50개 표본에서 계산된 표본평균들의 표준편차 $sd(\overline{X})$는 셀 B45에 =STDEV.S(B43:AY43)를 입력하면 0.3560이 된다.

3) 2)에서 구한 표본평균들의 평균과 표준편차를 이론적 분포와 비교하여 보자.

① 표본평균의 평균은 모평균인 5이다. 셀 B44에서 계산된 표본평균들의 평균은 4.989로 모평균보다 약간 작지만 거의 일치됨을 알 수 있다.

② 표본평균의 이론적 표본분포에서 표준편차는 $sd(\overline{X}) = \sqrt{5/40} = 0.3536$이다. 발생된 난수들로부터 계산된 표본평균들의 표준편차(셀 B45)는 0.356로 이론적인 값과 매우 비슷하게 나왔다. 역시 추출되는 표본의 개수 50을 증가시키면 표본평균의 표준편차는 이론적 값인 0.3536으로 더욱 접근할 것이다.

4) 도수분포표와 히스토그램 출력하기

① 히스토그램을 그리기 전에 워크시트에 다음과 같이 계급구간을 정해준다.

4
4.25
4.5
4.75
5
5.25
5.5
5.75
6

② 50개 표본평균에 대해서 도수분포표와 히스토그램을 동시에 출력시키기 위해서 [데이터] ➪ [데이터 분석] ➪ [히스토그램]을 선택하여 다음과 같이 입력한다.

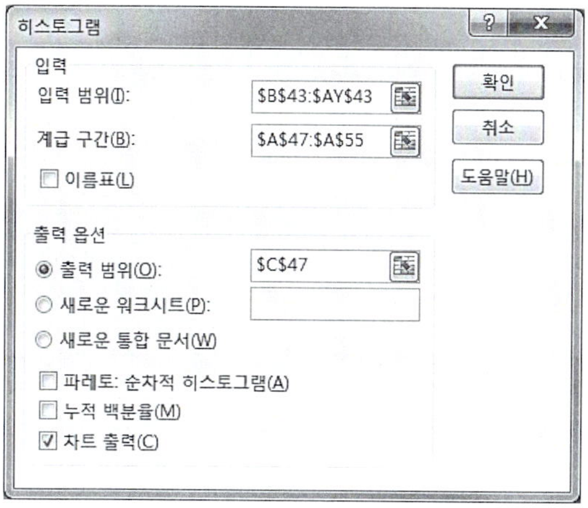

즉, 입력 범위에 표본평균들이 있는 위치를 입력, 계급구간은 앞에서 정한 계급구간을

입력, 출력 범위를 정해서 입력하면 도수분포표와 히스토그램이 출력되고 정규분포 형태에서 크게 벗어나 보이지는 않는다고 할 수 있다. 다시 반복해 본다면 보다 정규분포에 가까운 결과를 얻을 수도 있다.

계급	빈도수
4	0
4.25	3
4.5	2
4.75	8
5	21
5.25	7
5.5	8
5.75	1
6	0
기타	0

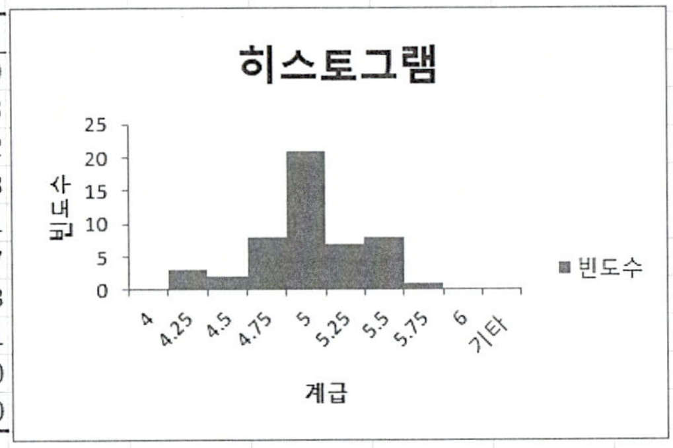

✅

연습문제

1 모집단이 {2,4,6}일 때, 크기가 2인 표본을 복원추출한다고 한다. 다음을 구하여라.

(1) 모평균과 모분산을 구하여라.

(2) 가능한 모든 표본을 구하고 각각의 표본평균을 구하여라.

(3) 위의 (b)에서 구한 표본평균의 확률분포를 작성하고, 기댓값과 분산을 구하여라.

2 평균이 40이고 분산이 65인 임의의 모집단으로부터 크기가 35인 표본을 추출하여 구한 표본평균의 분포는 어떻게 되는지 설명하여라.

3 모평균이 μ이고 표준편차가 10인 모집단에서 크기가 200인 표본을 추출하였다. 표본평균 $\overline{X}$에 대한 다음의 확률을 구하여라.

(1) $P(\overline{X}-\mu \leq 2)$

(2) $P(-1 \leq \overline{X}-\mu \leq 1)$

4 평균과 분산이 10인 포아송 모집단에서 엑셀을 이용하여 크기가 10인 표본을 20번 반복해서 추출한 후, 각 반복에서 얻은 표본평균과 표본표준편차를 모평균, 모표준편차와 비교하여라.

5 $X \sim N(2,4)$인 모집단에서 크기가 10인 표본을 20번 반복해서 추출하였다. 엑셀을 이용하여 도수분포표와 히스토그램을 작성하여라.

6 모집단으로부터 표본을 랜덤추출한다고 가정해 보자. 만약 표본의 크기를 25개에서 500개로 늘린다면, 표본평균의 분산에는 어떤 변화가 생기는지 답하여라.

7 확률변수 X의 평균이 20, 표준편차가 4인 모집단에서 크기가 8인 표본을 임의로 복원추출한다고 하자. 표본평균을 $\overline{X}$라고 할 때, $\overline{X}$의 평균을 구하여라.

8 어떤 자판기에서 판매되는 음료수의 용량은 모평균이 150mL, 모표준편차가 5mL인 정규분포를 따른다고 한다. 이 자동판매기에서 100개의 음료수를 임의로 추출하여 용량의 표본평균 $\overline{X}$를 구했을 때, $P(149 \leq \overline{X} \leq 151)$의 값을 구하여라.

9 구간 $(2, 6)$에서 균일분포를 따르는 모집단에서 크기가 30인 표본을 20번 반복해서 추출하여 표본평균의 도수분포표와 히스토그램을 작성하여라.

10 어떤 공장에서 생산되는 전구의 수명은 모평균 1400시간, 모표준편차 100시간인 정규분포를 따른다고 한다. 이 공장에서 생산되는 전구 중에서 n개를 임의로 추출하여 그 표본평균을 $\overline{X}$라고 할 때, $P(\overline{X} \geq 1350 + \frac{165}{\sqrt{n}}) \geq 0.9$가 성립하기 위한 n의 최솟값을 구하여라.

11 평균 무게는 200g이고, 표준편차는 10g인 푸들 모형의 무게는 정규분포를 따른다고 한다. 임의로 25개의 푸들 모형을 추출했을 때, 평균 무게가 198g에서 204g 사이일 확률을 구하여라.

12 한 기존약품을 복용하면 인체 내의 요산의 변화는 평균 250, 표준편차 50인 분포를 따른다고 알려져 있다. 새로운 약품에 대한 실험으로 64명에게 이를 복용시키고 요산의 변화를 측정하고자 한다. 위의 주장이 옳다면 64명에 대한 표본평균이 244에서 253 사이에 있을 확률을 구하여라.

13 어느 도시에서 지난 5년간의 조사 결과 성인 전체의 30%가 정기적으로 알콜 성분의 음료를 마시는 것으로 나타나고 있다. 만약 현재도 이와 비슷한 비율이 유지된다면 1000명의 성인을 표본으로 조사했을 때, 알콜 성분의 음료를 마시는 사람의 수가 280보다 적을 확률을 구하여라.

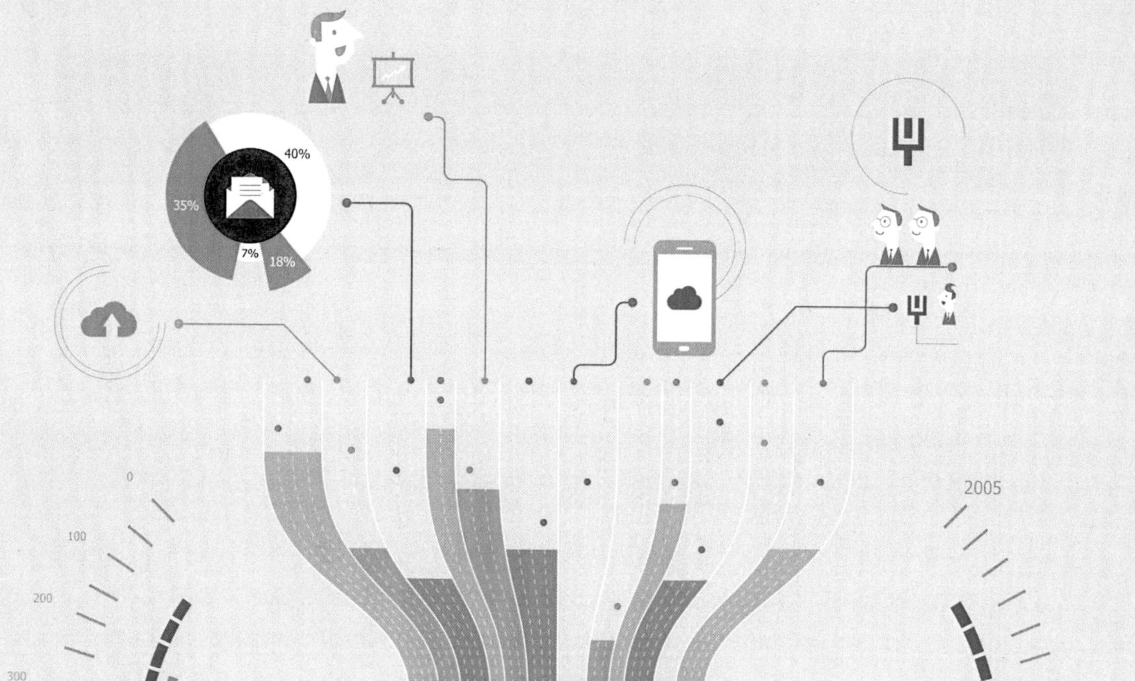

8장

추정

통계학의 주요 기능 중 하나는 표본에 내포된 정보를 분석하여 모집단의 여러 가지 특성에 대하여 과학적으로 추론하여 합리적인 의사결정을 할 수 있도록 하는 것이다. 이러한 절차를 통계적 추론(statistical inference)이라고 하며 크게 추정과 가설검정으로 나눌 수 있다. 이 장에서는 모집단에 대한 추론의 개념을 습득하고 모평균과 모비율에 대한 추정 문제를 중점적으로 학습한다. 또한 두 모집단의 차이에 대한 추정 문제도 다룰 것이다. 바야흐로 본격적인 통계학의 세계로 접어들게 되는 것이라고 할 수 있다.

8.1 서론 / 8.2 점추정과 구간추정 / 8.3 모평균의 추정
8.4 모비율의 추정 / 8.5 표본크기의 결정 / 8.6 두 모평균 차이의 추정
8.7 두 모비율 차이의 추정 / 8.8 엑셀을 이용한 실습

8.1 서론

앞의 2, 3장에서 주어진 자료를 도표 또는 수치로 요약·정리하는 방법을 배웠고, 4, 5, 6장에서는 확률 및 여러 가지 확률분포에 관해 학습하였다. 7장에서는 표본분포 이론을 학습하였으므로 이제 본격적으로 통계적 추론에 입문할 단계에 있다고 할 수 있다. 1.3절에서 언급한대로 통계적 추론은 추출된 표본에 기초한 분석을 통해 모집단의 특성에 대해 합리적이고 과학적인 결론을 내리는 일련의 과정이다. 다음의 네 가지 질문을 통해 통계적 추론의 예를 살펴보자.

A. 수험생 10,000명을 랜덤표본으로 추출하여 대학입학 수능시험 성적을 조사하였는데 전체 수험생의 평균 성적은 얼마라고 할 수 있을까?

B. 대통령 선거 2주 전에 서울지역 거주자 중 500명의 유권자를 랜덤추출하여 A, B 두 후보의 지지율 차이를 조사하였는데 실제 지지율의 차이는 얼마라 할 수 있을까?

C. 어느 경제신문의 보도에 의하면 서울시에 거주하는 직장인들의 경우 내 집 마련 기간이 평균적으로 결혼 후 7년이 넘는다고 한다. 이 조사의 결과를 신뢰할 수 있겠는가? 이 조사는 서울시에 거주하는 직장인들의 500명을 대상으로 시행했다고 한다.

D. 올해 대입 수능시험에서 여학생의 평균성적이 남학생보다 높다고 하는데 수험생의 일부를 뽑아 조사한 결과로부터 사실이라고 할 수 있는가?

위의 예문들은 모두 미지의 어떤 값에 대한 예상 또는 확인되지 않은 사항의 검증 등에 관심이 있다. 예문 A와 B에서처럼 표본에 기초해 조사된 통계량을 모집단의 모수에 대한 근삿값으로 사용하고자 하는 것을 **추정**(estimation)이라고 한다. 예를 들어 모수가 평균일 때 이의 추정을 위해 표본평균을 사용할 수 있다. 이때 표본평균을 모평균에 대한 **추정량**(estimator)이라고 하며, 표본이 주어지고 이로부터 표본평균이 실제로 계산되면 이 값을 **추정값** 또는 **추정치**(estimate)라고 한다. 즉, 추정량은 표본의 함수이고, 추정치는 추정량의 실제 관측값에 해당된다.

통계적 추론에는 추정과 가설검정이 있는데, 예문 A, B는 이번 장에서 학습할 통계적 추정에 관련된 것이고, C와 D는 다음 장에서 공부할 통계적 가설검정에 해당되는 것이다.

8.2 점추정과 구간추정

모수를 추정하는 방법에는 크게 점추정과 구간추정이 있다. **점추정**(point estimation)은 어떤 모수를 표본에 기초하여 계산된 하나의 값으로 추정하는 것을 말한다. 이때 추정을 위해 쓰이는 통계량을 **점추정량**(point estimator)이라고 하며, 표본으로부터 계산된 값은 **점추정치**(point estimate)라고 한다. 점추정량은 확률변수이므로 추출된 표본에 따라서 그 값이 변한다. 다시 말하면, 하나의 고정된 모수를 추정하기 위하여 표본을 추출하여 추정치를 계산하는 작업을 반복할 때 추정치가 변하게 되는데 그 변하는 정도를 나타내는 측도가 **표준오차**(standard error; $S.E.$)이다. 표준오차는 추정량의 표준편차로 정의되는데, 이 값이 크다는 것은 표본에 따라 변하는 정도가 심하여 추정량을 신뢰하기 힘들다는 뜻이고, 작은 경우는 표본이 바뀌어도 크게 변하지 않으므로 좀 더 바람직하다고 할 수 있다.

점추정과 달리 하나의 값이 아니라 모수가 포함되어지리라 여겨지는 구간을 표본으로부터 구해내는 것을 **구간추정**(interval estimation)이라고 한다. 즉, 관심의 대상인 모수를 θ라고 할 때, θ가 포함되리라고 여겨지는 구간을 구하는 것이다. 표본으로부터 계산된 두 값을 $\hat{\theta}_L$과 $\hat{\theta}_U$라고 할 때, 모수 θ가 $\hat{\theta}_L$과 $\hat{\theta}_U$ 사이에 있을 확률이 $1-\alpha$라면 θ의 $100(1-\alpha)\%$ 신뢰구간(confidence interval)은 $(\hat{\theta}_L, \hat{\theta}_U)$가 되며 $\hat{\theta}_L$을 **신뢰하한**(lower confidence limit), $\hat{\theta}_U$를 **신뢰상한**(upper confidence limit)이라고 한다. 즉, $\hat{\theta}_L$과 $\hat{\theta}_U$ 은

$$1-\alpha = P(\hat{\theta}_L \le \theta \le \hat{\theta}_U)$$

를 만족하며 여기서 확률의 의미는 나중에 살펴보게 될 것이다.

우리가 고려하는 추정량이 합리적이기 위해서 갖추어야 할 성질로는 대표적으로 **불편성**(unbiasedness)과 **일치성**(consistency)을 들 수 있다. 불편성을 갖는 추정량을 **불편추정량**(unbiased estimator)이라고 하는데, 어떤 모수에 대한 불편추정량이라는 것은 그의 기댓값이 추정하고자 하는 모수가 되는 것을 의미한다. 즉, 추정하고자 하는 모수가 θ이고, 추정량을 $\hat{\theta}$(theta hat이라 읽음)이라고 하면 $E(\hat{\theta}) = \theta$를 만족할 때, $\hat{\theta}$을 θ의 **불편추정량**이라고 한다. 일치성은 표본의 크기가 커지면서 추정량의 값이 모수에 가까워지는 성질을 의미하며, 일치성을 갖는 추정량을 **일치추정량**(consistent estimator)이라고 한다.

8.3 모평균의 추정

모평균의 추정에 관련된 예문으로는 다음과 같은 것들을 생각할 수 있다.

1. 대학입학 수능시험에서 일부 수험생을 표본으로 조사하였는데, 전체 수험생의 평균 성적은 얼마라고 추정할 수 있을까?
2. 우리 학교 1학년 학생들의 몸무게의 평균은 얼마라고 추정할 수 있을까?
3. 서울지역 30대 직장인들의 월평균 급여가 속할 구간의 하한과 상한을 추정한다면 얼마일까?

8.3.1 모평균의 점추정

확률표본 $X_1, X_2, \cdots, X_n$ 이 평균이 μ, 분산이 σ^2인 모집단으로부터 얻어졌을 때, 모평균 μ의 점추정량은 표본평균 $\overline{X}$ 이다(즉, $\hat{\mu} = \overline{X}$). 7장에서 공부한 바에 의하면 $E(\overline{X}) = \mu$이므로 $\overline{X}$ 는 μ에 대한 불편추정량임을 알 수 있다. 8.2절에서 소개한 대로 표준오차는 추정량의 표준편차이므로 표본평균의 표준오차를 살펴보면

$$S.E.(\overline{X}) = \sqrt{Var(\overline{X})} = \frac{\sigma}{\sqrt{n}}$$

이다. 따라서 $\overline{X}$ 로 μ를 추정하는 경우에 n이 클수록 표준오차가 작아져서 보다 정확하게 추정을 할 수 있다. 모표준편차 σ를 모르는 경우에는 표본표준편차 S를 대신 사용하여 표준오차의 추정치를 사용한다.

참고로, 3.2절에서 언급한대로 모분산 σ^2에 대한 추정량인 표본분산 S^2을 구할 때 분모에 n이 아닌 $(n-1)$로 나누어주는 이유는 $E(S^2) = \sigma^2$을 만족하게 하기 위함이다. 즉, 표본분산 S^2은 모분산 σ^2의 불편추정량이며 이에 대한 증명은 본 교재의 범위를 벗어나므로 생략하기로 한다.

8.3.2 모평균의 구간추정

(1) 대표본의 경우

$X_1, X_2, \cdots, X_n$ 이 평균이 μ이고 분산이 σ^2인 임의의 모집단으로부터 추출된 확률표본이라고 하자. 여기서 표본의 크기 n이 충분히 크다면(보통 30 이상) 7장에서 배운 중심극한정리에 의하여 근사적으로

$$Z = \frac{\overline{X} - \mu}{\sigma / \sqrt{n}} \sim N(0,\ 1)$$

임을 알고 있다. 따라서 표본의 크기가 큰 경우에는 모집단이 정규분포를 따르는지 여부에 관계없이 항상 정규분포를 이용하여 모평균의 신뢰구간을 구할 수 있다. 즉, 다음 그림과 같이 $P(-z_{\alpha/2} < Z < z_{\alpha/2}) = 1 - \alpha$임을 이용하면,

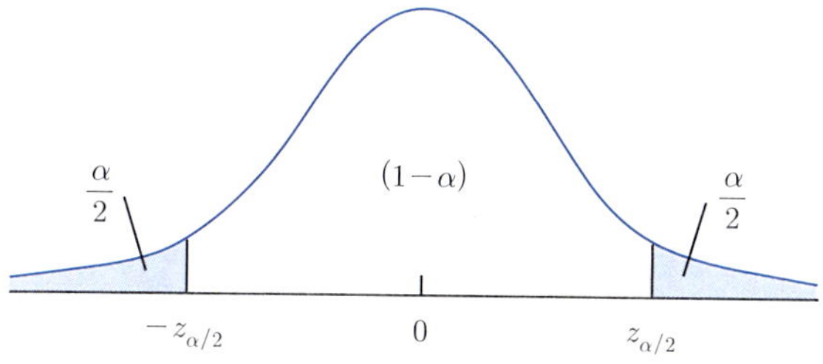

$$1 - \alpha = P\left\{-z_{\alpha/2} < \frac{\overline{X} - \mu}{\sigma / \sqrt{n}} < z_{\alpha/2}\right\} = P\left\{\overline{X} - z_{\alpha/2}\frac{\sigma}{\sqrt{n}} < \mu < \overline{X} + z_{\alpha/2}\frac{\sigma}{\sqrt{n}}\right\}$$

이므로 모평균 μ의 $100(1-\alpha)\%$ 신뢰구간은

$$\left(\overline{x} - z_{\alpha/2}\frac{\sigma}{\sqrt{n}},\ \overline{x} + z_{\alpha/2}\frac{\sigma}{\sqrt{n}}\right)$$

이다. 또한 모분산 σ^2을 모르는 경우에도 n이 충분히 크면, 근사적으로

$$\frac{\overline{X} - \mu}{S / \sqrt{n}} \sim N(0,\ 1)$$

이 성립한다. 그러므로 이 경우에 모평균 μ의 $100(1-\alpha)\%$ 신뢰구간은 앞과 같은 방법으로

$$\left(\overline{x} - z_{\alpha/2}\frac{s}{\sqrt{n}},\ \overline{x} + z_{\alpha/2}\frac{s}{\sqrt{n}}\right)$$

임을 알 수 있다.

모평균의 구간추정(대표본의 경우, 임의의 모집단)

σ^2을 알면 $\left(\overline{x} - z_{\alpha/2}\frac{\sigma}{\sqrt{n}},\ \overline{x} + z_{\alpha/2}\frac{\sigma}{\sqrt{n}}\right)$,

σ^2을 모르면 $\left(\overline{x} - z_{\alpha/2}\frac{s}{\sqrt{n}},\ \overline{x} + z_{\alpha/2}\frac{s}{\sqrt{n}}\right)$.

커짐에 따라 표준정규분포로 가까워짐을 알 수 있다.

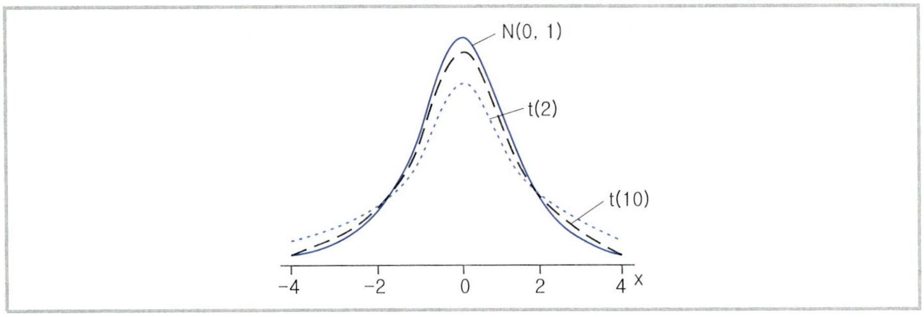

그림 8.1 t−분포의 확률밀도함수 형태

참고

t-분포의 정의

확률변수 Z가 $N(0, 1)$을 따르고, V는 자유도가 r인 카이제곱분포(10장에서 공부할 것임)를 따르고, 두 확률변수가 서로 독립일 때,

$$T = \frac{Z}{\sqrt{V/r}}$$

라 하면 T는 자유도가 r인 t−분포를 따른다고 하며 $T \sim t(r)$이라고 나타낸다.

확률변수 T가 자유도가 r인 t−분포를 따를 때, 즉 $T \sim t(r)$일 때, 주어진 α값에 대하여 $P(T > x) = \alpha$를 만족하는 x의 값을 $t_\alpha(r)$이라고 표기하고, 이를 t−분포의 상위 $(100 \times \alpha)$ 백분위수라고 한다. [그림 8.2]에서 (a)는 $-t_\alpha(r)$과 $t_\alpha(r)$을 나타내고, (b)는 $t_{0.05}(10)$를 나타낸다. 이 값은 부록의 t−분포표에서 읽거나 엑셀 함수 T.INV를 사용하여 구할 수도 있다.

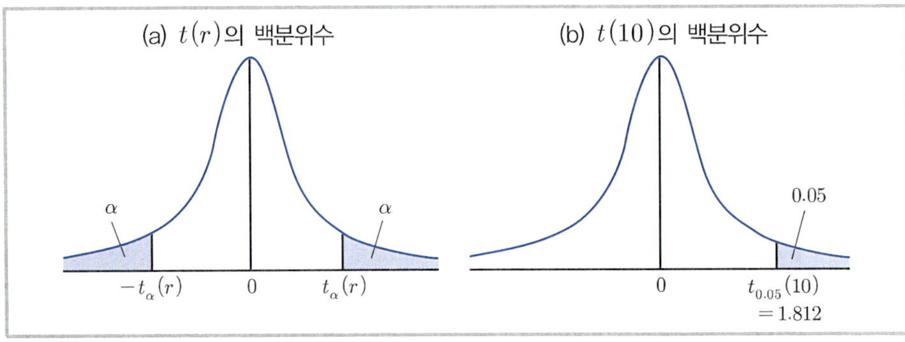

그림 8.2 t−분포의 백분위수

$X_1, X_2, \cdots, X_n$ 이 $N(\mu, \sigma^2)$, $-\infty < \mu < \infty$, $\sigma^2 > 0$으로부터 뽑은 확률표본이고 n은 크지 않으며 σ^2은 모른다고 하자. 앞에서 살펴본 대로 이 경우에

$$T = \frac{\overline{X} - \mu}{S/\sqrt{n}} \sim t(n-1)$$

이 성립하고,

$$P\{-t_{\alpha/2}(n-1) < T < t_{\alpha/2}(n-1)\} = 1 - \alpha$$

이다. 즉,

$$\begin{aligned} 1-\alpha &= P\left\{-t_{\alpha/2}(n-1) < \frac{\overline{X}-\mu}{S/\sqrt{n}} < t_{\alpha/2}(n-1)\right\} \\ &= P\left\{\overline{X} - t_{\alpha/2}(n-1)\cdot\frac{S}{\sqrt{n}} < \mu < \overline{X} + t_{\alpha/2}(n-1)\cdot\frac{S}{\sqrt{n}}\right\} \end{aligned}$$

이므로, 자료로부터 μ에 대한 $100(1-\alpha)\%$ 신뢰구간은 다음과 같이 계산된다.

$$\left(\overline{x} - t_{\alpha/2}(n-1)\cdot\frac{s}{\sqrt{n}},\ \overline{x} + t_{\alpha/2}(n-1)\cdot\frac{s}{\sqrt{n}}\right).$$

모평균의 구간추정(소표본, 정규모집단, 모분산을 모르는 경우)

$$\left(\overline{x} - t_{\alpha/2}(n-1)\cdot\frac{s}{\sqrt{n}},\ \overline{x} + t_{\alpha/2}(n-1)\cdot\frac{s}{\sqrt{n}}\right)$$

예제 8.4 어떤 자동차 회사에서 신형 자동차를 개발하였는데 1리터당 주행거리를 알아보기 위해서 9대를 임의로 추출하여 실험한 결과 평균 주행거리가 17.8 km/리터이고 표본표준편차가 4.8이라고 할 때, 1리터당 평균 주행거리의 95% 신뢰구간을 구하여라. (단, 1리터당 주행거리는 정규분포를 따른다고 한다.)

풀이 표본의 크기가 작고 모분산을 모르기 때문에 표본평균의 분포는 t-분포를 이용하여 구할 수 있다. 여기서 $\overline{x} = 17.8$, $s = 4.8$이고 95% 신뢰구간을 구하기 위한 $t_{0.025}(8) = 2.306$이다. 그러므로 1리터당 평균 주행거리에 대한 95% 신뢰구간은

$$17.8 - 2.306\cdot\frac{4.8}{\sqrt{9}} < \mu < 17.8 + 2.306\cdot\frac{4.8}{\sqrt{9}},$$

즉 $(14.11,\ 21.49)$이다. ☑

예제 8.5 어느 고등학교 1학년 학생들의 IQ는 정규분포를 따른다고 한다. 이 학교 1학년 학생들 중 6명을 임의로 선택하여 IQ를 측정한 결과가 아래와 같다. 이 고등학교 1학년 학생들의 평균 IQ에 대해서 99% 신뢰구간을 구하여라.

126　　98　　134　　116　　130　　112

풀이 $\hat{\mu}=\bar{x}=\sum_{i=1}^{6}x_i/6=119.3$이고 $s=\sqrt{\sum_{i=1}^{6}(x_i-\bar{x})^2/5}=13.37$이다. 표본의 크기가 작고 모분산을 모르기 때문에 표본평균의 분포는 t-분포를 이용하여 구할 수 있다. 여기서 $\bar{x}=119.3$, $s=13.37$ 이고 99% 신뢰구간을 구하기 위한 백분위수 $t_{0.005}(5)=4.032$ 이다. 그러므로 고등학교 1학년 학생들의 평균 IQ 에 대한 99% 신뢰구간은

$$119.3-4.032\cdot\frac{13.37}{\sqrt{6}}<\mu<119.3+4.032\cdot\frac{13.37}{\sqrt{6}}$$

즉, $(97.29,\ 141.31)$이다.

(3) 신뢰구간의 의미

모평균 μ의 95% 신뢰구간의 의미는 신뢰구간이 참값인 모평균을 포함할 확률이 0.95라는 뜻이다. 여기서 확률의 의미는 주어진 하나의 표본에서 계산된 신뢰구간이 모수를 포함하는지에 대한 것이 아니라, 예를 들어 모집단으로부터 표본을 반복적으로 100회 뽑아서 앞에서 공부한 방법으로 모평균의 신뢰구간을 구하는 작업을 반복했을 때, 약 95개 정도가 실제 참값을 포함하게 된다는 뜻이다.

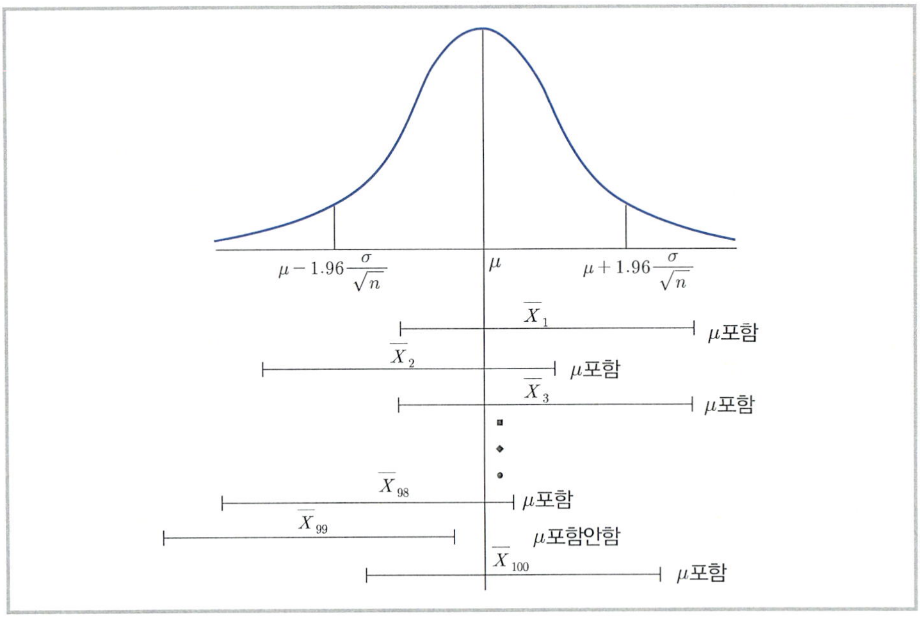

참고

신뢰구간의 의미 확인을 위한 모의실험 결과

모평균이 0이고 모분산이 1인 정규분포에서 크기 50인 표본을 추출하여 평균에 대한 95% 신뢰구간을 계산하는 것을 100번 반복하여 각 신뢰구간을 나타낸 그림이다. 참값 0을 포함하지 않는 신뢰구간이 5개 있음을 확인할 수 있다. 항상 정확하게 95%에 해당되는 개수만큼 참값을 포함하는 것은 아니고, 대략적으로 95% 개수만큼의 신뢰구간이 참값을 포함한다.

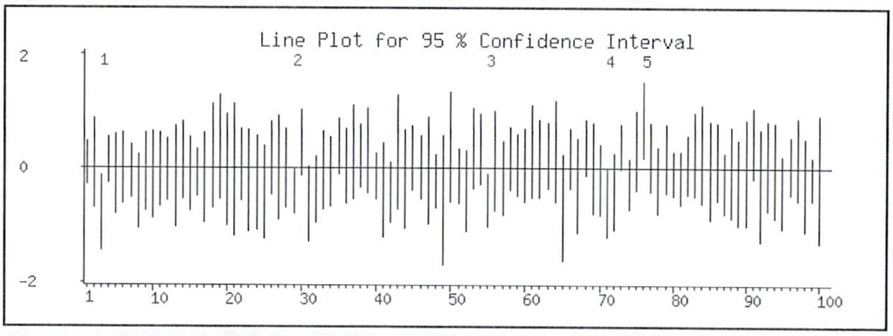

8.4 모비율의 추정

모비율의 추정과 관련된 예문으로는 다음과 같은 것들을 들 수 있다.

1. 어느 공장에서 공정라인의 개편을 목적으로 현재 공정에서 생산되는 제품의 불량률을 파악하기 위해 일부를 뽑아 조사하였다.
2. 다음의 국회의원 선거에서 특정 후보의 지지율을 파악하기 위해 일부 유권자를 뽑아 예비조사를 실시하였다.
3. 어느 대학교의 학생들을 대상으로 특정 이동통신회사의 이용률을 조사하고자 휴대전화 사용자 중 일부를 뽑아 조사하였다

위의 예문들은 모두 모집단의 어떤 특성에 관련된 비율을 추정하기 위해 표본을 추출하여 조사한 것에 해당된다. 조사한 결과에 기초하여 모비율을 점추정하는 방법과 구간추정에 관련된 내용을 살펴보자.

8.4.1 모비율의 점추정

어떤 모집단에서 특정한 속성을 갖는 것의 비율, 즉 모비율을 p라고 하자. 이 모집단으로부터 크기 n인 표본을 추출하였을 때, 표본에 속하는 각 원소가 특정한 속성을 가지면 1, 가지지 않으면 0으로 하자. 표본 가운데 이 속성을 갖는 것의 개수를 X라 하면 X는 표본에서 1인 개수의 합에 해당되며 X는 이항분포 $B(n, p)$를 따르게 된다. 모비율 p에 대한 점추정량으로는 **표본비율**(sample proportion) $\hat{p}= X/n$을 생각할 수 있다. 표본비율 $\hat{p}$의 기댓값과 분산은 이항분포의 기댓값과 분산의 성질을 이용하면 다음과 같이 구할 수 있다.

$$E(\hat{p}) = E\left(\frac{X}{n}\right) = \frac{np}{n} = p,$$

$$Var(\hat{p}) = Var\left(\frac{X}{n}\right) = \frac{Var(X)}{n^2} = \frac{np(1-p)}{n^2} = \frac{p(1-p)}{n}.$$

즉, 표본비율 $\hat{p}$은 모비율 p에 대한 불편추정량이고, $\hat{p}$의 표준오차는

$$S.E.(\hat{p}) = \sqrt{Var(\hat{p})} = \sqrt{\frac{p(1-p)}{n}}$$

인데, p대신에 $\hat{p}$을 넣어 표준오차의 추정치로 사용한다.

8.4.2 모비율의 구간추정

모비율에 대한 구간추정에서는 대표본의 경우만 생각하기로 한다. 확률변수 Y_i를 i번째 관측치가 특정한 속성을 가지면 1, 가지지 않으면 0이라고 정의하기로 하면 표본비율은

$$\hat{p} = \frac{X}{n} = \frac{1}{n}\sum_{i=1}^{n} Y_i$$

로 표시될 수 있으며 이는 표본평균의 형태임을 알 수 있다. 따라서 7장에서 학습한 중심극한정리에 의해서, n이 충분히 크면 $\hat{p}$은 근사적으로 정규분포 $N(p, p(1-p)/n)$를 따른다. 즉,

$$Z = \frac{\hat{p} - p}{\sqrt{p(1-p)/n}} \sim N(0, 1)$$

이 근사적으로 성립한다. 그러므로 표준정규분포의 성질로부터 모비율 p에 대한 신뢰구간을 구하기 위한 다음 식이 성립함을 알 수 있다.

$$
\begin{aligned}
1-\alpha &= P(-z_{\alpha/2} < Z < z_{\alpha/2}) \\
&= P\left(-z_{\alpha/2} < \frac{\hat{p}-p}{\sqrt{p(1-p)/n}} < z_{\alpha/2}\right) \\
&= P\left(\hat{p}-z_{\alpha/2}\cdot\sqrt{\frac{p(1-p)}{n}} < p < \hat{p}+z_{\alpha/2}\cdot\sqrt{\frac{p(1-p)}{n}}\right)
\end{aligned}
$$

위의 식으로 신뢰구간을 구하는 것은 양쪽 경계점이 모수 p에 의존하기 때문에 불가능하다. 따라서 이를 추정량 $\hat{p}$로 대체하는 것을 생각할 수 있고, n이 충분히 크면 이것은 무시할 수 있을 정도로 작은 오차만 있어 별 문제가 없다. 따라서 표본의 크기가 충분히 큰 대표본의 경우 모비율 p에 대한 $100(1-\alpha)\%$ 근사 신뢰구간은 다음과 같이 주어진다.

모비율의 구간추정(대표본의 경우)

$$
\left(\hat{p}-z_{\alpha/2}\cdot\sqrt{\frac{\hat{p}(1-\hat{p})}{n}},\ \hat{p}+z_{\alpha/2}\cdot\sqrt{\frac{\hat{p}(1-\hat{p})}{n}}\right)
$$

참고

모비율의 구간추정 문제에서 정규분포로 근사가 가능한 대표본은 보통 $n\hat{p}>5$ 그리고 $n(1-\hat{p})>5$를 동시에 만족하는 경우에 해당된다.

예제 8.6 현재 H대학교 4학년 학생들의 취업 현황을 알기 위해서 4학년 전체 학생들 중 348명을 뽑아 조사한 결과 92명이 취직한 것으로 조사되었다. 4학년 학생 전체의 취업률에 대한 추정값을 구하고 95% 신뢰구간을 구하여라.

풀이 표본의 크기 $n=348$, 취업자의 수 $X=92$ 이므로 취업률(p)의 점추정치는 $\hat{p}=\dfrac{92}{348}=0.26$이고, 95% 신뢰구간을 구하기 위한 $z_{0.025}=1.96$이다. $n\hat{p}>5$ 그리고 $n(1-\hat{p})>5$를 만족하므로 정규분포를 이용한 신뢰구간을 구할 수 있다. 그러므로 H대학교 현재 4학년 학생들의 취업률에 대한 95% 신뢰구간은

$$
0.26-1.96\cdot\sqrt{\frac{0.26\cdot(1-0.26)}{348}} < p < 0.26+1.96\cdot\sqrt{\frac{0.26\cdot(1-0.26)}{348}},
$$

즉 $(0.214,\ 0.306)$이다.

8.5 표본크기의 결정

앞 절에서 살펴본 바와 같이 구간추정은 표본에 기초해서 모수가 포함되리라 여겨지는 구간에 대한 유용한 정보를 제공한다. 그렇다면 이러한 정보를 얻기 위해 표본을 형성할 때 표본의 크기는 얼마로 정해야 할까 하는 것이 관심이 될 수 있다. 표본의 크기가 커지면 추정의 정확성은 높아지겠지만 시간과 비용이 많이 들 것이고, 표본의 크기가 작으면 시간과 비용은 덜 들겠지만 추정의 정확성은 좀 떨어질 수 있기 때문이다. 이 절에서는 모평균 및 모비율의 추정에서 원하는 추정의 정도(precision) 또는 정확도(accuracy)를 만족시키는 최소의 표본크기를 정하는 방법에 대해서 학습하고자 한다.

8.5.1 모평균 추정을 위한 표본크기의 결정

모집단이 정규분포를 따르고 모분산을 아는 경우에 모평균에 대한 $100(1-\alpha)\%$ 신뢰구간은

$$\left(\overline{x}-z_{\alpha/2}\frac{\sigma}{\sqrt{n}},\ \overline{x}+z_{\alpha/2}\frac{\sigma}{\sqrt{n}}\right)$$

으로 주어지고, 이것은

$$|\,\overline{x}-\mu\,|\le z_{\alpha/2}\frac{\sigma}{\sqrt{n}}$$

로 표현될 수 있다. $|\,\overline{x}-\mu\,|$는 모평균을 표본평균으로 추정할 때 오차라고 볼 수 있으며 이 오차를 어느 정도 허용할 것이냐에 따라 표본의 크기가 결정된다. 즉, $100(1-\alpha)\%$의 신뢰도로 추정할 때, 오차의 한계인 $z_{\alpha/2}\,\sigma/\sqrt{n}$를 d 이내로 하기 위해서는

$$z_{\alpha/2}\frac{\sigma}{\sqrt{n}}\le d,\ \text{즉}\ n\ge\left(\frac{z_{\alpha/2}\sigma}{d}\right)^2$$

인 최소의 자연수 n이 필요한 표본의 크기이다.

예제 8.7 [예제 8.3]에서 99% 오차의 한계를 500원 이내로 하기 위해서는 최소한 몇 명의 학생을 조사해야 하는가?

풀이 $\alpha = 0.01$, $z_{0.005} = 2.58$, $\sigma = 1324.5$, $d = 500$이므로

$$n \geq \left(\frac{z_{\alpha/2}\,\sigma}{d}\right)^2 = \left(\frac{2.58 \times 1324.5}{500}\right)^2 = 46.71.$$

즉, 최소한 47명의 학생을 조사해야 한다.

8.5.2 모비율 추정을 위한 표본크기의 결정

대표본인 경우 모비율 p에 대한 $100(1-\alpha)\%$ 신뢰구간은

$$\left(\hat{p} - z_{\alpha/2} \cdot \sqrt{\frac{\hat{p}(1-\hat{p})}{n}},\ \hat{p} + z_{\alpha/2} \cdot \sqrt{\frac{\hat{p}(1-\hat{p})}{n}}\right)$$

이고, 오차의 한계는

$$|\hat{p} - p| \leq z_{\alpha/2} \cdot \sqrt{\frac{\hat{p}(1-\hat{p})}{n}}$$

이다. 따라서 신뢰도 $100(1-\alpha)\%$의 추정에서, 오차의 한계를 d 이내로 하기 위해서는

$$z_{\alpha/2} \cdot \sqrt{\frac{\hat{p}(1-\hat{p})}{n}} \leq d,\ 즉\ n \geq \left(\frac{z_{\alpha/2}}{d}\right)^2 \hat{p}(1-\hat{p})$$

을 만족하는 최소의 자연수 n만큼의 표본을 조사해야 한다. 이 식을 이용하여 표본의 크기를 결정하고자 하는 경우에는 $\hat{p}$값이 필요하다. 예비조사를 통해서 조사된 $\hat{p}$을 이용하든지 또는 과거 자료에 기초한 p에 대한 활용 가능한 정보가 있으면 이를 이용하면 된다. $\hat{p}$에 대한 아무런 정보도 없는 경우에는 $\hat{p}(1-\hat{p})$의 최댓값인 $1/4$을 사용한 다음 식을 만족하는 최소의 자연수를 사용하면 된다.

$$n \geq \frac{1}{4}\left(\frac{z_{\alpha/2}}{d}\right)^2$$

다만, 여기서 사용한 모비율에 대한 신뢰구간이 대표본을 전제로 하고 있으므로 얻어지는 표본의 크기도 대표본인 경우에 의미가 있다고 할 것이다.

예제 8.8 [예제 8.6]에서 취업률 추정값에 대한 사전 정보가 전혀 없을 때, 취업률 추정에 대한 95% 오차의 한계를 0.02 이내로 하기 위해서는 표본의 크기를 얼마로 해야 하는가?

풀이 $\alpha = 0.05$, $z_{0.025} = 1.96$, $d = 0.02$이고, $\hat{p}$은 활용 가능하지 않으므로

$$n \ge \frac{1}{4}\left(\frac{1.96}{0.02}\right)^2 = 2401.$$

즉, 최소 2,401명의 학생을 조사하면 된다. ☑

8.6 두 모평균 차이의 추정

8.3절에서 하나의 모집단에서 모평균에 대한 추정 문제를 다루었다. 이 절에서는 두 모집단의 평균 차이에 대한 추정 문제를 살펴볼 것이다. 두 가지 접근법이 있는데 하나는 두 모집단에서 각각 독립적인 표본을 형성한 경우이고, 다른 하나는 조사된 두 집단의 자료가 쌍으로 관측되어 서로 독립이 아닌 대응비교의 경우이다.

8.6.1 독립표본에 기초한 모평균 차이의 추정

두 모집단에서 뽑은 각각의 표본이 서로 아무런 관련 없이 독립인 경우에 모집단의 평균 차이에 대한 추정에 관한 사항을 살펴보자. 주어진 자료의 구조 및 기본 가정은 $X_{11}, X_{12}, \cdots, X_{1n_1}$은 평균 μ_1, 분산 σ_1^2인 모집단으로부터 뽑은 크기 n_1인 확률표본이고, $X_{21}, X_{22}, \cdots, X_{2n_2}$은 평균 μ_2, 분산 σ_2^2인 모집단으로부터 뽑은 크기 n_2인 확률표본이며 두 표본은 서로 독립이라는 것이다. 또한 두 표본으로부터 계산된 표본평균과 표본분산을 각각 다음과 같이 나타내기로 하자.

$$\overline{X}_1 = \frac{X_{11} + X_{12} + \cdots + X_{1n_1}}{n_1} = \frac{1}{n_1}\sum_{i=1}^{n_1} X_{1i}, \quad S_1^2 = \frac{1}{n_1 - 1}\sum_{i=1}^{n_1}(X_{1i} - \overline{X}_1)^2,$$

$$\overline{X}_2 = \frac{X_{21} + X_{22} + \cdots + X_{2n_2}}{n_2} = \frac{1}{n_2}\sum_{i=1}^{n_2} X_{2i}, \quad S_2^2 = \frac{1}{n_2 - 1}\sum_{i=1}^{n_2}(X_{2i} - \overline{X}_2)^2.$$

이러한 사항은 [그림 8.3]에 간단히 요약되어 있다.

두 모집단의 평균의 차이 $\mu_1 - \mu_2$의 점추정량은 표본평균의 차이인 $\overline{X}_1 - \overline{X}_2$에 의해 주어진다. $\overline{X}_1$, $\overline{X}_2$는 서로 독립이며 $\overline{X}_1 - \overline{X}_2$의 기댓값과 분산은 다음과 같다.

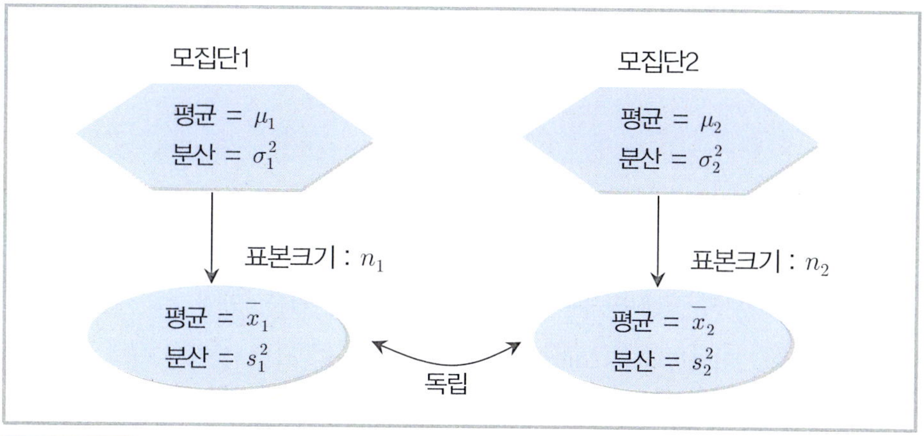

그림 8.3 두 모집단으로부터 추출된 서로 독립인 확률표본

$$E(\overline{X}_1 - \overline{X}_2) = E(\overline{X}_1) - E(\overline{X}_2) = \mu_1 - \mu_2,$$

$$Var(\overline{X}_1 - \overline{X}_2) = Var(\overline{X}_1) + Var(\overline{X}_2) = \frac{\sigma_1^2}{n_1} + \frac{\sigma_2^2}{n_2}.$$

(1) 대표본의 경우

모분산 σ_1^2, σ_2^2을 알고 표본의 크기가 충분히 클 때, 즉 n_1, n_2가 모두 최소한 30 이상일 때는 중심극한정리에 의해 $\overline{X}_1 - \overline{X}_2$의 분포가 근사적으로 정규분포를 따름을 알 수 있다. 즉,

$$Z = \frac{(\overline{X}_1 - \overline{X}_2) - (\mu_1 - \mu_2)}{\sqrt{(\sigma_1^2/n_1) + (\sigma_2^2/n_2)}}$$

이라고 하면, 근사적으로 $Z \sim N(0, 1)$이다. 표준정규분포의 정의로부터

$$\begin{aligned}1 - \alpha &= P(-z_{\alpha/2} < Z < z_{\alpha/2}) \\ &= P\left(-z_{\alpha/2} < \frac{(\overline{X}_1 - \overline{X}_2) - (\mu_1 - \mu_2)}{\sqrt{(\sigma_1^2/n_1) + (\sigma_2^2/n_2)}} < z_{\alpha/2}\right) \\ &= P\left((\overline{X}_1 - \overline{X}_2) - z_{\alpha/2} \cdot \sqrt{\frac{\sigma_1^2}{n_1} + \frac{\sigma_2^2}{n_2}} < \mu_1 - \mu_2 < \right. \\ &\qquad\qquad \left. (\overline{X}_1 - \overline{X}_2) + z_{\alpha/2} \cdot \sqrt{\frac{\sigma_1^2}{n_1} + \frac{\sigma_2^2}{n_2}}\right)\end{aligned}$$

이고, 이를 이용하면 표본으로부터 $\mu_1-\mu_2$의 $100(1-\alpha)\%$ 신뢰구간은 다음과 같이 계산된다.

$$\left((\overline{x}_1-\overline{x}_2)-z_{\alpha/2}\cdot\sqrt{\frac{\sigma_1^2}{n_1}+\frac{\sigma_2^2}{n_2}},\ (\overline{x}_1-\overline{x}_2)+z_{\alpha/2}\cdot\sqrt{\frac{\sigma_1^2}{n_1}+\frac{\sigma_2^2}{n_2}}\right).$$

두 개의 표본이 각각 정규 모집단에서 추출된 것이라면 표본의 크기가 크지 않더라도 위의 식에 의하여 신뢰구간을 구할 수 있다. 만일 σ_1^2, σ_2^2을 모르는 경우에도 대표본이라면 표본으로부터 구한 s_1^2, s_2^2을 σ_1^2, σ_2^2대신 위의 식에 대입하여 신뢰구간을 구할 수 있다.

예제 8.9 한국 남성의 내 집 마련 평균 연령을 두 지역에 대해 비교하고자 한다. A지역에서 뽑은 $n_1=56$명의 표본으로부터 계산된 평균은 $\overline{x}_1=41.7$세이고, B지역에서 뽑은 $n_2=78$의 표본으로부터 계산된 평균은 $\overline{x}_2=37.5$세의 값을 얻었다. 모집단의 분산은 각각 $\sigma_1^2=9.3$, $\sigma_2^2=15.1$로 알려져 있다고 가정하고 A지역과 B지역 남성의 내 집 마련 평균연령 차이의 점추정치와 99% 신뢰구간을 구하여라.

풀이 μ_1을 A지역 남성의 내 집 마련 연령 평균, μ_2를 B지역 남성의 내 집 마련 연령 평균이라고 하자. $\mu_1-\mu_2$의 점추정치는 $\overline{x}_1-\overline{x}_2=41.7-37.5=4.2$이고 n_1, n_2가 모두 충분히 크기 때문에 정규근사를 이용하여 신뢰구간을 구할 수 있다. 모분산은 알고 있고 $z_{0.005}=2.58$이므로, A지역과 B지역 남성의 내 집 마련 평균연령 차이에 대한 99% 신뢰구간을 구하는 식에 대입하면

$$4.2-2.58\cdot\sqrt{\frac{9.3}{56}+\frac{15.1}{78}}<\mu_1-\mu_2<4.2+2.58\cdot\sqrt{\frac{9.3}{56}+\frac{15.1}{78}}$$

이고, 계산된 신뢰구간은 $(2.653,\ 5.747)$이다. ☑

예제 8.10 어느 고등학교에서 남학생과 여학생의 수학 성적의 차이를 알아보기 위해 50명의 여학생과 75명의 남학생들을 임의로 뽑아 조사하였다. 뽑힌 남학생들의 성적은 평균 82, 표준편차는 8이고 여학생들의 성적은 평균은 76, 표준편차는 6으로 조사되었다. 남학생과 여학생의 수학 성적 평균 차이의 점추정치와 95% 신뢰구간을 구하여라.

풀이 μ_1을 남학생들의 평균, μ_2를 여학생들의 평균 성적이라고 하자. $\mu_1-\mu_2$의 점추정치는 $\overline{x}_1-\overline{x}_2=82-76=6$ 이고 n_1, n_2가 모두 충분히 크기 때문에 정규근사를 이용하여 신뢰구간을 구할 수 있다. 표본표준편차 $s_1=8$, $s_2=6$이고 $z_{0.025}=1.96$이므로, 두 모평균 차이에 대한 95% 신뢰구간을 구하는 식에 대입하면

$$6-1.96 \cdot \sqrt{\frac{64}{75}+\frac{36}{50}} < \mu_1-\mu_2 < 6+1.96 \cdot \sqrt{\frac{64}{75}+\frac{36}{50}}$$

이고, 계산된 값은 $(3.542,\ 8.458)$이다. ☑

(2) 소표본의 경우

표본의 크기가 작은 경우에 두 모평균의 차이에 대한 신뢰구간을 구하기 위해서는 모집단이 정규분포를 따른다는 가정이 필요하다. 두 모분산을 아는 경우에는 대표본에서와 같이 정규분포를 이용한 신뢰구간을 구하는 것이 가능하지만, 두 모집단의 분산을 모르는 경우에는 분산이 같다는 가정이 필요하다. 즉, 두 모집단의 분포가 각각 $N(\mu_1, \sigma_1^2), N(\mu_2, \sigma_2^2)$이고, $\sigma_1^2 = \sigma_2^2 = \sigma^2$을 가정한다. 공통분산 σ^2의 추정량을

$$S_p^2 = \frac{(n_1-1)S_1^2+(n_2-1)S_2^2}{n_1+n_2-2}$$

으로 정의하며, 이를 **합동분산추정량**(pooled variance estimator)이라고 한다. 이를 이용하여

$$T = \frac{(\overline{X}_1-\overline{X}_2)-(\mu_1-\mu_2)}{S_p\sqrt{(1/n_1)+(1/n_2)}}$$

라 하면 T는 자유도가 n_1+n_2-2인 t-분포를 따름을 보일 수 있지만 본 교과 과정을 넘으므로 여기서는 생략하고 결과만을 이용한다. 즉,

$$T \sim t(n_1+n_2-2)$$

이다. 자유도가 n_1+n_2-2인 t-분포의 성질로부터

$$\begin{aligned} 1-\alpha &= P\left(-t_{\alpha/2}(n_1+n_2-2) < \frac{(\overline{X}_1-\overline{X}_2)-(\mu_1-\mu_2)}{S_p\sqrt{(1/n_1)+(1/n_2)}} < t_{\alpha/2}(n_1+n_2-2)\right) \\ &= P\left((\overline{X}_1-\overline{X}_2)-t_{\alpha/2}(n_1+n_2-2)S_p\sqrt{\frac{1}{n_1}+\frac{1}{n_2}} < \mu_1-\mu_2 < \right. \\ &\qquad \left. (\overline{X}_1-\overline{X}_2)+t_{\alpha/2}(n_1+n_2-2)S_p\sqrt{\frac{1}{n_1}+\frac{1}{n_2}}\right) \end{aligned}$$

이 성립하므로 정규모집단으로부터 추출된 소표본에서 합동분산추정량을 이용한

$\mu_1 - \mu_2$의 $100(1-\alpha)\%$ 신뢰구간은 다음과 같다.

$$(\overline{x}_1 - \overline{x}_2) \pm t_{\alpha/2}(n_1 + n_2 - 2) s_p \sqrt{\frac{1}{n_1} + \frac{1}{n_2}}$$

물론, 분산이 같다는 가정이 성립하지 않는 경우에도 두 모평균 차이의 신뢰구간을 구할 수 있지만 본 교재의 범위를 넘으므로 생략하기로 한다.

예제 8.11 어느 산부인과 병원에서 남아와 여아의 신생아 체중에 차이가 있는지 알아보기 위해서 남녀 신생아를 각각 10명씩 임의로 선택하여 조사한 결과 남아의 경우는 평균 체중과 표준편차가 각각 $\overline{x}_1 = 3.67\text{kg}$, $s_1 = 0.8\text{kg}$이고 여아의 경우는 평균 체중과 표준편차가 각각 $\overline{x}_2 = 3.14\text{kg}$, $s_2 = 0.69\text{kg}$이라고 할 때, 남아와 여아의 평균 체중 차이에 대한 99% 신뢰구간을 구하여라. (단, 남녀 신생아 체중이 각각 정규분포를 따르고 분산이 같다고 가정한다.)

풀이 μ_1을 남자 신생아 체중의 평균, μ_2를 여자 신생아 체중의 평균이라고 하자. 두 모집단이 정규분포를 따르고 두 모집단의 분산이 같다는 가정하에 소표본이므로 t-분포를 이용한다. $\overline{x}_1 - \overline{x}_2 = 3.67 - 3.14 = 0.53$이고, 합동분산을 구하면 $s_p^2 = (9 \times 0.8^2 + 9 \times 0.69^2)/18 = 0.558$이다. 부록의 t-분포표 또는 엑셀함수 T.INV를 이용하면 $t_{0.005}(18) = 2.878$임을 알 수 있다. 그러므로 남아와 여아 신생아의 평균 체중의 차이를 구하는 신뢰구간 식에 대입하면

$$0.53 - 2.878 \cdot \sqrt{0.558} \cdot \sqrt{\frac{1}{10} + \frac{1}{10}} < \mu_1 - \mu_2 < 0.53 + 2.878 \cdot \sqrt{0.558} \cdot \sqrt{\frac{1}{10} + \frac{1}{10}}$$

이고, 구하는 신뢰구간은 $(-0.431,\ 1.491)$이다. ☑

예제 8.12 수술 후 심한 통증을 가라앉히기 위하여 진통제를 복용하는데 진통제는 복용 후에 약효가 빨리 나타나야 한다. 두 종류의 진통제 A, B 각각을 복용 후 약효가 나타날 때까지의 시간을 비교하고자 한다. 진통제 A에는 7명의 환자를 대상으로 진통제 B에는 10명의 환자를 대상으로 임의로 복용시킨 후 그들의 통증이 사라질 때까지의 걸리는 시간을 잰 결과가 다음과 같다고 할 때, 진통제 A와 진통제 B 사이에 통증 완화 시간 평균의 차이에 대한 95% 신뢰구간을 구하여라. (단, 통증완화에 소요되는 시간이 정규분포를 따르고 두 모집단의 분산이 같다는 가정을 한다.)

진통제 A: 15.3 7.3 8.8 9.3 12.9 6.9 7.5

진통제 B: 12.5 8.5 14 7.5 4.9 8.2 4.7 6 11 7.9

풀이 μ_1을 진통제 A의 평균 통증 완화시간, μ_2를 진통제 B의 평균 통증 완화시간이라고 하자. 주어진 자료로부터 계산하면 $\bar{x}_1 - \bar{x}_2 = 9.714 - 8.52 = 1.194$이고 $s_1^2 = 10.168$, $s_2^2 = 9.733$이므로 합동분산추정치는

$$s_p^2 = \frac{(6)10.168 + (9)9.733}{15} = 9.907$$

이며 t-분포표로부터 $t_{0.025}(15) = 2.131$임을 알 수 있다. 그러므로 두 진통제 A, B 사이의 통증 완화시간 평균의 차이에 대한 95% 신뢰구간은

$$1.194 - 2.131 \cdot \sqrt{9.907} \cdot \sqrt{\frac{1}{7} + \frac{1}{10}} < \mu_1 - \mu_2$$

$$< 1.194 + 2.131 \cdot \sqrt{9.907} \cdot \sqrt{\frac{1}{7} + \frac{1}{10}}$$

이고, 계산하면 $(-2.111,\ 4.499)$이다. ☑

8.6.2 대응비교를 이용한 모평균 차이의 추정

앞의 소절에서 두 개의 독립표본에 기초한 모평균의 차이를 추정하는 방법에 대해 공부하였다. 여기서는 다음과 같이 두 표본이 서로 독립이 아닌 경우에 모평균 차이를 추정하는 문제에 관해 생각해 보자.

어느 제약회사에서 신약을 개발하여 그 효과를 측정하고자 한다. 이 실험을 위해 자원한 n명의 환자를 대상으로 두 가지 실험을 실시하였다. 각 환자를 대상으로 기존의 약을 복용하게 한 후에 특정 수치를 재고, 또한 새로운 약을 복용한 후에 특정 수치를 측정하였다. 각 환자에게 어느 약을 먼저 투여할 것인가 하는 순서는 랜덤하게 정하였고 먼저 투약한 약품의 효과가 사라진 후에 다른 약을 투약하였다. 이와 같이 조사한 결과 [표 8.1]과 같은 자료를 얻었다.

[표 8.1] 대응비교를 위한 자료 구조

환자	기존 약(X)	새로운 약(Y)	차이($D = X - Y$)
1	X_1	Y_1	$D_1 = X_1 - Y_1$
2	X_2	Y_2	$D_2 = X_2 - Y_2$
⋮	⋮	⋮	⋮
n	X_n	Y_n	$D_n = X_n - Y_n$

이와 같은 실험으로 자료를 구성하는 것을 **대응비교**(matched comparison) 또는 **짝비교**(paired comparison)라고 한다. 각각의 개체에 대해 관측한 각 쌍 $(X_i,\ Y_i)$들끼리는 서로 독립이나 각 쌍 내에서 X_i와 Y_i는 서로 독립이 아니다. 이와 같이 실험하는 이유는 약품 이외의 효과가 개입되는 것을 방지하고자 하는 데서 기인한다. 만약에 기존 약과 새로운 약을 서로 다른 환자들에게 투약하여 수치를 측정하였다면 그것은 독립표본이 되고, 그 결과 차이는 개인의 특성이 개입되어 약효에 의한 것만이라고 보기 어렵다. 따라서 고려하는 요인 이외의 모든 조건을 동일하게 하고 실험을 하기 위해 각 쌍 내에서는 최대한 동질적인 실험단위로 하고, 각 쌍들 간에는 관련이 없이 독립이 되도록 만들어 주는 것이 필요하다. 만약 위와 같은 실험을 같은 환자를 대상으로 실시하기 어렵다면 최대한 비슷한 여건의 환자들을 각 쌍 내에 배치하여 실험을 해야 한다. 예를 들어, 서로 다른 교육방법에 의한 효과를 측정하고자 한다면 일란성 쌍둥이를 대상으로 실험하는 것이 유전적인 학습능력의 차이를 최대한 배제하고 순수한 교육방법에 의한 차이를 볼 수 있는 것이다.

대응비교에서는 $(X_i,\ Y_i)$에 기초하여 두 모평균의 차이 $\mu_X - \mu_Y$를 추정하는 것을 D_i에 기초하여 모평균 μ_D를 추정하는 것으로 바꾸어 생각한다. 즉, 두 표본의 비교를 하나의 표본에서 추론으로 바꾸어 생각하는 것이다. $D_1, D_2, \cdots, D_n$를 관측된 차이라고 할 때, 표본평균과 분산은 다음과 같다.

$$\overline{D} = \frac{1}{n}\sum_{i=1}^{n} D_i,\quad S_D^2 = \frac{1}{n-1}\sum_{i=1}^{n}(D_i - \overline{D})^2.$$

μ_D 즉, $\mu_X - \mu_Y$의 신뢰구간을 구하기 위해서는 $D_1, D_2, \cdots, D_n$가 정규분포를 따른다고 가정한다. 그러면 μ_D의 $100(1-\alpha)\%$ 신뢰구간은

$$\frac{\overline{D} - \mu_D}{S_D/\sqrt{n}} \sim t(n-1)$$

임을 이용하여 하나의 표본에서 모평균의 신뢰구간을 구하는 과정을 거쳐서 $\overline{D}$와 S_D의 관측값이 $\overline{d}$, s_d라고 할 때,

$$\left(\overline{d} - t_{\alpha/2}(n-1)\cdot\frac{s_d}{\sqrt{n}},\ \overline{d} + t_{\alpha/2}(n-1)\cdot\frac{s_d}{\sqrt{n}}\right)$$

로 주어진다. 참고로, 표본의 크기가 충분히 큰 경우에는 t-분포가 아니라 정규분포를 이용하여 신뢰구간을 구하면 된다.

예제 8.13 [표 8.1]의 실험에서 8명에 대해 실제로 조사된 자료가 다음과 같을 때 기존 약과 새로운 약의 평균 반응치 차이를 추정하고 반응치 차이가 정규분포를 따른다고 할 때, 95% 신뢰구간을 구하여라.

환자	기존 약(x)	새로운 약 (y)	차이($d=x-y$)
1	42.6	43.8	−1.2
2	37.2	41.3	−4.1
3	50.0	49.7	0.3
4	43.9	45.7	−1.8
5	53.6	52.5	1.1
6	32.5	36.8	−4.3
7	46.5	47.0	−0.5
8	39.3	40.7	−1.4

풀이 자료로부터 $\bar{d}=-1.49$, $s_d=1.92$를 구할 수 있고, $t_{0.025}(7)=2.365$이므로 신뢰구간을 구하는 식에 대입하여

$$\left(-1.49-2.365\cdot\frac{1.92}{\sqrt{8}},\ -1.49+2.365\cdot\frac{1.92}{\sqrt{8}}\right)$$

즉, $(-3.095, 0.115)$임을 얻을 수 있다.

8.7 두 모비율 차이의 추정

두 모집단의 비율 p_1, p_2 차이를 추정하는 문제를 고려해 보자. 예를 들어, p_1을 흡연자의 폐암 비율이라고 하고, p_2를 비흡연자의 폐암 비율이라고 할 때, 이 두 비율의 차를 추정하는 것에 관심이 있다. 이를 위해 두 모집단에서 크기가 각각 n_1, n_2인 독립 표본을 선택하고 각 표본에서 폐암에 걸린 사람들의 수 X_1, X_2를 조사한다. 각 모비율의 추정은 $\hat{p}_1=X_1/n_1$, $\hat{p}_2=X_2/n_2$로 할 수 있고, 두 모비율의 차 p_1, p_2에 대한 점추정량은 $\hat{p}_1-\hat{p}_2$에 의해 주어진다. $\hat{p}_1-\hat{p}_2$의 기댓값과 분산은 다음과 같이 구할 수 있다.

$$E(\hat{p}_1-\hat{p}_2)=E(\hat{p}_1)-E(\hat{p}_2)=p_1-p_2,$$

$$Var(\hat{p}_1 - \hat{p}_2) = Var(\hat{p}_1) + Var(\hat{p}_2) = \frac{p_1(1-p_1)}{n_1} + \frac{p_2(1-p_2)}{n_2}.$$

$p_1 - p_2$의 신뢰구간은 $\hat{p}_1 - \hat{p}_2$의 표본분포를 고려함으로써 구할 수 있다. 하나의 표본 문제에서 보았듯이 대표본의 경우 $\hat{p}_1$, $\hat{p}_2$는 각각 평균이 p_1, p_2이고, 분산이 $p_1(1-p_1)/n_1$, $p_2(1-p_2)/n_2$인 정규분포를 근사적으로 따른다는 것을 알고 있다. 두 모집단으로부터 독립인 표본을 추출하였으므로 $\hat{p}_1$, $\hat{p}_2$는 독립이고,

$$\frac{(\hat{p}_1 - \hat{p}_2) - (p_1 - p_2)}{\sqrt{p_1(1-p_1)/n_1 + p_2(1-p_2)/n_2}}$$

는 근사적으로 $N(0, 1)$을 따른다. 따라서,

$$\begin{aligned} 1-\alpha &= P\left(-z_{\alpha/2} < \frac{(\hat{p}_1 - \hat{p}_2) - (p_1 - p_2)}{\sqrt{p_1(1-p_1)/n_1 + p_2(1-p_2)/n_2}} < z_{\alpha/2}\right) \\ &= P\left((\hat{p}_1 - \hat{p}_2) - z_{\alpha/2}\sqrt{\frac{p_1(1-p_1)}{n_1} + \frac{p_2(1-p_2)}{n_2}} < p_1 - p_2 < \right. \\ &\qquad \left. (\hat{p}_1 - \hat{p}_2) + z_{\alpha/2}\sqrt{\frac{p_1(1-p_1)}{n_1} + \frac{p_2(1-p_2)}{n_2}}\right) \end{aligned}$$

이고, 대표본이므로 양쪽 경계에 들어 있는 p_1, p_2를 $\hat{p}_1$, $\hat{p}_2$로 대입해도 위의 식은 성립한다. 그러므로 $p_1 - p_2$에 대한 근사적인 $100(1-\alpha)\%$ 신뢰구간은 다음과 같이 주어진다.

$$(\hat{p}_1 - \hat{p}_2) \pm z_{\alpha/2}\sqrt{\frac{\hat{p}_1(1-\hat{p}_1)}{n_1} + \frac{\hat{p}_2(1-\hat{p}_2)}{n_2}}$$

단, 이러한 근사 신뢰구간을 구하는 방법은 $n_1\hat{p}_1$, $n_1(1-\hat{p}_1)$, $n_2\hat{p}_2$, $n_2(1-\hat{p}_2)$이 모두 5보다 크거나 같은 경우에 적용될 수 있다.

예제 8.14 H대학교 학생들의 남녀 흡연율의 차이를 보기 위해 남녀 각각 100명씩을 뽑아 조사한 결과 남학생들의 경우 흡연자가 78명, 여학생들의 경우 흡연자가 37명으로 조사되었다. 남녀 각각의 흡연율에 대해서 점추정치를 구하고, 남녀의 흡연율 차이에 대한 95% 신뢰구간을 구하여라.

풀이 남학생의 흡연율을 p_1, 여학생의 흡연율을 p_2라고 하면 남녀의 흡연율 점추정치는 각각 $\hat{p}_1 = \frac{78}{100} = 0.78$, $\hat{p}_2 = \frac{37}{100} = 0.37$이고 흡연율 차이의 점추정치는 $\hat{p}_1 - \hat{p}_2 = 0.78 - 0.37 = 0.41$이다. $z_{0.025} = 1.96$이므로 남녀 학생의 흡연율 차이에 대한 95% 신뢰구간은

$$0.41 - 1.96\sqrt{\frac{0.78(1-0.78)}{100} + \frac{0.37(1-0.37)}{100}} < p_1 - p_2 < 0.41 + 1.96\sqrt{\frac{0.78(1-0.78)}{100} + \frac{0.37(1-0.37)}{100}}$$

이고, 계산된 결과는 (0.285, 0.535)이다. ☑

8.8 엑셀을 이용한 실습

예제 8.15 다음은 어느 대학 통계학과 1학년 중에 뽑은 15명의 기초통계학 중간고사 성적이다. 엑셀을 이용하여 통계학과 1학년 학생 전체의 평균에 대한 점추정치를 구하고 95% 신뢰구간을 구하여라. 단, 자료는 모표준편차가 12인 정규분포를 따른다고 한다.

75 80 86 77 90 84 87 79 70 56 51 94 78 81 84

풀이 엑셀을 시작하고 아래의 그림과 같이 자료 확인에 필요한 사항 및 필요한 라벨을 적절하게 입력한다.

	A	B	C	D	E	F
1	정규분포를 이용한 단일 모평균의 통계적 추론					
2	중간고사					
3	75		표본통계량			
4	80			표본평균		
5	86			표준편차		
6	77			표본크기		
7	90					
8	84		점추정치			
9	87					
10	79		신뢰구간			
11	70			신뢰구간임계치(z)		
12	56			점추정치의 표준오차		
13	51			신뢰구간 폭/2		
14	94				하한값	
15	78				상한값	
16	81					
17	84		함수이용			
18	신뢰도	0.95		신뢰구간 폭/2		

Sheet1

자료 및 기본사항 입력이 끝나면 이제 표본통계량, 점추정치, 신뢰구간을 구해 보자. 아래의 그림에서 〈셀 F4〉에서 〈셀 F15〉에 입력한 내용에는 "="이 빠져 있다. 하지만 실제로 워크시트에 함수를 사용할 때는 "="을 앞에 반드시 써야 한다.

	A	B	C	D	E	F	G
1	정규분포를 이용한 단일 모평균의 통계적 추론						
2	중간고사						
3	75		표본통계량				
4	80			표본평균		AVERAGE(A3:A17)	
5	86			표준편차		12	
6	77			표본크기		COUNT(A3:A17)	
7	90						
8	84		점추정치			AVERAGE(A3:A17)	
9	87						
10	79		신뢰구간				
11	70			신뢰구간임계치(z)		NORM.S.INV(B18/2+0.5)	
12	56			점추정치의 표준오차		F5/SQRT(F6)	
13	51			신뢰구간	폭/2	F11*F12	
14	94				하한값	F8-F13	
15	78				상한값	F8+F13	
16	81						
17	84		함수이용				
18	신뢰도	0.95		신뢰구간	폭/2		

Sheet1

① 〈셀 F4〉: AVERAGE(A3:A17) – 표본평균을 구하기 위한 함수
② 〈셀 F5〉: 자료의 표준편차를 안다고 가정하였기 때문에 12를 입력한다.
③ 〈셀 F6〉: COUNT(A3:A17) – 표본크기를 구하기 위한 COUNT 문 사용
④ 〈셀 F8〉: F4 – 모평균의 점추정치로 표본평균을 사용하기 위한 참조 셀을 입력한다. 또는 ①과 같이 입력한다.
⑤ 〈셀 F11〉: NORM.S.INV(B18/2+0.5) – 주어진 신뢰도에 대응하는 정규분포 임계치(z)를 찾기 위한 함수 [NORM.S.INV]를 이용한다. 〈셀 B18〉의 신뢰도를 2로 나누고 여기에 0.5를 더함으로써 우측의 정규분포 임계치($z_{0.025}$)를 구할 수 있다.
⑥ 〈셀 F12〉: F5/SQRT(F6) – 점추정치의 표준오차($\sigma/\sqrt{n}$)를 계산하기 위하여 표준편차(F5)와 표본의 크기(F6)를 이용해 수식을 입력한다. 여기서 SQRT는 제곱근을 구하는 함수이다.
⑦ 〈셀 F13〉: F11*F12 – 신뢰구간의 반폭을 결정하기 위하여 표준오차와 정규분포의 임계치($z_{0.025}$)를 곱한다.
⑧ 〈셀 F14〉: F8 – F13 – 신뢰구간의 하한값을 계산
⑨ 〈셀 F15〉: F8 + F13 – 신뢰구간의 상한값을 계산

이상의 내용을 워크시트에 입력하면 다음과 같은 결과를 얻을 수 있다.

	A	B	C	D	E	F
1	정규분포를 이용한 단일 모평균의 통계적 추론					
2	중간고사					
3	75		표본통계량			
4	80			표본평균		78.13333
5	86			표준편차		12
6	77			표본크기		15
7	90					
8	84		점추정치			78.13333
9	87					
10	79		신뢰구간			
11	70			신뢰구간임계치(z)		1.959964
12	56			점추정치의 표준오차		3.098387
13	51			신뢰구간 폭/2		6.072726
14	94				하한값	72.06061
15	78				상한값	84.20606
16	81					
17	84		함수이용			
18	신뢰도	0.95		신뢰구간 폭/2		

Sheet1

즉, 구하는 신뢰구간은 (72.061, 84.206)이다.

참고

⑤, ⑥, ⑦에서 신뢰구간 폭의 반을 수식에 의한 계산으로 구했는데, 모분산을 아는 경우에 다른 방법인 함수 마법사를 이용하면 ([함수 마법사] → [통계]의 CONFIDENCE.NORM를 선택) 아래와 같은 화면이 나타나고 필요한 값을 입력한다.

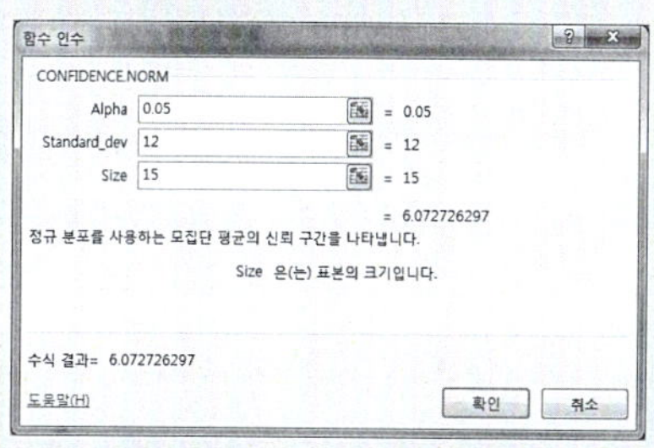

Alpha 0.05, Standard_dev는 모집단의 표준편차인 12, Size는 데이터의 수 15를 입력하면 F18에서 보듯이 위해서 구한 값과 일치함을 알 수 있다.

	A	B	C	D	E	F	G
1	정규분포를 이용한 단일 모평균의 통계적 추론						
2	중간고사						
3	75		표본통계량				
4	80			표본평균		78.13333	
5	86			표준편차		12	
6	77			표본크기		15	
7	90						
8	84		점추정치			78.13333	
9	87						
10	79		신뢰구간				
11	70			신뢰구간임계치(z)		1.959964	
12	56			점추정치의 표준오차		3.098387	
13	51			신뢰구간 폭/2		6.072726	
14	94				하한값	72.06061	
15	78				상한값	84.20606	
16	81						
17	84		함수이용				
18	신뢰도	0.95		신뢰구간 폭/2		6.072726	

Sheet1

참고

엑셀 함수 T.INV와 T.INV.2T의 사용

목적: t-분포의 백분위수를 구한다.

구문: T.INV(probability, d.f.)

probability: t-분포의 좌측 꼬리부분의 확률값.

구문: T.INV.2T(probability, d.f.)

probability: t-분포의 양측 대칭 꼬리부분(2-tailed)의 확률을 합친 값.

d.f.: t-분포의 자유도(degree of freedom)를 나타내는 숫자로 직접 입력. 또는 워크시트에서 데이터 입력 범위를 지정해 넣을 수도 있다.

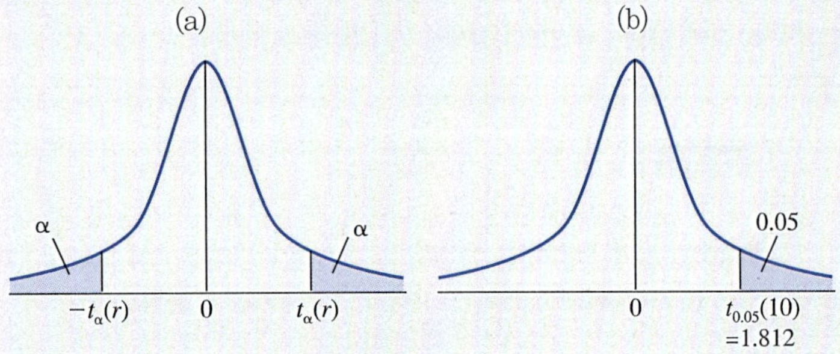

예: 1. 그림 (a)의 경우에 $-t_\alpha(r)$를 구하기 위해서는 T.INV(α, r)이라고 해야 함.

2. 그림 (a)에서 $t_\alpha(r)$를 구하기 위해서는 T.INV($1-\alpha, r$)이라고 해야 함.

3. 그림 (b)의 경우에 $t_{0.05}(10)$을 구하기 위해서는 T.INV(0.95,10)이라고 하면 되고, 또는 T.INV.2T(0.1,10)을 사용해도 동일한 결과를 얻게 된다.

예제 8.16 다음은 어느 학과 1학년 남자 8명의 체중이다. 엑셀을 이용하여 이 학과 1학년 남학생 전체의 평균을 추정하고 평균에 대한 95% 신뢰구간을 구하여라. (단, 이 자료는 모분산을 모르는 정규분포를 따른다고 가정하자.)

65 70 75 77 80 84 85 61

풀이 (1) 엑셀을 시작하고 자료를 입력한 후에 메뉴바에서 [데이터] ➪ [데이터 분석]을 선택한다.

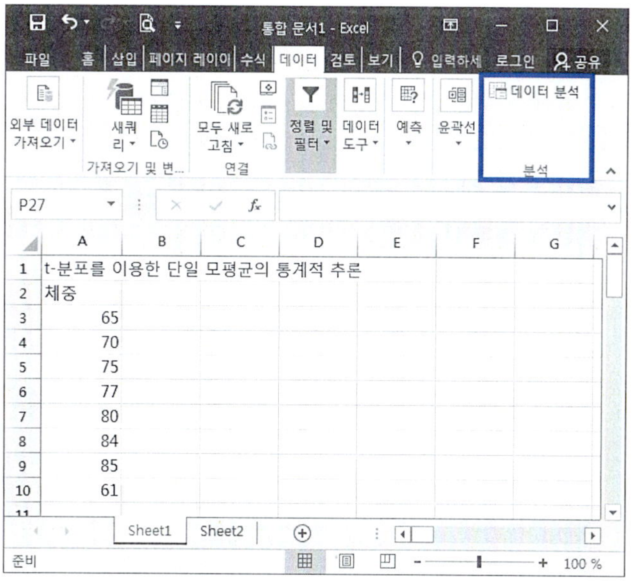

(2) [통계 데이터 분석] 창이 뜨면 [기술 통계법]을 선택한다.

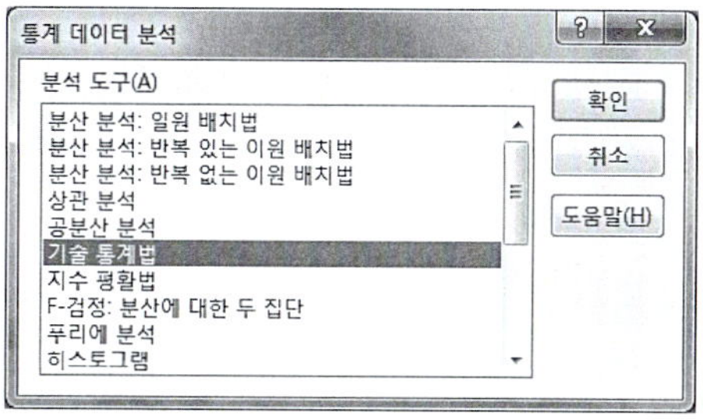

(3) 입력에서 데이터의 입력 범위를 입력하고, 출력 범위는 C3로 지정한 후에, 출력 옵션에서 요약 통계량과 평균에 대한 신뢰수준을 95%로 선택하여 '확인' 단추를 누른다.

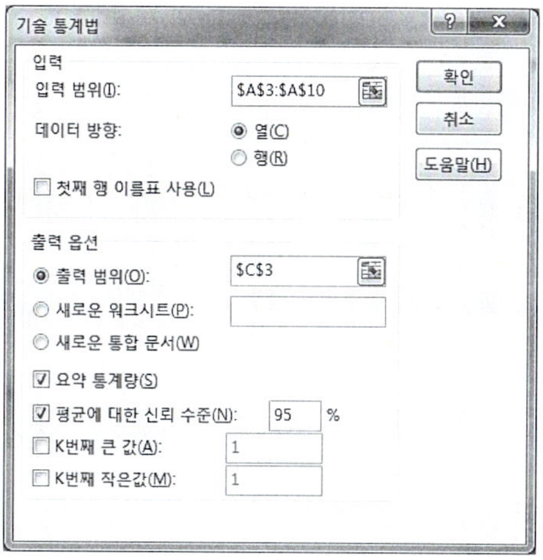

(4) 다음과 같이 출력 범위에서 지정한 C3 셀부터 결과를 얻을 수 있고, 이 값들을 이용하여 신뢰구간을 구하기 위한 레이블을 E, F 열에 입력한다. D18 셀에 있는 값이 신뢰수준 95%에서 신뢰구간의 반폭에 해당되는 값이다. 따라서 G6, G7 셀에 다음과 같이 입력한다.

	A	B	C	D	E	F	G
1	t-분포를 이용한 단일 모평균의 통계적 추론						
2	체중						
3	65		Column1				
4	70						
5	75		평균	74.625	95%신뢰구간		
6	77		표준 오차	3.076045		신뢰하한	=D5-D18
7	80		중앙값	76		신뢰상한	=D5+D18
8	84		최빈값	#N/A			
9	85		표준 편차	8.700369			
10	61		분산	75.69643			
11			첨도	-1.08964			
12			왜도	-0.40794			
13			범위	24			
14			최소값	61			
15			최대값	85			
16			합	597			
17			관측수	8			
18			신뢰 수준(	7.273691			

Sheet1 Sheet2

(5) 최종적인 결과는 다음과 같다. 즉, 구하는 신뢰구간은 (67.351, 81.899)이다.

	A	B	C	D	E	F	G
1	t-분포를 이용한 단일 모평균의 통계적 추론						
2	체중						
3	65		Column1				
4	70						
5	75		평균	74.625	95%신뢰구간		
6	77		표준 오차	3.076045		신뢰하한	67.35131
7	80		중앙값	76		신뢰상한	81.89869
8	84		최빈값	#N/A			
9	85		표준 편차	8.700369			
10	61		분산	75.69643			
11			첨도	-1.08964			
12			왜도	-0.40794			
13			범위	24			
14			최소값	61			
15			최대값	85			
16			합	597			
17			관측수	8			
18			신뢰 수준(	7.273691			

Sheet1 Sheet2

예제 8.17 어느 아파트 단지에서 A회사 피자와 B회사 피자를 대상으로 총 100가구에 대해 설문 조사를 한 결과 그 중 45가구가 A회사 피자를 주로 선택하는 것으로 나타났다. A회사 피자를 선호하는 비율에 대한 점추정치 및 95% 신뢰구간을 구하여라.

풀이 엑셀을 시작하고 아래의 그림과 같이 자료 확인에 필요한 사항과 라벨을 적절하게 입력한다.

	A	B	C	D
1	단일 모비율의 통계적 추론			
2	아파트 설문 조사			
3		표본크기		
4		응답한 수		
5		신뢰도		
6				
7		점추정치		
8				
9		신뢰구간		
10			신뢰구간 임계치(z)	
11			점추정치의 표준오차	
12			신뢰구간	반폭
13				하한값
14				상한값

자료 및 기본사항 입력이 끝나면 이제 다음의 순서대로 점추정치와 신뢰구간을 구해 보자. 다음의 각 셀에 지정된 수식을 입력하자.

① 〈셀 E7〉: =C4/C3 - 모비율에 대한 점추정치로서 표본비율을 계산

② 〈셀 E10〉: =NORM.S.INV(C5/100/2+0.5) - C5에서 주어진 신뢰도에 의한 정규분포 임계치 ($z_{\alpha/2}$)를 찾기 위한 함수 [NORM.S.INV]를 이용한다. 신뢰도가 %로 입력되어 있으니 100으로 나눈 후 2로 다시 나눈다. 여기에 0.5를 더하여 함수의 인수를 사용한다.

③ 〈셀 E11〉: =SQRT(E7*(1-E7)/C3) - 점추정치로부터 표준오차를 계산

④ 〈셀 E12〉: =E10*E11 - 신뢰구간의 반폭을 구하는 식

⑤ 〈셀 E13〉: =IF(E7-E12<0, 0, E7-E12) - 신뢰구간의 하한값을 구하는 식이다. 비율을 추정하는 것이므로 만약 결과값이 0보다 작다면 결과는 0으로 한다.

⑥ 〈셀 E14〉: =IF(E7+E12>1, 1, E7+E12) - 신뢰구간의 상한값을 구하는 식이다. 비율을 추정하는 것이므로 만약 결과값이 1보다 크다면 결과는 1로 한다.

위의 함수를 모두 입력하면 아래와 같은 결과값이 출력된다. 즉, 구해진 95% 신뢰구간은 (0.352, 0.548)이다.

	A	B	C	D	E
1	단일 모비율의 통계적 추론				
2	아파트 설문 조사				
3		표본크기	100		
4		응답한 수	45		
5		신뢰도	95		
6					
7		점추정치			0.45
8					
9		신뢰구간			
10			신뢰구간 임계치(z)		1.959964
11			점추정치의 표준오차		0.049749
12			신뢰구간	반폭	0.097507
13				하한값	0.352493
14				상한값	0.547507

예제 8.18 다음은 통계학과 1학년의 남녀 학생의 IQ이다. 두 집단의 평균 IQ 차이의 95% 신뢰구간을 구하여라. 단, 이 자료는 정규분포를 따르며 두 모집단의 분산은 동일하다고 가정한다.

남학생 IQ : 112 100 117 124 93 116 122 114
여학생 IQ : 119 124 103 117 105 100 119 129

풀이 (1) 우선 자료를 입력하고 메뉴바에서 [데이터] ➪ [데이터 분석]을 선택한다.

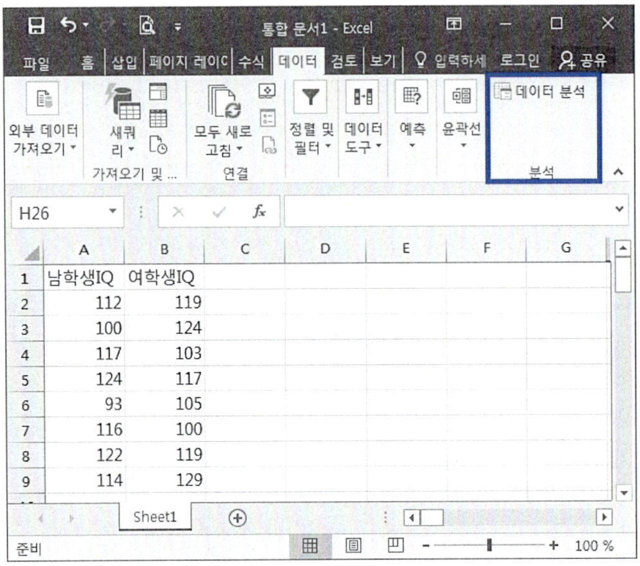

(2) 통계 데이터 분석에서 기술통계법을 선택한다.

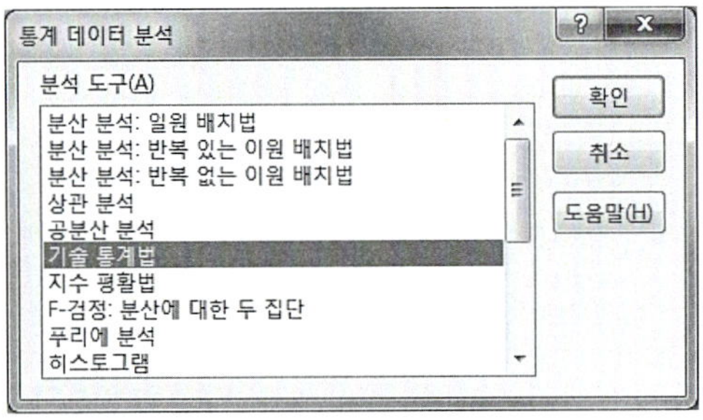

(3) 기술 통계법에서 아래와 같이 자료를 범위를 입력하거나 시트에서 드래그한다.

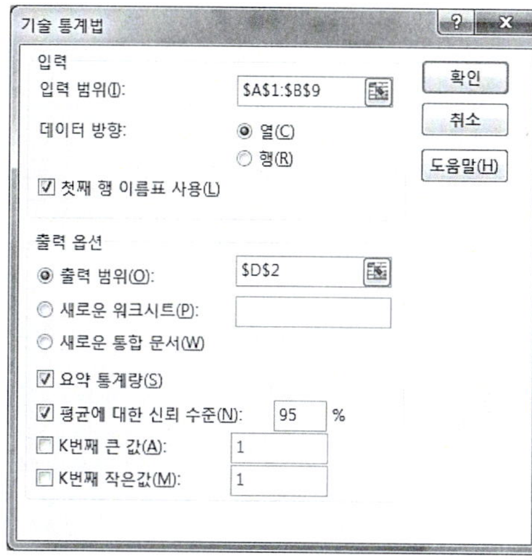

(4) 위의 과정을 다 마치면 "확인"을 누른다. 그럼 다음과 같은 결과가 출력된다.

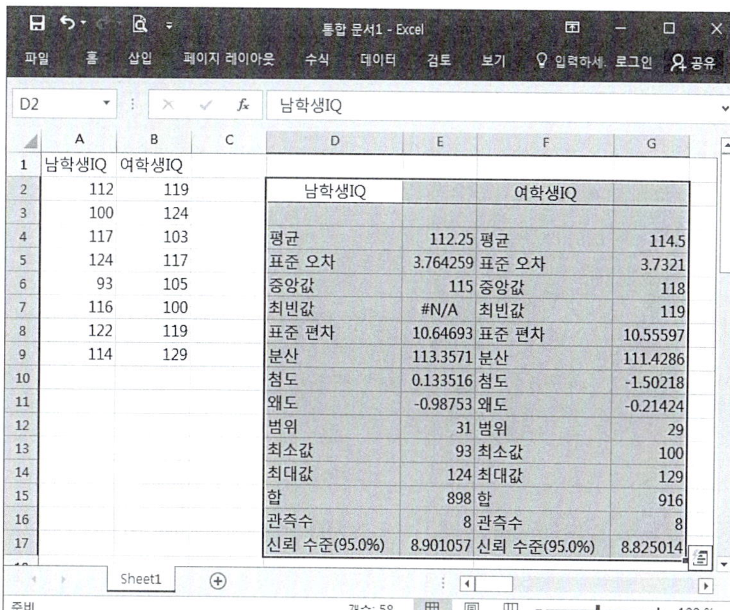

(5) 각 표본에 대한 기초 통계량들로부터 각 모평균에 대한 신뢰구간과 두 모평균 차이의 신뢰구간을 구할 수 있다.

남학생 평균IQ에 대한 95% 신뢰구간: 112.25 ± 8.901

여학생 평균IQ에 대한 95% 신뢰구간: 114.5 ± 8.825

E19과 G19에 각각 다음과 같은 수식을 입력하면 그림과 같이 두 모평균 차이의 신뢰구간을 구할 수 있다.

=(E4−G4)+T.INV(0.025,14)*SQRT(7*(E9+G9)/14)*SQRT(1/8+1/8)
=(E4−G4)−T.INV(0.025,14)*SQRT(7*(E9+G9)/14)*SQRT(1/8+1/8)

	A	B	C	D	E	F	G
1	남학생IQ	여학생IQ					
2	112	119		남학생IQ		여학생IQ	
3	100	124					
4	117	103		평균	112.25	평균	114.5
5	124	117		표준 오차	3.7642586	표준 오차	3.7321001
6	93	105		중앙값	115	중앙값	118
7	116	100		최빈값	#N/A	최빈값	119
8	122	119		표준 편차	10.646931	표준 편차	10.555973
9	114	129		분산	113.35714	분산	111.42857
10				첨도	0.1335158	첨도	-1.502183
11				왜도	-0.9875313	왜도	-0.214243
12				범위	31	범위	29
13				최소값	93	최소값	100
14				최대값	124	최대값	129
15				합	898	합	916
16				관측수	8	관측수	8
17				신뢰 수준(95.0%)	8.9010572	신뢰 수준(95.0%)	8.8250145
18							
19	평균차이(남-여)의 95% 신뢰구간				-13.619031		9.1190314

즉, 두 모집단의 평균 IQ의 차이(남-여)의 95% 신뢰구간은 $(-13.62,\ 9.12)$이다.

예제 8.19 한 대학교의 여론조사에서 특정 안건에 대하여 남학생 100명 중 65명이, 여학생 50명 중 28명이 찬성하였다. 남학생과 여학생의 찬성률의 차에 대한 95% 신뢰구간을 구하여라.

풀이 (1) 아래의 그림과 같이 자료와 필요한 사항, 라벨을 적절하게 입력한다.

	A	B	C	D	E
1		모집단1(남)		표본크기 =	100
2				찬성 수 =	65
3		모집단2(여)		표본크기 =	50
4				찬성 수 =	28
5					
6				신뢰도 =	95%
7					
8	결과				
9		점추정치		모비율1	
10				모비율2	
11			모집단 비율의 차이		
12		신뢰구간			
13			신뢰구간 임계치(z)		
14			점추정치의 표준오차		
15			신뢰구간	반폭	
16				하한값	
17				상한값	

(2) 모비율의 점추정치와 필요한 값들을 구해 보자.

① 〈셀 E9〉: =E2/E1: 모비율1에 대한 점추정치로서 표본비율을 계산

② 〈셀 E10〉: =E4/E3: 모비율2에 대한 점추정치로서 표본비율을 계산

③ 〈셀 E11〉: =E9−E10: 모비율의 차이(남-여)에 대한 점추정치를 계산

④ 〈셀 E13〉: =NORM.S.INV(E6/2+0.5): E6에서 주어진 신뢰도에 의한 정규분포 임계치를 구함

⑤ 〈셀 E14〉: =SQRT(E9*(1−E9)/E1+E10*(1−E10)/E3): 점추정치로부터 표준오차를 계산

⑥ 〈셀 E15〉: =E13*E14: 신뢰구간의 반폭을 구함

⑦ 〈셀 E16〉: =E11−E15: 신뢰구간의 하한값을 구함

⑧ 〈셀 E17〉: =E11+E15: 신뢰구간의 상한값을 구함

위의 수식을 모두 입력하면 다음과 같은 결과값이 출력된다.

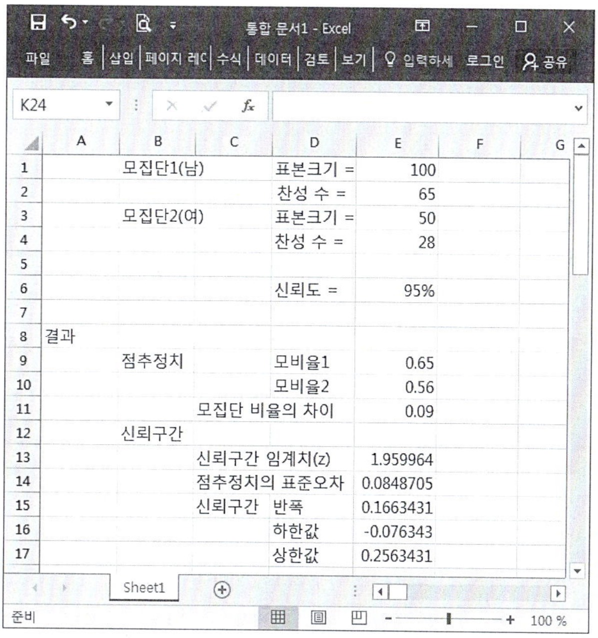

	A	B	C	D	E	F	G
1		모집단1(남)		표본크기 =	100		
2				찬성 수 =	65		
3		모집단2(여)		표본크기 =	50		
4				찬성 수 =	28		
5							
6				신뢰도 =	95%		
7							
8	결과						
9		점추정치		모비율1	0.65		
10				모비율2	0.56		
11			모집단 비율의 차이		0.09		
12		신뢰구간					
13			신뢰구간 임계치(z)		1.959964		
14			점추정치의 표준오차		0.0848705		
15			신뢰구간	반폭	0.1663431		
16				하한값	-0.076343		
17				상한값	0.2563431		

즉, 두 모집단의 찬성률 차이(남-여)의 95% 신뢰구간은 $(-0.076,\ 0.256)$이다. ☑

연습문제

1 어떤 실린더 형태의 금속조각을 만들어내는 기계가 있다. 표본으로 취한 금속조각의 지름(단위: cm)을 측정한 결과 다음의 자료를 얻었다.

1.01, 0.97, 1.03, 1.04, 0.99, 0.98, 0.99, 1.01, 1.03

이 자료가 정규분포를 따른다고 가정할 때, 이 조각들의 지름 평균에 대한 99% 신뢰구간을 구하여라.

2 어느 병원에서 평균 입원 일수를 조사하기 위하여 12명의 표본을 랜덤으로 추출한 결과 다음과 같은 자료를 얻었다. 단, 편의상 자료는 정규분포를 따른다고 가정한다.

36 39 40 41 38 39 35 37 39 42 34 36

(1) 모평균과 모분산의 점추정치를 구하여라.
(2) 모평균에 대한 95% 신뢰구간을 구하여라.

3 구슬 아이스크림 1컵의 무게를 알기 위하여 판매되는 것 가운데 100컵을 조사하였더니 평균이 155(g)이고 표준편차가 8.7(g)과 같은 결과가 나왔다. 1컵의 평균 무게에 대한 99% 신뢰구간을 구하여라.

4 노동부에서는 실업고등학교를 졸업한 기능공들의 평균 월급이 얼마인지를 알아보기 위하여 32명의 기능공을 랜덤으로 추출하여 월급을 조사하여 다음과 같은 결과를 얻었다(단위: 만 원). 평균 급여에 대한 95% 신뢰구간을 구하여라.

53.0	58.5	56.4	57.8	59.4	57.3	63.2	64.9
60.8	59.3	58.8	63.1	55.2	59.9	59.1	58.1
65.1	56.8	60.4	57.4	65.2	63.2	55.3	59.4
56.0	61.7	55.2	61.3	61.5	56.8	55.6	57.6

5 30개의 시금치 씨앗을 뿌려서 발아할 때까지의 기간을 측정한 결과가 다음과 같다. 평균 발아시간의 95% 신뢰구간을 구하여라.

18	16	11	17	11	14	15	19	12	16
12	18	19	11	18	13	17	20	15	19
20	12	18	16	18	16	12	15	18	15

6 어떤 도시의 1000가구를 뽑은 임의의 표본에서 288가구가 기름으로 난방을 한다고 한다. 이 도시 전체에서 기름으로 난방을 하는 가구의 비율에 대한 99% 신뢰구간을 구하여라.

7 어떤 공장에서 생산되는 제품의 무게는 표준편차 5g인 정규분포를 따른다고 한다. 모평균에 대한 신뢰도 95%인 신뢰구간의 폭이 0.4g 이하로 되게 하려면 표본의 크기를 얼마로 해야 하는가?

8 표준편차가 $\sigma_1 = 5$인 정규모집단에서 취해진 크기가 $n_1 = 30$인 첫 번째 표본의 평균 $\bar{x}_1 = 80$이다. 표준편차가 $\sigma_2 = 3$인 다른 정규모집단에서 취해진 크기가 $n_2 = 36$인 두 번째 표본의 평균은 $\bar{x}_2 = 75$이다. $\mu_1 - \mu_2$의 95% 신뢰구간을 구하여라.

9 어느 택시회사에서 각 택시에 사용할 타이어를 선택하려고 한다. A, B 두 상표의 타이어의 차이를 추정하기 위해서 각 상표에서 임의로 선택된 12개의 타이어를 가지고 마모 정도를 실험한 결과 기준이 되는 마모 정도까지 주행한 거리에 대한 평균과 표준편차를 다음과 같이 구하였다.

$$\text{A 상표}: \bar{x}_1 = 36{,}300\,\text{km}, \quad s_1 = 5{,}000\,\text{km}$$

$$\text{B 상표}: \bar{x}_2 = 38{,}100\,\text{km}, \quad s_2 = 6{,}100\,\text{km}$$

주행한 거리가 분산이 동일한 정규분포를 따른다고 가정하고, $\mu_A - \mu_B$의 95% 신뢰구간을 구하여라.

10 2주 동안 평균 4.5kg을 뺄 수 있다고 주장하는 새로운 다이어트 방법이 있다. 2주 동안 이 다이어트 방법을 따른 7명의 여성들의 몸무게에 대한 기록이 다음과 같을 때, 몸무게의 평균의 차에 대한 95% 신뢰구간을 계산하여라. (단, 몸무게는 정규분포를 따른다고 가정한다.)

여성	1	2	3	4	5	6	7
다이어트 전의 몸무게	58.5	60.3	61.7	69.0	64.0	62.6	56.7
다이어트 이후 몸무게	60.0	54.9	58.1	62.1	58.5	59.9	54.4

11 어느 온천에서 5일 동안에 허리둘레를 평균 5cm 줄여주는 새로운 프로그램이 있다고 주장하고 있다. 다음은 이 프로그램에 참여한 6명의 남성의 허리둘레에 대한 기록이다. 허리둘레가 감소한 평균의 95% 신뢰구간을 구하여라. (단, 참여 전과 후의 허리둘레 차이의 분포는 근사적으로 정규분포를 따른다고 하자.)

남성	1	2	3	4	5	6
참여 전의 허리둘레	90.4	95.5	98.7	115.9	104.0	85.6
참여 이후 허리둘레	91.7	93.7	97.4	112.8	101.3	84.0

12 어느 유전학자는 어떤 유전병을 앓고 있는 여성환자와 남성환자의 비율에 대해 관심을 가지고 있다. 남성 1000명으로 구성된 임의의 표본에서 250명이 이 병을 앓고 있고, 반면에 여성 1000명 중 275명이 이 병이 있는 것으로 나타났다. 이 병을 가지고 있는 남성과 여성의 비율의 차에 대한 95% 신뢰구간을 구하여라.

13 예방접종이 어떤 질병에 효과가 있는지 알아보기 위해 임상실험이 시행되었다. 1000마리의 표본 쥐들은 1년 동안 제한된 환경 안에서 사육되었고, 이 쥐들 중 500마리는 예방접종을 했다. 예방을 하지 않는 쥐들의 그룹은 120마리가 질병에 감염되었고, 반면에 예방을 한 쥐들의 그룹에서는 98마리가 감염되었다. p_1을 접종하지 않은 쥐들의 발병률, p_2를 접종한 쥐들의 발병률이라고 할 때, $p_1 - p_2$에 대한 90% 신뢰구간을 구하여라.

14 어느 상자에 들어 있는 7가지 과자 종류의 열량을 조사하여 다음과 같은 자료를 얻었다.

81 57 62 78 31 65 72

위의 자료는 모분산을 모르는 정규분포를 따른다고 가정하고, 이 과자들의 평균 열량의 95% 신뢰구간을 엑셀을 이용하여 구하여라.

15 어느 대학교 농구팀의 게임당 득점은 정규분포를 따른다고 한다. 지난 대학 리그전 중 일부 경기에서 얻은 게임당 득점은 각각 다음과 같다.

80 92 72 90 84 70 76 68 88

게임당 평균 득점에 대한 95% 신뢰구간을 엑셀을 이용하여 구하여라.

16 실험용 쥐가 미로를 통과하는 데 걸린 시간의 측정 결과를 입력한 엑셀 화면이 다음과 같다. (단위 : 초)

(1) 아래에서 ①~⑩까지에 해당되는 값을 구하기 위한 적절한 엑셀 함수식을 적어라.

(2) 아래의 ⑥의 값을 함수 T.INV를 이용하여 구한 값과 함수 마법사를 이용하여 구한 값과 일치하는지를 확인하여라.

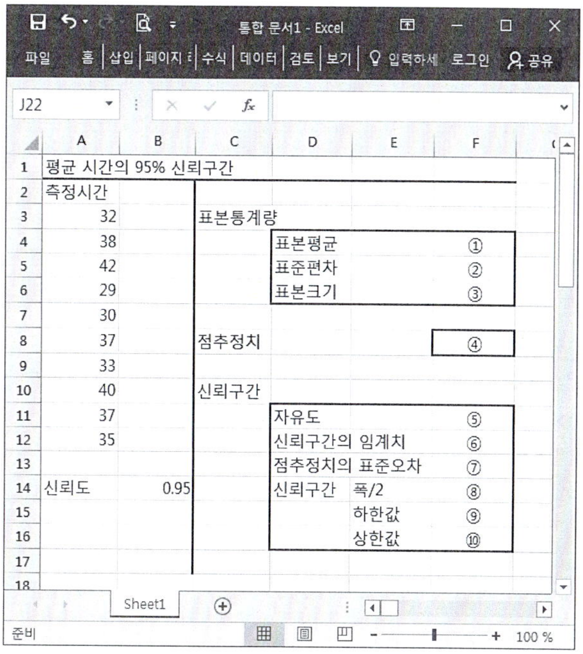

17 선거에서 후보 A의 지지율을 조사한 결과, 400명의 유권자 중 216명이 지지하였다. A후보 지지율의 95%의 신뢰구간을 엑셀을 이용하여 구하여라.

18 A, B 두 방법으로 생산된 환등기 전구의 수명은 다음 자료와 같다. 두 집단의 평균 수명 차이의 95% 신뢰구간을 엑셀을 이용하여 구하여라. 단, 전구의 수명은 정규분포를 따른다고 하자.

A	245	278	260	210	242
B	270	286	234	310	285

19 특정 피임약이 사용자의 혈압을 저하시키는지를 확인하기 위하여 10명의 여성을 대상으로 조사를 실시하였다. 피임약 사용 전과 사용 후의 평균 혈압의 차에 대한

95% 신뢰구간을 엑셀을 이용하여 구하여라.

사용 전	11.5	15.8	20.3	18.2	25.8	9.8	14.8	16.0	16.4	13.5
사용 후	12.3	15.5	23.2	19.5	28.1	10.2	16.2	15.8	16.5	14.4

20 연습문제 13번을 엑셀을 이용하여 구하여라.

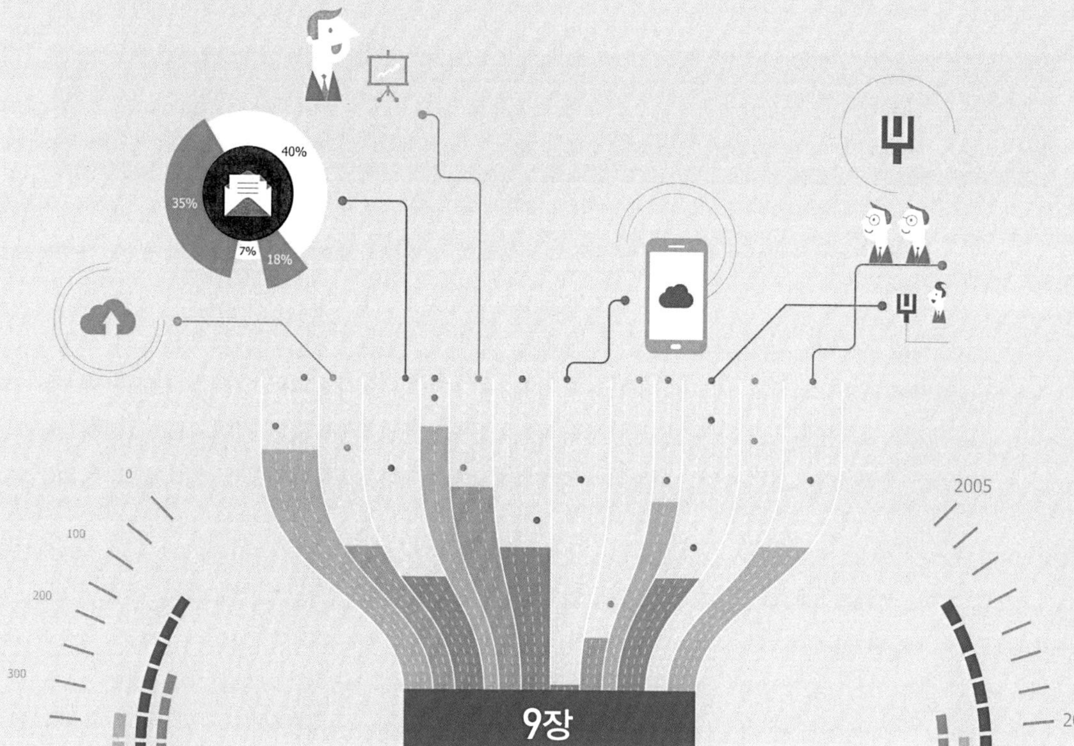

9장

통계적 가설검정

2020

통계적 추론 가운데 큰 분야의 하나인 가설검정에 대해 학습하고자 한다. 우리가 고려하는 가설은 통계적인 것으로 자연현상이나 과학으로 진실 여부를 밝힐 수 있는 주장이 아니라, 확률적 가능성을 가지고 서술되어진 어떤 주장을 대상으로 한다. 통계적 가설에는 모집단의 분포 모양이나 모수의 크기 등에 대한 서술이 포함되며, 모집단에서 추출한 표본에 기초하여 이러한 가설을 채택할 것인지 기각할 것인지를 결정하는 일련의 과정을 학습하게 될 것이다. 가설검정의 기본 원리부터 시작하여 하나의 표본에 대한 가설 및 두 표본을 비교하는 가설에 이르기까지 살펴볼 것이며 엑셀을 이용한 가설검정 방법도 살펴볼 것이다.

9.1 가설검정의 개요 / 9.2 가설검정의 주요 용어
9.3 하나의 표본에 기초한 모평균의 가설검정 / 9.4 하나의 표본에 기초한 모비율의 가설검정
9.5 두 표본에 기초한 모평균의 가설검정 / 9.6 두 표본에 기초한 모비율의 가설검정
9.7 엑셀을 이용한 실습

9.1 가설검정의 개요

통계적 분석에서는 종종 어떤 확인되지 않은 주장에 대해 입증을 하고 싶은 경우가 있다. 이러한 주장을 **가설**(hypothesis)이라고 하며 이는 주로 모집단의 특성에 관련된 것으로 확인 또는 입증이 필요한 것이다. 예를 들어 모집단의 분포의 모양이나 모수의 크기 등에 대한 서술이 이에 해당되며, 통계적 가설검정은 모집단에서 추출한 표본에 기초하여 이러한 가설을 채택할 것인지 기각할 것인지를 결정하는 일련의 과정을 일컫는다. 통계적 가설에 해당되는 예문 몇 가지를 소개하면 다음과 같다.

A. 서울시에 거주하는 직장인들의 내 집 마련을 위한 평균 기간은 결혼 후 7년이 넘는다.
B. 어느 공장에서 새로운 공법으로 생산된 전구의 불량률은 0.01 이하이다.
C. 다이어트에 특효라고 선전되는 한 식품의 효과가 탁월하다.
D. 이번 대통령 선거에서 A후보의 지지율이 B후보의 지지율보다 높을 것이다.
E. 남녀공학 고등학교의 남학생들과 남자 고등학교 학생들의 학력 간에는 차이가 있다.

통계적 가설검정의 개념을 이해하기 위해 다음의 예문을 가지고 설명하기로 하겠다.

예문

나감별씨는 일반인보다 병아리의 암수를 감별하는 능력이 뛰어나다고 한다. 나씨에게 임의로 선택된 병아리 10마리를 주어 암수를 판별하게 하였더니 9마리를 맞게 판별하였다. 이 결과에 의하면 과연 나씨는 보통 사람보다 병아리 감별 능력이 뛰어나다고 할 수 있는 것인가?

해설

이러한 물음에 대해서 통계학에서는 확률을 가지고 답변한다. 즉, 나씨가 보통 사람과 판별 능력이 같다고 가정했을 때, 9마리 또는 그 이상을 제대로 판별할 확률이 크다면 남들보다 뛰어나다고 할 수 없을 것이고, 반대로 그 확률이 아주 작다면 보통사람으로서는 힘든 일이기 때문에 보통사람보다 판별 능력이 뛰어나다고 할 수 있는 것이다. 즉, 보통사람이라면 확률이 작기 때문에 나타나기 힘든 사건이 일어났으므로 보통사람과 동일하다는 가정이 맞지 않다는 것이다.

그렇다면, 나씨가 보통사람과 동일한 능력을 지녔다고 할 때, 9마리 이상을 맞출 수 있는 가능성은 얼마인가? 보통사람이 임의로 병아리 암수를 판단했을 때, 맞출 수 있는 확률은 1/2이다. 병아리는 10마리가 주어졌으므로, 나씨가 제대로 판별하는 병아리 수를 X라고 하면 X는 시행횟수 10, 성공률 1/2인 이항분포를 따른다. 즉,

$$X \sim B(10, \frac{1}{2})$$

이고, 이항분포의 확률을 구하는 식이나 누적이항분포표 또는 엑셀을 이용하여

$$\begin{aligned} P(X \geq 9) &= {}_{10}C_9\left(\frac{1}{2}\right)^9\left(\frac{1}{2}\right) + {}_{10}C_{10}\left(\frac{1}{2}\right)^{10} \\ &= 0.0107 \end{aligned}$$

임을 알 수 있다. 이 결과에서 보면 9마리 이상을 맞출 확률은 0.0107로 상당히 작다. 즉, 보통사람이 9마리 이상을 맞추는 경우는 100명 중에 1명꼴로 지극히 드물다는 것으로 이는 나씨가 보통사람보다 감별 능력이 뛰어남을 증명하는 증거라 볼 수 있다.

만약 이 실험에서 나씨가 7마리를 맞게 판별하였다면 이 경우에도 나씨는 보통사람보다 병아리 감별 능력이 뛰어나다고 할 수 있을 것인가? 이에 대한 답변도 나씨가 보통 사람과 동일한 능력을 지녔다고 할 때, 7마리 이상을 맞출 수 있는 확률이 얼마인가에 따라 달라진다. 7마리 이상을 맞출 확률은

$$\begin{aligned} P(X \geq 7) &= {}_{10}C_7\left(\frac{1}{2}\right)^7\left(\frac{1}{2}\right)^3 + \cdots + {}_{10}C_{10}\left(\frac{1}{2}\right)^{10} \\ &= 0.1719 \end{aligned}$$

로 그리 작지 않다. 대략 5 ~ 6명 가운데 한 명 정도는 7마리를 맞출 수 있다는 얘기가 되므로 그리 드문 사건이 아니다. 그러므로 이 경우에는 나씨가 남들보다 감별 능력이 뛰어나다고 주장할 수 있는 근거가 약한 것이다.

이와 같이 입증되지 않은 주장에 대해 실험 또는 관측 결과가 일어날 확률을 기초로 해서 그 타당성을 확인하는 것이 **통계적 가설검정**(statistical hypothesis testing)이다. 즉, 어떤 가정하에서 발생할 가능성이 적은 사건임에도 불구하고 그 사건이 발생했다는 것은 그 가정이 맞지 않다고 볼 수 있다는 것으로 이는 수학의 명제 증명법에서 귀류법(歸謬法)에 해당된다고 볼 수 있다.

9.2 가설검정의 주요 용어

조사된 표본이나 관측된 실험의 결과로부터 확실한 근거에 의하여 입증 또는 주장하고자 하는 가설을 **대립가설**(alternative hypothesis)이라고 하며, 흔히 H_1으로 나타낸다. 주어진 자료로부터 이 가설을 지지하는 뚜렷한 증거가 있을 때만 받아들인다. 대립가설과 상반되는 가설로 대립가설이 참이라는 확실한 근거가 없을 때 받아들이는 가설을 **귀무가설**(null hypothesis)이라고 하며 H_0로 나타낸다. 여기서 "귀무(歸無, null)"는 "차이가 없다" 또는 "의미가 없다"라는 뜻으로 아래첨자 "0(zero or null)"을 써서 나타내는 것이다. 앞의 병아리 감별에 관한 예에서 보면, "나감별씨는 남들보다 병아리 감별 능력이 뛰어나다"가 의미있는 주장으로 대립가설에 해당되며, "나감별씨는 병아리 감별 능력이 보통사람들과 차이가 없다"는 귀무가설에 해당된다.

귀무가설과 대립가설 중의 하나를 선택하는 기준으로 사용되는 통계량을 **검정통계량**(test statistic)이라고 한다. 검정결과 대립가설을 선택하게 되는 경우에는 귀무가설을 **기각**(棄却, reject)한다고 하고, 귀무가설을 선택하게 되는 경우는 귀무가설을 기각하지 못한다고 한다. 즉, 가설의 기각여부에 대한 사항은 귀무가설에 대해서 판정하는 것이다. 귀무가설 H_0를 기각시키는 검정통계량의 관측값의 영역을 **기각역**(rejection region)이라고 한다. 앞의 병아리 감별에 관한 예에서는 제대로 감별한 병아리 수 X가 검정통계량이며, X가 얼마 이상일 때 귀무가설을 기각할 것인지를 정하면 그것이 바로 기각역이 된다.

가설검정은 어디까지나 확률에 근거한 선택 과정이므로 오류를 범할 수 있는 가능성이 존재한다. 가설검정에서 범할 수 있는 오류는 두 가지가 있다. 첫 번째는 귀무가설이 참인데도 불구하고 귀무가설을 기각하는 오류로 **제1종 오류**(type I error)라고 하며, 두 번째는 귀무가설이 거짓일 때 귀무가설을 기각하지 못하는 오류로 **제2종 오류**(type II error)라고 한다. 제1종 오류를 범할 확률의 최대허용한계를 **유의수준**(significance level)이라고 하며 보통 α로 나타낸다. 검정통계량의 관측값에 기초하여 주어진 귀무가설 H_0를 기각할 수 있는 최소의 유의수준을 **유의확률**(p 값)이라고 한다. 통계적 가설검정의 결과를 다시 요약해 보면 다음과 같다.

실제현상 / 검정결과	H_0 참	H_0 거짓 (H_1 참)
H_0 기각 못함	옳은 결정	제2종 오류
H_0 기각(H_1 채택)	제1종 오류	옳은 결정

앞에서 제1종 오류를 범할 확률의 최대허용한계를 유의수준이라고 하였다. 유의수준은 실험자가 미리 정해 놓은 것으로 가설의 기각여부를 판단할 때 기준이 되는 값이다. 앞의 병아리 감별능력 검정의 예를 가지고 유의수준의 개념을 설명해 보자. 나씨가 10마리 가운데 9마리 이상을 맞추면 그가 보통 사람보다 병아리 감별 능력이 뛰어남을 제시하는 증거라 하였다. 그러나 사실은 나감별씨가 보통사람과 감별능력이 같다고 하자. 즉, 순전히 우연에 의해서 9마리를 맞추었다면 이 경우에 우리가 나씨를 병아리 감별 능력이 뛰어나다고 결론을 내리는 것은 오류에 해당된다. 나씨가 10마리 가운데 9마리 이상을 맞출 확률이 보통 사람이라면 0.0107로 상당히 작기 때문에 남들보다 뛰어나다고 결론을 내렸는데 이것이 오류가 되는 것이다. 따라서 구해진 확률 0.0107은 이 경우에 오류를 범할 확률에 해당된다. 유의수준은 이런 오류를 범하는 확률의 허용한계를 나타내는 것이다.

만약 이 문제에서 유의수준을 0.05라고 하면 오류를 범할 확률을 5%까지는 허용하는 것이고, 검정결과 귀무가설을 기각하는 것이 오류일 확률은 0.0107로 허용범위 이내에 든다. 따라서 귀무가설을 기각할 수 있는 것이다. 반면에, 유의수준을 0.01로 하면 오류를 범할 확률을 1%까지 허용하는 것이 되고, 검정결과가 오류일 확률은 0.0107로 허용범위를 벗어난다. 따라서 귀무가설을 함부로 기각할 수 없는 것이다. 즉, 이 문제의 경우에 귀무가설을 기각하기 위하여 필요한 최소의 유의수준은 0.0107이라고 할 것이다. 이 값을 유의확률 또는 p값이라고 한다.

참고

통계학자들은 표본으로부터 귀무가설에 반대되는 뚜렷한 증거가 보이지 않으면 기존의 귀무가설을 기각하지 않으려고 한다. 이러한 이유에서 귀무가설을 기각하는 것이 오류일 확률의 허용치인 유의수준을 흔히 0.05나 0.01 등의 작은 값을 사용하는 것이다. 같은 맥락에서 기존의 알려지거나 받아들여진 사실은 귀무가설이 되고 새롭게 제기된 의미 있는 주장은 대립가설이 되는 것이다. 예를 들어 어떤 신약이 개발되어 그 효능을 주장하는 검정을 하고자 할 때,

귀무가설(H_0) : 신약은 효과가 없다.(또는, 신약은 기존약과 효과 차이가 없다.)
대립가설(H_1) : 신약은 효과가 있다.

라고 가설을 세우고 검정하게 되는 것이다.

대립가설의 내용이 크다 또는 작다 등의 한쪽 방향의 서술로 구성되는 경우의 가설검정을 **단측검정**(한쪽검정, one-sided test)이라고 한다. 이러한 가설이 받아들여지려면 표본으로부터 대립가설에 서술된 방향에 대한 증거가 나와야 한다. 예를

들어 다음과 같은 것들이 단측검정을 위한 대립가설에 해당되며, 단측검정의 기각역은 대립가설을 지지하는 한쪽 방향으로 주어진다.

- 어느 회사에서 근무하는 동급 직원들 가운데 여성 근로자의 평균 임금이 남성 근로자의 평균 임금보다 적다.
- 서울시 학생들의 올해 수능시험 성적의 평균은 작년보다 높다.
- 나씨는 보통사람보다 병아리 감별 능력이 뛰어나다.

단측검정과 달리 대립가설의 내용이 같지 않다 또는 차이가 있다 등의 양쪽 방향의 주장으로 서술되는 경우의 가설검정을 **양측검정**(양쪽검정, two-sided test)이라고 한다. 예를 들어 다음과 같은 것들이 양측검정을 위한 대립가설에 해당된다.

- 어느 회사에서 근무하는 동급의 직원들 가운데 여성 근로자의 평균 임금은 남성 근로자의 평균 임금과 차이가 있다.
- 서울시 학생들의 올해 수능시험 성적의 평균은 작년과 같지 않다.
- 나씨는 보통사람과 병아리 감별 능력이 다르다.

양측검정에서 대립가설이 받아들여지려면 자료로부터 대립가설에 서술된 방향에 대한 증거가 나와야 한다. 즉, 양측검정에서 귀무가설을 기각하는 기각역은 대립가설을 지지하는 양쪽 방향으로 주어진다.

가설검정에서 귀무가설의 기각여부를 판단하고 난 후에 최종 결론을 내릴 때는 대립가설을 대상으로 한다. 즉, 주어진 자료로부터 대립가설에서 주장하는 내용이 타당한 근거를 가지고 있는지 여부에 대해서 언급해야 한다는 뜻이다. 지금까지 설명한 통계적 가설검정을 위한 일반적인 절차를 정리하면 다음 [그림 9.1]과 같다.

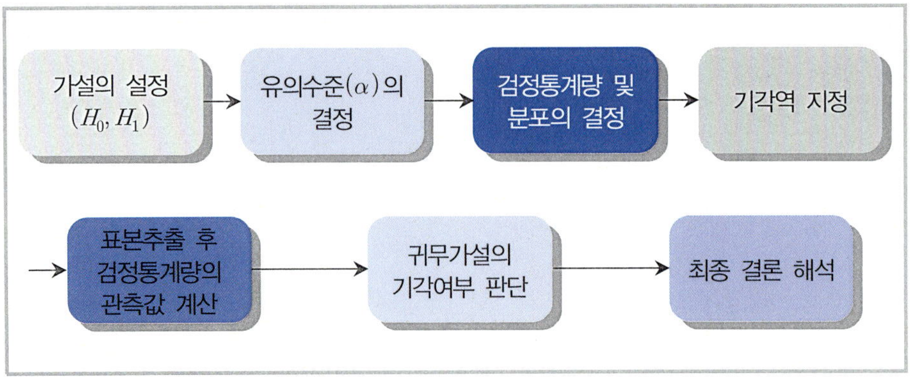

그림 9.1 통계적 가설검정의 절차

9.3 하나의 표본에 기초한 모평균의 가설검정

이 절에서는 하나의 모집단으로부터 추출된 표본에 기초한 모평균 μ에 대한 가설검정법에 대해 알아보기로 한다. 이를 위해 다음과 같은 예문의 상황을 가정해 보자.

예문

어느 공장에서 생산되는 부품의 수명은 평균 24,000시간이 넘는다고 한다. 이 회사 부품을 납품받는 대기업에서는 회사의 주장이 맞는지를 확인하려고 한다. 이를 위해 100개의 부품을 임의로 뽑아서 실험을 한 결과 평균 수명이 24,500시간, 표준편차 320시간으로 측정되었다. 이 결과에 의하면 과연 회사의 주장이 타당하다고 할 수 있겠는가?

해설

이 회사에서 생산되는 부품의 평균수명을 μ라고 하면 회사의 주장인 대립가설(H_1)은 $\mu > 24000$ 이고 이와 반대되는 귀무가설(H_0)은 $\mu = 24000$ 이다. 참고로, 귀무가설을 $\mu \leq 24000$ 라 해도 검정의 결과는 같다. 그 이유에 대해서는 본 교재의 범위를 벗어나므로 생략하기로 한다. 다만, 9.2절에서 언급한 대로 귀무가설은 "차이가 없다", 즉 "같다"는 개념에 해당되므로 귀무가설은 항상 등식을 사용하면 된다고 이해하기로 하자. 실험의 결과로 얻은 자료에서 대립가설을 지지하는 증거가 명확하면 귀무가설을 기각하게 된다. 따라서 이를 확인하기 위한 기준이 되는 통계량으로 표본으로부터 계산한 표본평균을 생각함은 지극히 당연한 일이다. 즉, 이 가설을 검정하기 위한 검정통계량은 $\overline{X}$ 이다. 만일, 검정통계량 $\overline{X}$ 의 관측값이 굉장히 큰 값이 나왔다면 귀무가설을 기각하여 회사측의 주장을 받아들이는 것이 타당할 것이다. 즉, 귀무가설을 기각하는 기각역은 $\overline{X} \geq c$ 의 형태임은 쉽게 이해할 수 있다. 그렇다면 c 값은 어떻게 결정할 것인가? 이를 위해서는 $\overline{X}$ 의 분포를 먼저 알아야 한다. 부품 수명의 모평균을 μ, 모표준편차를 σ, 표본의 크기를 n 이라 하고, 기각역의 양변에서 각각 $\overline{X}$ 의 평균(μ)을 빼주고 표준편차($\sigma/\sqrt{n}$)로 나누어보자. 그러면, 기각역은 다음과 같이 표시될 수 있다.

$$\frac{\overline{X}-\mu}{\sigma/\sqrt{n}} \geq \frac{c-\mu}{\sigma/\sqrt{n}}$$

표본의 크기 n이 충분히 크면 7장에서 배운 중심극한정리에 의해 위 기각역의 좌변이 근사적으로 표준정규분포를 따름을 알고 있다. 원래 이 예문에서 검정통계량은 $\overline{X}$인데, 앞으로는 위 식의 좌변처럼 원래 검정통계량을 적절히 변환해서 어떤 분포를 갖도록 유도된 것을 검정통계량으로 삼기로 한다. n이 충분히 크고 귀무가설($\mu=24000$)이 참인 경우에는 근사적으로

$$\frac{\overline{X}-24000}{\sigma/\sqrt{n}} \sim N(0,1)$$

이다.

귀무가설이 참인데 귀무가설을 기각하게 되는 오류를 범할 확률을 유의확률(p값)이라고 하였고, 이 유의확률의 최대 허용치를 유의수준(α)이라고 하였다. 즉, 귀무가설이 맞는데 귀무가설을 기각할 확률이 α라는 뜻이고, 이는 다음 식을 만족한다는 것이다.

$$P\left(\frac{\overline{X}-24000}{\sigma/\sqrt{n}} \geq \frac{c-24000}{\sigma/\sqrt{n}}\right)=\alpha\ .$$

이를 만족하려면

$$\frac{c-24000}{\sigma/\sqrt{n}}=z_{\alpha}$$

라야 한다. 즉, 이 가설검정에서 유의수준 α의 기각역은

$$\frac{\overline{X}-24000}{\sigma/\sqrt{n}} \geq z_{\alpha}$$

이라고 할 수 있으며, $\overline{X}$를 기준으로 표시하면 $\overline{X} \geq 24000+z_{\alpha}\frac{\sigma}{\sqrt{n}}$이다.

예문의 가설검정에서 유의수준을 0.05(5%)로 하였다면 $z_{0.05}=1.645$, $n=100$, 표준편차 σ는 알고 있으면 그 값을 대입하고 모르면 표본표준편차 S를 대신 대입하여 기각역의 우변을 계산하고 표본평균이 그보다 크면 귀무가설을 기각하여 대립가설의 주장이 타당하다고 결론을 내린다. 여기서는 대표본이므로 표본표준편차 S를 사용해도 정규분포를 따르는데, 만일 표본이 충분히 크지 않으면 분포가 달라진

다. 모평균의 가설검정에 관한 문제는 구간추정 문제에서와 마찬가지로 여러가지 상황에 따라 달라진다. 각각의 경우에 대해 하나씩 살펴보기로 하자.

참고

유의확률(p 값, p-value)의 의미

귀무가설이 맞다고 가정할 때 검정통계량이 현재 표본으로부터 얻은 결과와 같거나 더 극단적인 값을 취할 확률을 의미한다. 이 확률이 작은 경우에는 현재 귀무가설하에서는 주어진 표본이 발생할 가능성이 매우 낮다는 뜻으로 귀무가설을 기각하게 된다. 반대로 이 확률이 크다는 것은 주어진 표본으로부터 볼 때, 귀무가설이 충분히 타당하다는 뜻이고, 따라서 귀무가설을 기각할 수 없다. 즉, 유의확률은 우리가 갖고 있는 표본이 귀무가설이 참일 때 관측되었을 확률을 의미하는 것으로 이해할 수 있다. 이 확률이 큰지 작은지를 구분하는 기준 값으로 주어진 유의수준(보통 0.05 또는 0.01)을 사용한다.

보통 유의확률이 0.05보다 작을 때는 귀무가설을 기각하여 주장하는 대립가설이 통계적으로 유의(有意, significance)하다고 하며, 0.01보다도 작을 때는 대립가설이 통계적으로 매우 유의하다고 한다.

9.3.1 대표본의 경우

$X_1, X_2, \cdots, X_n$ 이 평균 μ, 분산 σ^2 인 임의의 모집단으로부터 뽑은 확률표본이라고 하자. 표본의 크기 n 이 충분히 크고(보통 $n \geq 30$ 인 경우) 모분산 σ^2 을 알 때, 모평균에 대한 가설 검정은 7장에서 배운 중심극한정리와 8장의 구간추정에서 학습한 내용에 기초해서 다음과 같이 한다.

가설 : (i) $H_0: \ \mu = \mu_0 \quad$ vs $\quad H_1: \ \mu > \mu_0$

(ii) $H_0: \ \mu = \mu_0 \quad$ vs $\quad H_1: \ \mu < \mu_0$

(iii) $H_0: \ \mu = \mu_0 \quad$ vs $\quad H_1: \ \mu \neq \mu_0$

검정통계량 : $Z = \dfrac{\overline{X} - \mu}{\sigma / \sqrt{n}}$ 이고, Z는 근사적으로 $N(0,1)$을 따른다. $\overline{x}$가 $\overline{X}$ 의 관측값일 때, 귀무가설(H_0)이 참이라는 가정하에서 계산된 검정통계량의 관측값은 $z_0 = \dfrac{\overline{x} - \mu_0}{\sigma / \sqrt{n}}$.

기각역(유의수준 α) : (i)의 가설에서 $z_0 \geq z_\alpha$ 이면 H_0를 기각

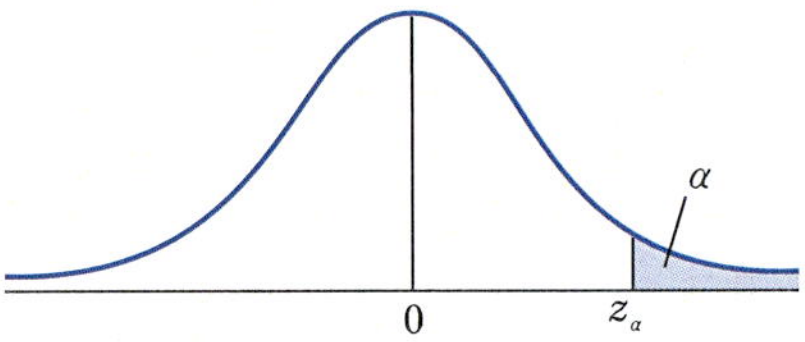

(ii)의 가설에서 $z_0 \leqq -z_\alpha$ 이면 H_0를 기각

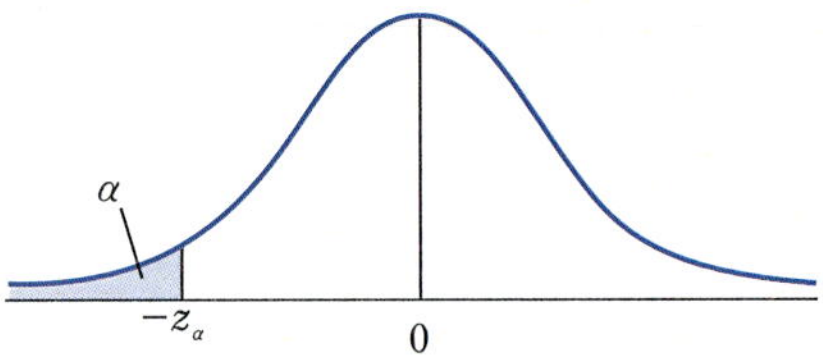

(iii)의 가설에서 $|z_0| \geqq z_{\alpha/2}$ 이면 H_0를 기각

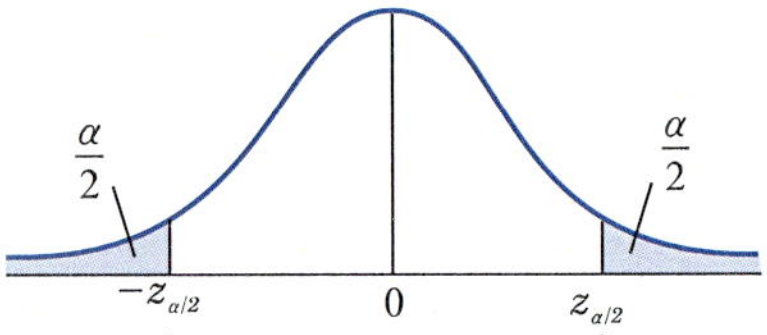

유의확률(p 값) : (i)의 가설의 경우 유의확률: $P(Z \geqq z_0)$
(ii)의 가설의 경우 유의확률: $P(Z \leqq z_0)$
(iii)의 가설의 경우 유의확률: $P(|Z| \geqq |z_0|)$

유의확률에 의한 기각 : 유의확률이 주어진 유의수준 α보다 작으면 H_0 기각.

가설검정의 결과는 기각역을 기준으로 할 때나 유의확률을 기준으로 할 때나 항상 동일하다. 대표본의 경우 모분산 σ^2을 모르면 검정통계량을 계산할 때, σ 대신 표본표준편차 S를 대입하여도 역시 정규분포를 따른다. 그러므로 σ 대신에 S의 관측값인 s를 대입하여 z_0를 계산하고 나머지 절차는 동일하게 적용할 수 있다. 이렇게 정규분포를 이용한 가설검정을 $Z-$검정이라고도 한다.

참고로, 8장에서 학습한 신뢰구간과 가설검정에서 양측검정과의 관계를 간단히 살펴보자. 이 절에서와 동일한 대표본 가정에서 모평균 μ의 $100(1-\alpha)\%$ 신뢰구간은

$$\left|\frac{\bar{x}-\mu}{\sigma/\sqrt{n}}\right| \leq z_{\alpha/2}, \text{ 즉 } \bar{x}-z_{\alpha/2}\cdot\frac{\sigma}{\sqrt{n}} \leq \mu \leq \bar{x}+z_{\alpha/2}\cdot\frac{\sigma}{\sqrt{n}} \tag{9.1}$$

임을 8.3.2절에서 공부하였다. 반면 양측검정에서 유의수준 α인 기각역은

$$\left|\frac{\bar{x}-\mu_0}{\sigma/\sqrt{n}}\right| \geq z_{\alpha/2}, \text{ 즉 } \mu_0 \leq \bar{x}-z_{\alpha/2}\cdot\frac{\sigma}{\sqrt{n}} \text{ 또는 } \bar{x}+z_{\alpha/2}\cdot\frac{\sigma}{\sqrt{n}} \leq \mu_0 \tag{9.2}$$

로 표현할 수 있다. 식 (9.2)의 기각역은 식 (9.1)의 신뢰구간의 여집합 형태라 볼 수 있고, 따라서 식 (9.1)에서 구한 $100(1-\alpha)\%$ 신뢰구간이 귀무가설에서 지정된 μ 값인 μ_0를 포함하고 있으면 유의수준 α에서 귀무가설을 기각할 수 없고, 만약 포함하지 않는다면 귀무가설을 기각할 수 있다. 다음의 예제를 살펴보자.

예제 9.1 어느 회사에서 생산되는 과자의 한 봉지당 함량은 125g으로 표기되어 있다. 임의로 64봉지를 뽑아서 평균을 구한 결과 121.7g이었다. 과거 자료에 의하면 봉지당 함량의 표준편차는 12g이라고 할 때, 다음 물음에 답하여라.

(1) 회사측의 표기대로 봉지당 함량의 평균이 125g이라 할 수 있는지 유의수준 5%에서 검정하여라.

(2) 봉지당 평균 함량의 95% 신뢰구간을 구해서 가설검정을 시행하여라.

풀이 (1) 이 회사에서 생산되는 과자의 봉지당 평균함량을 μ라고 하면, 검정하고자 하는 가설은

$$H_0 : \mu = 125 \quad \text{vs} \quad H_1 : \mu \neq 125$$

이다. $n=64$로 충분히 크므로 검정통계량은 $Z=\dfrac{\bar{X}-\mu}{\sigma/\sqrt{n}}$이고, Z는 근사적으로 정규분포를 따른다. 귀무가설하에서 검정통계량의 관측값은 $z_0=\dfrac{121.7-125}{12/\sqrt{64}}=-2.2$이고, $|z_0| \geq z_{0.025}=1.96$ 이므로 H_0를 기각한다. 즉, 과자의 봉지당 함량의 평균은 125g이 아니라는 H_1의 증거가 있다.

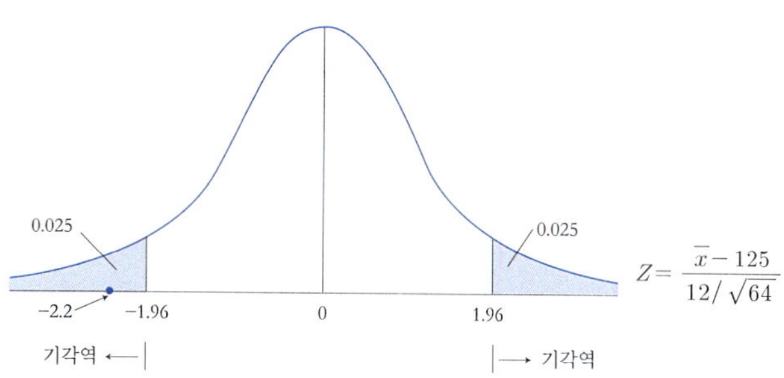

참고로, 기각역을 $\bar{x}$로 나타내 보면 $\bar{x} \geq 125 + 1.96 \times \frac{12}{\sqrt{64}} = 127.9$ 또는 $\bar{x} \leq 125 - 1.96 \times \frac{12}{\sqrt{64}} = 122.1$이다. $\bar{x}$의 관측값이 121.7이므로 기각역에 속하여 귀무가설을 기각한다.

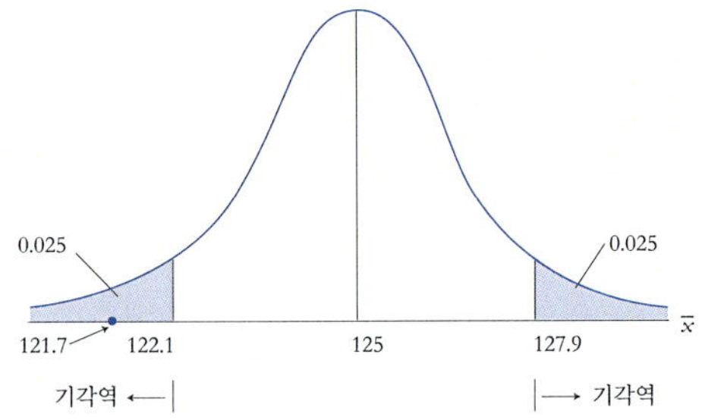

(2) 식 (9.1)에 의해 구하는 95% 신뢰구간은

$$\bar{x} \pm z_{\alpha/2} \cdot \frac{\sigma}{\sqrt{n}} = 121.7 \pm 1.96 \cdot \frac{12}{\sqrt{64}} = 121.7 \pm 2.94$$

즉, $(118.76, 124.64)$이다. $\mu = 125$가 95% 신뢰구간에 속하지 않으므로 유의수준 5%에서 귀무가설을 기각한다.

9.3.2 소표본의 경우

표본의 크기가 충분히 크지 않은 경우에 모평균에 대한 가설검정을 위해서는 모집단의 분포가 정규분포라는 가정이 추가로 필요하게 된다. 즉, 확률표본 $X_1, X_2, \cdots, X_n$이 $N(\mu, \sigma^2)$, $-\infty < \mu < \infty$, $\sigma^2 > 0$으로부터 추출한 것일 때, 다음의 가설을 유의수준 α에서 검정하는 절차에 대해 살펴보자.

가설: (i) $H_0: \mu = \mu_0$ vs $H_1: \mu > \mu_0$

(ii) $H_0: \mu = \mu_0$ vs $H_1: \mu < \mu_0$

(iii) $H_0: \mu = \mu_0$ vs $H_1: \mu \neq \mu_0$

(1) 모분산을 아는 경우

이 절에서 소개된 기본 가정에 추가로 모집단의 분산 σ^2을 알고 있을 때 검정절차를 살펴보자.

검정통계량: $Z = \frac{\overline{X} - \mu}{\sigma / \sqrt{n}}$이고, 정규모집단이므로 $Z \sim N(0,1)$이다. $\bar{x}$가 $\overline{X}$

의 관측값일 때, 귀무가설(H_0)하에서 계산된 검정통계량은

$$z_0 = \frac{\bar{x} - \mu_0}{\sigma/\sqrt{n}}.$$

기각역(유의수준 α): (i)의 가설에서 $z_0 \geq z_\alpha$ 이면 H_0를 기각
(ii)의 가설에서 $z_0 \leq -z_\alpha$ 이면 H_0를 기각
(iii)의 가설에서 $|z_0| \geq z_{\alpha/2}$ 이면 H_0를 기각

유의확률(p값): (i)의 가설의 경우 유의확률: $P(Z \geq z_0)$
(ii)의 가설의 경우 유의확률: $P(Z \leq z_0)$
(iii)의 가설의 경우 유의확률: $P(|Z| \geq |z_0|)$

유의확률에 의한 기각: 유의확률이 주어진 유의수준 α보다 작으면 H_0 기각.

(2) 모분산을 모르는 경우

구간추정에서와 마찬가지로 모분산 σ^2을 모르는 정규모집단 $N(\mu, \sigma^2)$의 모평균 μ의 가설검정에서는 표본분산을 S^2이라고 하면 $\frac{\bar{X} - \mu}{S/\sqrt{n}} \sim t(n-1)$이 성립함을 이용한다. 이 사실에 기초한 모평균의 검정법을 **t-검정**(t−test)이라고 한다.

가설: (i) H_0: $\mu = \mu_0$ vs H_1: $\mu > \mu_0$
(ii) H_0: $\mu = \mu_0$ vs H_1: $\mu < \mu_0$
(iii) H_0: $\mu = \mu_0$ vs H_1: $\mu \neq \mu_0$

검정통계량: $T = \frac{\bar{X} - \mu}{S/\sqrt{n}}$ 이고, $T \sim t(n-1)$ 이다. $\bar{x}, s$가 $\bar{X}, S$의 관측값일 때,

귀무가설(H_0)하에서 계산된 검정통계량의 관측값은 $t_0 = \frac{\bar{x} - \mu_0}{s/\sqrt{n}}$.

기각역(유의수준 α): (i)의 가설에서 $t_0 \geq t_\alpha(n-1)$ 이면 H_0를 기각
(ii)의 가설에서 $t_0 \leq -t_\alpha(n-1)$ 이면 H_0를 기각
(iii)의 가설에서 $|t_0| \geq t_{\alpha/2}(n-1)$ 이면 H_0를 기각

유의확률(p값): (i)의 가설의 경우 유의확률: $P(T \geq t_0)$
(ii)의 가설의 경우 유의확률: $P(T \leq t_0)$
(iii)의 가설의 경우 유의확률: $P(|T| \geq |t_0|)$

유의확률에 의한 기각: 유의확률이 주어진 유의수준 α보다 작으면 H_0 기각.

예제 9.2 어느 창던지기 선수의 10회 기록을 조사한 자료가 다음과 같다.

창던지기 기록(단위 : m)

64.0	64.8	66.0	63.5	65.0	68.0	67.0	63.6	67.6	68.9

이 선수의 창던지기 거리의 평균이 65m가 넘는다는 주장을 유의수준 5%에서 검정하여라. 단, 여기서 창던지기 거리는 정규분포를 따른다고 가정한다.

풀이 이 선수의 창던지기 평균 거리를 μ라고 하면, 검정하고자 하는 가설은

$$H_0:\ \mu = 65 \quad \text{vs} \quad H_1:\ \mu > 65$$

이고, 자료로부터 $n = 10$이고 $\bar{x} = 65.84,\ s = 1.948$임을 계산할 수 있다. 검정통계량은 $T = \dfrac{\bar{X} - \mu_0}{S/\sqrt{n}}$이고, $T \sim t(n-1)$이다. 검정통계량의 관측값은 $t_0 = \dfrac{\bar{x} - \mu_0}{s/\sqrt{n}} = \dfrac{65.84 - 65}{1.948/\sqrt{10}}$ $= 1.364$이고, $t_0 \geq t_{0.05}(9)$이면 H_0를 기각하게 된다. 부록의 표에서 $t_{0.05}(9) = 1.833$이고, $t_0 = 1.364 < 1.833$이므로 유의수준 5%에서 H_0를 기각하지 못한다. 즉 이 자료에 의하면 평균 창던지기 거리가 65m를 넘는다고 할 증거가 없다. 참고로, $t_{0.05}(9)$는 엑셀 함수 T.INV(0.95, 9) 또는 T.INV.2T(0.1, 9)로 구할 수도 있다.

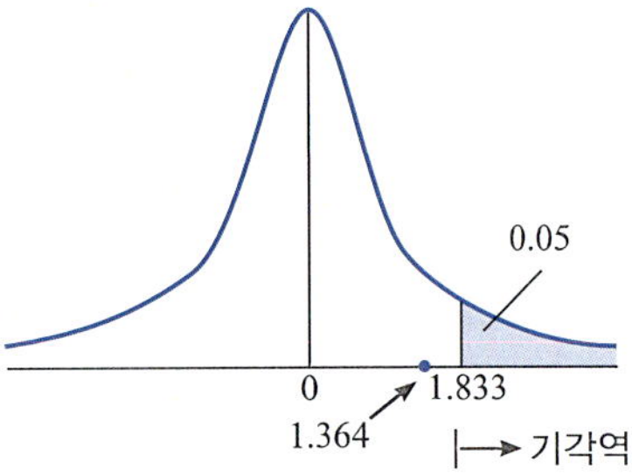

예제 9.3 [예제 9.2]의 창던지기 거리의 평균에 대한 검정에서 유의확률을 구해 보자.

풀이 단측검정이고 검정통계량이 자유도가 9인 t-분포를 따르며, 검정통계량의 관측값이 1.364이므로 유의확률(p 값)은

$$T \sim t(9) \text{ 일 때, } P(T \geq 1.364) = 0.103$$

과 같이 구할 수 있다. $P(T \geq 1.364)$의 값은 엑셀 함수인 TDIST를 이용하여 구할 수 있다. 계산된 유의확률이 유의수준 0.05보다 크므로 귀무가설을 기각할 수 없으며 이는 [예제 9.2]의 결과와 일치한다. 만일, 양측검정이라면 기각역이 양쪽으로 나타나므로 유의확률은 여기서 구한 값에 두 배를 곱해야 한다.

9.4

하나의 표본에 기초한 모비율의 가설검정

앞의 2장에서 살펴본 바와 같이 질적 자료의 경우에는 평균을 계산할 수 없다. 대신에 모집단의 특별한 속성을 나타내는 비율 p의 추정에 관심을 가지게 된다. 모비율 p에 대한 점추정량은 표본비율 $\hat{p}$이고 대표본의 경우에 신뢰구간을 구하는 방법은 8.4절에서 다루었다. 이 절에서는 역시 대표본인 경우에 모비율에 대한 검정법에 관하여 알아본다.

가설: (i) $H_0:\ p = p_0 \quad \text{vs} \quad H_1:\ p > p_0$

(ii) $H_0:\ p = p_0 \quad \text{vs} \quad H_1:\ p < p_0$

(iii) $H_0:\ p = p_0 \quad \text{vs} \quad H_1:\ p \neq p_0$

검정통계량: $Z = \dfrac{\hat{p} - p}{\sqrt{p(1-p)/n}}$ 이고, 표본의 크기가 충분히 클 때 Z는 근사적으로 $N(0,1)$을 따른다. 귀무가설(H_0)이 참이라는 가정하에서, 즉 $p = p_0$하에서 Z의 관측값은 $z_0 = \dfrac{\hat{p} - p_0}{\sqrt{p_0(1-p_0)/n}}$.

기각역(유의수준 α): (i)의 가설에서 $z_0 \geq z_\alpha$ 이면 H_0를 기각

(ii)의 가설에서 $z_0 \leq -z_\alpha$ 이면 H_0를 기각

(iii)의 가설에서 $|z_0| \geq z_{\alpha/2}$ 이면 H_0를 기각

유의확률(p값): (i)의 가설의 경우 유의확률: $P(Z \geq z_0)$

(ii)의 가설의 경우 유의확률: $P(Z \leq z_0)$

(iii)의 가설의 경우 유의확률: $P(|Z| \geq |z_0|)$

유의확률에 의한 기각: 유의확률이 주어진 유의수준 α보다 작으면 H_0 기각.

예제 9.4 지난달에 어느 드라마의 시청률이 38%로 조사되었다. 이 시청률이 이 달에도 변함이 없는지를 알아보기 위해 200세대를 전화번호부에서 랜덤하게 뽑아 조사한 결과, 그 중 64세대가 이 드라마를 시청하고 있는 것으로 나타났다. 시청률이 변동되었다는 근거가 있는지 유의수준 5%에서 검정하라.

풀이 이 드라마의 시청률을 p라고 한다면, $\hat{p}=64/200=0.32$이고 검정하고자 하는 가설은 다음과 같다.

$$H_0: \ p=0.38 \quad \text{vs} \quad H_1: \ p \neq 0.38\,.$$

$n=200,\ p_0=0.38$이고, $np_0=76$, $n(1-p_0)=124$로 모두 5보다 훨씬 크므로 대표본이다. 따라서 정규근사에 의한 검정을 시행할 수 있다.

검정통계량은 $Z=\dfrac{\hat{p}-p_0}{\sqrt{p_0(1-p_0)/n}}$이고, $Z\sim N(0,1)$ 이 근사적으로 성립한다. 검정통계량의 관측값은 $z_0=\dfrac{0.32-0.38}{\sqrt{0.38(1-0.38)/200}}=-1.75$이고, $|z_0|\geq z_{0.025}=1.96$이면 H_0를 기각한다. $|z_0|=1.75<1.96$ 이므로 유의수준 5%에서 H_0를 기각할 수 없다. 따라서 시청률이 변동되었다는 충분한 근거는 없다고 결론을 내린다. ☑

9.5 두 표본에 기초한 모평균의 가설검정

8.6절에서 두 모집단의 모평균 차이에 관한 추정 문제를 학습하였다. 이 절에서는 두 모집단으로부터 추출된 표본에 기초하여 모평균을 비교 검정하는 방법을 살펴볼 것이다. 추정 문제에서와 마찬가지로 독립표본에 기초한 방법과 대응비교에 의한 방법 두 가지를 다룰 것이다.

9.5.1 독립표본에 의한 비교

$X_{11}, X_{12}, \cdots, X_{1n_1}$을 평균 μ_1, 분산 σ_1^2인 모집단에서 뽑은 크기 n_1인 확률표본, $X_{21}, X_{22}, \cdots, X_{2n_2}$를 평균 μ_2, 분산 σ_2^2인 모집단에서 뽑은 크기 n_2인 확률표본이라 하고, 두 표본은 서로 독립이라 할 때, 검정하고자 하는 가설은 다음과 같다.

(i) $H_0: \ \mu_1=\mu_2 \quad \text{vs} \quad H_1: \ \mu_1>\mu_2$

(ii) $H_0: \ \mu_1=\mu_2 \quad \text{vs} \quad H_1: \ \mu_1<\mu_2$

(iii) $H_0: \ \mu_1=\mu_2 \quad \text{vs} \quad H_1: \ \mu_1\neq\mu_2$

(i)의 가설은

$$H_0: \ \mu_1-\mu_2=0 \quad \text{vs} \quad H_1: \ \mu_1-\mu_2>0$$

로 설정할 수도 있고 나머지도 마찬가지이다. 이러한 가설에 대한 검정은 모평균 차이에 대한 구간추정에서처럼 대표본의 경우와 소표본의 경우로 나누어 생각한다.

(1) 대표본의 경우

표본의 크기가 충분히 크고(보통 $n_1 \geq 30, n_2 \geq 30$인 경우) 모분산 σ_1^2, σ_2^2을 알 때, 두 모평균의 비교 검정은 다음과 같이 시행한다.

검정통계량: $Z = \dfrac{(\overline{X}_1 - \overline{X}_2) - (\mu_1 - \mu_2)}{\sqrt{(\sigma_1^2/n_1) + (\sigma_2^2/n_2)}}$ 이고, Z는 근사적으로 $N(0,1)$을 따른다. $\overline{x}_1, \overline{x}_2$가 $\overline{X}_1, \overline{X}_2$의 관측값일 때 귀무가설($H_0$)하에서, 계산된 Z값을 $z_0 = \dfrac{(\overline{x}_1 - \overline{x}_2)}{\sqrt{(\sigma_1^2/n_1) + (\sigma_2^2/n_2)}}$ 라고 하자.

기각역(유의수준 α): (i)의 가설에서 $z_0 \geq z_\alpha$ 이면 H_0를 기각
(ii)의 가설에서 $z_0 \leq -z_\alpha$ 이면 H_0를 기각
(iii)의 가설에서 $|z_0| \geq z_{\alpha/2}$ 이면 H_0를 기각

유의확률(p값): (i)의 가설의 경우 유의확률: $P(Z \geq z_0)$
(ii)의 가설의 경우 유의확률: $P(Z \leq z_0)$
(iii)의 가설의 경우 유의확률: $P(|Z| \geq |z_0|)$

유의확률에 의한 기각: 유의확률이 주어진 유의수준 α보다 작으면 H_0 기각.

모분산을 모르는 경우에도 대표본이므로 σ_1^2, σ_2^2 대신에 표본분산의 관측값 s_1^2, s_2^2을 대입하여 z_0를 계산하고 나머지 절차는 동일하게 적용할 수 있다.

참고

귀무가설의 형태가 다른 경우

귀무가설(H_0)이 $\mu_1 - \mu_2 = 0$이 아니라, 0이 아닌 주어진 δ_0에 대하여 $\mu_1 - \mu_2 = \delta_0$의 형태이고 대립가설이 그와 대비되는 것이라면 H_0하에서 검정통계량의 관측값 z_0를 계산할 때, $\mu_1 - \mu_2$자리에 0이 아니라 δ_0를 넣고 계산해서 비교하면 된다.

예제 9.5 두 모집단의 어떤 특성치를 비교하기 위하여 모집단 1에서 80개, 모집단 2에서 60개의 표본을 뽑아 특성치에 대한 평균과 표준편차를 구한 것이 다음과 같다. 두 모집단의 특성치의 평균이 서로 다르다고 할 수 있는지 유의수준 5%에서 검정하여라.

통계량 \ 구분	모집단 1	모집단 2
표본평균	109	118
표본표준편차	45.2	54.3

풀이 각 모집단의 특성치의 평균을 μ_1, μ_2 라고 하면 검정하고자 하는 가설은

$$H_0:\ \mu_1 = \mu_2 \quad \text{vs} \quad H_1:\ \mu_1 \neq \mu_2$$

이다. $\overline{x_1} = 109,\ s_1^2 = 45.2^2,\ \overline{x_2} = 118,\ s_2^2 = 54.3^2$ 이고, $n_1 = 80,\ n_2 = 60$인 대표본이므로 정규분포를 이용한 검정이 가능하다. 검정통계량의 관측값은

$$z_0 = \frac{(\overline{x}_1 - \overline{x}_2)}{\sqrt{(s_1^2/n_1) + (s_2^2/n_2)}} = \frac{109 - 118}{\sqrt{45.2^2/80 + 54.3^2/60}} = -1.041$$

이며, $|z_0| < z_{0.025} = 1.96$ 이므로 유의수준 5%에서 H_0를 기각하지 못한다. 즉, 이 결과에 의하면 두 모집단의 특성치의 평균이 다르다고 할 근거가 없다. ☑

(2) 소표본의 경우

표본의 크기가 충분히 크지 않은 경우에 두 모평균의 비교 검정을 위해서는 각 모집단의 분포가 $N(\mu_1, \sigma_1^2)$, $N(\mu_2, \sigma_2^2)$ 을 따른다는 가정이 추가로 필요하다. 여기서 두 모분산을 아는 경우에는 대표본의 경우처럼 정규분포에 기초한 가설검정이 가능하고, 모분산을 모르는 경우에는 구간추정에서처럼 $\sigma_1^2 = \sigma_2^2 = \sigma^2$이라는 두 모집단의 분산이 동일하다는 가정이 더 필요하다. 물론 두 모분산이 같지 않은 경우에도 $t-$분포에서 자유도를 수정한 방법으로 가설검정을 할 수 있으나 본 교재의 범위를 벗어나므로 생략하기로 한다. 다만, 엑셀을 이용하는 실습 부분에서는 분산이 동일한지 여부를 검정하는 문제와 분산이 같지 않은 경우 모평균의 검정 문제도 다룰 것이다. 분산이 같은 경우에 공통분산 σ^2에 대한 합동분산추정량인

$$S_p^2 = \frac{(n_1 - 1)S_1^2 + (n_2 - 1)S_2^2}{n_1 + n_2 - 2}$$

을 이용하여 다음과 같은 절차로 두 모평균에 대한 검정이 가능하다.

검정통계량 : $T = \dfrac{(\overline{X}_1 - \overline{X}_2) - (\mu_1 - \mu_2)}{S_p \sqrt{(1/n_1) + (1/n_2)}}$ 이고, $T \sim t(n_1 + n_2 - 2)$ 이다. $\overline{x}_1$, $\overline{x}_2$, s_p 를 $\overline{X}_1$, $\overline{X}_2$, S_p 의 관측값이라고 할 때, H_0하에서 계산된 T 값을 $t_0 = \dfrac{(\overline{x}_1 - \overline{x}_2)}{s_p \sqrt{(1/n_1) + (1/n_2)}}$ 라고 하자.

기각역(유의수준 α): (i)의 가설에서 $t_0 \geq t_\alpha(n_1 + n_2 - 2)$ 이면 H_0를 기각
(ii)의 가설에서 $t_0 \leq -t_\alpha(n_1 + n_2 - 2)$ 이면 H_0를 기각
(iii)의 가설에서 $|t_0| \geq t_{\alpha/2}(n_1 + n_2 - 2)$ 이면 H_0를 기각

유의확률(p값): (i)의 가설의 경우 유의확률: $P(T \geq t_0)$
(ii)의 가설의 경우 유의확률: $P(T \leq t_0)$
(iii)의 가설의 경우 유의확률: $P(|T| \geq |t_0|)$

유의확률에 의한 기각: 유의확률이 주어진 유의수준 α보다 작으면 H_0 기각.

예제 9.6 두 회사에서 생산되는 자동차 윤활유의 성능을 비교하기 위하여 20대의 차를 랜덤하게 선택하여 10대씩 임의로 나눈 후에 각각의 윤활유를 사용하여 일정 거리 동안 주행한 다음에 윤활유의 점도를 측정하였다. B회사 윤활유가 사용 후에 평균적으로 A회사 제품보다 점도가 더 높다고 할 수 있는지 유의수준 5%에서 검정하여라. 단, 각 윤활유의 점도는 분산이 같은 정규분포를 따른다고 가정하자.

A회사	11.3	14.8	18.3	18.2	21.3	9.8	11.8	16.2	15.4	13.7
B회사	12.3	15.5	20.2	17.5	18.1	11.2	15.2	13.7	16.6	14.8

풀이 A, B 두 회사 윤활유의 평균 점도를 각각 μ_1, μ_2라고 하면 검정하고자 하는 가설은

$$H_0: \mu_1 = \mu_2 \quad \text{vs} \quad H_1: \mu_1 < \mu_2$$

이다. $\overline{x_1} = 15.08$, $s_1^2 = 12.78$, $\overline{x_2} = 15.51$, $s_2^2 = 7.40$ 이고,

$$s_p^2 = \frac{9 \times 12.78 + 9 \times 7.40}{10 + 10 - 2} = 10.09$$

이므로, 귀무가설하에서 검정통계량의 관측값은

$$t_0 = \frac{\overline{x_1} - \overline{x_2}}{s_p \sqrt{\frac{1}{n_1} + \frac{1}{n_2}}} = \frac{15.08 - 15.51}{\sqrt{10.09\left(\frac{1}{10} + \frac{1}{10}\right)}} = -0.303$$

이며, $t_0 > -t_{0.05}(18) = -1.734$ 이므로 유의수준 5%에서 H_0를 기각하지 못한다. 즉, 이 자료에 의하면 B회사 제품 사용이 A회사 제품보다 사용 후 윤활유의 평균 점도가 높다고 할 수 있는 근거가 없다. ☑

⚙ 참고

분산에 대한 검정

분산에 대한 검정법은 본 교재에서 자세히 다루지는 않고, 간단히 언급하도록 하겠다. 하나의 모집단에서 분산에 대해 검정하고자 하는 가설은

$$H_0: \sigma^2 = \sigma_0^2 \quad \text{vs} \quad H_1: \sigma^2 > \sigma_0^2 \;,\; \sigma^2 < \sigma_0^2 \text{ 또는 } \sigma^2 \neq \sigma_0^2 \text{ 중 하나}$$

이고, 카이제곱분포(χ^2-distribution)를 이용한 검정을 하게 된다. 카이제곱분포에 대해서는 10장에서 공부할 것이다. 두 표본에 기초한 두 모분산의 비교 검정에서는 가설이

$$H_0: \sigma_1^2 = \sigma_2^2 \quad \text{vs} \quad H_1: \sigma_1^2 > \sigma_2^2 \;,\; \sigma_1^2 < \sigma_2^2 \text{ 또는 } \sigma_1^2 \neq \sigma_2^2 \text{ 중 하나}$$

이며 $\boldsymbol{F}$-분포(F-distribution)를 이용하여 검정할 수 있다. F-분포에 관해서는 11장에서 다루기로 한다. 두 모분산에 대한 검정은 실습부분에서 간단히 살펴보게 될 것이다.

9.5.2 대응비교

8장의 추정에서도 살펴보았지만 대응비교는 두 표본자료가 서로 독립이라고 볼 수 없을 때, 두 표본자료의 차이에 기초한 평균이 0이라고 할 수 있는지, 0보다 작다고 또는 0보다 크다고 할 수 있는지를 검정함으로써 두 모평균을 비교하는 방법이다. 동일개체에 대한 두 번의 실험 결과라든지, 동질적인 두 쌍에 대한 실험의 결과를 비교할 때는 대응비교를 이용해야 한다.

대응비교를 위하여 쌍으로 조사된 자료 $(X_1, Y_1), (X_2, Y_2), \cdots, (X_n, Y_n)$ 가 주어졌을 때, X_i들의 평균을 μ_X, Y_i들의 평균을 μ_Y라고 하면 검정하고자 하는 가설은 다음과 같다.

(i) $H_0: \mu_X = \mu_Y \quad \text{vs} \quad H_1: \mu_X > \mu_Y$

(ii) $H_0: \mu_X = \mu_Y \quad \text{vs} \quad H_1: \mu_X < \mu_Y$

(iii) $H_0: \mu_X = \mu_Y \quad \text{vs} \quad H_1: \mu_X \neq \mu_Y$

대응비교는 각 관측치 쌍에 대하여 $D_i = X_i - Y_i,\ i = 1, 2, \cdots, n$ 으로 정의하고 D_i의 평균을 $\mu_D (= \mu_X - \mu_Y)$로 나타내어 다음과 같이 (i), (ii), (iii)과 동등한 가설을 검정하려는 것이다.

(i') H_0: $\mu_D = 0$ vs H_1: $\mu_D > 0$

(ii') H_0: $\mu_D = 0$ vs H_1: $\mu_D < 0$

(iii') H_0: $\mu_D = 0$ vs H_1: $\mu_D \neq 0$

하나의 표본에서 모평균에 대한 검정법과 마찬가지로 다음의 절차를 통해 이 가설에 대한 검정이 가능하다. 단, 두 관측치의 차이인 D_i들은 정규분포를 따른다고 가정한다.

검정통계량: $T = \dfrac{\overline{D} - \mu_D}{S_D / \sqrt{n}}$ $T \sim t(n-1)$ 이다. $\overline{d}$, s_d가 $\overline{D}$, S_D의 관측값일 때,

귀무가설(H_0)하에서 계산된 T값을 $t_0 = \dfrac{\overline{d} - 0}{s_d / \sqrt{n}}$ 라고 하자.

기각역(유의수준 α): (i) 또는 (i')에 대해 $t_0 \geq t_\alpha(n-1)$ 이면 H_0 기각

(ii) 또는 (ii')에 대해 $t_0 \leq -t_\alpha(n-1)$ 이면 H_0 기각

(iii) 또는 (iii')에 대해 $|t_0| \geq t_{\alpha/2}(n-1)$ 이면 H_0 기각

유의확률(p값): (i) 또는 (i')의 가설의 경우 유의확률: $P(T \geq t_0)$

(ii) 또는 (ii')의 가설의 경우 유의확률: $P(T \leq t_0)$

(iii) 또는 (iii')의 가설의 경우 유의확률: $P(|T| \geq |t_0|)$

유의확률에 의한 기각: 유의확률이 주어진 유의수준 α보다 작으면 H_0기각.

예제 9.7 임의로 추출된 10명의 비만 여성에 대해서 감량을 위한 음식조절법을 실시한 전후의 체중이 다음과 같다. 체중이 정규분포를 따른다고 할 때, 음식조절법의 효과가 있는지 유의수준 5%에서 검정하여라.

구분	1	2	3	4	5	6	7	8	9	10
음식조절 전	82.1	78.1	86.2	84.8	95.2	91.6	75.3	78.5	83.0	83.5
음식조절 후	80.7	78.1	83.9	83.5	91.2	91.2	72.6	76.2	81.6	81.2

풀이 X: 음식조절 전, Y: 음식조절 후 체중이라고 하자. 검정하고자 하는 가설은

$$H_0:\ \mu_X=\mu_Y \quad \text{vs} \quad H_1:\ \mu_X>\mu_Y$$

이다. $D_i=X_i-Y_i$ 라고 하면 검정하는 가설은 다음과 동일하다.

$$H_0:\ \mu_D=0 \quad \text{vs} \quad H_1:\ \mu_D>0\ .$$

자료로부터 계산하면 $\bar{d}=1.81,\ s_d=1.16,\ n=10$이므로 귀무가설하에서 검정통계량의 관측값은 $t_0=\dfrac{\bar{d}}{s_d/\sqrt{n}}=\dfrac{1.81}{1.16/\sqrt{10}}=4.934$이고, $t_0\geq t_{0.05}(9)=1.833$이므로 H_0를 기각한다. 즉, 음식조절 후에 평균 몸무게가 음식조절 전에 비해 줄었다는 증거가 있다. 이것은 음식조절법이 효과가 있음을 뒷받침하는 근거이다. ☑

9.6 두 표본에 기초한 모비율의 가설검정

두 모집단에서 특정한 속성을 가질 비율을 p_1, p_2라고 할 때, 이 모집단으로부터 추출한 크기 n_1, n_2인 표본에서 특정한 속성을 갖는 관측치의 개수를 X_1, X_2라고 하자. 여기서는 주어진 두 표본이 모두 대표본인 경우에 두 모비율의 검정 문제를 다루고자 한다. 두 모비율의 비교를 위해 검정하고자 하는 가설은 다음과 같다.

(i) $H_0:\ p_1=p_2 \quad \text{vs} \quad H_1:\ p_1>p_2$

(ii) $H_0:\ p_1=p_2 \quad \text{vs} \quad H_1:\ p_1<p_2$

(iii) $H_0:\ p_1=p_2 \quad \text{vs} \quad H_1:\ p_1\neq p_2$

(i)의 가설은

$$H_0:\ p_1-p_2=0 \quad \text{vs} \quad H_1:\ p_1-p_2>0$$

와 같은 것이고 나머지도 마찬가지로 표현할 수 있다. 위의 가설들을 검정하기 위한 절차는 8.7절에서 다루었던 두 모비율 차이의 신뢰구간을 구하는 방법과 비슷하다. 두 표본의 크기가 모두 충분히 크면

$$Z=\frac{(\hat{p}_1-\hat{p}_2)-(p_1-p_2)}{\sqrt{p_1(1-p_1)/n_1+p_2(1-p_2)/n_2}}$$

라고 할 때, Z는 근사적으로 $N(0,1)$을 따른다는 사실을 이용한다. 여기서 $\hat{p}_1 = X_1/n_1$, $\hat{p}_2 = X_2/n_2$이고, 가설검정은 다음과 같은 절차로 할 수 있다.

검정통계량: $Z = \dfrac{(\hat{p}_1 - \hat{p}_2) - (p_1 - p_2)}{\sqrt{p_1(1-p_1)/n_1 + p_2(1-p_2)/n_2}}$이고, Z는 근사적으로 $N(0,1)$을 따른다. 귀무가설(H_0)하에서, 즉 $p_1 = p_2$하에서 계산된 Z값을 $z_0 = \dfrac{(\hat{p}_1 - \hat{p}_2)}{\sqrt{\hat{p}(1-\hat{p})(1/n_1 + 1/n_2)}}$ 라고 하자. 단, 여기서 $\hat{p}$은 귀무가설하에서 공통 모비율에 대한 추정값으로 $\hat{p} = \dfrac{X_1 + X_2}{n_1 + n_2}$ 이다.

기각역(유의수준 α): (i)의 가설에서 $z_0 \geq z_\alpha$ 이면 H_0를 기각
(ii)의 가설에서 $z_0 \leq -z_\alpha$ 이면 H_0를 기각
(iii)의 가설에서 $|z_0| \geq z_{\alpha/2}$ 이면 H_0를 기각

유의확률(p값): (i)의 가설의 경우 유의확률: $P(Z \geq z_0)$
(ii)의 가설의 경우 유의확률: $P(Z \leq z_0)$
(iii)의 가설의 경우 유의확률: $P(|Z| \geq |z_0|)$

유의확률에 의한 기각: 유의확률이 주어진 유의수준 α보다 작으면 H_0 기각.

참고로, 귀무가설이 $p_1 - p_2 = 0$이 아니라, 주어진 δ_0에 대하여 $p_1 - p_2 = \delta_0$의 형태이고 대립가설이 그와 대비되는 것이라면 귀무가설하에서 검정통계량을 계산할 때, $p_1 - p_2$자리에 0이 아니라 δ_0를 넣고, Z의 분모에 있는 p_1, p_2 대신에는 공통 모비율 $\hat{p}$이 아니라 각각의 추정값 $\hat{p}_1$, $\hat{p}_2$을 사용하면 된다.

예제 9.8 어떤 지역 선거에서 후보 A에 대한 지지율이 남녀별로 다른지를 알아보기 위하여 남녀 각각 250명, 200명에 대하여 조사한 결과 다음과 같은 자료를 얻었다. 남녀별로 이 후보에 대한 지지율에 차이가 있는지를 유의수준 5%에서 검정하여라.

	표본크기	지지자 수
남자	250	110
여자	200	104

풀이 후보 A에 대한 남자, 여자의 지지율을 각각 p_1, p_2라고 한다면 가설은 다음과 같다.

$$H_0: p_1 = p_2 \quad \text{vs} \quad H_1: p_1 \neq p_2 .$$

자료로부터 $\hat{p}_1 = \dfrac{X_1}{n_1} = \dfrac{110}{250} = 0.440$, $\hat{p}_2 = \dfrac{X_2}{n_2} = \dfrac{104}{200} = 0.520$이고, 공통 모비율에 대한 추정값은 $\hat{p} = \dfrac{(X_1 + X_2)}{(n_1 + n_2)} = \dfrac{214}{450} = 0.476$ 임을 알 수 있다. 귀무가설하에서 검정통계량의 관측값은

$$z_0 = \frac{0.440 - 0.520}{\sqrt{0.476(1-0.476)(\frac{1}{250} + \frac{1}{200})}} = -1.69$$

이고, $|z_0| = 1.69 < z_{0.025} = 1.96$ 이므로 귀무가설을 기각할 수 없다. 따라서 후보 A에 대한 남녀의 지지율이 서로 다르다고 할 만한 근거는 없다고 결론을 내린다. ☑

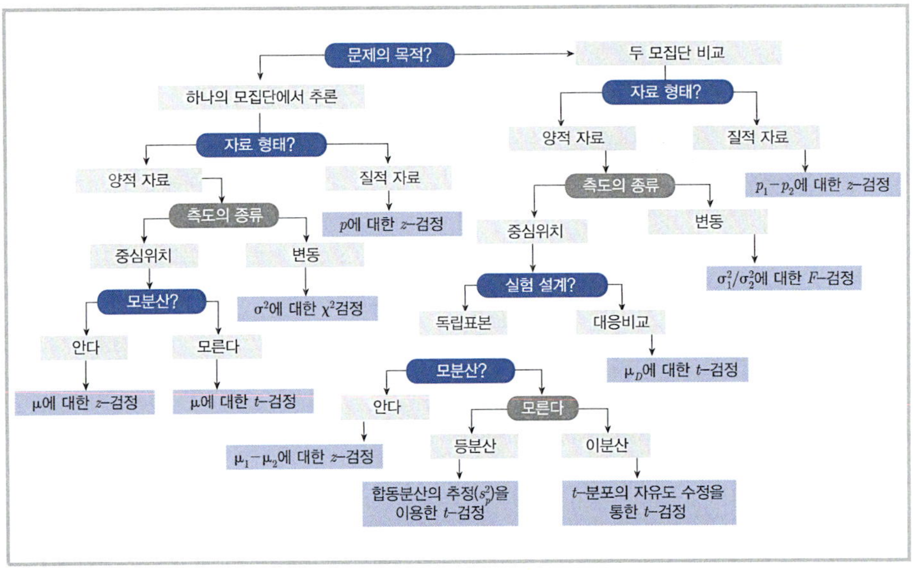

그림 9.2 가설 검정법의 흐름도 정리

엑셀을 이용한 실습에 앞서 독자의 편의를 위하여 9장에서 학습한 여러 검정법과 관련된 내용을 흐름도로 [그림 9.2]에 그려 놓았고, 각 검정법에 대한 사항은 [표 9.1], [표 9.2]와 [표 9.3]에 요약해 놓았으니 필요에 따라 참고하기 바란다.

[표 9.1] 하나의 표본에 기초한 검정법 요약

귀무가설	기본 가정	대립가설	검정통계량	기각역
$\mu=\mu_0$	대표본, 임의모집단, σ^2 안다 또는 소표본, 정규모집단, σ^2 안다	$\mu>\mu_0$ $\mu<\mu_0$ $\mu\neq\mu_0$	$Z=\dfrac{\overline{X}-\mu_0}{\sigma/\sqrt{n}}$	$Z\geq z_\alpha$ $Z\leq -z_\alpha$ $\lvert Z\rvert\geq z_{\alpha/2}$
$\mu=\mu_0$	대표본, 임의모집단, σ^2 모름	$\mu>\mu_0$ $\mu<\mu_0$ $\mu\neq\mu_0$	$Z=\dfrac{\overline{X}-\mu_0}{S/\sqrt{n}}$	$Z\geq z_\alpha$ $Z\leq -z_\alpha$ $\lvert Z\rvert\geq z_{\alpha/2}$
$\mu=\mu_0$	소표본, 정규모집단, σ^2 모름	$\mu>\mu_0$ $\mu<\mu_0$ $\mu\neq\mu_0$	$T=\dfrac{\overline{X}-\mu_0}{S/\sqrt{n}}$	$T\geq t_\alpha(n-1)$ $T\leq -t_\alpha(n-1)$ $\lvert T\rvert\geq t_{\alpha/2}(n-1)$
$p=p_0$	대표본 $(np_0>5, n(1-p_0)>5)$	$p>p_0$ $p<p_0$ $p\neq p_0$	$Z=\dfrac{\hat{p}-p_0}{\sqrt{\dfrac{p_0(1-p_0)}{n}}}$	$Z\geq z_\alpha$ $Z\leq -z_\alpha$ $\lvert Z\rvert\geq z_{\alpha/2}$

[표 9.2] 두 표본에 기초한 모평균의 검정법 요약

귀무가설	기본 가정	대립가설	검정통계량	기각역
$\mu_1-\mu_2=\delta_0$	독립표본, 대표본 임의모집단, σ_1^2,σ_2^2 안다 또는 독립표본, 소표본 정규모집단, σ_1^2,σ_2^2 안다	$\mu_1-\mu_2>\delta_0$ $\mu_1-\mu_2<\delta_0$ $\mu_1-\mu_2\neq\delta_0$	$Z=\dfrac{(\overline{X}_1-\overline{X}_2)-\delta_0}{\sqrt{\dfrac{\sigma_1^2}{n_1}+\dfrac{\sigma_2^2}{n_2}}}$	$Z\geq z_\alpha$ $Z\leq -z_\alpha$ $\lvert Z\rvert\geq z_{\alpha/2}$
$\mu_1-\mu_2=\delta_0$	독립표본, 대표본 임의모집단, σ_1^2,σ_2^2 모른다	$\mu_1-\mu_2>\delta_0$ $\mu_1-\mu_2<\delta_0$ $\mu_1-\mu_2\neq\delta_0$	$Z=\dfrac{(\overline{X}_1-\overline{X}_2)-\delta_0}{\sqrt{\dfrac{S_1^2}{n_1}+\dfrac{S_2^2}{n_2}}}$	$Z\geq z_\alpha$ $Z\leq -z_\alpha$ $\lvert Z\rvert\geq z_{\alpha/2}$
$\mu_1-\mu_2=\delta_0$	독립표본, 소표본 정규모집단, σ_1^2,σ_2^2 모른다, $\sigma_1^2=\sigma_2^2$	$\mu_1-\mu_2>\delta_0$ $\mu_1-\mu_2<\delta_0$ $\mu_1-\mu_2\neq\delta_0$	$T=\dfrac{(\overline{X}_1-\overline{X}_2)-\delta_0}{S_p\sqrt{\dfrac{1}{n_1}+\dfrac{1}{n_2}}}$, $S_p^2=\dfrac{(n_1-1)S_1^2+(n_2-1)S_2^2}{n_1+n_2-2}$	$T\geq t_\alpha(n_1+n_2-2)$ $T\leq -t_\alpha(n_1+n_2-2)$ $\lvert T\rvert\geq t_{\alpha/2}(n_1+n_2-2)$
$\mu_D=\delta_0$	대응비교, 소표본, 차이$(X-Y)$가 정규분포, σ_D^2 모른다	$\mu_D>\delta_0$ $\mu_D<\delta_0$ $\mu_D\neq\delta_0$	$T=\dfrac{\overline{D}-\delta_0}{S_D/\sqrt{n}}$	$T\geq t_\alpha(n-1)$ $T\leq -t_\alpha(n-1)$ $\lvert T\rvert\geq t_{\alpha/2}(n-1)$

[표 9.3] 두 표본에 기초한 모비율의 검정법 요약

귀무가설	기본 가정	대립가설	검정통계량	기각역
$p_1-p_2=0$	대표본, 독립표본	$p_1-p_2>0$ $p_1-p_2<0$ $p_1-p_2\neq 0$	$Z=\dfrac{\hat{p}_1-\hat{p}_2}{\sqrt{\hat{p}\,\hat{q}\left(\dfrac{1}{n_1}+\dfrac{1}{n_2}\right)}}$, $\hat{p}=\dfrac{X_1+X_2}{n_1+n_2}$, $\hat{q}=1-\hat{p}$	$Z\geq z_\alpha$ $Z\leq -z_\alpha$ $\lvert Z\rvert\geq z_{\alpha/2}$
$p_1-p_2=\delta_0$	대표본, 독립표본	$p_1-p_2>\delta_0$ $p_1-p_2<\delta_0$ $p_1-p_2\neq\delta_0$	$Z=\dfrac{(\hat{p}_1-\hat{p}_2)-\delta_0}{\sqrt{\dfrac{\hat{p}_1\hat{q}_1}{n_1}+\dfrac{\hat{p}_2\hat{q}_2}{n_2}}}$, $\hat{q}_1=1-\hat{p}_1$, $\hat{q}_2=1-\hat{p}_2$	$Z\geq z_\alpha$ $Z\leq -z_\alpha$ $\lvert Z\rvert\geq z_{\alpha/2}$

9.7 엑셀을 이용한 실습

9.7.1 하나의 표본에서 모평균에 대한 가설검정

예제 9.9 A지역 청소년의 평균 IQ가 110이라고 알려져 있다. 이 지역에서 약물 복용으로 체포된 청소년의 IQ가 이 지역의 평균 IQ와 다른지를 알아보기 위하여 15명의 약물 복용 청소년에 대해 IQ 검사를 한 결과가 다음과 같을 때, 엑셀을 이용하여 이 가설을 유의수준 5%에서 검정하여라. 단, 약물 복용자의 IQ는 정규분포를 따른다고 가정하자.

125	105	117	109	118	104	98	
111	107	108	135	94	90	100	99

풀이 약물 복용자의 평균 IQ를 μ라고 하면, 검정하고자 하는 가설은

귀무가설(H_0): $\mu=110$

(약물 복용자의 평균 IQ는 A지역 청소년의 평균 IQ와 같다.)

대립가설(H_1): $\mu\neq 110$

(약물 복용자의 평균 IQ는 A지역 청소년의 평균 IQ와 다르다.)

이고, 엑셀을 이용하여 이 가설을 검정하는 절차는 다음과 같다.

① 위의 데이터를 엑셀 워크시트에 다음과 같이 입력한다.

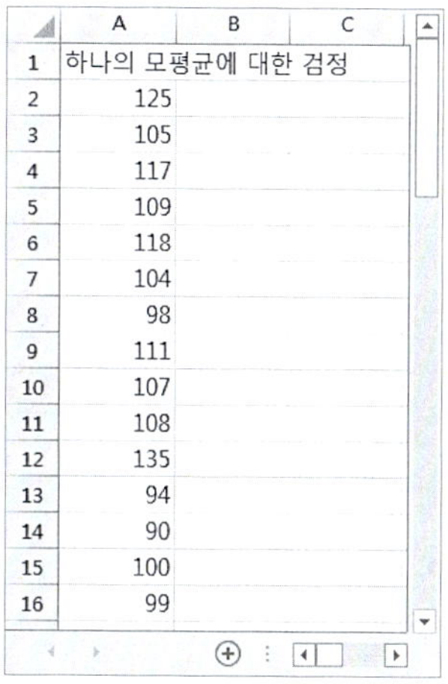

② 엑셀에는 하나의 표본에서 평균에 관한 검정을 할 수 있는 직접적인 분석 도구가 없으므로 간단한 계산을 통해서 검정한다. 먼저 메뉴바에서 [데이터] ➪ [데이터 분석] ➪ [기술 통계법]을 선택하면 아래와 같은 대화상자가 나타난다.

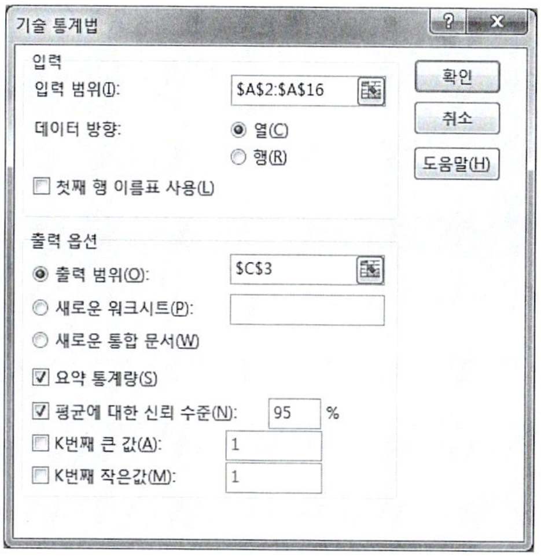

③ 데이터의 입력 범위를 지정하고, 출력 옵션에서 요약 통계량과 평균에 대한 신뢰수준을 선택하여 '확인' 단추를 누르면 출력 범위에서 지정한 C3 셀부터 D18 셀까지 기술 통계량 값들을 얻을 수 있다. 이 값들을 이용하여 신뢰구간과 t통계량 값, 유의확률을 구하기 위해 E, F, G열에 다음과 같이 레이블과 계산식을 입력한다. 이러한 경우에 신뢰구간을 구하는 것에 대해서는 [예제 8.16]에서 이미 다룬 바 있다.

	A	B	C	D	E	F	G	H
1	하나의 모평균에 대한 검정							
2	125							
3	105		Column1					
4	117				95% 신뢰구간			
5	109		평균	108		신뢰하한	=D5-D18	
6	118		표준 오차	3.086066999		신뢰상한	=D5+D18	
7	104		중앙값	107				
8	98		최빈값	#N/A	t 통계량	=(D5-110)/(D9/SQRT(D17))		
9	111		표준 편차	11.95228609				
10	107		분산	142.8571429	유의확률	=TDIST(ABS(F8),14,2)		
11	108		첨도	0.51688				
12	135		왜도	0.745464084				
13	94		범위	45				
14	90		최소값	90				
15	100		최대값	135				
16	99		합	1620				
17			관측수	15				
18			신뢰 수준(95.0%)	6.618955418				

Sheet1

④ ③에서 입력한 결과는 다음과 같이 나타난다.

	A	B	C	D	E	F	G
1	하나의 모평균에 대한 검정						
2	125						
3	105		Column1				
4	117				95% 신뢰구간		
5	109		평균	108		신뢰하한	101.38104
6	118		표준 오차	3.086066999		신뢰상한	114.61896
7	104		중앙값	107			
8	98		최빈값	#N/A	t 통계량	-0.648074	
9	111		표준 편차	11.95228609			
10	107		분산	142.8571429	유의확률	0.5274236	
11	108		첨도	0.51688			
12	135		왜도	0.745464084			
13	94		범위	45			
14	90		최소값	90			
15	100		최대값	135			
16	99		합	1620			
17			관측수	15			
18			신뢰 수준(95.0%)	6.618955418			

Sheet1

⑤ 출력된 결과로부터 보면 t-통계량 값은 -0.648이고 양측검정이므로 구해진 유의확률은 $P(|T| \geq |-0.648|) = 0.527$로 유의수준 0.05보다 크기 때문에 귀무가설을 기각할 수 없다. 따라서 유의수준 5%에서 약물 복용자의 평균 IQ는 A지역 평균 IQ와 다르다고 할 만한 근거가 없다.

☑

9.7.2 두 표본에서 모평균에 대한 가설검정

대화상자에서 [데이터] ➪ [데이터 분석]을 선택하면 분석도구에서 두 집단의 모평균을 비교하는 4개의 검정법과 두 집단의 분산에 대한 검정법 1개를 선택할 수 있다.

① F-검정: 분산에 대한 두 집단
② t-검정: 쌍체비교
③ t-검정: 등분산 가정 두 집단
④ t-검정: 이분산 가정 두 집단
⑤ z-검정: 평균에 대한 두 집단

①은 두 모집단의 분산을 비교할 때 이용하는 방법이고, ②의 쌍체비교는 대응비교에 해당되는 것으로 짝 비교의 경우에 이용하는 방법이고, ③은 ①의 F-검정 후 두 분산이 같다고 할 수 있을 때 또는 이미 분산이 같다고 주어졌을 때 모평균을 비교하는 경우에 이용하는 방법이다. ④는 ①의 F-검정 후 두 분산이 같다고 할 수 없을 때 비교하는 방법이고, ⑤는 두 모집단의 분산을 알고 있을 경우, 또는 모분산을 모르지만 표본의 크기가 큰 경우에 모평균을 비교하는 방법이다.

예제 9.10 다음은 H대학교 체육학과 남녀학생들의 200m 육상 기록이다. 남녀집단의 분산이 같은지, 아니면 남녀집단의 분산이 다르다고 할 수 있는지를 유의수준 5%에서 검정하여라. 단, 두 자료는 정규분포를 따른다고 가정하자.

성별	200m 육상 기록
남학생	23.41 27.48 25.01 25.78 24.35 27.34 25.75 23.89 26.01
여학생	29.85 24.89 26.45 25.95 24.18 28.79 28.54 27.86 25.12

풀이 검정하고자 하는 가설은

귀무가설(H_0): 남녀 두 집단의 분산이 서로 같다.
대립가설(H_1): 남녀 두 집단의 분산이 다르다.

또는, 남학생의 분산을 σ_M^2, 여학생의 분산을 σ_W^2이라고 하면

$$H_0 : \sigma_M^2 = \sigma_W^2 \quad \text{vs} \quad H_1 : \sigma_M^2 \neq \sigma_W^2$$

이다. 엑셀을 이용하여 이 가설을 검정하는 절차는 다음과 같다.

① 위의 데이터를 엑셀 워크시트에 다음과 같이 입력한다.

	A	B	C
1	분산에 대한 두 집단 검정		
2	남학생	여학생	
3	23.41	29.85	
4	27.48	24.89	
5	25.01	26.45	
6	25.78	25.95	
7	24.35	24.18	
8	27.34	28.79	
9	25.75	28.54	
10	23.89	27.86	
11	26.01	25.12	

② 분산에 대한 F–검정을 하기 위해서 메뉴바에서 [데이터] ➪ [데이터 분석]을 선택하면 아래와 같은 대화상자가 나타난다.

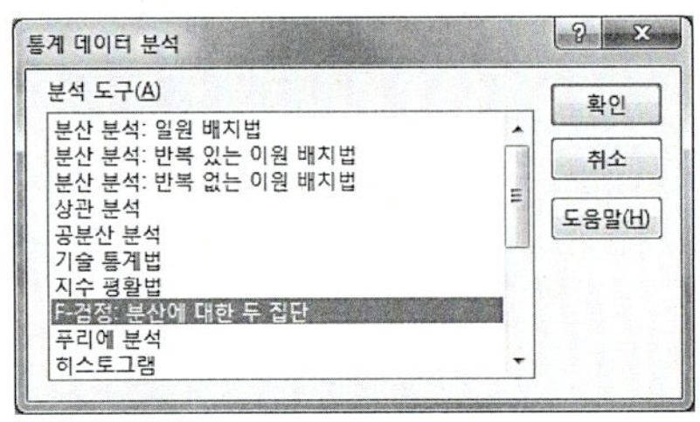

③ [F–검정: 분산에 대한 두 집단]을 선택하면 다음과 같은 대화상자가 나타난다.

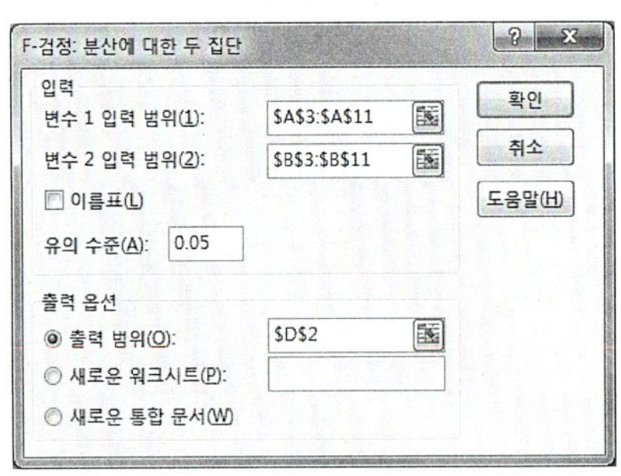

이 창에 변수의 입력 범위(직접 입력 또는 오른쪽의 입력 버튼을 누르고 위치 지정), 유의수준, 출력 옵션에서 출력 범위를 선택하고 '확인' 단추를 누르면 아래와 같은 F–검정 결과를 얻을 수 있다.

	A	B	C	D	E	F
1	분산에 대한 두 집단 검정					
2	남학생	여학생		F-검정: 분산에 대한 두 집단		
3	23.41	29.85				
4	27.48	24.89			변수 1	변수 2
5	25.01	26.45		평균	25.44666667	26.84777778
6	25.78	25.95		분산	2.025525	3.946644444
7	24.35	24.18		관측수	9	9
8	27.34	28.79		자유도	8	8
9	25.75	28.54		F 비	0.51322713	
10	23.89	27.86		P(F<=f) 단측 검정	0.182366276	
11	26.01	25.12		F 기각치: 단측 검정	0.290858219	

출력된 결과로부터 단측검정의 유의확률(p 값)은 0.182366이고 양측검정의 경우에 유의확률은 2*0.182366 = 0.364733이다. 유의확률이 주어진 유의수준 0.05보다 크므로 귀무가설을 기각할 수 없다. 즉, 남녀학생들의 200m 육상 기록의 분산이 다르다고 할 증거가 없음을 의미한다. ☑

■ 두 모분산 검정에 관련된 엑셀 함수의 이용

워크시트 함수인 'F.TEST'는 두 모분산이 같은지에 대한 양측검정의 유의확률(p 값)을 계산하는 함수이다. 이 함수의 사용법은 아래와 같으며 이를 이용하여 [예제 9.10]을 풀어 보자.

함수명	F.TEST
사용 목적	두 정규모집단의 모분산이 같은지에 대한 양측검정의 유의확률을 구함
사용 형식	F.TEST(Array1, Array2)
인수 설명	Array1; 비교하는 표본1의 데이터 입력 범위 Array2; 비교하는 표본2의 데이터 입력 범위

① 마우스를 〈셀 A13〉에 클릭하고, 함수 마법사를 선택하면 다음과 같은 대화상자가 나타난다.

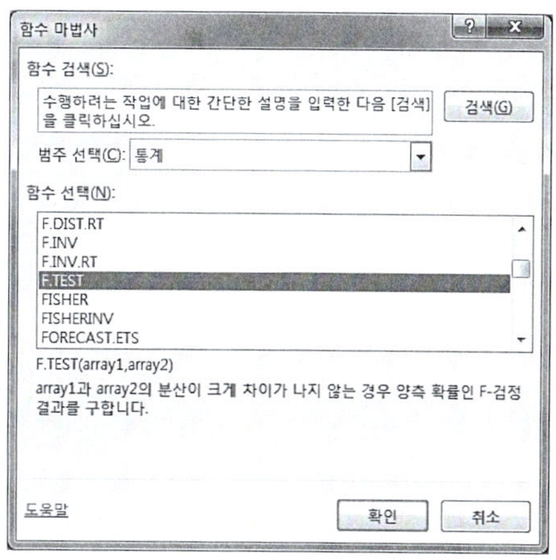

② 함수 범주에서 통계와 함수 이름에 'F.TEST'라는 것을 선택하면 아래와 같은 대화상자가 나타난다.

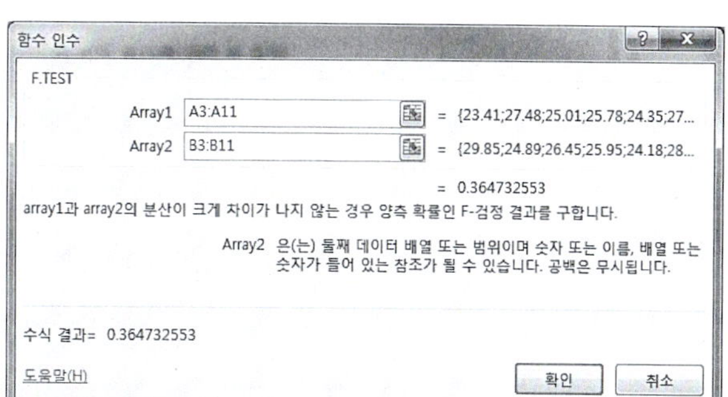

③ Array1과 Array2에 각각의 데이터 구간을 입력하면 다음과 같은 결과를 얻을 수 있다.

	A	B	C
1	분산에 대한 두 집단 검정		
2	남학생	여학생	
3	23.41	29.85	
4	27.48	24.89	
5	25.01	26.45	
6	25.78	25.95	
7	24.35	24.18	
8	27.34	28.79	
9	25.75	28.54	
10	23.89	27.86	
11	26.01	25.12	
12	F.TEST(남학생,여학생) 결과		
13	0.364733		

워크시트의 함수인 'F.TEST'는 양측검정의 유의확률 0.364733로서 매우 큰 값임을 알 수 있다. 따라서 유의수준 5%에서 귀무가설을 기각할 수 없다. 이 유의확률은 앞의 [예제 9.10] 풀이에서 [데이터 분석]의 F-검정에서 단측검정의 유의확률을 두 배한 값과 일치하는 것을 알 수 있다.

9.7.3 대응비교(쌍체비교)

예제 9.11 어떤 제약회사에서 두 가지 수면제(A, B)를 개발하였다. 건강한 성인 7명을 임의로 선정하여 각각 수면제 A를 복용한 후 수면에 걸린 시간과 수면제 B를 복용한 후 수면에 걸린 시간을 측정한 것이 아래와 같다고 할 때, 수면제 A가 수면제 B보다 평균적으로 더 빨리 잠이 들게 하는지 유의수준 5%에서 검정하여라. 단, 두 자료는 정규분포를 따른다고 가정하자.

수면제 종류	수면에 걸린 시간(분)						
수면제 A	15	19	16	14	17	14	17
수면제 B	13	17	18	15	16	16	19

풀이 검정하고자 하는 가설은

귀무가설(H_0): 두 수면제의 수면에 들기까지 걸리는 평균 시간은 같다.
대립가설(H_1): 수면제 A가 수면제 B보다 수면에 들기까지 걸리는 평균 시간이 짧다.

즉, 수면제 A의 수면에 걸린 평균 시간을 μ_A, 수면제 B의 수면에 걸린 평균 시간을 μ_B라고 하면 검정하고자 하는 가설은

$$H_0 : \mu_A = \mu_B \quad \text{vs} \quad H_1 : \mu_A < \mu_B$$

이다.

또는, 수면제 A, B로 수면에 걸린 각 시간을 A_i, B_i라 하고 차이를 $D_i = A_i - B_i$, D_i의 평균을 μ_D라 하면 이 가설은

$$H_0 : \mu_D = 0 \quad \text{vs} \quad H_1 : \mu_D < 0$$

로 나타낼 수도 있다.

엑셀을 이용하여 이 가설을 검정하는 절차는 다음과 같다.

① 위의 데이터를 엑셀 워크시트에 다음과 같이 입력한다.

	A	B
1	대응비교(쌍체비교)	
2	수면제A	수면제B
3	15	13
4	19	17
5	16	18
6	14	15
7	17	16
8	14	16
9	17	19

② 't-검정'을 하기 위해서 메뉴바에서 [데이터] ➪ [데이터 분석]을 선택하면 아래와 같은 대화상자가 나타난다.

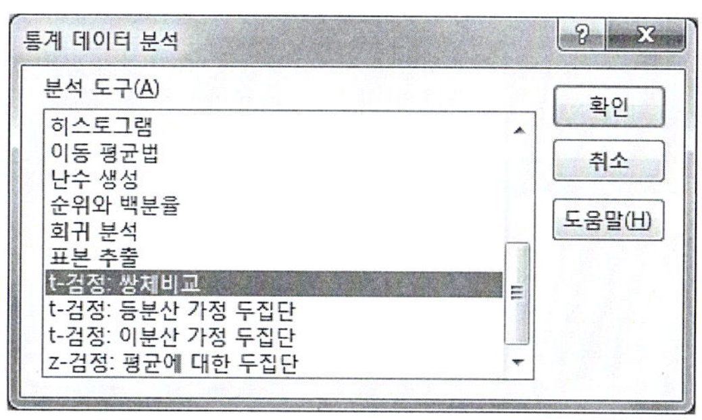

③ 't-검정: 쌍체비교'를 선택하면 다음과 같은 대화상자가 나타난다.

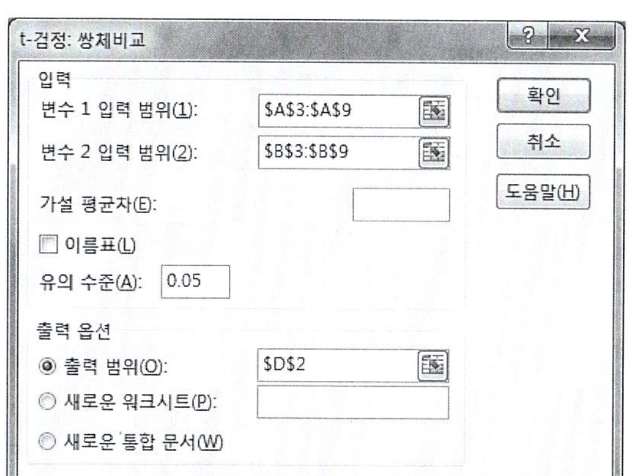

입력에서 두 변수의 입력 범위, 가설 평균차, 유의수준을 입력하고, 출력 옵션에서 출력 범위를 선택하고 '확인' 단추를 누르면 아래와 같은 t-검정 결과를 얻을 수 있다.

	A	B	C	D	E	F
1	대응비교(쌍체비교)					
2	수면제A	수면제B		t-검정: 쌍체 비교		
3	15	13				
4	19	17			변수 1	변수 2
5	16	18		평균	16	16.28571429
6	14	15		분산	3.333333333	3.904761905
7	17	16		관측수	7	7
8	14	16		피어슨 상관 계수	0.508165039	
9	17	19		가설 평균차	0	
10				자유도	6	
11				t 통계량	-0.4	
12				P(T<=t) 단측 검정	0.351504116	
13				t 기각치 단측 검정	1.943180281	
14				P(T<=t) 양측 검정	0.703008232	
15				t 기각치 양측 검정	2.446911851	

출력된 결과로부터 단측검정의 유의확률은 0.352이고 주어진 유의수준 0.05보다 크기 때문에 귀무가설을 기각할 수 없다. 그러므로 수면제 A가 B보다 수면까지 걸린 시간이 짧다고 할 수 있는 증거가 없다. 대립가설이 두 수면제의 수면까지 걸린 평균 시간이 다르다는 양측검정의 경우에는 유의확률이 0.703임을 알 수 있다. ☑

■ 두 모평균의 비교에 관련된 엑셀 함수의 이용

'T.TEST'는 두 모평균의 차에 대한 검정의 유의확률을 계산하는 엑셀 함수이다. 특히 이 함수는 입력되는 인자에 따라 대응비교(쌍체비교), 뒤에서 설명할 등분산, 이분산가정의 경우 모평균 비교에 모두에 이용될 수 있다. 이번에는 [예제 9.11]의 풀이를 위한 대응비교(쌍체비교)에 대해서만 알아보자.

함수명	T.TEST
사용 목적	두 정규모집단의 모평균 차에 대한 검정의 유의확률을 구함
사용 형식	T.TEST(Array1, Array2, Tails, Type)
인수 설명	Array1; 표본1의 데이터 입력 범위 Array2; 표본2의 데이터 입력 범위 Tails; 유의확률이 단측(1) 또는 양측(2)인지를 정함 Type; 대응비교(쌍체비교)의 경우에는 1

① 함수 마법사를 선택하면 다음과 같은 대화상자가 나타난다.

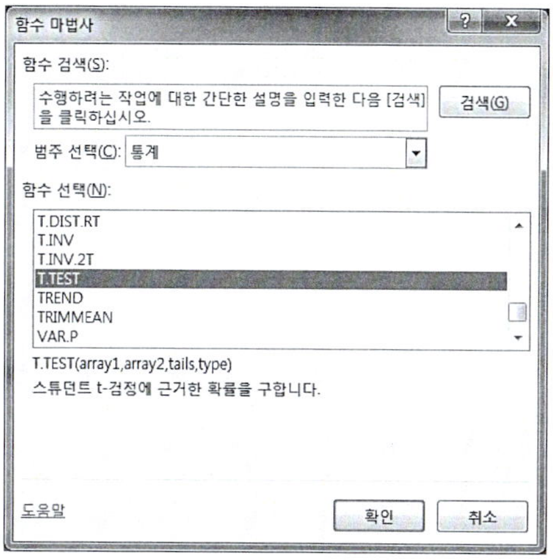

② 함수 범주에서 통계와 함수 이름에 T.TEST라는 것을 선택하면 아래와 같은 대화상자가 나타난다.

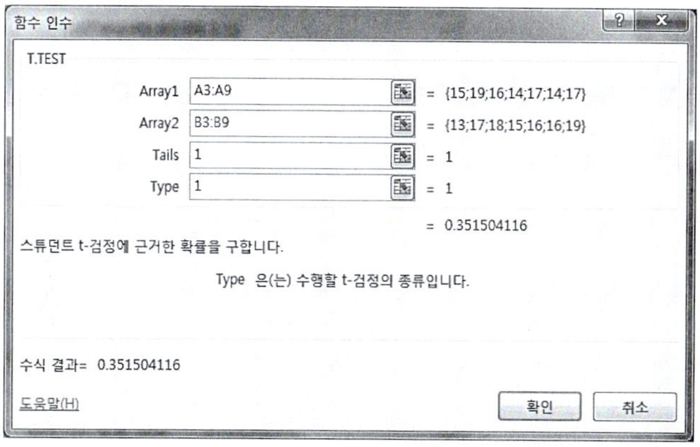

③ Array1과 Array2에 각각의 데이터 구간을 입력, Tails에 1을 입력(단측검정)하면 그리고 Type에 1을 입력(쌍체비교)하면 아래와 같은 결과를 얻을 수 있다.

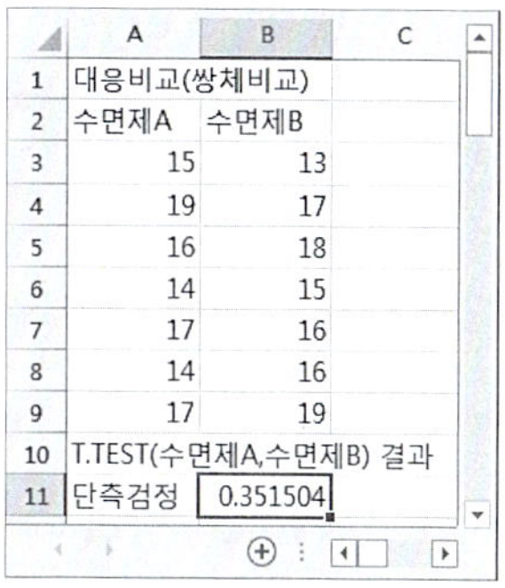

엑셀 함수인 'T.TEST'를 사용한 결과는 단측검정의 유의확률 0.352로 유의수준 0.05보다 크기 때문에 귀무가설을 기각할 수 없다. 이 값은 앞의 [예제 9.11] 풀이에서 구한 [데이터

분석]의 결과값과 같음을 알 수 있다.

9.7.4 등분산일 때 두 모집단의 평균 비교

예제 9.12 H대학과 B대학 학생들의 토익성적이 각각 미지의 분산이 같은 정규분포를 따른다고 한다. 각 대학에서 표본을 추출해서 조사한 것이 아래와 같다고 할 때 두 대학 학생들의 토익성적의 평균이 같은지에 대해서 유의수준 5%에서 검정하여라.

	토익성적								
H대학교	785	684	482	785	637	874	923	890	489
B대학교	523	821	512	789	854	674	698		

풀이 검정하고자 하는 가설은

귀무가설(H_0): 두 대학교의 학생들의 평균 토익성적은 같다.
대립가설(H_1): 두 대학교의 학생들의 평균 토익성적은 다르다.

또는, H대학교 학생들의 토익성적의 평균을 μ_H, B대학교 학생들의 토익성적의 평균을 μ_B라고 하면 검정하고자 하는 가설은

$$H_0 : \mu_H = \mu_B \quad \text{vs} \quad H_0 : \mu_H \neq \mu_B$$

이다.

엑셀을 이용하여 이 가설을 검정하는 절차는 다음과 같다.

① 위의 데이터를 워크시트에 다음과 같이 입력한다.

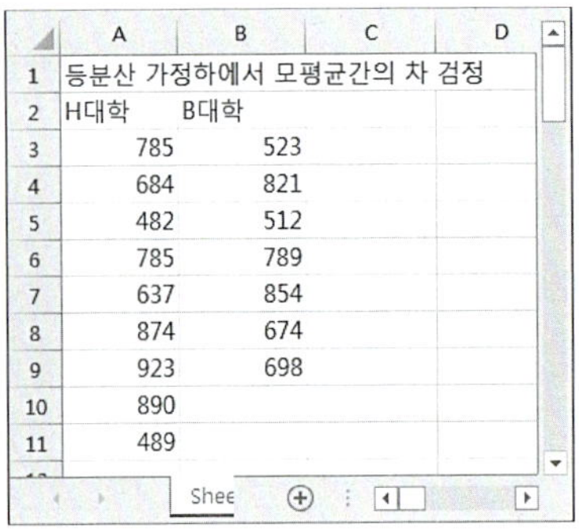

② 't-검정'을 하기 위해서 메뉴바에서 [데이터] ➪ [데이터 분석]을 선택하면 아래와 같은 대화상자가 나타난다.

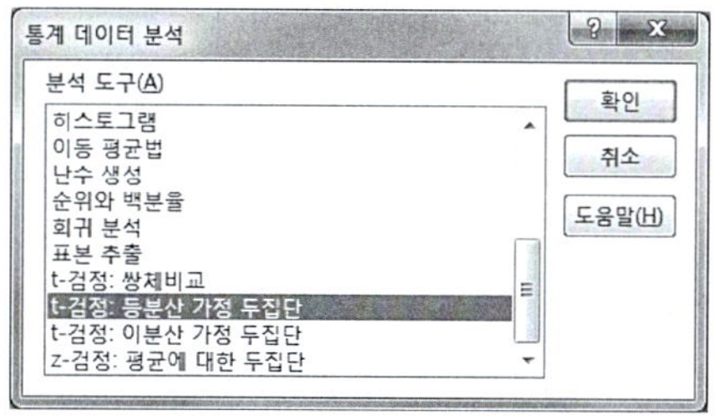

③ 't-검정: 등분산 가정 두집단'을 선택하면 다음과 같은 대화상자가 나타난다.

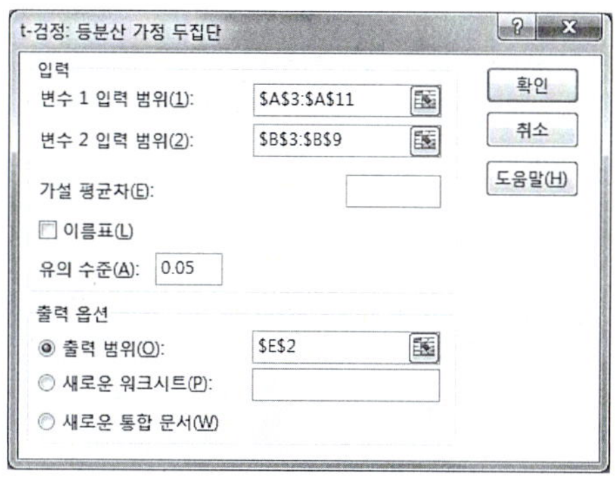

입력에서 두 변수의 입력 범위, 가설 평균차, 유의수준을 입력하고, 출력 옵션에서 출력 범위를 선택하고 '확인' 단추를 누르면 아래와 같은 t-검정 결과를 얻을 수 있다.

	A	B	C	D	E	F	G
1	등분산 가정하에서 모평균간의 차 검정						
2	H대학	B대학			t-검정: 등분산 가정 두 집단		
3	785	523					
4	684	821				변수 1	변수 2
5	482	512			평균	727.6666667	695.8571429
6	785	789			분산	27492	18918.47619
7	637	854			관측수	9	7
8	874	674			공동(Pooled) 분산	23817.63265	
9	923	698			가설 평균차	0	
10	890				자유도	14	
11	489				t 통계량	0.408995147	
12					P(T<=t) 단측 검정	0.344365617	
13					t 기각치 단측 검정	1.761310136	
14					P(T<=t) 양측 검정	0.688731234	
15					t 기각치 양측 검정	2.144786688	

Sheet1

출력된 결과로부터 분산이 같다는 가정하에서 공통분산(pooled variance)의 추정값은 23817.63임을 알 수 있고, 단측검정의 유의확률은 0.344, 양측검정의 유의확률은 0.689로 계산되어 유의수준 0.05보다 크므로 귀무가설을 기각할 수 없다. 따라서 H대학과 B대학 간에 학생들의 토익성적 평균이 다르다고 할 만한 증거는 없다. ☑

■ 등분산 가정하에 두 모평균의 비교에 관련된 엑셀 함수

앞에 대응비교에서 언급했던 T.TEST 함수를 등분산 가정하에 두 모평균 검정에도 이용할 수 있다. 이를 이용하여 [예제 9.12]를 풀어 보자.

함수명	T.TEST
사용 목적	두 정규모집단의 모평균 차에 대한 검정의 유의확률을 구함
사용 형식	T.TEST(Array1, Array2, Tails, Type)
인수 설명	Array1; 표본1의 데이터 입력 범위 Array2; 표본2의 데이터 입력 범위 Tails; 유의확률이 단측(1) 또는 양측(2)인지를 정함 Type; 등분산인 경우 두 표본 t-검정이면 2

① 함수 마법사를 선택하면 다음과 같은 대화상자가 나타난다.

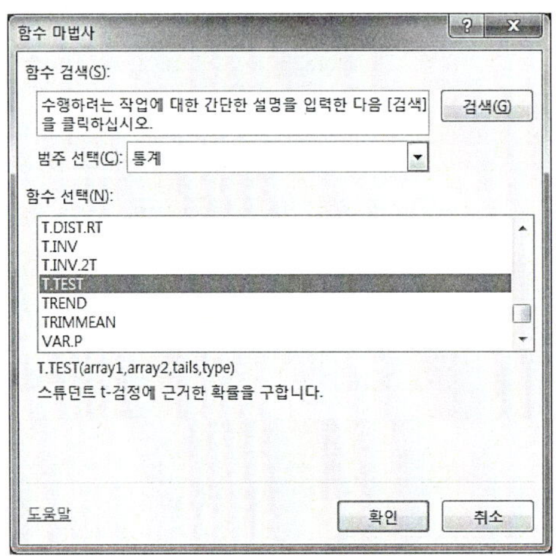

② 함수 범주에서 통계와 함수 이름에 T.TEST라는 것을 선택하면 아래와 같은 대화상자가 나타난다.

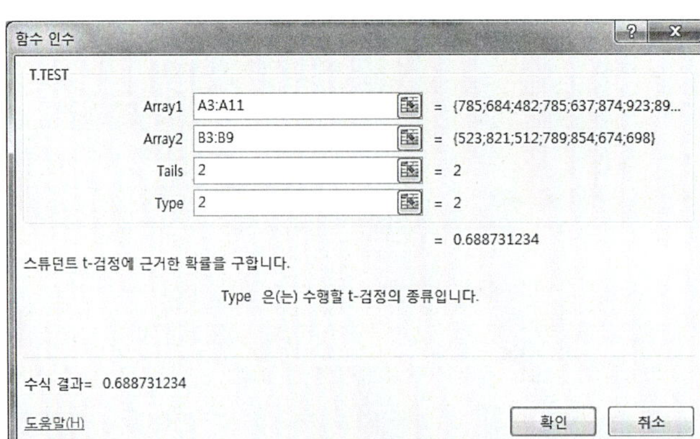

③ Array1과 Array2에 각각의 데이터 구간을 입력, Tails에 2를 입력(양측검정)하면 그리고 Type에 2를 입력(등분산인 경우 모평균 차이 검정)하면 아래와 같은 결과를 얻을 수 있다.

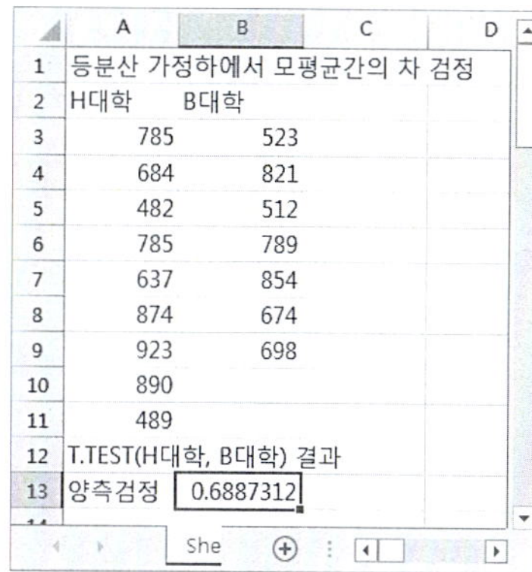

	A	B	C	D
1	등분산 가정하에서 모평균간의 차 검정			
2	H대학	B대학		
3	785	523		
4	684	821		
5	482	512		
6	785	789		
7	637	854		
8	874	674		
9	923	698		
10	890			
11	489			
12	T.TEST(H대학, B대학) 결과			
13	양측검정	0.6887312		

워크시트의 함수인 'T.TEST'의 양측검정의 유의확률 0.689로서 0.05보다 크기 때문에 유의수준 5%에서 귀무가설을 기각할 수 없다. 이 값은 앞에서 [데이터 분석]으로 구한 값과 같다.

9.7.5 이분산일 때 두 모집단의 평균 비교

예제 9.13 공장에서 어떤 로봇이 일을 수행하는데 동작 순서 A와 동작 순서 B 두 가지가 있다. 두 동작을 수행하는 시간은 각각 서로 분산이 다른 정규분포를 따른다고 한다. 20대의 로봇을 임의로 골라 두 팀으로 나눈 다음, 각각의 동작을 10번씩 행하여 소요시간을 측정하였다. 유의수준 5% 다음의 가설검정을 해 보자.

	소요시간									
동작 순서 A	5.2	5.0	7.4	6.1	7.9	5.9	5.0	6.3	7.0	6.4
동작 순서 B	5.2	4.9	4.2	4.2	4.5	6.1	5.3	5.8	6.0	4.7

(1) 동작 순서 A와 동작 순서 B의 평균 소요시간이 차이가 있는가?

(2) 동작 순서 B의 방법이 동작 순서 A의 방법보다 평균 소요시간이 더 짧다고 할 수 있는가?

풀이 동작 순서 A에 걸린 평균 시간을 μ_A, 동작 순서 B에 걸린 평균 시간을 μ_B라고 하면 검정하고자 하는 가설은

(1)의 경우 $H_0 : \mu_A = \mu_B \quad \text{vs} \quad H_0 : \mu_A \neq \mu_B$

(2)의 경우 $H_0 : \mu_A = \mu_B \quad \text{vs} \quad H_0 : \mu_A > \mu_B$

이다.

엑셀을 이용하여 이 가설을 검정하는 절차는 다음과 같다.

① 데이터를 워크시트에 다음과 같이 입력한다.

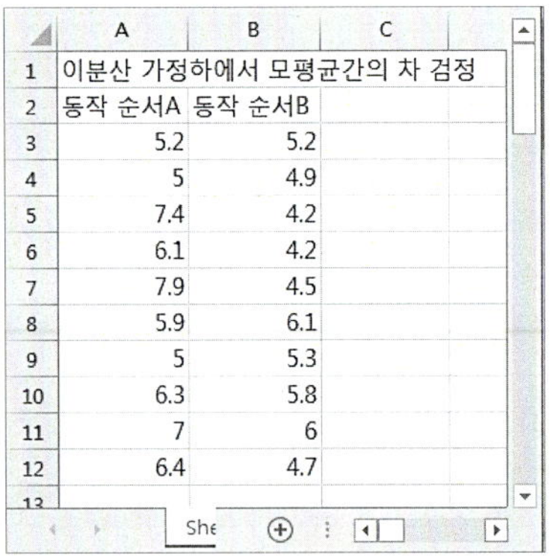

	A	B	C
1	이분산 가정하에서 모평균간의 차 검정		
2	동작 순서A	동작 순서B	
3	5.2	5.2	
4	5	4.9	
5	7.4	4.2	
6	6.1	4.2	
7	7.9	4.5	
8	5.9	6.1	
9	5	5.3	
10	6.3	5.8	
11	7	6	
12	6.4	4.7	

② 't-검정'을 하기 위해서 메뉴바에서 [데이터] ➪ [데이터 분석]을 선택하면 아래와 같은 대화상자가 나타난다.

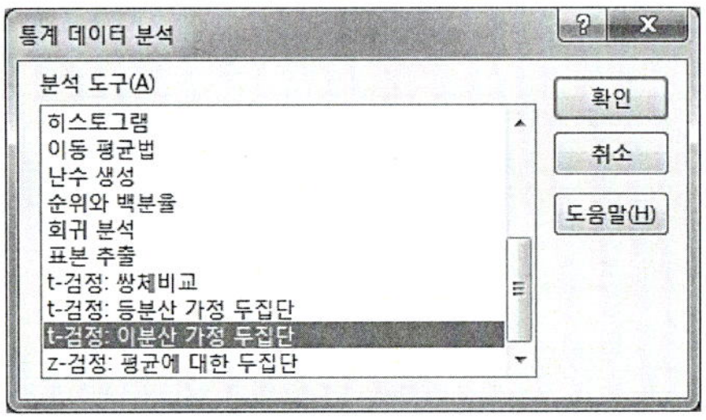

③ 't-검정: 이분산 가정 두집단'을 선택하면 다음과 같은 대화상자가 나타난다.

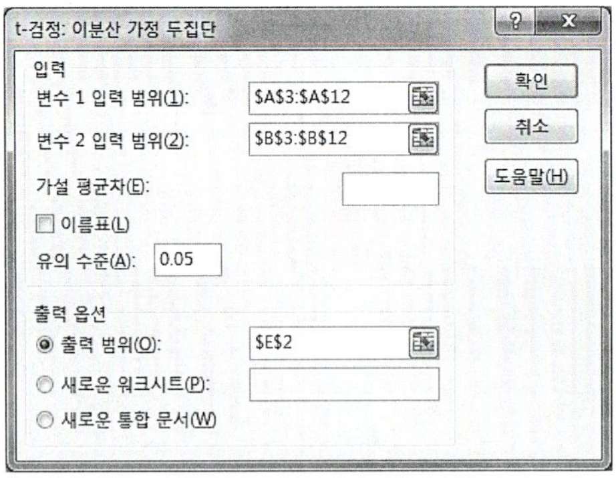

입력에서 두 변수의 입력 범위, 가설 평균차, 유의수준을 입력하고, 출력 옵션에서 출력 범위를 선택하고 '확인' 단추를 누르면 다음과 같은 t-검정 결과를 얻을 수 있다.

	A	B	C	D	E	F	G
1	이분산 가정하에서 모평균간의 차 검정						
2	동작 순서A	동작 순서B			t-검정: 이분산 가정 두 집단		
3	5.2	5.2					
4	5	4.9				변수 1	변수 2
5	7.4	4.2			평균	6.22	5.09
6	6.1	4.2			분산	0.999555556	0.503222222
7	7.9	4.5			관측수	10	10
8	5.9	6.1			가설 평균차	0	
9	5	5.3			자유도	16	
10	6.3	5.8			t 통계량	2.914949675	
11	7	6			P(T<=t) 단측 검정	0.005060947	
12	6.4	4.7			t 기각치 단측 검정	1.745883676	
13					P(T<=t) 양측 검정	0.010121894	
14					t 기각치 양측 검정	2.119905299	
15							

Sheet1

출력된 결과에서 보면 문제 (1)에 대하여 양측검정의 유의확률은 0.010이므로 유의수준 5%에서 귀무가설을 기각하여 두 동작 간의 평균 소요시간 차이가 유의하다고 할 수 있다. 즉, 두 평균이 다르다는 뚜렷한 증거가 보인다. 또한 문제 (2)의 동작 순서 B의 소요시간이 동작 순서 A의 소요시간보다 더 짧은지에 대해서는 단측검정의 유의확률이 0.005이고 유의수준 5%에서 귀무가설을 기각하므로 동작 순서 B의 수행 시간이 동작 순서 A의 수행 시간보다 더 짧다는 증거가 있다. ☑

■ 이분산 가정하에 두 모평균의 비교에 관련된 엑셀 함수

앞에서 학습한 'T.TEST' 함수가 이분산인 두 모집단의 평균 비교에도 이용될 수 있다. 이는 T.TEST의 선택항목인 Type에 3을 입력하면 되며, [예제 9.13]을 T.TEST 함수를 이용하여 풀어 보자.

① 함수 마법사를 선택하여 함수 범주에서 통계와 함수 이름에 T.TEST라는 것을 선택하면 아래와 같은 대화상자가 나타난다.

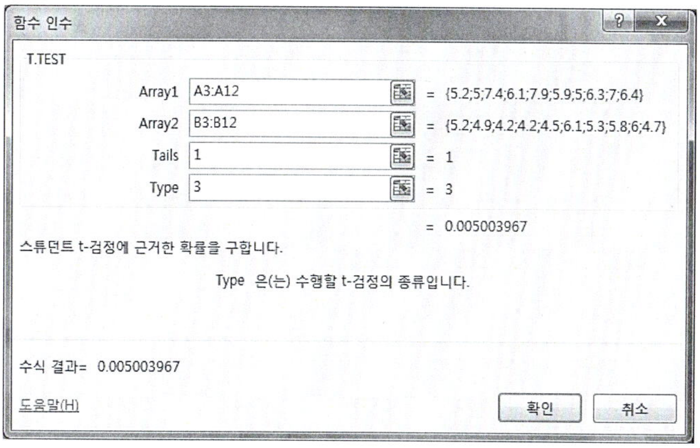

② Array1과 Array2에 각각의 데이터 구간을 입력, Tails에 1을 입력(단측검정)하면 그리고

Type에 3을 입력(이분산하 모평균 간의 차 검정)하면 아래와 같은 결과를 얻을 수 있다.

	A	B	C	D
1	이분산 가정하에서 모평균간의 차 검정			
2	동작 순서A	동작 순서B		
3	5.2	5.2		
4	5	4.9		
5	7.4	4.2		
6	6.1	4.2		
7	7.9	4.5		
8	5.9	6.1		
9	5	5.3		
10	6.3	5.8		
11	7	6		
12	6.4	4.7		
13	T.TEST(동작순서A, 동작순서B) 결과			
14	단측검정	0.005004		

워크시트의 함수인 'T.TEST'의 단측검정의 유의확률이 0.005로 [예제 9.13]의 (2)의 귀무가설을 유의수준 5%에서 기각하며, 양측검정의 유의확률은 단측검정의 두 배와 같다.

9.7.6 모분산을 아는 경우에 두 모평균의 비교

예제 9.14 어느 학교에서 학생들을 두 가지 교육방식(A, B)에 의해 교육을 한 뒤, 각 그룹에서 임의로 10명씩의 학생들을 뽑아 시험성적 표본을 얻었다. 학생들의 시험성적은 각각 $N(\mu_A, \sigma_A^2)$, $N(\mu_B, \sigma_B^2)$를 따르고, 분산이 $\sigma_A^2 = 225$, $\sigma_B^2 = 400$라고 알려져 있을 때, 두 집단 간의 평균 성적에 차이가 있는지를 유의수준 5%에서 검정하여라.

	시험성적									
교육방식 A	84	78	95	78	63	51	84	68	48	78
교육방식 B	95	41	75	93	84	57	50	47	91	82

풀이 ① 우선 데이터를 워크시트에 입력한다.

	A	B	C
1	평균에 대한 두 모집단 검정		
2	교육방식A	교육방식B	
3	84	95	
4	78	41	
5	95	75	
6	78	93	
7	63	84	
8	51	57	
9	84	50	
10	68	47	
11	48	91	
12	78	82	

② 'z-검정'을 하기 위해서 메뉴바에서 [데이터] ➪ [데이터 분석]을 선택하면 다음과 같은 대화상자가 나타난다.

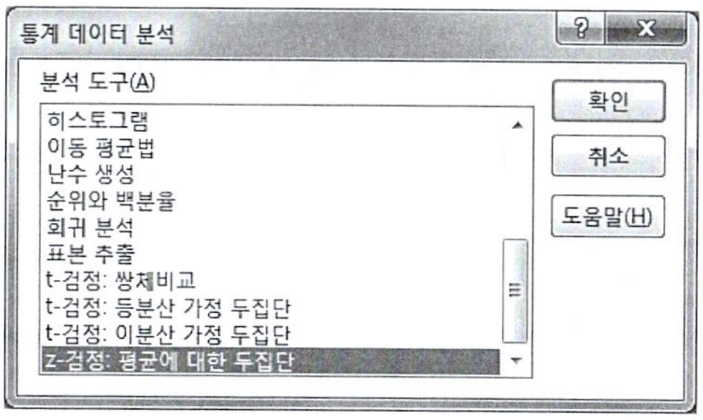

③ 'z-검정: 평균에 대한 두집단'을 선택하면 다음과 같은 대화상자가 나타난다.

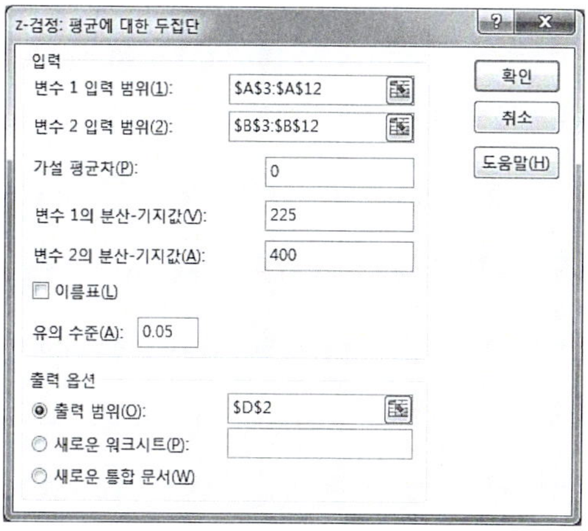

두 변수의 입력 범위, 가설 평균차, 자료의 모분산, 유의수준을 입력하고, 출력 옵션에서 출력 범위를 선택하고 '확인' 단추를 누르면 아래와 같은 z-검정 결과를 얻을 수 있다.

	A	B	C	D	E	F
1	평균에 대한 두 모집단 검정					
2	교육방식A	교육방식B		z-검정: 평균에 대한 두 집단		
3	84	95				
4	78	41			변수 1	변수 2
5	95	75		평균	72.7	71.5
6	78	93		기지의 분산	225	400
7	63	84		관측수	10	10
8	51	57		가설 평균차	0	
9	84	50		z 통계량	0.151789328	
10	68	47		P(Z<=z) 단측 검정	0.43967655	
11	48	91		z 기각치 단측 검정	1.644853627	
12	78	82		P(Z<=z) 양측 검정	0.8793531	
13				z 기각치 양측 검정	1.959963985	

출력된 결과로부터 우선 'z 통계량'이라고 표기된 것이 검정통계량의 값으로서 0.1520이며 이 값이 유의수준 5%에서 요구되는 단측검정의 기각값 1.645보다 작으므로 유의수준 5%에서 단측인 대립가설에 대해 귀무가설을 기각할 수 없다. 또한 양측검정의 기각값 1.96보

다도 작으므로 유의수준 5%에서 양측인 대립가설에 대해서도 귀무가설을 기각하지 못한다. 즉, A방법과 B방법에 의한 교육 효과의 평균 차이가 있다고 할 수 있는 증거가 없다. 유의확률의 개념으로 설명해 보면 단측검정의 유의확률은 0.4396, 양측검정의 경우는 0.879로 모두 주어진 유의수준 0.05보다 크다. 즉, 어느 경우에도 귀무가설을 기각할 수 없는 것이다. ☑

연습문제

1 어느 과자회사의 제조공정에서는 내용물의 평균 무게가 360g이 넘도록 공정을 관리하고 있다. 이를 확인하기 위하여 랜덤하게 30개의 표본을 추출하여 조사한 결과 $\bar{x} = 356(\mathrm{g})$, $s = 10(\mathrm{g})$을 얻었다. 공정에 이상이 있다는 주장을 확인하기 위한 귀무가설과 대립가설을 설정하고 유의수준 5%에서 검정하여라.

2 어느 회사에서 생산되는 칩의 평균 수명이 15,000시간을 넘는다고 한다. 이에 대하여 가설검정을 하려고 할 때, 대립가설과 귀무가설을 설정하여라.

3 어느 학교 축제 날 맥주 빨리 먹기 대회를 하여 10명의 기록을 측정한 자료이다. 맥주 한 잔을 마시는 데 평균 20초를 초과하는지 유의수준 5%에서 검정하여라. 단, 맥주를 마시는 데 걸리는 시간은 정규분포를 따른다고 가정하자.

20	15	30	26	40	24	25	18	20	35

4 어느 협회의 보고서에 의하면 6세 아기의 평균 몸무게는 18kg이라고 한다. 이를 확인하기 위하여 6세 아기 30명을 뽑아 몸무게를 조사한 결과, $\bar{x} = 16.2\mathrm{kg}$이고 $s = 1\mathrm{kg}$이었다. 조사 결과가 보고서의 내용과 부합하는지 유의수준 5%에서 검정하여라.

5 새로 나온 담배의 1개비 당 니코틴 함량이 20mg이라고 한다. 이를 확인하기 위하여 10개비를 조사한 결과 다음의 데이터를 얻었다. 단, 이 담배의 1개비당 니코틴 함량은 정규분포를 따른다고 가정한다.

20	18	23	20	22	19	25	23	24	21

평균 니코틴 함량이 20mg이 넘는다고 할 수 있는지 유의수준 5%에서 검정하여라.

6 어느 바퀴벌레 살충약 광고에서는 한 번 살포할 때 살충 효과가 80%가 넘는다고 한다. 이를 확인하기 위하여 200마리의 바퀴벌레에 이 약을 살포하였더니 165마리가 죽었다. 이 살충제의 광고는 신빙성이 있는지 유의수준 5%에서 검정하여라.

7 어떤 제약회사에서 아토피 피부질환 약을 새로 개발하여, 일주일간 치료하면 치유율이 70% 이상이라고 선전하였다. 이를 확인하기 위하여 30명의 환자에게 이 약을 바르게 한 결과 이 중에 27명이 완치되었다. 이 제약회사의 선전은 신빙성이 있다고 할 수 있는지 다음의 순서대로 답하여라.

(1) 귀무가설과 대립가설을 세워라.

(2) 검정통계량 값을 구하여라.

(3) 위의 (2)값을 이용하여 유의수준 5%에서 검정하여라.

8 두 모집단에서 뽑은 크기 $n_1 = 30$, $n_2 = 30$인 표본으로부터 계산된 값이 $\overline{x}_1 = 48,500$, $s_1 = 3,600$과 $\overline{x}_2 = 52,000$, $s_2 = 4,200$일 때, 두 모집단의 평균차가 있는지를 유의수준 5%에서 검정하여라.

9 여자 중학교에서 특별 신체 단련 수업시간을 만들려고 한다. 그래서 효과가 있으면 정규 수업시간으로 만들려고 한다. 이를 위해 1년 동안 한 학급을 대상으로 실험해 보았다. 이 수업을 받기 전의 100m 달리기 시간과 이 수업을 받은 1년 후의 100m 달리기 시간을 조사한 결과가 아래와 같다. 달리기 시간이 정규분포를 따른다고 할 때, 이 수업이 효과가 있는지 유의수준 5%에서 검정하여라.

수업 전	20	16	14	22	20	19	17	24	21	25
수업 후	18	14	22	24	20	16	18	20	22	14

10 두 종류의 사료가 젖소의 우유 생산량에 미치는 영향을 조사하려고 한다. 18마리 젖소를 랜덤하게 두 그룹으로 나누어, 한 그룹에는 사료 1을 주고 나머지 그룹에는 사료 2를 주어 조사한 결과는 다음과 같다.

사료 1	13	19	14	12	21	14	17	20	17
사료 2	18	23	17	16	17	19	22	24	19

사료에 따른 우유 생산량에 차이가 있는지 유의수준 5%에서 검정하여라. 단, 두 종류의 사료를 사용할 때의 우유 생산량은 분산이 서로 같은 정규분포를 따른다고 가정한다.

11 어느 대기업 노조에서 2년제 대학교를 졸업한 사람의 초임(A)이 4년제 대학교를 졸업한 사람의 초임(B)보다 낮다고 주장하였다. 이를 확인하기 위하여 2년제 대학교를 졸업한 30명과 4년제 대학교를 졸업한 40명의 신입사원을 랜덤하게 뽑아 조사한 결과 다음과 같은 자료를 얻었다.

학력 \ 구분	표본크기	표본평균	표본표준편차
A	30	325,000(원)	24,000(원)
B	40	351,000(원)	22,000(원)

2년제 대학교를 졸업한 사람의 초임이 4년제 대학교를 졸업한 사람의 초임보다 낮다고 할 수 있는지 유의수준 5%에서 검정하여라.

12 어느 대학교의 여성학 교양 과목을 담당한 L교수와 P교수의 A+ 학점 비율이 다른지를 알아보기 위하여 지난 학기의 성적을 조사한 결과가 다음과 같다.

교수 \ 구분	학생 수	A+ 학점 수
L교수	120	24
P교수	86	23

두 교수의 A+ 학점의 비율은 다르다고 할 수 있는지 유의수준 5%에서 검정하여라.

13 어느 보험회사에서는 A, B 두 생명보험에 대하여 계약 파기 비율이 다른지를 조사하고자 한다. 지난 일 년 동안의 자료는 다음과 같다.

보험 \ 구분	총 계약자 수	계약 파기자 수
A	2,350	580
B	5,210	1,500

두 보험에 대한 계약 파기비율이 다르다고 할 수 있는지 유의수준 5%에서 검정하여라.

14 어느 대학교의 교양과목은 A반과 B반으로 나눠서 수업을 진행한다. 이 두 반의 중간고사 성적의 평균이 같은지를 검정하기 위해 각각 10명의 학생들을 무작위로 뽑아 아래와 같이 조사하였다. 두 집단이 분산이 같은 정규분포를 따른다고 가정할 때, 가설을 세우고 유의수준 5%에서 엑셀을 이용하여 검정하여라.

A반	78	90	77	85	78	80	92	88	68	85
B반	68	86	88	58	90	92	78	67	70	90

15 A공장과 B공장의 생산 라인의 상품 출하량이 다르게 나온다고 한다. 이를 확인하기 위하여 임의로 10일을 선택하고 조사한 결과가 다음과 같다. 가설을 세우고 유

의수준 5%에서 엑셀을 이용하여 검정하여라. 단, 각 공장의 생산량은 모분산이 서로 다른 정규분포를 따른다고 한다.

공장 \ 날짜	1	2	3	4	5	6	7	8	9	10
A	15	14	15	12	13	10	16	14	16	18
B	14	20	16	18	16	20	18	15	18	16

16 다음은 운전면허 시험장의 남녀 필기시험 점수를 나타내는 자료이다. 두 자료가 정규분포를 따른다고 할 때, 두 집단의 분산이 같은지를 엑셀을 이용하여 유의수준 5%에서 검정하여라.

남	78	80	76	90	92	96	88	92	90	88
여	80	90	88	92	94	88	80	94	92	90

17 어느 회사에서 다이어트 식품을 출시하면서 효과가 있는지를 확인하기 위하여 10명의 실험자에게 적용해 본 결과, 다음과 같은 몸무게 자료를 얻었다. 다이어트 식품이 효과가 있는지 엑셀을 이용하여 유의수준 1%에서 검정하여라. 단, 복용 전과 후의 몸무게 차이는 정규분포를 따른다고 가정하자. (단위 : kg)

복용 전	55	53	48	60	56	62	50	70	56	66
복용 후	62	56	48	52	60	48	54	55	52	63

18 어느 소수 정예 학원에서 치른 두 학급의 일부 학생들의 기말고사 성적이다. 두 반의 평균 성적이 다른지를 검정하기 위한 엑셀 사용이 다음과 같다. t-검정 창에서 변수 1 입력 범위, 변수 2 입력 범위 그리고 출력 범위의 빈칸을 채우시오. 단, 성적은 정규분포를 따른다고 가정하자.

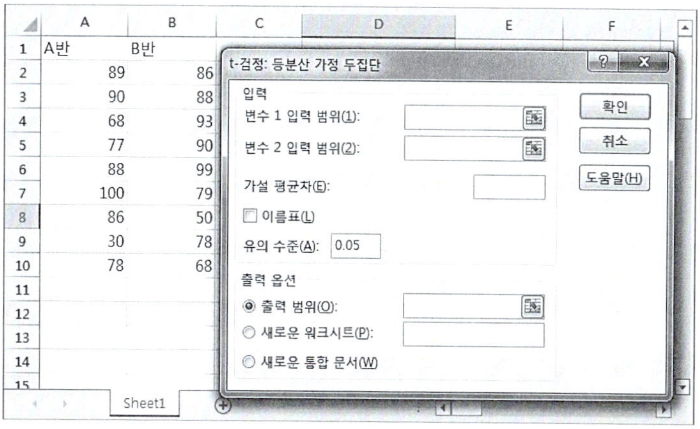

19 앞의 18번 문제에 대해 엑셀 함수 T.TEST를 이용하여 비교하고자 한다. 아래 그림에서 Tails와 Type을 어떻게 채워야 하는가?

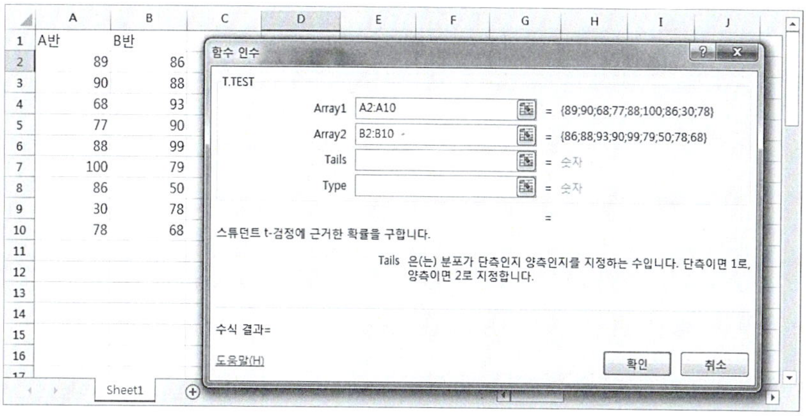

20 연습문제 18번 자료에서 A반과 B반 성적의 분산이 각각 150, 200이라고 한다. 이에 기초하면 두 반의 평균 성적에 차이가 있는지 유의수준 5%에서 엑셀을 이용하여 검정하여라.

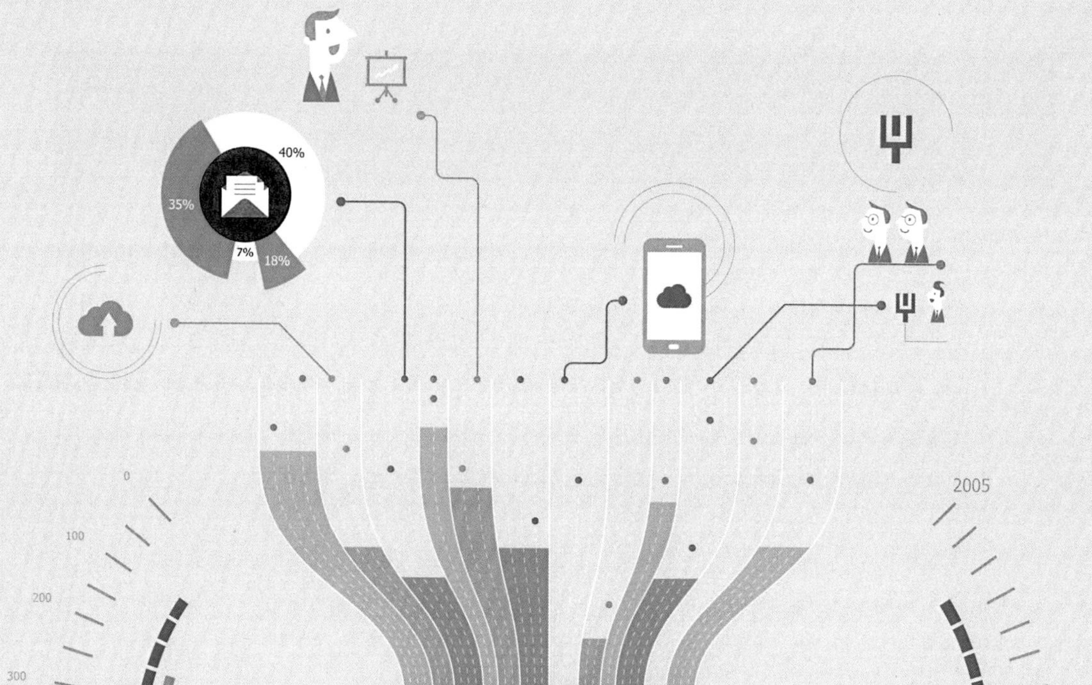

10장

범주형 자료분석

앞 장에서 두 모집단의 평균 또는 비율에 대한 검정법을 다루었다. 이 장에서는 모집단이 세 개 이상인 경우에 비율에 대해 검정하는 문제를 다룬다. 지금까지 다루어진 대부분의 자료가 양적 자료인 것에 반해 이 장에서는 조사되거나 측정된 자료를 어떤 속성에 따라 분류시켜 도수로 제시되는 범주형 자료를 대상으로 한다. 이러한 자료에 기초한 몇 가지 검정법을 학습하고 이를 위해 필수적인 카이제곱분포의 정의 및 활용 예제도 살펴볼 것이다. 또한, 엑셀을 이용하여 분석해 봄으로써 이 장에서 학습한 내용을 실습해 보게 될 것이다.

10.1 서론

앞의 2장에서 우리는 자료의 종류를 구분하고 그에 따른 특성을 이미 학습하였다. 그 중에서 이 장에서 심화 학습의 대상이 되는 **범주형 자료**(categorical data)는 관측된 결과를 어떤 속성에 따라 몇 개의 범주로 분류시켜 도수로 주어지는 자료를 의미한다. 이러한 범주형 자료에 대한 통계적 추론 방법을 **범주형 자료분석**(categorical data analysis)이라고 한다. 범주형으로 조사된 자료의 분석에서 관심이 있을 만한 예문으로는 다음과 같은 것들을 들 수 있겠다.

1. 대선에서 각 후보들의 지지율을 연령대별로 유권자 일부를 뽑아 조사하였다. 각 후보의 지지율이 지난 번 선거에서 나타난 소속 정당의 지지율과 같다고 할 수 있는가?
2. 어느 생물학자가 완두콩을 가지고 실험한 결과가 멘델의 유전법칙에 부합하는 것인가?
3. 흡연여부가 폐암을 유발하는 것과 밀접한 관련이 있는가?
4. 첫 출산 시 연령이 유방암 발생과 관련이 있는가?
5. 동일한 질병 치료를 위한 두 약품의 부작용 유무를 볼 때, 서로 동일한가?

위의 예문들에 대한 통계적인 결과를 얻기 위한 분석은 자료에서 각 변수의 범주를 나누어서 해당 범주의 관측도수를 나타낸 **분할표**(congingency table)에 기초해서 이루어진다. 변수가 두 개인 경우에는 2차원 분할표에 해당되는데 특히 이 경우에 행변수의 범주가 r개, 열변수의 범주가 c개이면 $r \times c$ 분할표라고 한다. 이 장에서는 분할표에 기초한 적합도 검정, 독립성 검정 및 동일성 검정에 대한 내용을 집중적으로 살펴보고자 한다.

10.2 적합도 검정

범주형으로 조사된 자료의 분석 결과가 기존의 알려진 이론 또는 결과와 부합하는지 여부를 확인하는 것을 **적합도 검정**이라고 한다. 10.1절에서 소개된 범주형 자료분석의 예문 중에 첫 번째와 두 번째가 바로 적합도 검정에 해당되는데 쉽게 설명하기 위하여 다음과 같은 예를 생각해 보자.

예제 10.1 어떤 카지노에서 주사위를 던지는 게임을 하였다. 고객 중 한 사람이 주사위의 형평성에 의문을 제기하여 이를 실험해 보기로 하였다. 주사위를 120회 던진 실험의 결과가 다음 표에 있다. 이 결과에 의하면 과연 이 주사위는 공정한 것이라 할 수 있는지 유의수준 5%에서 검정해 보자.

주사위를 120회 던진 실험의 결과

나온 눈	1	2	3	4	5	6	계
관측도수	18	17	23	21	18	23	120

풀이 p_1 : 1의 눈이 나올 확률, p_2 : 2의 눈이 나올 확률, p_3 : 3의 눈이 나올 확률, p_4 : 4의 눈이 나올 확률, p_5 : 5의 눈이 나올 확률, p_6 : 6의 눈이 나올 확률이라고 하면 검정하고자 하는 가설은 다음과 같다.

$$H_0:\ p_1 = p_2 = p_3 = p_4 = p_5 = p_6 = \frac{1}{6}\ \text{(공정한 주사위이다.)}$$

$$H_1:\ p_i\ \text{중 적어도 하나는 같지 않다. (주사위가 공정하지 못하다.)}$$

만일 H_0가 참이라면, 즉 주사위가 공정하다면 각 눈이 나오리라 기대되는 도수는 시행횟수 × 확률 = 120 × 1/6 = 20 이다. 이 값이 실제 관측도수들과 거의 비슷하다면 주사위가 공정하지 않다고 주장할 근거가 없게 된다. 역으로 기대도수와 관측도수들의 차이가 크다면 이것은 주사위의 공정성을 의심하게 되는 근거가 된다. 따라서 가설검정을 위한 검정통계량으로 '(관측도수−기대도수)의 합' 형태를 생각할 수 있다. 각 눈의 관측도수를 O_i, 기대도수를 E_i이라고 하자. 그러면 검정통계량은 $\sum_{i=1}^{6}(O_i - E_i)$인데 이것은 각 관측도수와 기대도수의 차이가 크더라도 양음의 상쇄효과 때문에 작게 나올 수가 있다. 따라서 검정통계량으로 $\sum_{i=1}^{6}|O_i - E_i|$ 또는 $\sum_{i=1}^{6}(O_i - E_i)^2$의 형태를 고려하게 된다. 이 중에서 수학적으로 다루기 편한 $\sum_{i=1}^{6}(O_i - E_i)^2$을 검정통계량으로 택하게 된다. 최종적으로는 이 검정통계량이 어떤 분포를 갖도록 다음과 같이 적절히 변환해 준 것을 사용하게 된다.

$$\chi^2 = \sum_{i=1}^{6}\frac{(O_i - E_i)^2}{E_i}$$

이것은 귀무가설 H_0가 참이라는 가정하에서 자유도가 5인 카이제곱분포(Chi-square distribution, χ^2−distribution)를 따른다고 알려져 있다. 여기서 자유도는 6개의 셀 가운데 5개가

정해지면 전체 합을 맞추기 위해 나머지 하나는 저절로 정해지므로 자유롭게 기대도수가 변할 수 있는 셀은 5개라는 의미이다. 카이제곱분포에 관한 사항은 〈참고〉에 따로 정리하였다. 이 χ^2 검정통계량 값이 크다는 것은 관측도수와 기대도수의 차이가 크다는 것으로 귀무가설이 타당하지 않다는 증거가 되며, 어느 정도 커야 하는가는 검정통계량의 분포인 카이제곱분포로부터 결정된다. 즉, 이 가설검정에서 귀무가설을 기각하기 위한 기각역은 자유도가 5인 카이제곱분포의 상위$(100\times\alpha)$백분위수를 이용하여 검정통계량의 관측값이 $\chi^2_\alpha(5)$보다 크면 유의수준 α에서 귀무가설을 기각하게 된다.

이 예제의 경우에 주사위 눈의 관측도수와 귀무가설하에서의 기대도수는 다음과 같으며, 이에 기초해서 카이제곱검정통계량의 관측값 χ^2_0을 계산한다.

나온 눈	1	2	3	4	5	6	계
관측도수	18	17	23	21	18	23	120
기대도수	20	20	20	20	20	20	120

$$\chi^2_0 = \frac{(18-20)^2}{20}+\frac{(17-20)^2}{20}+\frac{(23-20)^2}{20}$$
$$+\frac{(21-20)^2}{20}+\frac{(18-20)^2}{20}+\frac{(23-20)^2}{20}$$
$$=1.8$$

이고, $\chi^2_0 < \chi^2_{0.05}(5)=11.070$이므로 H_0를 기각할 수 없다. 유의확률(p 값)을 구하면 $X\sim\chi^2(5)$일 때, $P(X\geq 1.8)=0.876$ 이다. 즉, 유의확률이 유의수준 0.05보다 크므로 귀무가설을 기각할 수 없고, 따라서 이 주사위가 공정하지 않다고 주장할만한 근거는 없다. ☑

참고

카이제곱분포(Chi-square distribution)

(1) 정의: Z가 표준정규분포를 따르는 확률변수일 때, Z^2은 자유도가 1인 카이제곱분포를 따른다고 하며, $Z^2\sim\chi^2(1)$로 나타낸다. 즉, $Z\sim N(0,1)$ 일 때, $Z^2\sim\chi^2(1)$.

(2) 성질: 서로 독립인 카이제곱분포를 더하면 역시 카이제곱분포를 따르고, 자유도는 각각의 자유도를 더해준 것과 같다. 즉, $Z_1, Z_2, \cdots, Z_k$가 서로 독립이고 동일하게 $N(0,1)$를 따를 때,

$$\sum_{i=1}^{k} Z_i^{\,2} \sim \chi^2(k)$$

가 성립한다.

(3) 활용 예: $X_1, X_2, \cdots, X_n$이 서로 독립이고 동일하게 $N(\mu, \sigma^2)$을 따르고, S^2을 표본분산, 즉 $S^2 = \sum_{i=1}^{n}(X_i - \overline{X})^2/(n-1)$ 이라고 할 때,

$$\frac{(n-1)S^2}{\sigma^2} \sim \chi^2(n-1)$$

이 성립한다. 이 결과를 이용하여 9장에서 언급한 하나의 모분산에 대한 가설검정을 시행하게 된다.

참고

카이제곱분포의 확률밀도함수 형태 및 상위 $(100\times\alpha)$백분위수

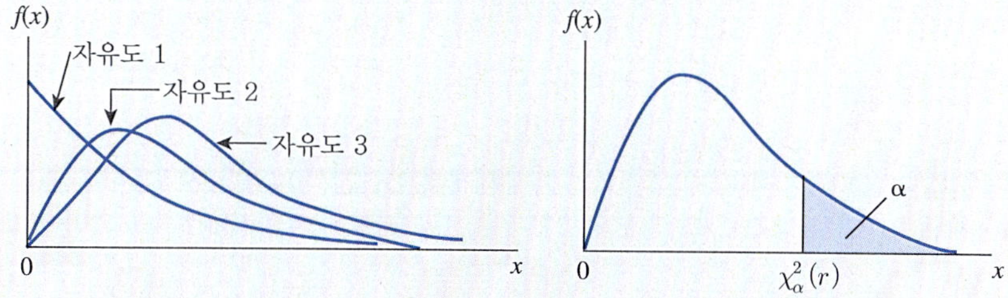

$X \sim \chi^2(r)$ 일 때, $P(X \geq x) = \alpha$를 만족하는 x를 자유도가 r인 카이제곱분포의 상위 $(100\times\alpha)$ 백분위수라고 하며 $\chi^2_\alpha(r)$ 이라고 나타낸다.

일반적으로 총 관측도수가 n, 각 범주의 관측도수가 $n_1, n_2, \cdots, n_k$ 인 k개의 범주를 가진 범주형 자료에 기초한 적합도 검정에서 검정하고자 하는 가설은 주어지거나 알려진 값 $p_{10}, p_{20}, \cdots, p_{k0}$에 대하여

$$H_0 : p_1 = p_{10},\ p_2 = p_{20}, \cdots, p_k = p_{k0} \quad \text{vs} \quad H_1 : H_0 \text{ 가 아니다}$$

이다. 이 가설을 검정하기 위한 검정통계량은

$$\chi^2 = \sum_{i=1}^{k}\frac{(n_i - np_{i0})^2}{np_{i0}}$$

이고, 귀무가설하에서 자유도가 $(k-1)$인 카이제곱분포를 따른다. 자료로부터 계산된 검정통계량의 값을 χ_0^2 이라고 하고, $\chi_0^2 > \chi_\alpha(k-1)$ 이면 유의수준 α에서 귀무가설을 기각한다.

10.3 독립성 검정

10.1절에서 소개한 범주형 자료분석의 예문 세 번째와 네 번째가 바로 이에 해당된다. 관측된 자료를 두 요인에 의해 분할하여 도수를 조사하고 분할표를 작성하여, 분할에 사용된 두 요인 사이에 관련이 있는지 또는 독립인지, 즉 한 요인이 다른 요인에 영향을 미치는지의 여부를 검정하는 문제를 **독립성 검정**이라고 한다. 역시 쉽게 이해를 돕기 위하여 다음과 같은 예를 생각해 보자.

예제 10.2 새롭게 마련된 세제개혁안에 대한 찬성여부가 소득수준과 관련이 있는지 알아보기 위해 1000명을 표본으로 선정하여 조사한 결과가 아래와 같이 나타났다. 세제개혁에 대한 찬성여부와 소득수준이 서로 독립인지 유의수준 5%에서 검정하여라.

세제개혁안의 찬성여부와 소득수준

세제개혁 \ 소득수준	저소득층(L)	중간층(M)	고소득층(H)	합
찬성(F)	185	218	198	601
반대(A)	156	143	100	399
합	341	361	298	1000

L: Low, M: Medium, H: High, F: For, A: Against

풀이 이 문제에서 검정하고자 하는 가설은 다음과 같다.

H_0: 세제개혁에 대한 찬성여부와 소득수준은 서로 독립이다.

H_1: 세제개혁에 대한 찬성여부와 소득수준은 서로 독립이 아니다.

주어진 분할표에서 각 열 또는 행에 속할 확률은 주변합(marginal sum)을 이용해서 다음과 같이 계산할 수 있다.

$$P(L)=\frac{341}{1000},\ P(M)=\frac{361}{1000},\ P(H)=\frac{298}{1000}$$

$$P(F)=\frac{601}{1000},\ P(A)=\frac{399}{1000}$$

만약 H_0가 참이라면, 즉 소득수준과 세제개혁 두 변수가 서로 독립이라면 각 셀의 교집합의 확률은 다음과 같이 두 확률의 곱으로 나타날 것이다.

$$P(L \cap F) = P(L) \times P(F) = \frac{341}{1000} \times \frac{601}{1000}$$

$$P(L \cap A) = P(L) \times P(A) = \frac{341}{1000} \times \frac{399}{1000}$$

$$P(M \cap F) = P(M) \times P(F) = \frac{361}{1000} \times \frac{601}{1000}$$

$$P(M \cap A) = P(M) \times P(A) = \frac{361}{1000} \times \frac{399}{1000}$$

$$P(H \cap F) = P(H) \times P(F) = \frac{298}{1000} \times \frac{601}{1000}$$

$$P(H \cap A) = P(H) \times P(A) = \frac{298}{1000} \times \frac{399}{1000}$$

전체도수가 1000이므로 이 확률을 이용하여 각 셀에 대해서 기대도수를 구해 보면 다음 표에서 괄호 안과 같다.

소득 수준 / 세제 개혁	저소득층(L)	중간층(M)	고소득층(H)	합
찬성(F)	185(204.9)	218(217.0)	198(179.1)	601
반대(A)	156(136.1)	143(144.0)	100(118.9)	399
합	341	361	298	1000

예를 들어, 저소득층(L)이면서 세제개혁에 찬성(F)하는 사람의 기대도수는

$$\text{전체도수}(1000) \times \text{셀의 확률}(P(L \cap F)) = 1000 \times \frac{341}{1000} \times \frac{601}{1000} = 204.9$$

와 같이 구할 수 있다.

적합도 검정에서와 마찬가지로 H_0가 참이라는 가정하에서 계산된 기대도수와 실제 관측도수와의 차이가 크면 H_0가 참이 아니라는 증거가 된다. 즉, 가설검정을 위한 통계량으로 적합도 검정에서와 같은 카이제곱통계량을 생각할 수 있는 것이다. 모든 셀에서 관측도수(O_{ij})와 기대도수(E_{ij})의 차이를 이용한 카이제곱검정통계량은 다음과 같다.

$$\chi^2 = \sum_{i=1}^{2} \sum_{j=1}^{3} \frac{(O_{ij} - E_{ij})^2}{E_{ij}}$$

이 통계량은 귀무가설하에서 자유도가 2인 카이제곱분포를 따른다. 각 행 또는 열에서 부분합을 맞추기 위해 하나씩의 셀은 값이 자동으로 계산되므로 자유롭게 기대도수가 변할 수 있는 셀은 "(열의 수 − 1)×(행의 수 − 1)" 만큼이다. 그러므로 이 문제에서 자유도는 $(2-1) \times (3-1) = 2$가 되는 것이다. 이 예제의 자료에 기초한 검정통계량 값을 계산하면 다음과 같다.

$$\chi_0^2 = \frac{(185-204.9)^2}{204.9} + \frac{(218-217)^2}{217} + \frac{(198-179.1)^2}{179.1}$$
$$+ \frac{(156-136.1)^2}{136.1} + \frac{(143-144)^2}{144} + \frac{(100-118.9)^2}{118.9}$$
$$= 9.85$$

앞에서 χ^2 검정통계량 값이 크면 귀무가설 H_0를 기각한다고 했다. 이때 기준이 되는 것은 카이제곱분포의 상위 $(100 \times \alpha)$백분위수로 이보다 크게 되면 유의수준 α에서 H_0를 기각하게 된다. 즉, 이 문제의 경우에는 $\chi_0^2 > \chi_{0.05}^2(2)$이면 H_0를 기각하는데, $\chi_0^2 = 9.85$이고, $\chi_{0.05}^2(2) = 5.991$이므로 H_0를 기각한다. 즉, 유의수준 0.05에서 세제개혁에 대한 찬성여부는 소득수준과 독립이 아니라는 뚜렷한 증거가 있다. ☑

[예제 10.2]와 같은 독립성 검정을 일반화하기 위한 자료의 구조는 [표 10.1]과 같다.

[표 10.1] 독립성 검정을 위한 자료의 구조($r \times c$ 분할표)

	B_1	B_2	…	B_c	합계
A_1	n_{11}	n_{12}	…	n_{1c}	$n_{1\cdot}$
A_2	n_{21}	n_{22}	…	n_{2c}	$n_{2\cdot}$
⋮	⋮	⋮	⋮	⋮	⋮
A_r	r_{r1}	n_{r2}	…	n_{rc}	$n_{r\cdot}$
합계	$n_{\cdot 1}$	$n_{\cdot 2}$	…	$n_{\cdot c}$	n

이때 p_{ij}를 변수 A의 i번째이고 변수 B의 j번째 범주에 속할 확률이라고 하고, $p_{i\cdot}$를 A의 i번째 범주에 속할 확률, $p_{\cdot j}$를 B의 j번째 범주에 속할 확률이라고 하면 검정하고자 하는 가설을 다음과 같이 쓸 수 있다.

H_0: A 변수와 B 변수는 서로 독립이다.
(즉, $p_{ij} = p_{i\cdot} \times p_{\cdot j}$, $i = 1, \cdots, r$, $j = 1, \cdots, c$)

H_1: A 변수와 B 변수는 서로 독립이 아니다. (즉, H_0가 아니다.)

이 가설을 검정하기 위한 검정통계량은 다음과 같다.

$$\chi^2 = \sum_{i=1}^{r} \sum_{j=1}^{c} \frac{(O_{ij} - E_{ij})^2}{E_{ij}} = \sum_{i=1}^{r} \sum_{j=1}^{c} \frac{(n_{ij} - np_{i\cdot}p_{\cdot j})^2}{np_{i\cdot}p_{\cdot j}}$$

이 통계량은 귀무가설이 참이라는 가정하에서 자유도가 $(r-1)\times(c-1)$인 카이제곱분포를 따른다. 따라서 자료로부터 계산한 χ^2의 값을 χ_0^2이라고 하면 유의수준 α에서 기각역은 $\chi_0^2 > \chi_\alpha^2((r-1)(c-1))$ 이다. 이 경우에 유의확률(p값)은 $X \sim \chi^2((r-1)(c-1))$ 일 때, $P(X \geq \chi_0^2)$ 값으로 정의된다. 이 유의확률이 주어진 유의수준 α보다 작으면 H_0를 기각하게 되는 것이다.

10.4 동일성 검정

범주형으로 조사된 세 개 이상의 모집단의 비율이 서로 동일한지 여부를 확인하는 것을 **동일성 검정** 또는 **동질성 검정**이라고 한다. 10.1절에서 소개한 범주형 자료분석의 예문 다섯 번째가 바로 이에 해당되는 경우이며 다음의 예제를 통해 설명하도록 하겠다.

예제 10.3 어느 회사에서는 1일 3교대로 작업을 하고 있다. 작업조에 따라 불량률이 다른지를 알아보기 위해 주간조에서 생산한 150개, 야간조에서 120개와 심야조에서 130개를 뽑아 불량품과 양호품의 개수를 조사한 결과가 다음과 같다.

상태 \ 작업조	주간	야간	심야	계
불량품	25	25	15	65
양호품	125	95	115	335
계	150	120	130	400

작업조에 따라 불량률에 차이가 있다고 할 수 있는지 유의수준 5%에서 검정하여라.

풀이 p_1, p_2와 p_3를 각각 주간, 야간 그리고 심야의 불량품 비율을 나타낸다고 할 때, 검정하고자 하는 가설은 다음과 같다.

H_0 : 작업조에 따른 불량률이 동일하다. (즉, $p_1 = p_3 = p_3$이다.)

H_1 : 작업조에 따른 불량률이 동일하지 않다. (즉, H_0가 아니다.)

귀무가설이 참이라는 가정하에서 각 조에서 불량품을 생산할 확률은 $\frac{65}{400}$로 동일하다. 따라서 주간조가 생산한 불량품의 기대도수는 $150\times\frac{65}{400}$, 야간조가 생산한 불량품의 기대도수는 $120\times\frac{65}{400}$, 주간조가 생산한 양호품의 기대도수는 $150\times\frac{335}{400}$ 등으로 계산할 수 있다. 이러한 방법으로 각 셀의 기대도수를 구한 것이 다음 표의 괄호 안과 같다.

상태 \ 작업조	주간	야간	심야	계
불량품	25(24.4)	25(19.5)	15(21.1)	65
양호품	125(125.6)	95(100.5)	115(108.9)	335
계	150	120	130	400

독립성 검정에서와 마찬가지로 H_0가 참이라는 가정하에서 계산된 기대도수와 실제 관측도수와의 차이가 크면 H_0가 참이 아니라는 증거가 된다. 즉, 가설검정을 위한 통계량으로 독립성 검정에서와 같은 카이제곱통계량을 생각할 수 있는 것이다. 모든 셀에서 관측도수와 기대도수의 차이를 이용한 카이제곱검정통계량은 독립성 검정의 경우와 같고, 자유도가 2인 카이제곱분포를 따른다. 이 예제의 자료에 기초해서 계산된 값은 다음과 같다.

$$\begin{aligned}\chi_0^2 &= \frac{(25-24.4)^2}{24.4}+\frac{(25-19.5)^2}{19.5}+\frac{(15-21.1)^2}{21.1}\\ &= \frac{(125-125.6)^2}{125.6}+\frac{(95-100.5)^2}{100.5}+\frac{(115-108.9)^2}{108.9}\\ &= 3.975\end{aligned}$$

가설검정의 기각역은 $\chi_0^2>\chi_{0.05}^2(2)$인데, $\chi_0^2=3.975$이고, $\chi_{0.05}^2(2)=5.991$이므로 H_0를 기각할 수 없다. 즉, 유의수준 0.05에서 주간조, 야간조, 심야조가 생산하는 제품의 불량률이 다르다는 뚜렷한 증거는 없다. ☑

동일성 검정의 일반화는 독립성 검정의 경우와 같다. 즉, 가설의 형태만 다르고, 자료구조, 검정통계량 및 검정법이 모두 동일하다. 다만, 동일성 검정의 경우에는 자료를 얻을 때 한 변수의 부분합을 고정해 놓고 얻어야 하는 것이 일반적이다. 앞의 [예제 10.3]에서는 작업조에 따라 생산품의 개수를 미리 고정해 놓고 조사한 것이다.

10.5
엑셀을 이용한 실습

참고

엑셀을 이용하여 카이제곱분포의 확률 구하기

CHISQ.DIST

- 목적: 카이제곱분포의 좌측 검정 확률을 구한다.
- 구문: CHISQ.DIST(x, $d.f.$, cumulative)
  x: 이 값보다 작거나 같을 확률을 구하도록 지정한 숫자
  $d.f.$: 카이제곱분포의 자유도에 해당되는 숫자로 워크시트에서 데이터 입력 범위를 지정해 넣을 수도 있다.
  cumulative: 누적분포함수일 경우 TRUE 또는 1
  확률밀도함수일 경우 FALSE 또는 0
- 결과: $X \sim \chi^2(d.f.)$ 일 때, $P(X \leq x)$ 또는 $f(x)$의 값을 제공.
- 예문: CHISQ.DIST(18.307, 10, 1)는 0.949999 값을 준다.
- 참고: 엑셀 2007 버전에서 사용하는 함수 CHIDIST는 카이제곱분포의 우측 검정 확률을 구해주는 것으로 호환이 가능하다. 2016 버전에서 우측 검정 확률을 구하는 함수는 CHISQ.DIST.RT이다.

CHISQ.INV

- 목적: 카이제곱분포의 백분위수를 제공한다.
- 구문: CHISQ.INV(probability, $d.f.$)
  probabilty: 좌측 꼬리부분의 확률
  $d.f.$: 카이제곱분포의 자유도에 해당되는 숫자로 워크시트에서 데이터 입력 범위를 지정해 넣을 수도 있다.
- 결과: $X \sim \chi^2(d.f.)$ 일 때, $P(X \leq x) =$ probability를 만족하는 x의 값을 제공.
- 예문: CHISQ.INV(0.95, 10)은 18.30703 값을 준다.

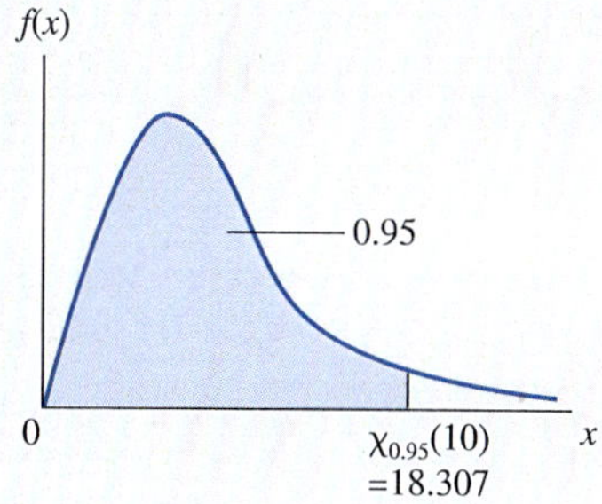

– 참고: 엑셀 2007 버전에서 사용하는 함수 CHIINV는 우측 꼬리부분의 확률에 대한 카이제곱분포의 상위 백분위수를 제공하는 것이며, 이는 엑셀 2016 버전에서는 함수 CHISQ.INV.RT로 구할 수 있다.

예제 10.4 [예제 10.1]에서 살펴본 주사위를 던지는 실험에 대해 엑셀을 이용하여 적합도 검정을 시행해 보자. 자료는 다음과 같다.

나온 눈	1	2	3	4	5	6	계
관측도수	18	17	23	21	18	23	120

이 주사위가 공정한 주사위라고 할 수 있는지를 유의수준 5%에서 검정해 보자.

풀이 1) 엑셀을 시작하고 아래의 그림과 같이 자료 확인에 필요한 사항 및 필요한 라벨을 적절하게 입력하고 관측도수와 귀무가설에서 가정된 비율(가정비율)을 입력한다.

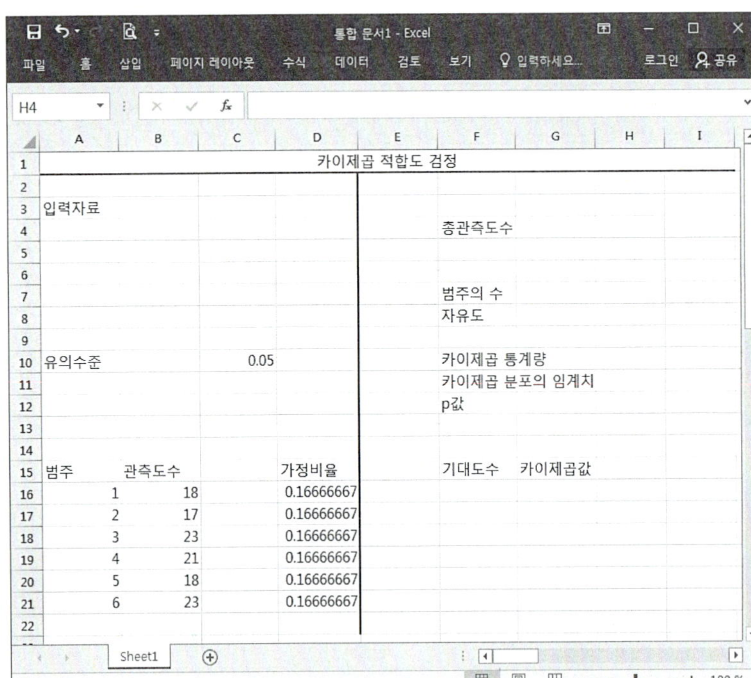

2) 다음으로 총 관측도수를 계산하는 공식을 입력한다. 참고로 아래의 계산식을 입력하는 데서 표현의 편의상 "="은 모두 생략하였다. 원하는 결과를 얻기 위해서는 맨 앞에 반드시 "="을 입력해야 한다. 또는 함수 마법사를 이용할 수도 있다. 〈셀 H4〉는 총 관찰빈도를 구하는 데 사용된다. 공식은 =SUM(B16:B21)이다.

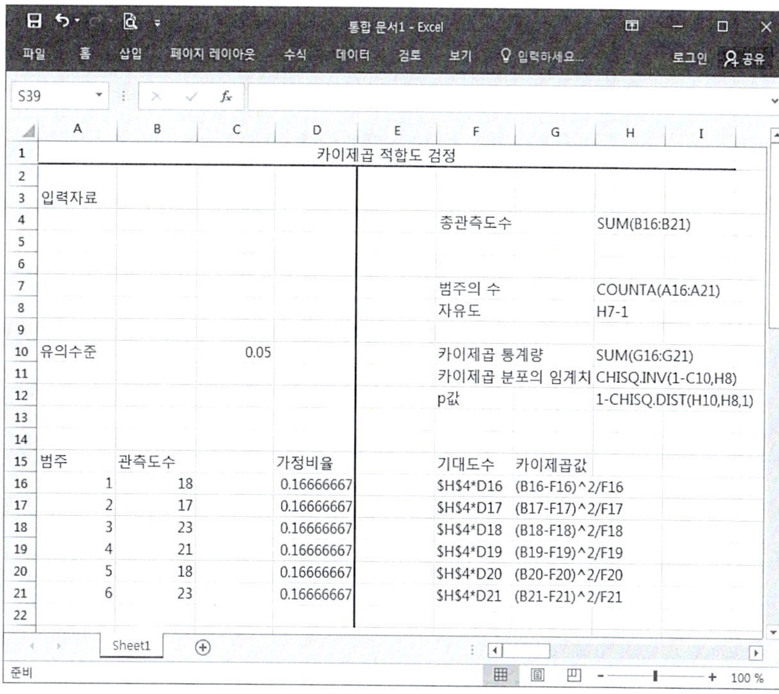

	A	B	C	D	E	F	G	H
1				카이제곱 적합도 검정				
2								
3	입력자료							
4						총관측도수		SUM(B16:B21)
5								
6								
7						범주의 수		COUNTA(A16:A21)
8						자유도		H7-1
9								
10	유의수준		0.05			카이제곱 통계량		SUM(G16:G21)
11						카이제곱 분포의 임계치		CHISQ.INV(1-C10,H8)
12						p값		1-CHISQ.DIST(H10,H8,1)
13								
14								
15	범주	관측도수		가정비율		기대도수	카이제곱값	
16	1	18		0.16666667		$H$4*D16	(B16-F16)^2/F16	
17	2	17		0.16666667		$H$4*D17	(B17-F17)^2/F17	
18	3	23		0.16666667		$H$4*D18	(B18-F18)^2/F18	
19	4	21		0.16666667		$H$4*D19	(B19-F19)^2/F19	
20	5	18		0.16666667		$H$4*D20	(B20-F20)^2/F20	
21	6	23		0.16666667		$H$4*D21	(B21-F21)^2/F21	
22								

3) 〈셀 H7〉은 범주의 수가 몇 개인지를 파악하기 위해서 함수 COUNTA를 이용한다. 공식 =COUNTA(A16:A21)는 A16부터 A21까지 빈칸이 아닌 수치가 있는 셀의 수를 센다.

4) 〈셀 H8〉은 자유도인 (범주의 수 − 1) 값을 계산한다.

5) 〈셀 F16〉부터 〈셀 F21〉까지는 기대도수를 계산한다. 〈셀 F16〉에 공식 =$H$4*D16을 입력하고 아래로 [드래그&드롭]한다. $H$4는 〈셀 H4〉를 절대참조하는 것으로 변하지 않고 D열만 변한다.

6) 〈셀 G16〉부터 〈셀 G21〉까지는 각 범주에 대해서 $(O_i - E_i)^2 / E_i$을 계산한다. 공식은 위 그림의 〈셀 G16〉만 입력하고 [드래그&드롭]하면 나머지는 자동으로 입력된다.

7) 〈셀 H10〉에서 공식 =SUM(G16:G21)로 카이제곱통계량

$$\chi^2 = \sum_{i=1}^{6} \frac{(O_i - E_i)^2}{E_i}$$

의 값을 계산한다.

8) 〈셀 H11〉에서 주어진 유의수준 〈셀 C10〉과 자유도 〈셀 H8〉의 값을 이용하여 가설검정에서 기각역을 결정하는 카이제곱분포의 임계치($\chi^2_{0.95}(5)$)를 계산한다. 입력하는 공식은 =CHISQ.INV(1−C10,H8)이다.

9) 〈셀 H12〉의 공식은 이 검정의 유의확률(p값)을 계산한다. 이 값은 〈셀 H10〉의 검정통계량과 〈셀 H8〉의 자유도에 의해 결정된다. 이 공식은 =1−CHISQ.DIST(H10,H8,1)이다.

이상을 수행한 결과는 아래의 그림과 같다. 각 셀의 소수이하 자릿수 등을 바꾸고 싶으면 해당되는 셀을 클릭해 놓고, [서식→셀→숫자]로 가서 조절할 수 있다.

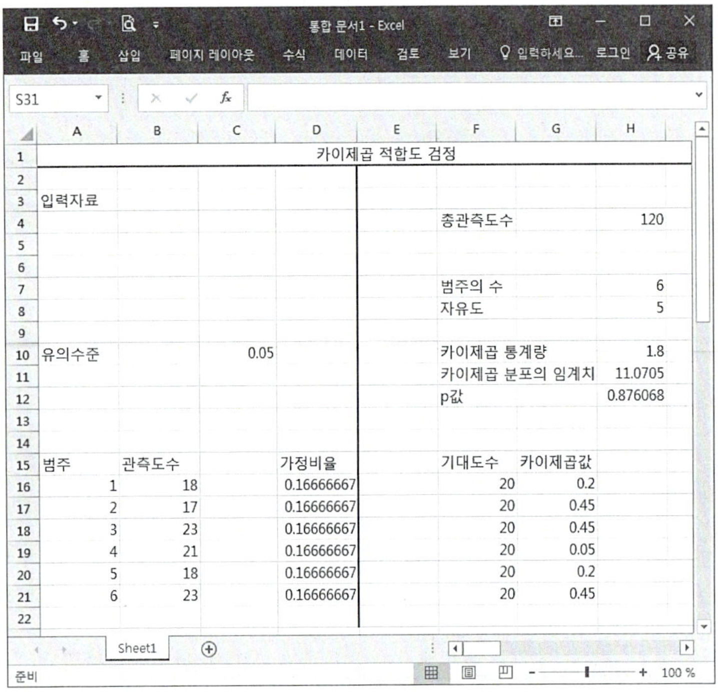

	A	B	C	D	E	F	G	H
1	카이제곱 적합도 검정							
2								
3	입력자료							
4						총관측도수		120
5								
6								
7						범주의 수		6
8						자유도		5
9								
10	유의수준		0.05			카이제곱 통계량		1.8
11						카이제곱 분포의 임계치		11.0705
12						p값		0.876068
13								
14								
15	범주	관측도수		가정비율		기대도수	카이제곱값	
16	1	18		0.16666667		20	0.2	
17	2	17		0.16666667		20	0.45	
18	3	23		0.16666667		20	0.45	
19	4	21		0.16666667		20	0.05	
20	5	18		0.16666667		20	0.2	
21	6	23		0.16666667		20	0.45	
22								

결과를 살펴보면 카이제곱통계량의 관측값 (χ_0^2)이 1.8로 유의수준 0.05의 카이제곱분포의 임계치 $(\chi_{0.05}^2)$인 11.070보다 작으므로 귀무가설을 기각할 수 없다. 유의확률(p값)을 보더라도 0.05보다 크므로 귀무가설을 기각할 수 없다. 즉, 주사위가 공정하지 않다는 증거가 없으며 이는 [예제 10.1]에서의 결과와 일치한다. ☑

참고

앞의 풀이는 카이제곱검정통계량에 대한 이론적 이해가 필요하므로 좀 어렵게 느낄 수 있다. 따라서 여기서는 위의 검정을 함수 마법사의 CHISQ.TEST를 통해서 실시해 보기로 하자.

1) 다음의 워크시트 단계까지는 위의 방법과 동일하게 만든다.

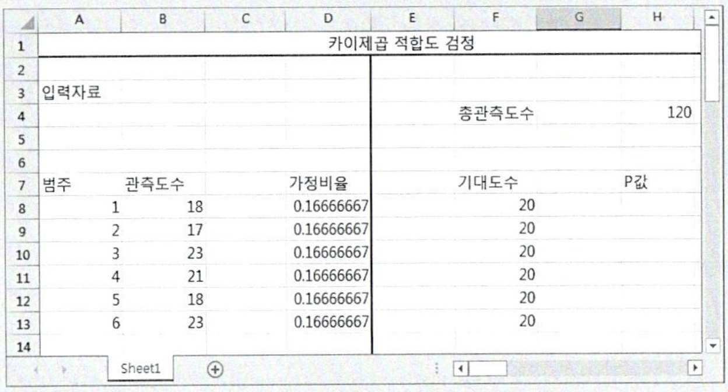

	A	B	C	D	E	F	G	H
1	카이제곱 적합도 검정							
2								
3	입력자료							
4						총관측도수		120
5								
6								
7	범주	관측도수		가정비율		기대도수		P값
8	1	18		0.16666667		20		
9	2	17		0.16666667		20		
10	3	23		0.16666667		20		
11	4	21		0.16666667		20		
12	5	18		0.16666667		20		
13	6	23		0.16666667		20		
14								

2) 다음으로 〈셀 H8〉에 마우스를 클릭하고 함수 마법사를 실행하여, 범주 선택에서 "통계"를 선택한다.

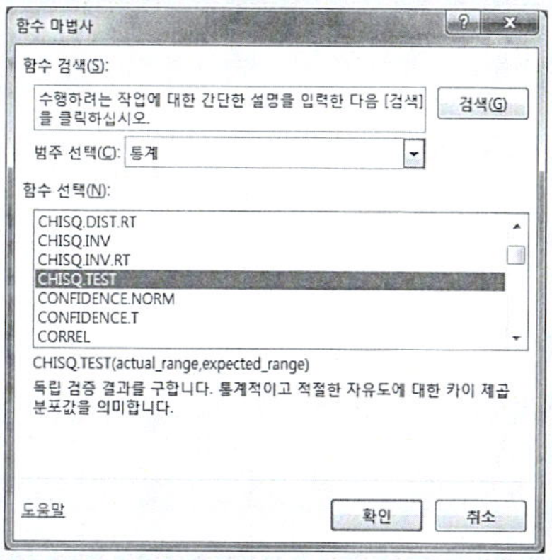

3) 위의 그림과 같이 "CHISQ.TEST"를 선택하고 "확인"을 누르면 아래와 같은 함수 인수 창이 열린다.

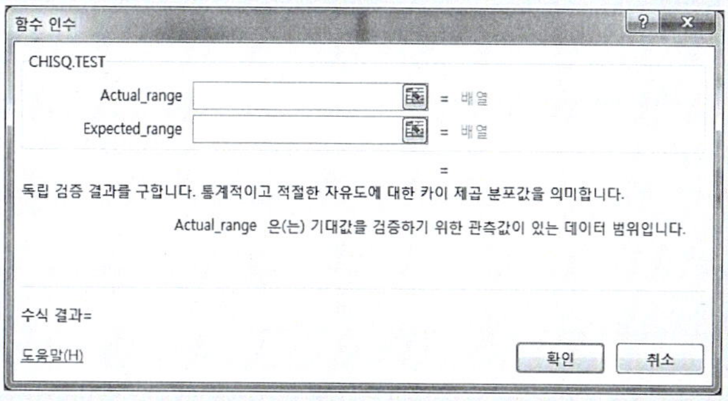

4) 위의 함수 인수 창에 Actual_range는 관측도수가 입력되어 있는 위치를 나타내고, Expected _range는 기대도수가 입력되어 있는 위치를 나타낸다. 따라서 우리가 구한 관측도수와 기대도수의 참조영역을 직접 입력하거나 우측의 데이터 입력 버튼을 눌러서 위치를 지정한다.

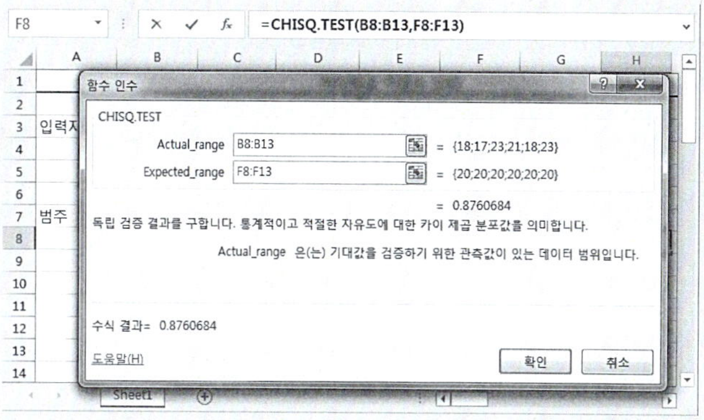

5) 앞의 과정을 모두 마치고 확인를 누르면 아래와 같은 결과가 출력된다.

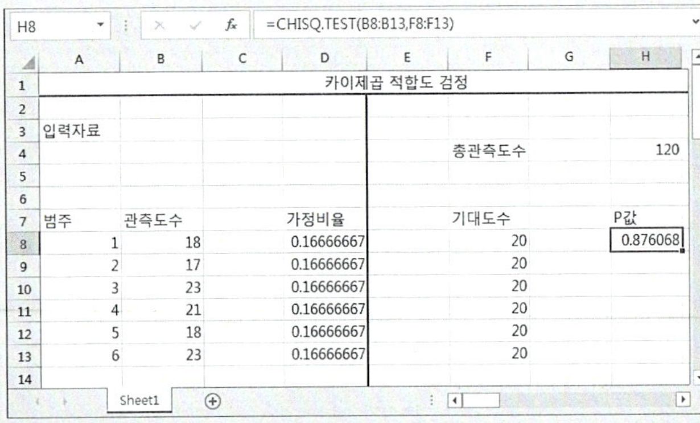
H8 =CHISQ.TEST(B8:B13,F8:F13)

	A	B	C	D	E	F	G	H
1				카이제곱 적합도 검정				
2								
3	입력자료							
4						총관측도수		120
5								
6								
7	범주	관측도수		가정비율		기대도수		P값
8	1	18		0.16666667		20		0.876068
9	2	17		0.16666667		20		
10	3	23		0.16666667		20		
11	4	21		0.16666667		20		
12	5	18		0.16666667		20		
13	6	23		0.16666667		20		
14								

Sheet1

결과를 살펴보면 앞에서 공식에 의해 구했던 방법과 같은 유의확률(p값)이 구해짐을 알 수 있다. 즉, 유의수준 0.05보다 p값이 크므로 귀무가설을 기각할 수 없다.

예제 10.5 아래의 표는 어느 대학에서 단과대학 학생별로 이용하는 이동통신업체의 종류를 조사한 결과이다. 이 자료를 토대로 소수 단과대학과 이동통신업체의 선택이 서로 무관한지 여부를 유의수준 5%에서 엑셀을 이용해서 검정하여라.

이동통신업체	단과대학			
	공대	법대	문과대	경영대
A	6	14	11	5
B	5	11	12	1
C	2	7	9	9
D	16	10	7	22
E	14	16	9	10

풀이 검정하고자 하는 가설은 다음과 같다.

H_0: 소속 단과대학과 이동통신업체의 선택은 서로 독립이다.

H_1: 소속 단과대학과 이동통신업체의 선택은 서로 독립이 아니다.

검정을 위해 엑셀은 다음과 같은 순서로 사용하면 된다.

1) 다음 그림과 같이 자료 확인에 필요한 사항 및 필요한 라벨을 적절하게 입력한다.

	A	B	C	D	E	F	G
1				유의수준	0.05		
2							
3	<표1>	관측도수					
4				열변수			
5	행변수	공대	법대	문과대	경영대		
6	A	6	14	11	5		
7	B	5	11	12	1		
8	C	2	7	9	9		
9	D	16	10	7	22		
10	E	14	16	9	10		
11							
12	통계결과						
13		총관측도수					
14							
15		행변수 범주의 수					
16		열변수 범주의 수					
17		자유도					
18							
19		카이제곱통계량					
20		카이제곱 분포의 임계치					
21		p값					

Sheet1

2) 다음으로 아래와 같이 함수를 입력한다. 적합도 검정에서와 마찬가지로 값을 얻기 위해서는 "="가 필요하지만 편의상 "="를 생략하고 나타내었다. 또는 함수 마법사를 이용해서 입력할 수도 있다. 우선 〈셀 E13〉에 총 관측도수를 알아내는 공식을 입력한다. 공식은 = SUM(B6:E10)이다.

	A	B	C	D	E	F	G
1				유의수준	0.05		
2							
3	<표1>	관측도수					
4				열변수			
5	행변수	공대	법대	문과대	경영대		
6	A	6	14	11	5		
7	B	5	11	12	1		
8	C	2	7	9	9		
9	D	16	10	7	22		
10	E	14	16	9	10		
11							
12	통계결과						
13		총관측도수			SUM(B6:E10)		
14							
15		행변수 범주의 수			COUNTA(A6:A10)		
16		열변수 범주의 수			COUNTA(B5:E5)		
17		자유도			(E15-1)*(E16-1)		
18							
19		카이제곱통계량					
20		카이제곱 분포의 임계치					
21		p값					

Sheet1

3) 〈셀 E15〉와 〈셀 E16〉은 첫 번째, 두 번째 변수에 얼마나 많은 범주가 입력되는가를 결정하기 위해서 COUNTA 함수를 이용한다. 공식 =COUNTA(A6:A10)은 A6부터 A10까지 빈칸이 없는 셀의 수를 계산한다. 두 번째 변수의 범주 수를 위한 공식은 =COUNTA(B5:E5)이다.
4) 〈셀 E17〉는 카이제곱의 자유도를 구하는 것으로서, 공식은 =(E15−1)*(E16−1)이다.
5) 다음으로 아래 그림과 같이 〈셀 B26〉부터 〈셀 B30〉까지는 기대도수를 산출하는 공식을 보여 주고 있다. 또한 〈셀 B35〉부터 〈셀 B39〉까지는 각 셀의 카이제곱값에 대한 공식을 나타낸다. 공식의 형태는 모두 동일하기 때문에 여기서는 공대에 대한 계산식만을 나타내기로

한다. 각각 맨 윗줄의 내용만 입력하고 아래로 [드래그&드롭]하면 된다. 또한 각 행에서는 각각 우측으로 [드래그&드롭] 하면 다른 단과대학에 해당되는 값들을 얻을 수 있다.

	A	B	C	D	E
22					
23	<표2>	기대도수			
24			열변수		
25	행변수	공대	법대	문과대	경영대
26	A	SUM(B$6:B$10)*SUM($B6:$E6)/$E$13			
27	B	SUM(B$6:B$10)*SUM($B7:$E7)/$E$13			
28	C	SUM(B$6:B$10)*SUM($B8:$E8)/$E$13			
29	D	SUM(B$6:B$10)*SUM($B9:$E9)/$E$13			
30	E	SUM(B$6:B$10)*SUM($B10:$E10)/$E$13			
31					
32	<표3>	카이제곱			
33			열변수		
34	행변수	공대	법대	문과대	경영대
35	A	(B6-B26)^2/B26			
36	B	(B7-B27)^2/B27			
37	C	(B8-B28)^2/B28			
38	D	(B9-B29)^2/B29			
39	E	(B10-B30)^2/B30			

6) 5)와 같이 하면 〈셀 B26〉부터 〈셀 E30〉까지는 각 셀의 기대도수가, 〈셀 B35〉부터 〈셀 E39〉는 각 셀의 카이제곱값이 저장되어 있다.

	A	B	C	D	E
22					
23	<표2>	기대도수			
24			열변수		
25	행변수	공대	법대	문과대	경영대
26	A	7.8979592	10.653061	8.81632653	8.6326531
27	B	6.3622449	8.5816327	7.10204082	6.9540816
28	C	5.9234694	7.9897959	6.6122449	6.4744898
29	D	12.066327	16.27551	13.4693878	13.188776
30	E	10.75	14.5	12	11.75
31					
32	<표3>	카이제곱			
33			열변수		
34	행변수	공대	법대	문과대	경영대
35	A	0.4560987	1.0515287	0.54086357	1.5286341
36	B	0.2916755	0.6815137	3.37790289	5.0978821
37	C	2.5987493	0.1226184	0.8622449	0.9851281
38	D	1.2823942	2.4197108	3.10726654	5.8866479
39	E	0.9825581	0.1551724	0.75	0.2606383

7) 〈셀 E19〉에서 카이제곱통계량의 값을 계산할 수 있다. 공식은 =SUM(B35:E39)이다.

	A	B	C	D	E
1				유의수준	0.05
2					
3	<표1>	관측도수			
4			열변수		
5	행변수	공대	법대	문과대	경영대
6	A	6	14	11	5
7	B	5	11	12	1
8	C	2	7	9	9
9	D	16	10	7	22
10	E	14	16	9	10
11					
12	통계결과				
13		총관측도수			196
14					
15		행변수 범주의 수			5
16		열변수 범주의 수			4
17		자유도			12
18					
19		카이제곱통계량			SUM(B35:E39)
20		카이제곱 분포의 임계치			CHISQ.INV(1-E1,E17)
21		p값			1-CHISQ.DIST(E19,E17,1)

8) 〈셀 E20〉에서 카이제곱분포의 임계치가 산출된다. 이 값은 〈셀 E1〉의 유의수준과 〈셀 E17〉의 자유도에 의해 좌우된다. 이 공식은 =CHISQ.INV(1−E1,E17)이다.
9) 〈셀 E21〉의 공식은 이 검정의 유의확률(p값)을 산출한다. 이 값은 〈셀 E19〉의 카이제곱통계량의 값과 자유도에 의해 좌우된다. 공식 =1−CHISQ.DIST(E19,E17,1)이다.

이상의 과정을 모두 마치면 아래의 그림과 같은 독립성 검정 결과를 얻을 수 있다.

	A	B	C	D	E
19		카이제곱통계량			32.439228
20		카이제곱 분포의 임계치			21.02607
21		p값			0.0011834
22					
23	<표2>	기대도수			
24			열변수		
25	행변수	공대	법대	문과대	경영대
26	A	7.8979592	10.653061	8.81632653	8.6326531
27	B	6.3622449	8.5816327	7.10204082	6.9540816
28	C	5.9234694	7.9897959	6.6122449	6.4744898
29	D	12.066327	16.27551	13.4693878	13.188776
30	E	10.75	14.5	12	11.75
31					
32	<표3>	카이제곱			
33			열변수		
34	행변수	공대	법대	문과대	경영대
35	A	0.4560987	1.0515287	0.54086357	1.5286341
36	B	0.2916755	0.6815137	3.37790289	5.0978821
37	C	2.5987493	0.1226184	0.8622449	0.9851281
38	D	1.2823942	2.4197108	3.10726654	5.8866479
39	E	0.9825581	0.1551724	0.75	0.2606383

결과를 보면 카이제곱통계량(χ_0^2)이 32.439로 자유도가 12인 카이제곱분포의 임계치 ($\chi_{0.95}^2(12)$)보다 크므로 귀무가설을 기각한다. 유의확률(p값)로 보더라도 값이 0.00118로 0.05보다 작으므로 H_0를 기각한다. 즉, 소속 단과대학별로 이동통신업체의 선택이 독립이 아니라는(무관하지 않다는) 뚜렷한 증거가 있다. ☑

참고

함수 마법사를 이용하여 구하는 과정을 보자. 먼저 1)부터 5)의 기대도수를 구하는 과정은 동일하게 한다. 함수 마법사의 통계함수 중에 CHISQ.TEST를 실행하고, 관측도수가 있는 범위와 기대도수가 있는 범위를 입력해 준다. 역시 입력란 오른쪽의 입력버튼을 눌러 위치를 지정할 수도 있다.

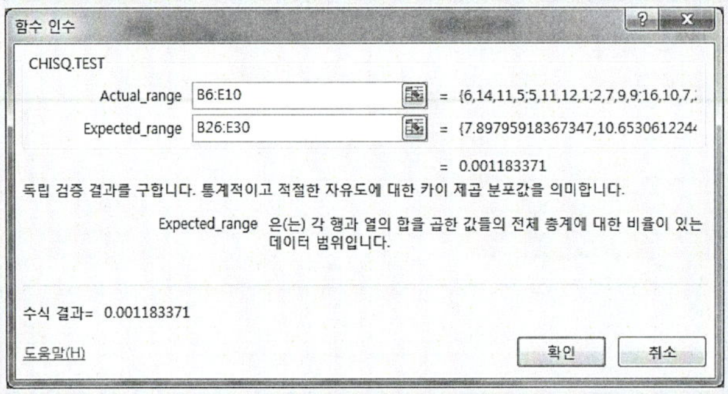

위의 "수식 결과"를 보면 유의확률(p값)이 0.00118로 공식에 의해 구한 앞의 경우와 동일함을 알 수 있고, 가설검정의 결론도 같다.

예제 10.6 멀미약 A회사 제품과 B회사 제품이 있는데 이 두 제품을 비교하기 위해 100명의 고객을 임의로 선택하여 50명은 A제품, 나머지 50명은 B제품을 복용하게 하고 장시간 항해 후에 조사한 결과가 아래 표와 같다.

상표 \ 멀미정도	없다	약하다	중간이다	심각하다	계
A 제품	19	18	8	5	50
B 제품	13	15	15	7	50

제조회사에 따라 약효가 동일한지를 엑셀을 사용하여 유의수준 1%에서 검정해 보자.

풀이 검정하고자 하는 가설은 다음과 같다.

H_0: 제조회사에 따라 약효가 동일하다.

H_1: 제조회사에 따라 약효가 동일하지 않다.

엑셀을 이용하는 순서는 다음과 같이 하면 된다.

1) 아래의 그림과 같이 자료 확인에 필요한 사항을 적절하게 입력한다.

	A	B	C	D	E	F
1				유의수준	0.01	
2						
3	<표1>	관측도수				
4				열변수		
5	행변수	없다	약하다	중간이다	심하다	총
6	A제품	19	18	8	5	50
7	B제품	13	15	15	7	50
8	총	32	33	23	12	100
9						
10	통계결과					
11		카이제곱통계량				
12		카이제곱 분포의 임계치				
13		p값				

2) 다음으로 아래의 그림과 같이 기대도수와 카이제곱값을 구하기 위한 함수를 입력한다. 입력 과정은 모두 동일하기 때문에 여기서는 범주 "없다"에 대한 함수만 제공하고 나머지 셀들은 [드래그&드롭] 하면 된다.

	A	B	C	D	E	F
14						
15	<표2>	기대도수				
16				열변수		
17	행변수	없다	약하다	중간이다	심하다	총
18	A제품	B$8*$F6/$F$8				
19	B제품	B$8*$F7/$F$8				
20	총	B$8*$F8/$F$8				
21						
22						
23						
24	<표3>	카이제곱				
25				열변수		
26	행변수	없다	약하다	중간이다	심하다	
27	A제품	(B6-B18)^2/B18				
28	B제품	(B7-B19)^2/B19				
29						

3) 다음 그림에서 보듯이 〈셀 E11〉에서 카이제곱통계량의 값을 계산할 수 있다. 공식은 =SUM(B27:E28)이다.

4) 다음 그림에서 〈셀 E12〉에서 자유도가 3이고 유의수준이 〈셀 E1〉인 카이제곱분포의 임계치가 산출된다. 이 공식은 =CHISQ.INV(1−E1,3)이다.

5) 다음 그림에서 〈셀 E13〉의 공식은 이 검정의 유의확률(p 값)을 산출한다. 이 값은 〈셀 E13〉의 카이제곱통계량의 값과 자유도에 의해 결정된다. 공식은 =1−CHISQ.DIST(E11,3,1)이다.

	A	B	C	D	E	F
1				유의수준	0.01	
2						
3	<표1>	관측도수				
4				열변수		
5	행변수	없다	약하다	중간이다	심하다	총
6	A제품	19	18	8	5	50
7	B제품	13	15	15	7	50
8	총	32	33	23	12	100
9						
10	통계결과					
11		카이제곱통계량			SUM(B27:E28)	
12		카이제곱 분포의 임계치			CHISQ.INV(1-E1,3)	
13		p값			1-CHISQ.DIST(E11,3,1)	

앞의 과정을 모두 마치면 아래의 결과를 얻을 수 있는데, 카이제곱통계량이 임계치보다 작으므로 귀무가설을 기각할 수 없다. p값을 보더라도 유의수준 0.01보다 크므로 귀무가설을 기각할 수 없다. 즉, 제조회사에 따라 약효가 다르다고 할 근거가 없다.

	A	B	C	D	E	F
10	통계결과					
11		카이제곱통계량			3.8614954	
12		카이제곱 분포의 임계치			11.344867	
13		p값			0.2768138	
14						
15	<표2>	기대도수				
16				열변수		
17	행변수	없다	약하다	중간이다	심하다	총
18	A제품	16	16.5	11.5	6	50
19	B제품	16	16.5	11.5	6	50
20	총	32	33	23	12	100
21						
22						
23						
24	<표3>	카이제곱				
25				열변수		
26	행변수	없다	약하다	중간이다	심하다	
27	A제품	0.5625	0.1363636	1.06521739	0.1666667	
28	B제품	0.5625	0.1363636	1.06521739	0.1666667	

Sheet1

참고

여기서도 함수 마법사를 이용하여 동일성 검정을 실시해 보겠다. 과정은 독립성 검정의 경우와 동일하므로 생략하기로 하겠다.

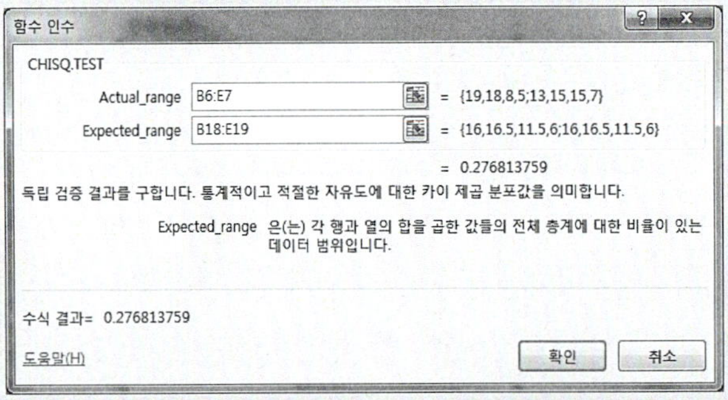

위의 "수식 결과"도 앞에서 구한 유의확률(p값)과 동일함을 알 수 있다.

연습문제

1 다양한 색깔의 공들이 들어 있는 여러 개의 주머니가 있는데, 각 주머니에는 빨강 공이 20%, 노랑 공은 10%, 파랑 공은 30%, 초록색 공은 30% , 갈색 공은 10%가 들어있다고 한다. 무작위로 이 중에서 하나의 주머니를 선택했을 때, 들어 있는 공의 색깔을 조사한 결과가 다음과 같다. 들어 있는 공의 비율이 가정과 맞다고 할 수 있는지 유의수준 5%에서 검정하여라.

색깔	빨강	노랑	파랑	초록	갈색
도수	54	40	110	88	8

2 멘델의 이론에 의하면 노란색 완두와 녹색 완두를 교배시키면 노란색과 녹색의 비가 3:1이 된다고 한다. 아래 표를 통해서 교배실험의 결과가 멘델의 법칙을 잘 따르고 있는지를 유의수준 5%에서 검정하여라.

노란색 완두	녹색 완두
306	104

3 어느 교양 수업에 들어오는 학생들을 대상으로 운동(축구)을 잘 하는 것과 학업성적이 관련이 있는지에 대한 검정을 하려고 한다. 여기서 성적은 총학점을 가지고 상, 중, 하로 나누었다. 유의수준 5%에서 검정하여라. (단위: 명)

성적 \ 운동	상	중	하	합계
상	3	2	5	10
중	26	10	4	40
하	5	20	5	30
합계	34	32	14	80

4 아침 운동을 하는 사람과 안하는 사람의 건강 상태를 1년 동안 비교한 자료이다. 아침 운동이 건강상태에 좋은 영향을 미치는지 유의수준 5%에서 검정하여라. (단위: 일)

운동여부 \ 건강상태	좋음	보통	나쁨
운동하는 사람	210	100	55
운동 안하는 사람	180	100	85

5 음주와 흡연 간에 밀접한 관계가 있다는 가설을 다음 자료를 이용하여 유의수준 5%에서 검정하여라.

음주 \ 흡연	유	무
많이 마심	200	100
적게 마심	50	50

6 통계학과 학생 300명을 무작위로 추출하여 흡연여부와 음주여부가 관계가 있는지를 검정하려고 한다. 흡연자이면서 음주자는 90명, 흡연자이면서 음주자가 아닌 사람은 141명이다. 전체 인원 중 음주를 하는 사람의 비율은 36%라고 한다.

(1) 2×2 분할표를 작성하여라.

(2) 가설을 세우고 유의수준 5%에서 검정하여라.

7 어느 대학에서 통계학과 학생들의 전공에 대한 선호도를 조사한 결과이다. 이 자료로부터 남녀 학생들 간 전공에 대한 선호도에 차이가 있는지를 유의수준 5%에서 검정하여라.

성별 \ 선호도	만족	그냥 그렇다.	불만족	합계
남	110	70	40	220
여	140	30	10	180
합계	250	100	50	400

8 특별한 약을 출시하기 전에 약을 복용하고 성형한 100명과 약을 복용하지 않고 성형한 100명을 상대로 임상실험을 해 보았다. 그 결과 약을 복용하지 않은 사람 중 성형이 실패한 사람은 40명, 복용했는데 성형이 실패한 사람은 15명이라고 한다. 약을 복용함에 따른 수술의 성공 여부에 차이가 있는지 유의수준 5%에서 검정하여라.

9 새로 개발된 비료가 야채의 종류별로 성장시키는 효과가 다른지 엑셀을 사용하여 유의수준 5%에서 검정하여라. 각 야채는 50개씩 선택하여 비료를 주고 관찰되었다.

성장상태 \ 야채	배추	오이	당근
불량	10	15	5
양호	40	35	45

10 어느 학과 3학년 학생들의 과대표에 대한 만족도를 조사해 보았다. 남녀 간의 만족도에 차이가 있는지를 엑셀을 이용해서 유의수준 1%에서 검정하여라.

성별 \ 만족도	만족	보통	불만족
남	15	4	1
여	10	8	2

11 교육수준과 선호하는 정당이 관련이 있는지 유의수준 5%에서 직접 계산하여 검정하여라.

정당 \ 교육수준	초졸	중졸	고졸	대졸 이상	계
A정당	10	6	45	39	100
B정당	8	10	32	50	100

12 엑셀을 이용하여 적합도 검정을 하려고 한다. 엑셀 워크시트에 기초해서 함수창의 빈칸을 채워서 완성하여라.

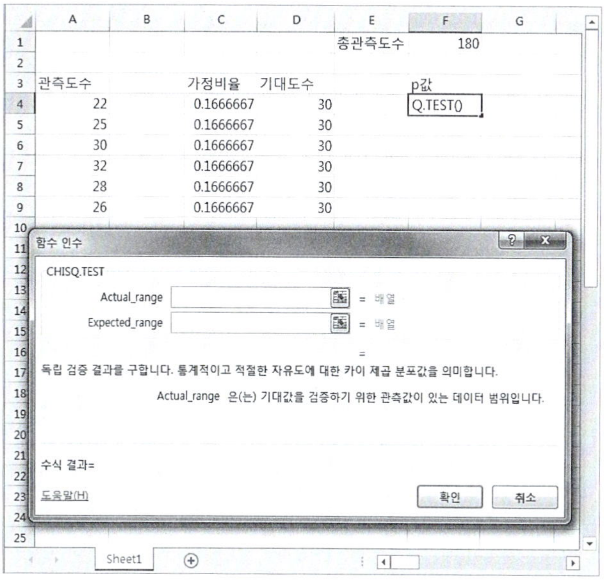

13 정육면체 주사위를 180회 던져서 관측된 눈의 도수가 주어져 있다. 이 주사위가 공정한지를 유의수준 5%에서 엑셀을 이용하여 검정하여라.

	A	B	C	D	E	F
1						
2					총관측도수	180
3						
4	주사위 눈	관측도수				
5	1	30				
6	2	28				
7	3	32				
8	4	24				
9	5	33				
10	6	33				

14 다음은 어느 대학의 경영 학부 1학년에 속해 있는 주 · 야간 소속 학생들 중에 일부를 임의로 뽑아서 그 들의 각 전공에 대한 선호도를 나타낸 표이다.

소속 \ 선호전공	경영학 전공	정보학 전공	컴퓨터과학 전공
주간	22	17	7
야간	9	15	20

이 자료로부터 소속과 선호하는 전공이 서로 독립인지 엑셀을 이용하여 유의수준 5%에서 검정하여라.

15 동일성 검정을 위한 엑셀 계산 중 일부분이다. 적절한 셀에 기대도수와 필요한 사항을 계산하고, 엑셀 함수와 셀 번호를 이용해서 굵은 사각형 안의 셀들을 채워라. 단, 유의수준은 5%이다.

	A	B	C	D	E	F
1					유의수준	0.05
2						
3						
4						
5		양호	보통	불량	계	
6	A	19	18	8	45	
7	B	13	15	15	43	
8	계	32	33	23	88	
9						
10	통계결과					
11		카이제곱통계량				
12		카이제곱 분포의 임계치				
13		p값				

16 연습문제 11번의 자료를 이용해서 엑셀로 분석한 후 비교하여라.

11장

상관분석과 회귀분석

많은 분야에서 주요 변수들 간의 상호 관련성을 찾는 연구가 활발히 진행되고 있다. 이와 같은 경우에 대부분의 목표는 변수 간의 관계를 찾아 어느 한 변수의 값이 주어질 때 다른 변수의 값을 예상하려는 것이다. 이렇게 변수들 간의 함수적 관계를 밝히려는 통계적 분석기법을 회귀분석(regression analysis)이라고 한다. 이 장에서는 회귀분석의 가장 기본적인 형태인 단순선형회귀에 대한 내용을 다룰 것이다. 현실 세계에서는 좀 더 복잡한 형태가 대부분이지만 이 장에서 학습하는 내용을 이해하는 것이 복잡한 분석으로 접근하기 위한 필수 관문이라고 할 수 있다. 상관분석과 모형에 대한 추론 및 결과에 대한 확인 검토 작업을 모두 학습하게 되며, 엑셀을 이용한 분석도 실시할 것이다.

11.1 서론

많은 분야에서 변수들(variables) 간의 상호 관련성을 찾는 연구가 활발히 진행되고 있다. 예를 들어 기업의 광고비와 매출액 사이의 관계, 철강 제품의 강도와 제작 온도 사이의 관계, 은행 금리와 예금액의 관계 등은 현실적으로 관심 있는 많은 문제들 중의 하나이다. 이와 같은 경우에 대부분의 목표는 변수 간의 관계를 찾아 어느 한 변수의 값으로 다른 변수의 값을 예상하려는 것이다. 이렇게 변수 간의 함수 관계를 규명하는 것은 흥미 있는 연구일 뿐만 아니라 기업의 이윤 극대화 등에 효용 가치가 높은 결과를 제공할 것이다.

이렇게 변수들 간의 함수적 관계를 밝히려는 통계적 분석 방법을 **회귀분석**(regression analysis)이라고 한다. 위의 예에서 매출액, 제품의 강도나 예금액 등의 변수는 다른 변수의 영향을 받는 변수로서 **종속변수**(dependent variable) 혹은 **반응변수**(response variable)라고 하며, 광고비, 제작 온도나 은행 금리 같이 다른 변수에 영향을 주는 변수를 **독립변수**(independent variable) 혹은 **설명변수**(explanatory variable)라고 한다. 일반적으로 독립변수의 값은 실험자에 의해 임의로 조절될 수 있고 오차가 없다고 보며, 이에 대응하는 종속변수의 관측값은 계측기구의 부정확, 계측자의 부정확, 자연환경의 영향 등에 의한 측정오차가 복합적으로 개입되어 나타나는 것으로 생각한다.

회귀분석은 여러 통계적인 분석기법 가운데 가장 널리 쓰이는 것으로 경제, 경영, 심리, 교육 등의 사회과학 그리고 물리, 화학, 생물, 환경 등의 자연과학, 공학, 농학 및 의약학 등 거의 모든 학문 분야에서 광범위하게 사용되고 있다. 뿐만 아니라 산업 현장에서도 회귀분석기법을 적용하는 사례를 어렵지 않게 접할 수 있다. 이러한 회귀분석을 통하여 얻고자 하는 사항은 다음과 같이 크게 세 가지로 분류될 수 있다.

(1) 종속변수와 독립변수들 사이의 함수 관계가 어떠한 형태인가 파악함.
(2) 파악된 함수 관계를 모형화하여 모수를 추정 및 검정함.
(3) 추정된 회귀모형을 이용하여 주어진 독립변수의 값에서 종속변수의 평균값 또는 관측값을 추정 혹은 추측함.

참고로, **회귀분석**(回歸分析, regression analysis)이란 용어는 영국의 유전학자이자 우생학의 창시자인 갈튼(Francis Galton, 1822 ~ 1911)이 1885년에 아버지의 키가 아들의 키에 미치는 영향에 관한 연구 결과를 발표한 논문에서 아버지의 키가 크면 일반적으로 아들도 크지만 아버지만큼 크지 않고, 아버지의 키가 작으면 일반적으로 아들도 작지만 아버지만큼 작지 않아서 세대가 지나면서 아들의 키가 평균치로 회귀하는(돌아가는) 경향이 있다는, 즉 부모의 키가 크든 작든 간에 자식의 키는 평균 키로 돌아간다는 결론을 제시한 데서 비롯되었다고 한다.

11.2 상관분석

변수들 간의 함수 관계를 알아보는 데 있어서 첫 번째로 해야 할 일은 산점도를 그려 보는 것이다. **산점도**(scatter plot)란 두 변수의 관측값을 이차원 좌표축에 그림으로 나타낸 도표이다. 두 변수 간의 관계가 선형 관계인가 곡선 관계인가 혹은 기타 다른 관계에 있는가 하는 것은 이 산점도를 통해서 대략적으로 파악할 수 있다. 두 변수 사이의 함수 관계에서 특히 선형적인 관련성을 설명할 수 있는 측도가 **상관계수**(correlation coefficient)이다. 두 확률변수 X, Y 사이의 상관계수 ρ (rho)는 4장에서 배운 공분산을 이용하여 다음과 같이 정의된다.

$$\rho = Corr(X, Y) = \frac{Cov(X, Y)}{\sqrt{Var(X)}\sqrt{Var(Y)}}$$

상관계수의 대표적인 성질은 다음과 같은 것들을 들 수 있다.

(1) 상관계수 ρ는 -1에서 1 사이의 값을 가진다.
(2) 상관계수가 1에 가까운 값을 가질수록 양의 상관관계가 강하다고 한다.
(3) 상관계수가 -1에 가까운 값을 가질수록 음의 상관관계가 강하다고 한다.
(4) 상관계수가 0에 가까운 값을 가지면 두 변수 간의 상관관계가 존재하지 않는다고 한다.
(5) 상관계수가 0에 가깝다는 것은 두 변수 간에 관계가 없다는 뜻이 아니라, 단지 선형(직선) 관계가 성립하지 않는다는 것을 의미한다.

두 변수에 대한 관측 자료가 $(x_1, y_1), \cdots, (x_n, y_n)$과 같이 n개의 쌍으로 주어졌을 때 상관계수의 추정은 다음의 식

$$r = \frac{\sum_{i=1}^{n}(x_i - \bar{x})(y_i - \bar{y})}{\sqrt{\sum_{i=1}^{n}(x_i - \bar{x})^2}\sqrt{\sum_{i=1}^{n}(y_i - \bar{y})^2}} = \frac{S_{xy}}{\sqrt{S_{xx}}\sqrt{S_{yy}}}$$

으로 하며, 이 r을 **표본상관계수**(sample correlation coefficient)라고 한다.

[그림 11.1]은 두 변수에 대한 관측값의 산점도와 그에 대응하는 표본상관계수의 대략적인 값들을 나타낸 것이다.

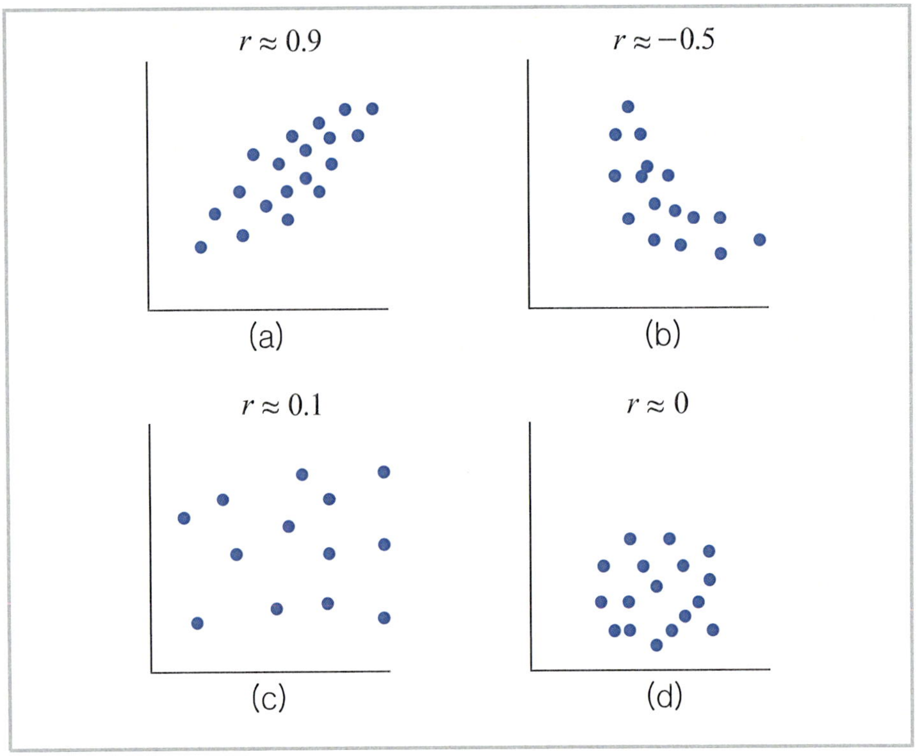

그림 11.1 산점도와 표본상관계수

두 변수 간에 상관관계, 즉 선형관계의 존재 여부에 대한 가설은 다음과 같이 나타낼 수 있다.

$$H_0: \ \rho = 0 \quad \text{vs} \quad H_1: \ \rho \neq 0$$

대립가설은 선형관계가 존재한다는 것이고, 귀무가설은 선형관계가 존재하지 않는다는 것이다. 이 가설에 대한 검정통계량으로는 표본상관계수 r을 이용하여 만든

다음의 통계량이 사용된다.

$$T = \sqrt{n-2}\,\frac{r}{\sqrt{1-r^2}}$$

검정통계량 T는 귀무가설하에서 자유도가 $(n-2)$인 $t-$분포를 따르게 된다. 그 이유는 본 교재의 범위를 벗어나므로 생략하기로 한다. 가설의 형태가 양측검정이므로 검정통계량 T의 절댓값이 $t_{\alpha/2}(n-2)$보다 클 때 유의수준 α에서 귀무가설을 기각하게 된다. 이 경우에 두 변수 간에 선형관계가 존재한다는 판정을 내린다. 유의확률로 판단하는 경우에는 지금까지 학습한 내용과 같이 유의확률이 유의수준 α보다 작으면 귀무가설을 기각하게 된다.

예제 11.1 광고가 판매량에 미치는 관계를 알아보기 위하여 비슷한 여건하에 있는 많은 상점들 중에서 임의로 9개의 상점을 표본으로 추출하여 이 상점들의 연간 광고료와 총판매량을 조사하니 다음과 같이 나타났다. 먼저 광고료와 총판매액 간의 산점도를 그리고, 다음으로 표본상관계수를 구하여 보자. 또한 두 변수 간에 상관관계가 존재한다고 볼 수 있는지 유의수준 5%에서 검정해 보자.

광고료(단위: 십만 원)	4	8	9	8	8	12	6	10	6
총판매액(단위: 백만 원)	9	20	22	15	17	30	18	25	10

풀이 산점도는 다음 그림과 같고 양의 기울기를 갖는 선형관계가 보임을 알 수 있다. 광고료를 x, 총판매액을 y라고 하면 표본상관계수 r은 다음과 같은 간편식으로 표현될 수 있음을 참고하자.

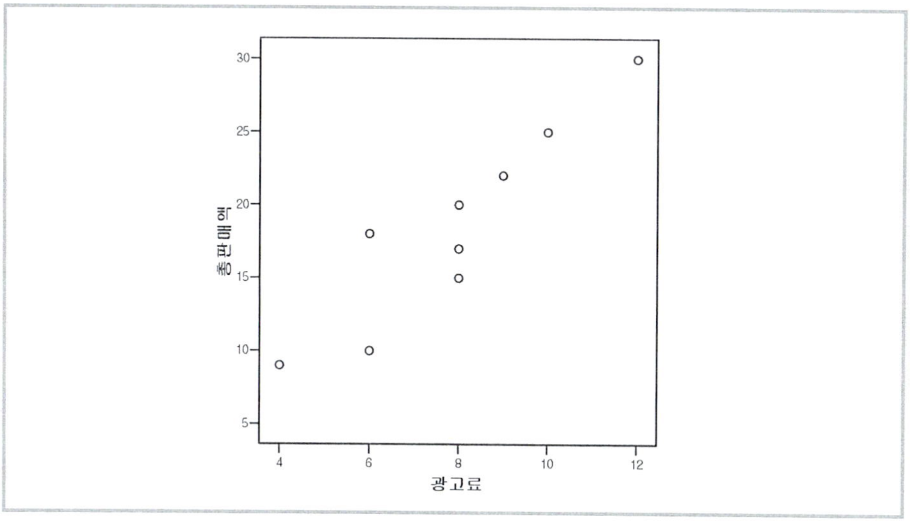

$$r = \frac{\sum_{i=1}^{n}(x_i - \bar{x})(y_i - \bar{y})}{\sqrt{\sum_{i=1}^{n}(x_i - \bar{x})^2}\sqrt{\sum_{i=1}^{n}(y_i - \bar{y})^2}}$$

$$= \frac{\sum_{i=1}^{n} x_i y_i - n\bar{x}\bar{y}}{\sqrt{\sum_{i=1}^{n} x_i^2 - n\bar{x}^2}\sqrt{\sum_{i=1}^{n} y_i^2 - n\bar{y}^2}}$$

이 간편식을 이용한 계산을 위해 몇 가지 값을 먼저 계산하면 다음과 같다.

Obs	x	y	x^2	y^2	xy
1	4	9	16	81	36
2	8	20	64	400	160
3	9	22	81	484	198
4	8	15	64	225	120
5	8	17	64	289	136
6	12	30	144	900	360
7	6	18	36	324	108
8	10	25	100	625	250
9	6	10	36	100	60
합	71	166	605	3428	1428

$$\sum_{i=1}^{9} x_i = 71,\ \bar{x} = \frac{1}{9}\sum_{i=1}^{9} x_i = 7.89,\ \sum_{i=1}^{9} y_i = 166,\ \bar{y} = \frac{1}{9}\sum_{i=1}^{9} y_i = 18.44,$$

$$\sum_{i=1}^{9} x_i^2 = 605,\ \sum_{i=1}^{9} y_i^2 = 3428,\ \sum_{i=1}^{9} x_i y_i = 1428.$$

따라서

$$r = \frac{1428 - 9 \times 7.89 \times 18.44}{\sqrt{605 - 9 \times 7.89^2}\ \sqrt{3428 - 9 \times 18.44^2}} = \frac{118.576}{\sqrt{44.731}\ \sqrt{367.698}} = 0.925\ .$$

즉, 표본상관계수는 0.925이고, 이 값은 거의 1에 가까워 양의 상관관계가 강하게 보인다고 할 수 있다.

다음은 두 변수 간에 상관관계가 존재하는지에 대한 다음의 가설을 유의수준 5%에서 검정해 보자.

귀무가설(H_0): $\rho = 0$ (두 변수 간에 상관관계가 존재하지 않는다.)
대립가설(H_1): $\rho \neq 0$ (두 변수 간에 상관관계가 존재한다.)

검정통계량의 관측값은

$$T = \sqrt{n-2}\frac{r}{\sqrt{1-r^2}} = \sqrt{9-2}\frac{0.925}{\sqrt{1-0.925^2}} = 6.441$$

로, $|T| = 6.441 > t_{0.025}(7) = 2.365$ 이므로 귀무가설을 기각하게 된다. 즉, 유의수준 5%에서 두 변수 간에 상관관계(직선관계)가 존재한다고 할 충분한 근거가 있다. ☑

11.3 단순선형회귀분석

하나의 종속변수에 영향을 주는 독립변수는 일반적으로 여러 개가 존재한다. 예를 들어 생산되는 철강 제품의 강도는 제작 온도, 압력 및 원료의 구성 비율 등 여러 변수에 영향을 받는다. 회귀분석은 일반적으로 하나의 종속변수에 여러 개의 독립변수가 어떤 영향을 주는지를 알아보는 것이지만 우리는 독립변수와 종속변수의 수가 각각 하나인 경우만을 고려하기로 한다. 이 경우의 회귀분석을 **단순회귀분석**(simple regression analysis)이라고 한다. 이와 대비해서 여러 개의 독립변수를 고려할 때는 **중회귀분석**(multiple regression analysis)이라고 한다.

두 변수 간에 고려하는 함수관계가 선형(직선)이면 **선형회귀**(linear regression)라 하고, 비선형인 함수관계를 고려할 때를 **비선형회귀**(nonlinear regression)라고 한다. 일반적으로 단순회귀분석은 두 변수 간의 함수관계 중 선형관계를 파악하는데 사용되며, 그 때문에 **단순선형회귀**(simple linear regression)라고도 한다. 이 장에서는 단순선형회귀에 대해서만 공부하기로 한다. 단순선형회귀모형의 설정, 추정 및 추정된 모형의 타당성 등에 대한 종합적인 검토가 이루어질 것이다.

x_i를 독립변수의 관측값이라고 하고 x_i에서 측정 또는 관측되는 종속변수를 Y_i라고 할 때, 단순선형회귀분석 모형은

$$Y_i = \alpha + \beta x_i + \epsilon_i, \quad i = 1, \cdots, n \tag{11.1}$$

로 나타내어진다. 여기서 ϵ_i는 x_i 값에서 관측되는 Y_i의 측정오차이며, α와 β는 모수인 회귀계수로 각각 절편(intercept)과 기울기(slope)에 해당된다. 식 (11.1)의 단순선형회귀분석 모형에서 기본 가정은 다음과 같다.

(1) 모형의 선형성: 독립변수와 종속변수 사이에 선형관계가 성립한다.

(2) 오차항에 대한 기본 가정: 오차항 ϵ_i 에 대해서는 정규성, 등분산성, 독립성을 가정하며 각각의 내용은 다음과 같다.

① 정규성 가정: 오차항은 평균이 0인 정규분포를 따른다.

② 등분산성 가정: 오차항의 분산은 x_i 의 값에 관계없이 σ^2 으로 일정하다.

③ 독립성 가정: 모든 오차항은 서로 독립이다. 즉, 오차항끼리 서로 영향을 미치지 않는다.

위의 세 가지 가정을 간단히 $\epsilon_i \overset{iid}{\sim} N(0,\sigma^2)$라고 나타내기도 한다. 여기서 iid는 서로 '독립적으로(independently) 동일하게(identically) 분포를 따른다(distributed)' 라는 표현의 영문 첫 글자들의 조합이다.

단순선형회귀모형의 기본 가정의 의미를 [그림 11.2]를 통해서 알아보자. 주어진 각 x_i 에서 반복적으로 얻은 종속변수의 관측값 y_i 들은 검은 점으로 표현되어 있는데, 독립변수의 각 수준에서 평균이 $\alpha+\beta x_i$ 이고 x_i 가 달라져도 분산이 동일한 정규분포를 따른다는 것을 나타내고 있다. 즉, 다시 말하면 $Y_i \sim N(\alpha+\beta x_i,\sigma^2)$ 이라는 뜻이다.

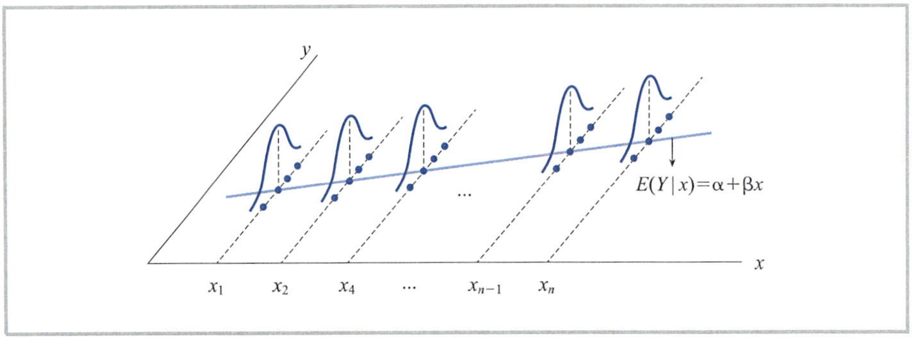

그림 11.2 단순선형회귀모형의 의미

$y_1,\cdots,y_n$을 $Y_1,\cdots,Y_n$의 실제 관측값이라고 하면 주어진 n개의 자료 $(x_1,y_1),(x_2,y_2),\cdots,(x_n,y_n)$으로부터 단순선형회귀모형의 회귀계수를 추정하여 다음의 추정된 회귀직선으로 나타낼 수 있다.

$$\hat{y}_i = a + bx_i,\ i=1,\cdots,n \tag{11.2}$$

여기서 a는 절편 α에 대한 추정치, b는 기울기 β에 대한 추정치이고 $\hat{y}_i$는 주어진 x_i에서 평균 반응치 $E(Y|x_i) = \alpha + \beta x_i$에 대한 추정치로 회귀직선 위에 있는 값이다.

식 (11.2)에 있는 회귀계수의 추정치 a, b를 얻는 일반적인 방법의 하나로 **최소제곱법**(method of least squares)에 대하여 알아보자. 자료에서 i번째 관측값 (x_i, y_i)는 단순선형회귀분석 모형에 의해

$$y_i = \alpha + \beta x_i + \epsilon_i$$

로 표시할 수 있으며, 관측값 전체에 대한 오차항의 제곱합을

$$SS = \sum_{i=1}^{n} \epsilon_i^2 = \sum_{i=1}^{n} (y_i - \alpha - \beta x_i)^2 \tag{11.3}$$

으로 정의하자. 최소제곱법은 오차항의 제곱합 SS를 최소로 하는 α, β를 구하여 추정량 a, b로 삼는 것이며, 식 (11.3)을 α, β 각각에 대해 편미분한 연립방정식을 풀어 구할 수 있다. 최소제곱법에 의해 구해진 추정량을 **최소제곱추정량**(least square estimator)이라고 한다. 중간과정을 생략하고 결과를 소개하면 다음과 같다.

α, β의 최소제곱추정량

$$b = \frac{S_{xy}}{S_{xx}} = \frac{\sum_{i=1}^{n}(x_i - \bar{x})(y_i - \bar{y})}{\sum_{i=1}^{n}(x_i - \bar{x})^2} = \frac{\sum_{i=1}^{n} x_i y_i - n\bar{x}\,\bar{y}}{\sum_{i=1}^{n} x_i^2 - n\bar{x}^2}$$

$$= \frac{\sum_{i=1}^{n} x_i y_i - \dfrac{\sum_{i=1}^{n} x_i \sum_{i=1}^{n} y_i}{n}}{\sum_{i=1}^{n} x_i^2 - \dfrac{(\sum_{i=1}^{n} x_i)^2}{n}}$$

$$a = \bar{y} - b\bar{x}$$

예제 11.2 한 학급에서 9명 학생들의 중간과제물 성적과 기말고사 성적이 다음과 같을 때, 중간과제물 성적에 따른 기말고사 성적에 관해 알고 싶다. 물음에 답하여라.

중간과제	77	50	71	72	81	94	96	99	67
기말고사	82	53	78	61	67	85	99	97	68

(1) 두 변수 간의 산점도를 그리고, 선형관계가 성립하는지 검토하여라.

(2) 단순선형회귀모형을 고려할 때, 독립변수와 종속변수를 결정하여라.

(3) 단순선형회귀모형을 가정하고 α, β의 최소제곱추정치를 구하여라.

(4) 중간 과제물에서 85점을 받은 학생이 기말 시험에서 몇 점을 받았을지 추정하여라.

풀이 (1) 산점도는 다음 그림과 같으며, 중간과제물 성적과 기말고사 성적 두 변수 간에 비례하는 선형관계가 성립하는 것으로 판단된다. 실제로 [예제 11.1]과 같은 방법으로 표본상관계수를 구해 보면 0.884로 강한 양의 상관관계가 있음을 알 수 있다.

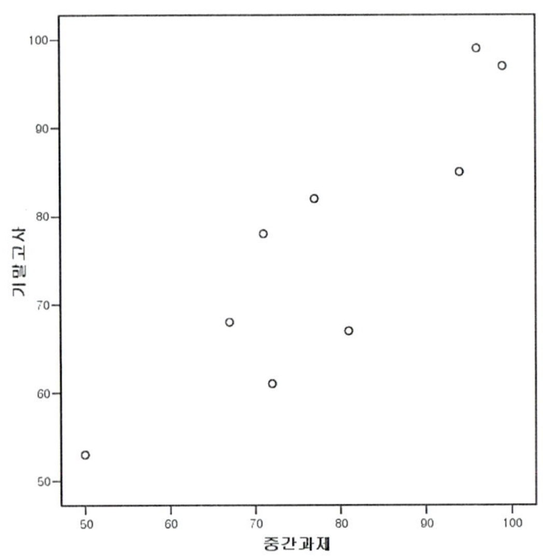

(2) 이 문제의 경우 중간 과제물 성적에 따른 기말고사 성적을 설명하고자 하는 것이므로 영향을 주는 변수, 즉 독립변수는 중간과제물 성적(x)이고 영향을 받는 변수, 즉 종속변수는 기말고사 성적(y)이라 보는 것이 타당하다.

(3) 자료로부터 아래의 값들을 계산할 수 있다.

$$\sum_{i=1}^{9} x_i = 707,\ \bar{x} = \frac{1}{9}\sum_{i=1}^{9} x_i = 78.56,\ \sum_{i=1}^{9} y_i = 690,\ \bar{y} = \frac{1}{9}\sum_{i=1}^{9} y_i = 76.67,$$

$$\sum_{i=1}^{9} x_i y_i = 55974,\ \sum_{i=1}^{9} x_i^2 = 57557$$

이로부터 최소제곱법에 의한 회귀계수의 추정치는

$$b=\frac{\sum_{i=1}^{9}x_i\,y_i-\frac{\sum_{i=1}^{9}x_i\sum_{i=1}^{9}y_i}{9}}{\sum_{i=1}^{9}x_i^2-\frac{(\sum_{i=1}^{9}x_i)^2}{9}}=0.877$$

$$a=\overline{y}-b\,\overline{x}=7.773$$

이고, 추정된 회귀직선은 $\hat{y}=7.773+0.877x$가 된다.

(4) 중간 과제물이 85점일 때, 즉 $x=85$ 일 때 기말고사 점수의 추정치는 $\hat{y}=7.773+0.877\times 85=82.318$ 이다.

11.4 분산분석에 의한 모형의 유의성 검정

단순선형회귀분석에서 추정된 회귀식은 두 변수 사이의 관계를 나타내 주지만 그 관계가 실제로 의미가 있는 것인지 또는 어느 정도로 믿을 수 있는 것인지를 직접 제시해 주지는 않는다. 추정된 회귀식에 대한 유의성 여부는 추정된 회귀식에 기초한 **분산분석**(analysis of variance)을 실시함으로써 알 수 있다. 분산분석은 종속변수의 관측값 전체의 변동 중에 회귀식에 의해 설명되는 변동이 어느 정도인가를 파악함으로써 회귀식의 유의성 여부를 판단하는 것이다.

회귀분석에서 종속변수의 k 번째 개별 관측값 y_k와 평균값 $\overline{y}$ 간의 차이, 즉 $y_k-\overline{y}$를 편차라고 하며 그림으로 나타내어 보면 [그림 11.3]과 같다. [그림 11.3]에서 보듯이 편차는 다음과 같이 두 항의 합으로 표시할 수 있다.

$$y_k-\overline{y}=(y_k-\hat{y}_k)+(\hat{y}_k-\overline{y}) \tag{11.4}$$

우변의 첫 번째 항(②)은 **잔차**(residual)라고 하며 흔히 $\hat{e}_k$로 나타낸다. 두 번째 항(③)은 회귀식에 의해 설명되는 부분이라고 하는데 그 이유는 $(x_k, \hat{y}_k)$와 $(\overline{x}, \overline{y})$가 모두 추정된 회귀직선 위의 점이고, 회귀직선상의 두 y 좌표의 차이에 해당되기 때문이다. $(\overline{x}, \overline{y})$가 회귀직선 위에 있는 이유는 식 (11.2)의 a에 최소제곱추정량인

$\bar{y} - b\bar{x}$ 를 대입하면 쉽게 확인할 수 있다. 즉, 추정된 회귀식은 식 (11.5)와 같이 표현될 수 있는데, 이를 대체모형이라고도 한다.

$$\hat{y}_i = \bar{y} + b(x_i - \bar{x}) \tag{11.5}$$

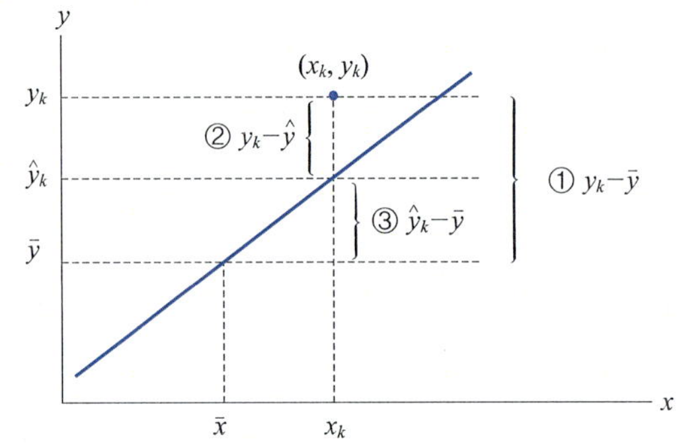

그림 11.3 편차의 분해

편차를 분해한 식 (11.4)에서 양변을 제곱하여 n개의 모든 관측값에 대하여 합하면,

$$\sum_{i=1}^{n}(y_i - \bar{y})^2 = \sum_{i=1}^{n}(y_i - \hat{y}_i)^2 + \sum_{i=1}^{n}(\hat{y}_i - \bar{y})^2 \tag{11.6}$$

이 된다. 이때 식 (11.4)의 우변에서 두 항의 교차곱을 모든 관측값에 대해 합한 것은 0이 된다는 사실을 참고하면 된다. 식 (11.6)의 왼쪽 항은 **총변동** 혹은 **총제곱합**(total sum of square)이라고 하며 간단히 SST로 나타낸다. 우변의 첫 번째 항은 **잔차제곱합** 또는 **오차제곱합**(error sum of square)이라고 하며 SSE로 나타내고, 두 번째 항은 회귀변동 또는 **회귀제곱합**(regression sum of square)이라고 하며 SSR로 나타낸다. 즉, 식 (11.6)을 다시 표현하면 $SST = SSE + SSR$이라 할 수 있다.

식 (11.6)의 제곱합들을 계산하기 위한 간편식에 대해 알아보자. 먼저,

$$SST = \sum_{i=1}^{n}(y_i - \bar{y})^2 = \sum_{i=1}^{n}y_i^2 - n(\bar{y})^2 = \sum_{i=1}^{n}y_i^2 - \frac{(\sum_{i=1}^{n}y_i)^2}{n}$$

임을 쉽게 확인할 수 있고, 식 (11.5)와 β의 최소제곱추정량 b의 계산식을 이용하면

$$SSR = \sum_{i=1}^{n}(\hat{y}_i - \bar{y})^2 = b^2\sum_{i=1}^{n}(x_i - \bar{x})^2$$

$$= \left(\frac{S_{xy}}{S_{xx}}\right)^2 S_{xx} = \frac{\left(\sum_{i=1}^{n} x_i y_i - \frac{(\sum_{i=1}^{n} x_i)(\sum_{i=1}^{n} y_i)}{n}\right)^2}{\sum_{i=1}^{n} x_i^2 - \frac{(\sum_{i=1}^{n} x_i)^2}{n}}$$

임을 알 수 있다. 오차제곱합 SSE는

$$SSE = SST - SSR$$

로부터 구할 수 있다.

분산분석을 위해서는 제곱합의 자유도에 대한 언급이 필요하다. 자유도에 대해서는 다른 형태의 설명도 있지만 여기서는 '제곱합에서 항 수–제약조건의 수'의 개념으로 설명하고자 한다. 총제곱합 $\sum_{i=1}^{n}(y_i - \bar{y})^2$에서 더해지는 제곱항의 수는 n개인데, $\sum_{i=1}^{n}(y_i - \bar{y}) = 0$이라는 성질이 있어 값이 자유롭게 변할 수 있는 항은 $(n-1)$개이다. 따라서 총제곱합의 자유도는 $(n-1)$이 된다. 잔차제곱합 $\sum_{i=1}^{n}(y_i - \hat{y}_i)^2$의 경우에는 총 n개의 더해지는 제곱항 수에서 $\hat{y}_i$를 구할 때, a를 구하기 위한 제약식 1개, b 계산에 필요한 제약식 1개, 총 2개의 제약식이 있으므로 자유도는 $(n-2)$가 된다. 자유도는 가법성(additivity)이 성립한다. 즉, 식 (11.6)의 좌변의 자유도와 우변 두 항의 자유도의 합은 같아야 한다. 그러므로 회귀제곱합의 자유도는 1이 된다.

식 (11.6)에 있는 제곱합을 각각 대응되는 자유도로 나눈 값을 **평균제곱**(mean squares)이라고 한다. **평균제곱잔차** 또는 **평균제곱오차**(mean square error)는 $SSE/(n-2)$가 되며 흔히 MSE로 나타낸다. 이 MSE는 오차항의 분산 σ^2에 대한 추정량으로 사용된다. 즉,

$$\hat{\sigma}^2 = MSE = \frac{SSE}{n-2} \tag{11.7}$$

이다. **회귀평균제곱**(regression mean squares)은 MSR로 나타내는데, 단순회귀에서는 회귀제곱합의 자유도가 1이기 때문에 SSR과 같게 된다.

단순선형회귀모형에서 추정된 회귀직선이 유의한지 여부를 확인하는 가설은 다음과 같이 나타낼 수 있다.

$$H_0:\ \beta = 0 \quad \text{vs} \quad H_1:\ \beta \neq 0 \tag{11.8}$$

분산분석에 의해 이 가설을 검정하기 위한 검정통계량은 식 (11.6)에 있는 제곱합의 상대적 크기를 기준으로 한다. 식 (11.6)에서 좌변의 총제곱합은 고정되어 있고, 추정된 회귀직선이 자료의 변동을 잘 설명하고 있다면, 즉 관측값이 회귀직선에 가깝다면 잔차제곱합은 작아질 것이며, 따라서 회귀제곱합은 커질 것이다. 즉, 회귀직선이 유의하려면 SSR/SSE값이 커야 한다. 어느 정도 커야 하는지 기준을 정하기 위해서는 분포가 필요한데, 분모와 분자의 제곱합을 각각의 자유도로 나누어준 비율 MSR/MSE가 자유도가 $(1, n-2)$인 F-분포를 따른다는 사실을 이용한다. F-분포와 F-분포의 백분위수에 대해서는 〈참고〉를 확인하기 바란다. MSR/MSE를 F값이라고 하며 이 값이 고려하는 회귀직선이 실제로 의미가 있는지 유의성 검정을 위한 검정통계량으로 사용된다. 앞에서 언급한대로 이 값이 크면 회귀직선이 의미가 있는 것이다. 기준값으로는 F-분포의 상위 $(100\times\alpha)\%$ 백분위수 $F_\alpha(1, n-2)$를 사용하여 F값이 $F_\alpha(1, n-2)$보다 크면 유의수준 α에서 식 (11.8)의 귀무가설을 기각할 수 있다. 이 경우에 추정된 회귀직선은 유의하다고 한다.

이상에서 언급한 분산분석 내용을 종합하여 단순선형회귀분석의 분산분석표를 작성하면 [표 11.1]과 같다.

[표 11.1] 단순선형회귀분석의 분산분석표

요인	제곱합	자유도	평균제곱	F값	p값
회귀	SSR	1	MSR	$F = MSR/MSE$	$\text{Prob} > F$
잔차	SSE	$n-2$	MSE		
계	SST	$n-1$			

p값은 유의확률로, $X \sim F(1, n-2)$일 때, $P(X \geq F\text{값})$에 해당되는 값이다. 따라서 5% 유의수준에서 귀무가설을 기각하고자 한다면 p값이 0.05보다 작게 나타나야 하며, 이것은 F값이 $F_{0.05}(1, n-2)$보다 크다는 것과 같다.

참고

F-분포(F-Distribution)

(1) 정의: V_1과 V_2가 각각 자유도 k_1, k_2인 카이제곱분포를 따르는 서로 독립적인 확률변수라고 할 때,

$$F = \frac{V_1 / k_1}{V_2 / k_2}$$

의 분포를 자유도 (k_1, k_2)인 F-분포라고 하며, $F \sim F(k_1, k_2)$로 나타낸다.

(2) 성질: - $F \sim F(k_1, k_2)$일 때, $\frac{1}{F} \sim F(k_2,\ k_1)$이다.

- $X \sim t(r)$이면 $X^2 \sim F(1, r)$이다.

(3) 예: $X_1, \cdots, X_n$과 $Y_1, \cdots, Y_m$을 각각 두 정규모집단 $N(\mu_1, \sigma_1^2)$, $N(\mu_2, \sigma_2^2)$에서 추출한 서로 독립인 확률표본이라고 하고, S_1^2과 S_2^2을 각각 두 확률표본에서의 표본분산으로 정의하면,

$$\frac{(n-1)S_1^2}{\sigma_1^2} \sim \chi^2(n-1), \quad \frac{(m-1)S_2^2}{\sigma_2^2} \sim \chi^2(m-1)$$

이 성립하고 이들은 서로 독립이므로, 이들을 각각의 자유도로 나눈 후의 비인 $\frac{S_1^2/\sigma_1^2}{S_2^2/\sigma_2^2}$은 자유도 $(n-1, m-1)$인 F-분포를 따르게 된다. 즉,

$$\frac{S_1^2/\sigma_1^2}{S_2^2/\sigma_2^2} \sim F(n-1, m-1)$$

이다. 이 결과를 이용하여 9장에서 언급한 두 모분산에 대한 비교 검정을 시행하게 된다.

참고

F-분포의 확률밀도함수 형태 및 상위 $(100 \times \alpha)$백분위수

F-분포도 카이제곱분포처럼 양의 구간에서만 정의되며 비대칭 형태이다. 자유도에 따라 모양이 조금 다르지만 대체적인 형태는 아래 그림과 같다.

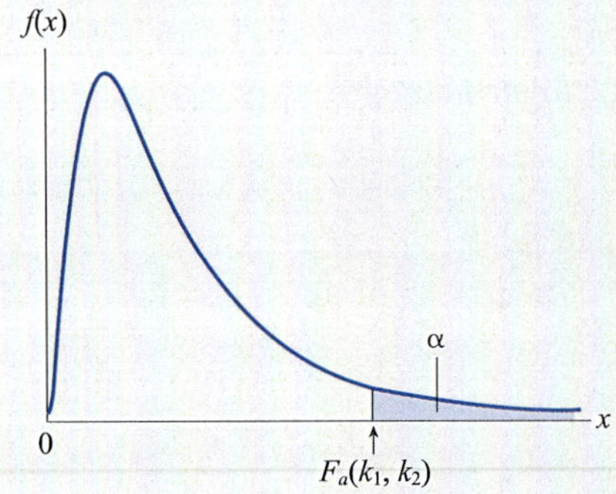

$X \sim F(k_1, k_2)$ 일 때, $P(X \geq x) = \alpha$를 만족하는 x를 자유도가 (k_1, k_2)인 F-분포의 상위 $(100 \times \alpha)$ 백분위수라고 하며 $F_\alpha(k_1, k_2)$라고 나타낸다.

추정된 회귀식이 주어진 자료에 얼마나 적합한지 설명하는 정도를 나타내는 값으로서 **결정계수**(coefficient of determination)가 있다. 결정계수는 총제곱합 중에서 회귀식에 의해 설명되는 제곱합의 비율로 정의되며 R^2(R-square)로 표시된다. 즉,

$$R^2 = \frac{SSR}{SST} = 1 - \frac{SSE}{SST}$$

의 식으로 계산되며 0 에서 1 사이의 값을 가진다. R^2 값이 1 에 가까우면 회귀식에 의해 종속변수가 설명되는 양이 많으므로 좀 더 의미가 크다고 볼 수 있고, R^2 값이 아주 작으면 회귀식의 설명력이 그리 좋지 않음을 의미한다. 결정계수 크기의 절대적인 비교 기준은 없고, 추정된 회귀식에 대한 보충 설명의 수단으로 쓰인다. 사회과학 등의 분야에서 회귀분석의 경우에는 이공계 분야에 비해 상대적으로 결정계수가 작더라도 의미 있는 적합으로 해석되기도 한다.

예제 11.3 [예제 11.2]에서 분산분석을 시행하여 추정된 회귀모형의 유의성을 유의수준 5%에서 검정하고, 결정계수를 구하여라.

풀이 [예제 11.2]의 계산 결과로부터 $\sum_{i=1}^{9} x_i = 707$, $\sum_{i=1}^{9} y_i = 690$, $\sum_{i=1}^{9} x_i y_i = 55974$, $\sum_{i=1}^{9} x_i^2 = 57557$

그리고 $\sum_{i=1}^{9} y_i^2 = 54886$이므로

$$SST = \sum_{i=1}^{9} (y_i - \overline{y})^2 = \sum_{i=1}^{9} y_i^2 - \frac{(\sum_{i=1}^{9} y_i)^2}{9} = 54886 - \frac{476100}{9} = 1986,$$

$$SSR = \frac{\left(\sum_{i=1}^{9} x_i y_i - \frac{(\sum_{i=1}^{9} x_i)(\sum_{i=1}^{9} y_i)}{n} \right)^2}{\sum_{i=1}^{9} x_i^2 - \frac{(\sum_{i=1}^{9} x_i)^2}{9}} = \frac{\left(55974 - \frac{487830}{9}\right)^2}{57557 - \frac{707^2}{9}} = 1553.48$$

이고 오차제곱합은 $SSE = SST - SSR = 432.52$ 이다. $MSR = \frac{SSR}{1} = 1553.48$, $MSE = \frac{SSE}{9-2} = 61.79$이므로 F값은 $F = \frac{MSR}{MSE} = 25.14$이다. 이 결과들을 이용하여 분산분석표를 만들어 보면 다음과 같다.

〈분산분석표〉

요인	제곱합	자유도	평균제곱	F값	p값
회귀	1553.48	1	1553.48	25.14	0.0015
잔차	432.52	7	61.79		
계	1986.00	8			

회귀모형의 유의성에 대해 검정하는 가설은

$$H_0:\ \beta = 0 \quad \text{vs} \quad H_1:\ \beta \neq 0$$

이다. 부록의 F–분포표에서 $F_{0.05}(1, 7) = 5.59$로 F값이 크므로 귀무가설을 기각한다. 유의확률은 $F \sim F(1,7)$ 일 때

$$P(F \geq 25.14) < 0.05$$

임을 알 수 있으며, 실제로 엑셀 함수 F.DIST를 이용하면 유의확률(p 값)은

$$P(F \geq 25.14) = 0.0015$$

임을 확인할 수 있다. 이로부터 유의수준 5%에서 귀무가설을 기각하여 추정된 회귀직선이 유의하다는 뚜렷한 증거가 있다고 할 수 있다. 참고로, 엑셀 함수 F.DIST에 대한 사용은 12장 실습 부분에서 다룰 것이다.

앞의 분산분석표에 의하면 여기서 추정된 회귀모형의 결정계수는

$$R^2 = \frac{SSR}{SST} = \frac{1553.48}{1986} = 0.782$$

으로 모형이 총변동의 약 78%를 설명한다고 하겠다.

11.5 단순선형회귀모형에서의 추론

이 절에서는 단순선형회귀모형에서 모수에 대한 신뢰구간 추정 및 가설검정 등의 통계적 추론을 다루고자 한다. 각각의 모수에 대한 추론은 최소제곱추정량에 기반을 두고 있다. 최소제곱추정량의 분포를 이용하여 각 모수에 대한 신뢰구간을 구하고 가설검정을 시행해 보자. 아울러 독립변수의 수준이 주어졌을 때, 종속변수의 평균반응치 $E(Y|x)$에 대한 신뢰구간과 가설검정에 대해서도 살펴볼 것이다.

11.5.1 기울기 β에 대한 추론

회귀직선의 기울기 β에 관한 신뢰구간과 가설검정은 이의 최소제곱추정량 b에 기초해서 이루어진다. 11.3절에서 구한 β의 최소제곱추정량은

$$b=\frac{S_{xy}}{S_{xx}}=\frac{\sum_{i=1}^{n}(x_i-\bar{x})(y_i-\bar{y})}{\sum_{i=1}^{n}(x_i-\bar{x})^2}=\frac{\sum_{i=1}^{n}(x_i-\bar{x})y_i}{\sum_{i=1}^{n}(x_i-\bar{x})^2}-\bar{y}\frac{\sum_{i=1}^{n}(x_i-\bar{x})}{\sum_{i=1}^{n}(x_i-\bar{x})^2}$$

로 나타낼 수 있음을 기억하자. 세 번째 등호 이후의 마지막 항은 $\sum_{i=1}^{n}(x_i-\bar{x})=0$ 이므로 없어지고, $w_i=(x_i-\bar{x})/\sum_{i=1}^{n}(x_i-\bar{x})^2$이라고 하면 $b=\sum_{i=1}^{n}w_i\,y_i$의 형태로 표현이 가능하다. $y_i \sim N(\alpha+\beta x_i,\sigma^2)$이고, y_i들끼리 서로 독립이므로 6.3절에서 공부한 정규분포의 성질에 의하여 y_i들의 선형결합인 b도 정규분포를 따름을 알 수 있다. 또한 4.4절에서 학습한 기댓값과 분산의 성질을 이용하면 b의 기댓값과 분산을 구할 수 있다. 과정은 생략하고 여기서는 결과만 소개하기로 한다.

$$E(b)=\beta,\ \ Var(b)=\frac{\sigma^2}{\sum_{i=1}^{n}(x_i-\bar{x})^2}=\frac{\sigma^2}{S_{xx}}$$

이상의 결과를 종합하면,

$$b \sim N(\beta,\frac{\sigma^2}{S_{xx}})$$

이고, 이를 표준화하면

$$\frac{b-\beta}{\sigma/\sqrt{S_{xx}}} \sim N(0,1)$$

이 성립한다. 실제로는 오차의 분산 σ^2을 모르는 경우가 대부분이며 이때는 σ^2의 추정량으로 식 (11.7)에서 정의된 평균제곱오차 MSE를 사용할 수 있다. 그러면 b의 분포에 대해서는

$$\frac{b-\beta}{\sqrt{MSE/S_{xx}}} \sim t(n-2)$$

가 성립한다. 따라서 기울기 β에 대한 추론은 다음과 같이 할 수 있다.

기울기 β에 대한 추론

- β의 $100(1-\alpha)\%$ 신뢰구간: $b \pm t_{\alpha/2}(n-2)\sqrt{\frac{MSE}{S_{xx}}}$
- $H_0: \beta=\beta_0$의 가설검정(유의수준 α)
  - 검정통계량: $t=\frac{b-\beta_0}{\sqrt{MSE/S_{xx}}}$ 이고 H_0하에서 $t \sim t(n-2)$.
  - 기각역: (i) $H_1: \beta > \beta_0$일 때, $t \geq t_\alpha(n-2)$ 이면 H_0 기각
    (ii) $H_1: \beta < \beta_0$일 때, $t \leq -t_\alpha(n-2)$ 이면 H_0 기각
    (iii) $H_1: \beta \neq \beta_0$일 때, $|t| \geq t_{\alpha/2}(n-2)$ 이면 H_0 기각

예제 11.4 [예제 11.2]의 자료에 대해 단순회귀모형을 고려할 때, 다음 물음에 답하여라.

(1) 기울기 β에 대한 95% 신뢰구간을 구하여라.

(2) 중간과제물 성적이 높으면 기말고사 성적도 높다고 할 수 있는지 유의수준 5%에서 검정하여라.

풀이 (1) [예제 11.2]의 계산 결과와 [예제 11.3]의 분산분석표를 참고하면,

$$b=0.877,\ MSE=61.79,\ S_{xx}=\sum_{i=1}^{9}x_i^2-\frac{(\sum_{i=1}^{9}x_i)^2}{9}=2018.22$$

이고, 부록의 t-분포표에 의하면 $t_{0.025}(7)=2.365$이므로 β의 95% 신뢰구간은

$$0.877 \pm 2.365\sqrt{\frac{61.79}{2018.22}}=0.877 \pm 0.414\ .$$

즉, $(0.463, 1.291)$이다.

(2) 검정하고자 하는 가설은 $H_0 : \beta = 0$ vs $H_1 : \beta > 0$이다. 검정통계량의 귀무가설하에서 관측값은

$$\frac{b-0}{\sqrt{MSE/S_{xx}}} = \frac{0.877}{\sqrt{61.79/2018.22}} = 5.012$$

로 $t_{0.05}(7) = 1.895$보다 크므로 귀무가설을 기각한다. 즉, 유의수준 5%에서 중간과제물 성적이 높으면 기말고사 성적도 높다고 볼 충분한 근거가 있다. ☑

11.5.2 절편 α에 대한 추론

회귀직선의 절편 α에 관한 신뢰구간과 가설검정 등 추론도 역시 최소제곱추정량 a에 기초해서 이루어진다. 11.3절에서 구한 α의 최소제곱추정량은

$$a = \bar{y} - b\bar{x}$$

이고, 앞 절의 β에 대한 추론에서 언급했듯이 $b = \sum_{i=1}^{n} w_i y_i$의 형태임을 이용하면 a도 y_i들의 선형결합으로 표현됨을 알 수 있다. 따라서 β에 대한 추론에서와 비슷하게 a의 분포도 정규분포를 따르며, 기댓값과 분산은 다음과 같음을 밝힐 수 있다.

$$E(a) = \alpha,\ \ Var(a) = \sigma^2\left(\frac{1}{n} + \frac{\bar{x}^2}{S_{xx}}\right)$$

이상의 결과를 정리해 보면

$$a \sim N\left(\alpha, \sigma^2\left[\frac{1}{n} + \frac{\bar{x}^2}{S_{xx}}\right]\right)$$

이고,

$$\frac{a-\alpha}{\sqrt{\sigma^2\left(\frac{1}{n} + \frac{\bar{x}^2}{S_{xx}}\right)}} \sim N(0,1)$$

이 성립한다. 오차의 분산 σ^2을 모르는 경우에 추정량으로 MSE를 사용하면

$$\frac{a-\alpha}{\sqrt{MSE\left(\frac{1}{n}+\frac{\bar{x}^2}{S_{xx}}\right)}} \sim t(n-2)$$

가 성립한다. 따라서 절편 α에 대한 추론은 다음과 같이 할 수 있다.

절편 α에 대한 추론

◂ α의 $100(1-\alpha)\%$ 신뢰구간: $a \pm t_{\alpha/2}(n-2)\sqrt{MSE\left(\frac{1}{n}+\frac{\bar{x}^2}{S_{xx}}\right)}$

◂ $H_0: \alpha=\alpha_0$의 가설검정(유의수준 α)

– 검정통계량: $t=\frac{a-\alpha_0}{\sqrt{MSE\left(\frac{1}{n}+\frac{\bar{x}^2}{S_{xx}}\right)}}$ 이고 H_0하에서 $t \sim t(n-2)$.

– 기각역: (i) $H_1: \alpha > \alpha_0$일 때, $t \geqq t_\alpha(n-2)$ 이면 H_0 기각

(ii) $H_1: \alpha < \alpha_0$일 때, $t \leqq -t_\alpha(n-2)$ 이면 H_0 기각

(iii) $H_1: \alpha \neq \alpha_0$일 때, $|t| \geqq t_{\alpha/2}(n-2)$ 이면 H_0 기각

예제 11.5 [예제 11.2]의 자료에 대해 단순회귀모형을 고려할 때, 다음 물음에 답하여라.

(1) 절편 α의 95% 신뢰구간을 구하여라.

(2) 절편 α가 0이라고 할 수 있는지 유의수준 5%에서 검정하여라.

풀이 (1) $a=7.773,\ MSE=61.79,\ S_{xx}=2018.22,\ \bar{x}=78.56,\ t_{0.025}(7)=2.365$이므로 α의 95% 신뢰구간은

$$7.773 \pm 2.365\sqrt{61.79\left(\frac{1}{9}+\frac{78.56^2}{2018.22}\right)}$$

즉, $(-25.32, 40.87)$이다.

(2) 검정하고자 하는 가설은 $H_0: \alpha=0$ vs $H_1: \alpha \neq 0$이다. 귀무가설하에서 검정통계량의 관측값은

$$\frac{a-0}{\sqrt{MSE\left(\frac{1}{n}+\frac{\bar{x}^2}{S_{xx}}\right)}}=\frac{7.773}{\sqrt{61.79\left(\frac{1}{9}+\frac{78.56^2}{2018.22}\right)}}=0.555$$

로 $t_{0.025}(7)=2.365$보다 크지 않으므로 귀무가설을 기각할 수 없다. 즉, 유의수준 5%에서 절편이 0이 아니라고 볼 충분한 근거가 없다. ☑

참고로, $\alpha = 0$이라는 귀무가설을 기각하지 못하는 경우에 일반적으로 절편을 빼고 회귀분석을 해야 하는 것은 아니다. 대부분의 경우에 절편보다는 기울기에 관심이 많기 때문에 절편이 유의하지 않더라도 보통 절편이 있는 모형을 사용한다. 다만, 독립변수의 값이 0일 때, 종속변수의 값도 0이라는 확신이 있을 경우에는 절편이 없는

$$y_i = \beta x_i + \epsilon_i$$

와 같은 회귀모형을 적합시킨다. 이 경우에도 β의 추정은 최소제곱추정량을 사용하지만 본 교재에서는 자세히 다루지 않겠고, 다만 엑셀 실습 부분에서 옵션으로 절편을 제외하고 적합시킬 수 있음을 언급할 것이다.

11.5.3 평균반응치 $E(Y|x_g)$에 대한 추론

이 절에서는 독립변수의 값이 x_g로 주어졌을 때, 종속변수 Y의 평균반응치 $E(Y|x_g) = \alpha + \beta x_g$에 대한 추론 문제를 다루고자 한다. 이에 대한 점추정량으로는 α, β 각각의 최소제곱추정량을 사용한 식 (11.2)의 형태인

$$\hat{y} = a + b x_g$$

를 사용한다. 앞의 두 소절에서 살펴본 바와 같이 a와 b가 모두 정규분포를 따르므로 $\hat{y}$의 분포도 정규분포이며, 기댓값과 분산은 다음과 같다.

$$E(\hat{y}) = \alpha + \beta x_g\ ,\quad Var(\hat{y}) = \sigma^2\left(\frac{1}{n} + \frac{(x_g - \overline{x})^2}{\sum_{i=1}^{n}(x_i - \overline{x})^2}\right).$$

여기서 기댓값은 $E(a + bx_g) = E(a) + x_g E(b)$와 앞의 결과를 이용하면 쉽게 보일 수 있고, 분산에 대해서는 좀 더 계산이 필요하지만 생략하기로 하겠다.

이상의 결과를 정리해 보면

$$\hat{y} \sim N\left(\alpha + \beta x_g, \sigma^2\left[\frac{1}{n} + \frac{(x_g - \overline{x})^2}{\sum_{i=1}^{n}(x_i - \overline{x})^2}\right]\right)$$

이고, 표준화하면서 오차항의 분산 σ^2을 모르는 경우에 그 추정량 MSE로 대체하면

$$\frac{\hat{y}-(\alpha+\beta x_g)}{\sqrt{MSE\left(\frac{1}{n}+\frac{(x_g-\bar{x})^2}{\sum_{i=1}^{n}(x_i-\bar{x})^2}\right)}} \sim t(n-2)$$

가 성립한다. 따라서 평균반응치 $E(Y|x_g)=\alpha+\beta x_g$에 대한 추론은 다음과 같이 할 수 있다.

평균반응치 $E(Y|x_g)=\alpha+\beta x_g$에 대한 추론

◂ $E(Y|x_g)$의 $100(1-\alpha)\%$ 신뢰구간:

$$(a+bx_g) \pm t_{\alpha/2}(n-2)\sqrt{MSE\left(\frac{1}{n}+\frac{(x_g-\bar{x})^2}{\sum_{i=1}^{n}(x_i-\bar{x})^2}\right)}$$

◂ $H_0:\ E(Y|x_g)=m_0$의 가설검정(유의수준 α)

– 검정통계량: $t=\dfrac{(a+bx_g)-m_0}{\sqrt{MSE\left(\frac{1}{n}+\frac{(x_g-\bar{x})^2}{\sum_{i=1}^{n}(x_i-\bar{x})^2}\right)}}$ 이고 H_0하에서 $t \sim t(n-2)$.

– 기각역: (i) $H_1:\ E(Y|x_g)>m_0$ 일 때, $t \geq t_\alpha(n-2)$ 이면 H_0 기각

(ii) $H_1:\ E(Y|x_g)<m_0$ 일 때, $t \leq -t_\alpha(n-2)$ 이면 H_0 기각

(iii) $H_1:\ E(Y|x_g)\neq m_0$ 일 때, $|t| \geq t_{\alpha/2}(n-2)$ 이면 H_0 기각

예제 11.6 [예제 11.2]의 자료에서 중간과제물 성적이 각각 60, 65, 70, 75, 80, 85 그리고 90점일 때 기말고사 성적의 평균에 대한 95% 신뢰구간을 구하고, 추정된 회귀선과 함께 각 신뢰구간을 그림으로 나타내 보아라.

풀이 추정된 회귀직선은 $\hat{y}_i = 7.773 + 0.877x_i$ 이므로 평균반응치의 신뢰구간을 구하는 공식에 대입하여 $x=60$일 때, 신뢰구간을 구하면

$$7.773+0.877\times 60 \pm 2.365\sqrt{61.79\left(\frac{1}{9}+\frac{(60-78.56)^2}{2018.22}\right)} = 60.393 \pm 9.869,$$

즉, $(50.524, 70.262)$이다. 마찬가지 방법으로 $x=65, 70, 75, 80, 85$ 그리고 90에 대하여 각각 평균반응치의 신뢰구간을 구하면, $(56.418, 73.138)$, $(62.025, 76.301)$, $(67.178, 79.918)$, $(71.708, 84.158)$, $(75.572, 89.064)$, $(78.903, 94.503)$이다. 이 신뢰구간 중에 몇 개를 그림으로 나타내 보면 [그림 11.4]의 화살표와 같다.

그림에서 보듯이 독립변수의 평균에서 멀어져 갈수록 평균반응치의 신뢰구간이 넓어지고 있음을 알 수 있다. 이것은 신뢰구간을 구하는 공식에서 보면 x_g가 $\overline{x}$에 가까울수록 신뢰구간이 짧아지기 때문에 자명한 사항이다. 또한 $S_{xx} = \sum_{i=1}^{n}(x_i - \overline{x})^2$이 커지면 역시 신뢰구간의 길이가 짧아지므로 평균 반응치의 신뢰구간을 짧게 구하기 위해서는 독립변수의 수준을 좀 광범위하게 잡을 필요가 있다. 여기서 주의할 점은 그림에서 보듯이 독립변수의 관측값의 범위를 많이 벗어나는 지점에서 종속변수의 기댓값을 예측하는 것은 정확도가 떨어지고 신뢰할 수 없기 때문에 별 의미가 없다는 사실이다. 그러므로 현재 가지고 있는 자료에서 독립변수의 범위를 많이 벗어나는 지점에서 종속변수의 값을 예측하고자 할 때는 관측하는 독립변수의 영역을 좀 더 넓히거나 보다 면밀한 검토가 필요하다.

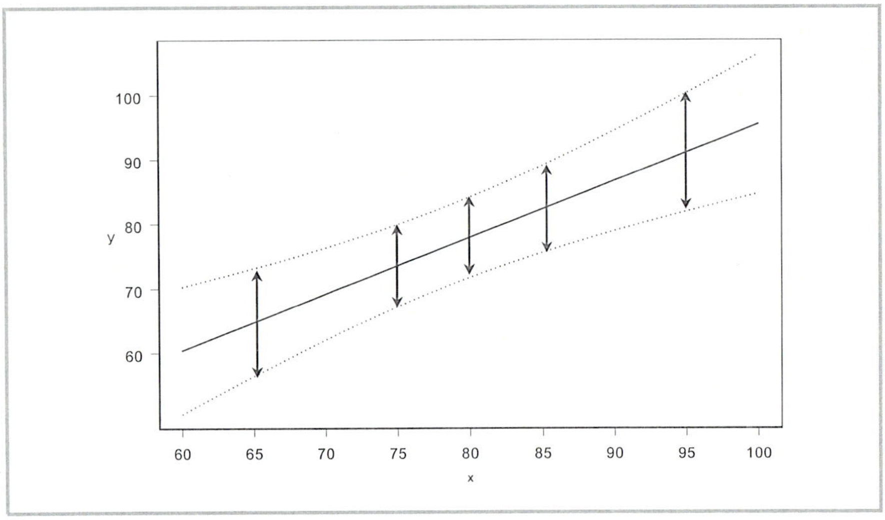

그림 11.4 추정된 회귀선과 평균 반응치의 95% 신뢰구간

11.6 잔차분석

11.3절에서 공부한 단순선형회귀모형에서는 먼저 선형성을 가정하였고, 오차항에 대해서는 정규성, 등분산성, 독립성을 가정하였다. 오차항에 대한 기본 가정들을 간단히 $\epsilon_i \overset{iid}{\sim} N(0, \sigma^2)$라고 표시한다고 언급하였다. 우리가 추정한 회귀식은 이러

한 가정들을 기본 바탕으로 하기 때문에 이 가정들이 타당하지 않다면 회귀식이 유의하다고 하여도 사용하면 안 된다. 따라서 이러한 가정들에 대한 검토가 이루어져야 하는데 오차 ϵ_i는 직접 관측이 불가능하기 때문에 대신에 오차의 개념과 비슷하다고 할 수 있는 잔차를 사용하여 검토하게 된다. 이러한 일련의 과정을 **잔차분석**(residual analysis)이라고 한다. 잔차는 이미 식 (11.4)에서 언급된 것처럼

$$\hat{e}_i = y_i - \hat{y}_i = y_i - a - bx_i$$

로 정의되며 평균이 0인 정규분포를 따른다.

오차항에 대한 기본 가정에 대해 검토하는 잔차분석에서는 보통 그냥 잔차가 아니라 잔차들에서 평균을 빼고 표준편차의 추정치로 나누어준, 즉 표준화된 잔차를 사용한다. 표준화잔차에 대한 정확한 표현식이나 성질을 소개하는 것은 생략하기로 하고, 표준화잔차를 $\hat{e}_{st}$로 표시하기로 하자. 이 표준화잔차를 가지고 오차항의 기본 가정에 대해 검토하기 위해서는 우선 먼저 잔차의 산점도를 그려야 하는데, 독립변수 x_i 혹은 y_i의 추정치 $\hat{y}_i$를 x축, 표준화잔차 $\hat{e}_{st}$를 y축으로 하여 산점도를 그린다. 이러한 산점도의 몇 가지 예라고 할 수 있는 [그림 11.5]를 통해 회귀분석의 기본 가정에 대해 검토하는 방법을 살펴보자.

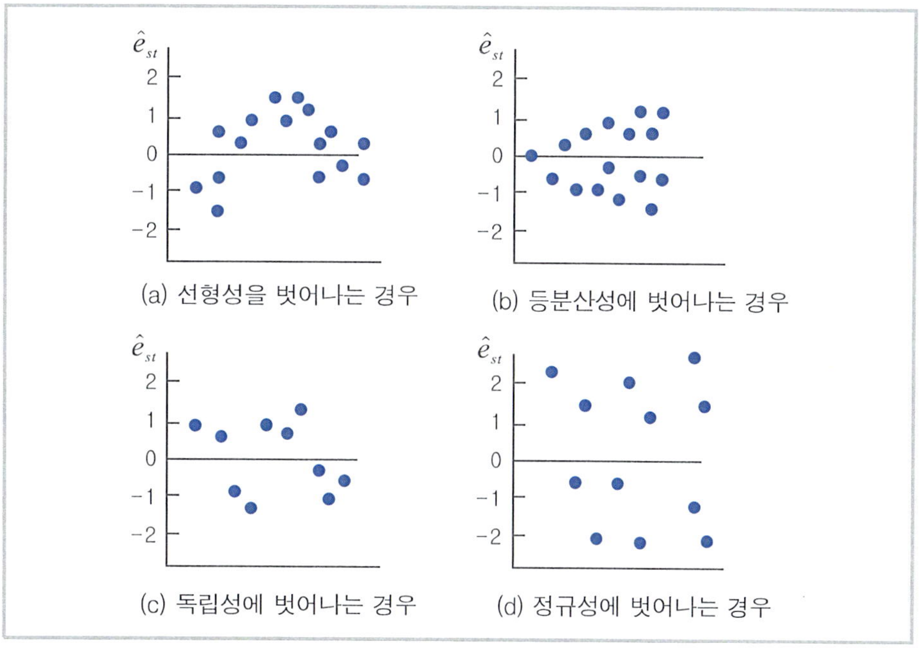

그림 11.5 잔차분석을 위한 잔차의 산점도 예

(1) 모형의 선형성에 대한 검토

[그림 11.5]의 (a)의 형태는 종속변수와 독립변수의 함수적 관계가 선형이 아님을 내포하고 있다. 이와 같은 경우에는 2차 회귀모형($y = \alpha + \beta x + \gamma x^2 + \epsilon$)이나 선형이 아닌 다른 적절한 회귀모형으로 설명을 시도하는 것이 필요하다.

(2) 등분산성 가정의 검토

산점도의 형태가 [그림 11.5]의 (d)와 같이 0을 중심으로 상하로 랜덤(random)하게 퍼져 있다면 등분산성의 가정을 만족한다고 할 수 있으나 그림 (b)와 같이 점점 벌어진다면 등분산성 가정을 만족하지 않는다고 판단한다. 등분산성이 위배되는 경우에는 일반적인 회귀분석방법을 사용해서는 안 되며, 가중회귀 방법이나 변수변환법 등의 다른 적절한 분석방법을 써야 한다.

(3) 독립성 가정의 검토

독립성 가정은 흔히 Durbin-Watson 검정을 통해서 이루어지는데 본 교재의 범위를 넘으므로 생략하기로 한다. 보통 종속변수 y_i가 시간의 흐름 또는 관측 순서에 영향을 받을 때에는 독립성 가정을 검토하는 것이 반드시 필요하다. 잔차가 관측 시간에 따라 규칙적인 패턴을 보이고 있거나 [그림 11.5]에서 (c)의 경우처럼 시간순으로 볼 때 부호가 같은 잔차가 연속적으로 이어져 있는 그룹이 여러 개 있는 경우에는 독립성 가정을 의심할 수 있다.

(4) 정규성 가정의 검토

잔차를 가지고 히스토그램을 그렸을 때 심각하게 대칭이 아니면 정규분포 가정에 어긋난다고 볼 수 있다. 대칭인 형태라고 무조건 정규분포를 따른다고 할 수는 없고, 보다 엄밀하게는 잔차를 가지고 6.3절에서 언급한 정규분포 분위수대조도(또는 정규확률도)를 그려서 직선에 가까운지를 확인해야 한다. 곡선 형태이거나 직선에서 많이 벗어나면 정규성 가정을 만족시키지 않는 것이다. 자료의 수가 많아지면 표준화잔차는 표준정규분포를 따른다고 알려져 있고 표준정규분포에서 절댓값이 2보다 큰 관측값이 나올 가능성은 확률적으로 아주 작기 때문에 이에 착안하여 잔차의 산점도에서 2보다 큰 잔차가 많을 경우에는 정규성 가정을 의심하는 것도 한 가지 방법이다. [그림 11.5]의 (d)를 보면 상대적으로 −2와 2 사이를 벗어나는 자료가 많기 때문에 정규성 가정을 만족시키지 않는다고 판단하여 자료를 재검토하는 것이 요구된다.

11.7 엑셀을 이용한 실습

예제 11.7 화학약품을 제조하는 공장에서 제품을 생산하는데 온도의 변화가 생산량에 미치는 영향을 알아보고자 한다. 서로 다른 온도에서 10회의 동일한 과정을 거쳐 생산되는 제품의 생산량을 조사한 결과가 다음과 같을 때, 엑셀을 이용하여 온도와 생산량의 관계를 다음의 순서대로 알아보자.

온도	20	26	23	30	29	22	25	24	27	21
생산량	12	18	15	20	19	13	18	16	18	14

(1) 산점도를 그려라.

풀이 온도에 따른 생산량의 변화를 알아보고자 하는 것이므로 온도가 독립변수, 생산량이 종속변수가 된다. 자료를 입력한 후 [메뉴 ➪ 삽입(I) ➪ 분산형 차트]를 순서대로 선택한다.

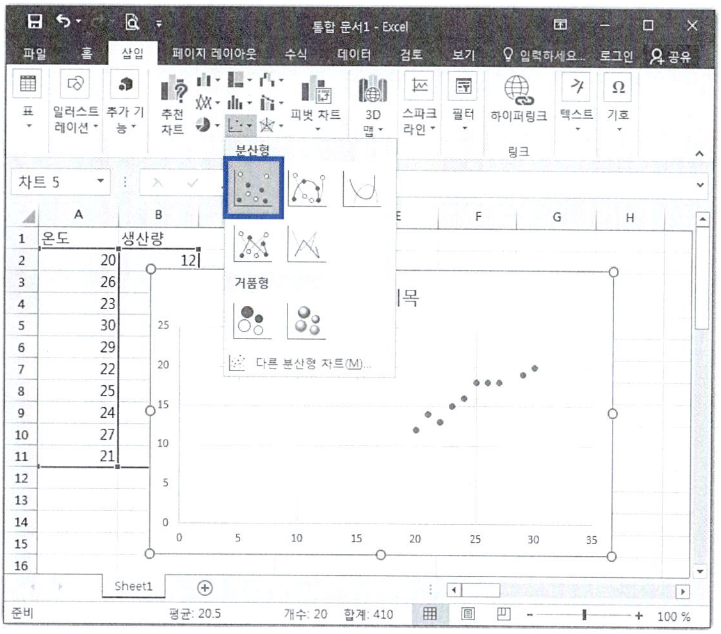

분산형 차트를 선택하면 원본 차트가 나오게 된다.

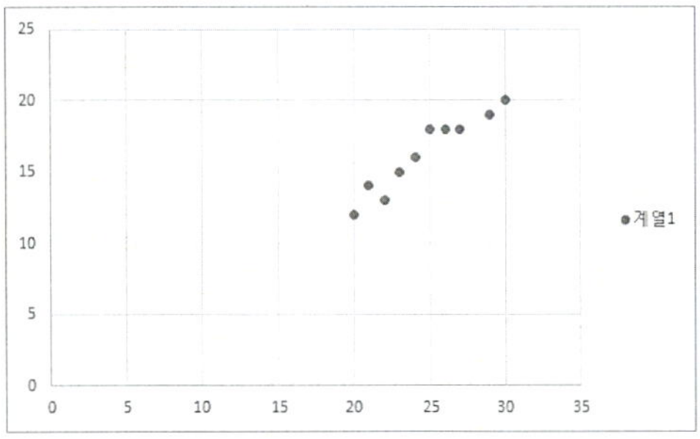

원본 차트에 차트 제목, 축 제목을 넣어보면

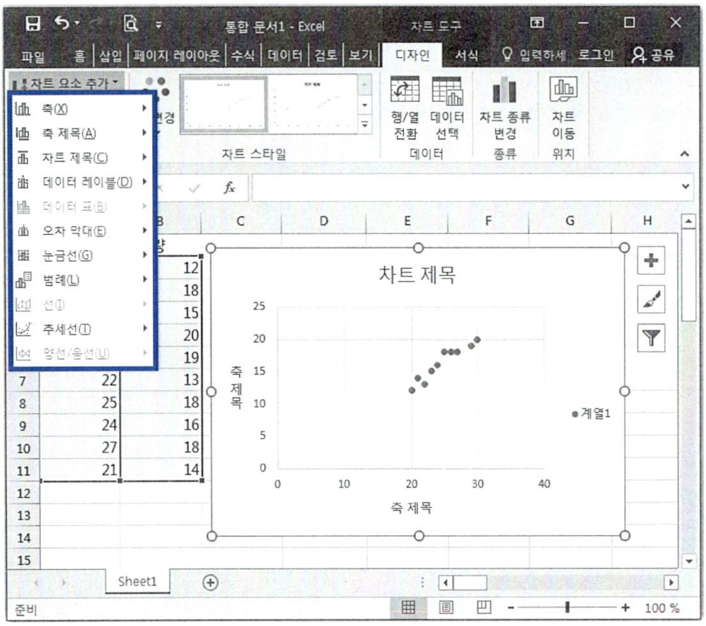

모든 단계를 거치고 마침을 누르면 다음과 같은 산점도가 나타나고 두 변수 간에 선형성이 보인다고 하겠다.

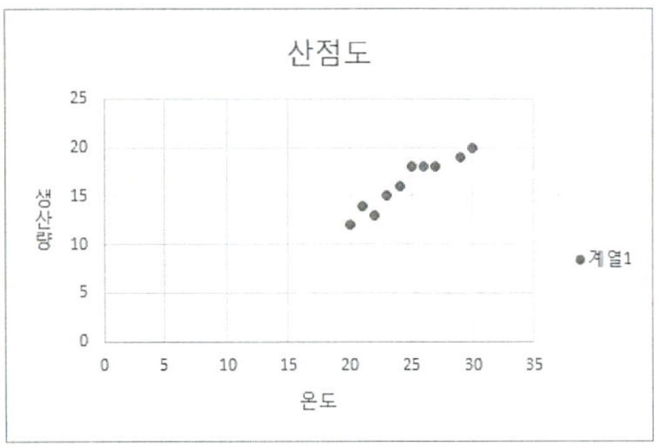

(2) 온도와 생산량의 상관계수를 구하여라.

풀이 [메뉴 ➪ 수식 ➪ 함수 삽입 ➪ 통계 ➪ CORREL]를 선택한다.

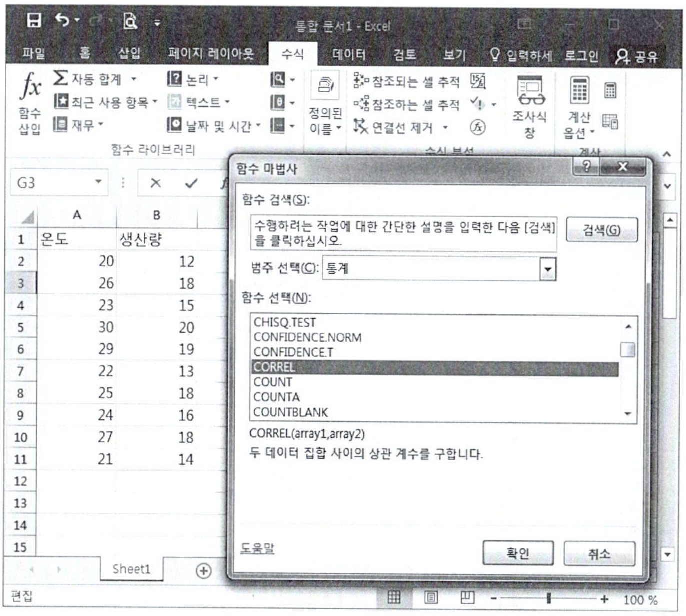

CORREL을 선택한 후 데이터 범위를 입력하면 다음과 같이 상관계수를 구할 수 있다.

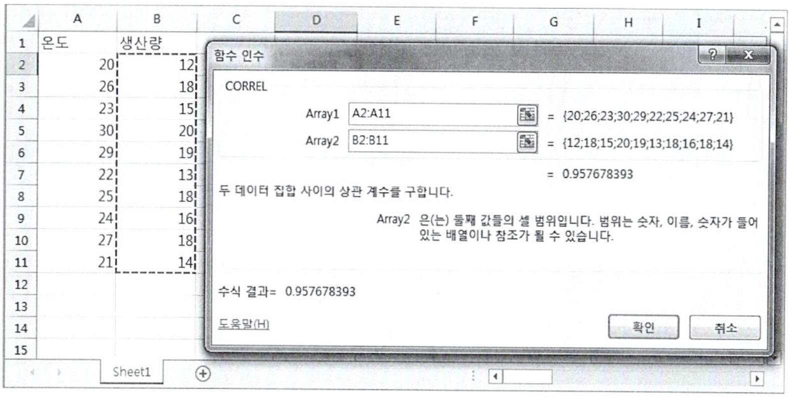

즉, 구하는 상관계수는 0.958로 상당히 강한 양의 상관관계가 보인다. ☑

(3) 단순회귀모형을 적합시키고 잔차분석을 위한 선택을 하여라.

풀이 회귀모형 적합을 위해 [메뉴 ➪ 데이터 ➪ 데이터 분석]을 순서대로 선택한 후 분석도구의 목록에서 회귀분석을 선택한다.

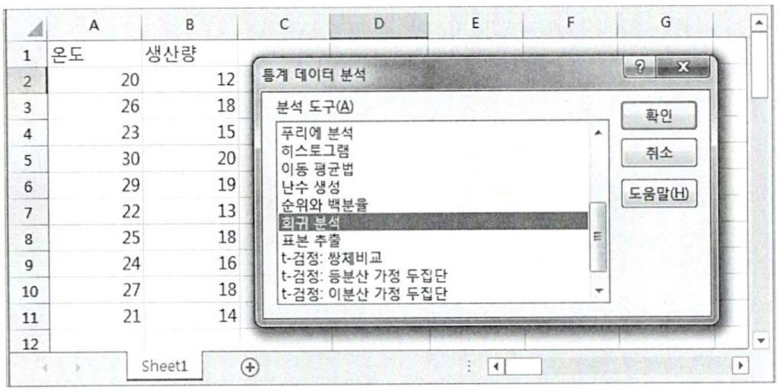

그러면 다음과 같은 회귀분석 대화상자가 나타나고 이에 대한 설명은 다음과 같다.

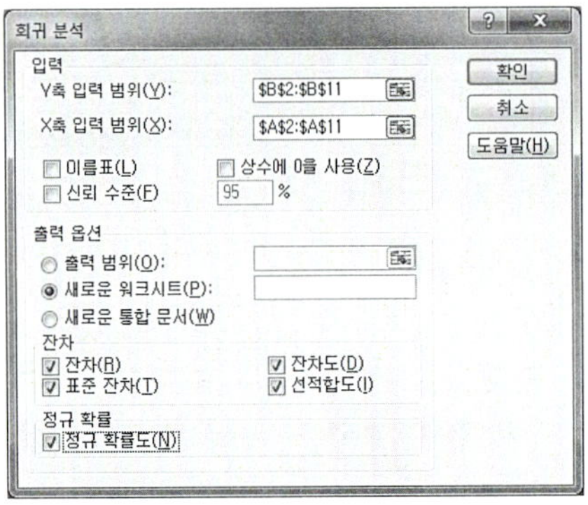

■ **회귀분석 대화상자에 대한 설명**

1) Y축 입력 범위: 종속변수의 참조 영역을 입력하거나 오른쪽의 입력버튼을 눌러 영역을 지정한다. 데이터 범위는 열 하나로 구성된다.
2) X축 입력 범위: 독립변수의 참조 영역을 입력하거나 오른쪽의 입력버튼을 눌러 영역을 지정한다.
3) 이름표: 입력 범위의 첫 행이나 열에 이름표가 있으면 선택하고, 입력 범위에 대한 이름표가 없을 경우 이 확인란을 선택 해제하면 출력 테이블에 대한 데이터 이름표가 자동으로 만들어진다.
4) 상수에 0을 사용(Z): 회귀모형에 상수항을 포함시키지 않을 경우에만 선택한다. (절편이 없는 회귀모형)
5) 신뢰수준(F): 엑셀은 자동적으로 회귀계수의 95% 신뢰구간을 제공한다. 만일 95% 이외의 신뢰구간이 필요한 경우에는 이를 선택하고, 원하는 신뢰수준을 입력한다.
6) 출력 범위: 회귀분석 결과를 출력하고 싶은 곳의 왼쪽 위 모서리에 해당하는 셀의 주소를 입력시킨다. 만일 새로운 워크시트나 통합 문서에 나타내고 싶으면 해당사항을 선택한다.
7) 잔차(R): 추정된 회귀선상의 값인 $\hat{y}_i$와 잔차($\hat{e}_i = y_i - \hat{y}_i$)들을 얻기 위해서는 이를 선택한다.
8) 잔차도(D): 독립변수를 x축으로 하는 잔차의 산점도를 얻을 수 있다.
9) 표준잔차(T): 표준화된 잔차들(즉, 잔차들을 각각의 표준편차로 나눈 것)을 얻을 수 있다.
10) 선적합도(I): 이를 선택하면 회귀선을 포함한 추정값과 관측값을 비교한 그래프를 얻을 수

있다.

11) 정규확률도(N): 잔차들이 정규분포를 따르는지를 검정하는 데 필요한 정규확률도를 제공해 준다.

이상에서 다룬 선택 사항들을 지정하면 다음과 같은 출력을 얻을 수 있다.

	A	B	C	D	E	F
1	요약 출력					
2						
3	회귀분석 통계량					
4	다중 상관:	0.957678				
5	결정계수	0.917148				
6	조정된 결:	0.906791				
7	표준 오차	0.827385				
8	관측수	10				
9						
10	분산 분석					
11		자유도	제곱합	제곱 평균	F 비	유의한 F
12	회귀	1	60.62348	60.62348	88.55761	1.33E-05
13	잔차	8	5.476523	0.684565		
14	계	9	66.1			

Sheet3 | Sheet1

(4) 통계량과 분산분석을 통해 결과를 해석하고 추정된 회귀식을 써라.

풀이 ① 회귀분석 통계량: 두 변수(독립변수, 종속변수) 간의 상관계수는 변수들 간의 연관성 유무를 확인하기 위한 통계량 값으로 위 결과는 약 0.958로 독립변수와 종속변수 간에 아주 강한 양의 상관관계가 있음을 알 수 있다. 결정계수는 표본자료로부터 추정된 회귀선이 그 측정 자료를 어느 정도 설명하는가를 나타내는 척도로 위 결과는 약 0.92로 전체 변동의 92%를 설명함을 알 수 있다. 셀 B7에 있는 표준오차는 오차항의 표준편차 σ의 추정값에 해당되며 셀 D13에 있는 평균제곱오차(MSE)의 제곱근으로 계산된다.

즉, 셀 B7의 값은 $\sqrt{MSE} = \sqrt{0.684565} = 0.827385$이다.

② 분산분석: 모형의 유의성을 검정하는 F비(본문에서는 F값이라 부름)는 88.558로 꽤 크다고 할 수 있다. 유의한 F는 유의확률(p값)에 해당되며, 0.000013으로 유의수준 0.05보다 작으므로 귀무가설($H_0: \beta = 0$)을 기각하여 회귀식이 유의하다고 판단한다.

③ 아래의 결과로부터 추정된 회귀 모형식은 다음과 같이 쓸 수 있다.

$$\hat{y}_i = -2.922 + 0.778\,x_i$$

	A	B	C	D	E	F	G	H	I
15									
16		계수	표준 오차	t 통계량	P-값	하위 95%	상위 95%	하위 95.0%	상위 95.0%
17	Y 절편	-2.92208	2.059308	-1.41896	0.193674	-7.67085	1.826695	-7.67085	1.826695
18	X 1	0.778222	0.082697	9.410505	1.33E-05	0.587522	0.968922	0.587522	0.968922
19									

Sheet3 | Sheet1

또한, 참고로 절편 α의 95% 신뢰구간은 (−7.671, 1.827)이고, 기울기 β의 95% 신뢰구간은 (0.588, 0.969)이다.

(5) 출력되는 그림들에 대해 설명하여라.

풀이 ① 선 적합도

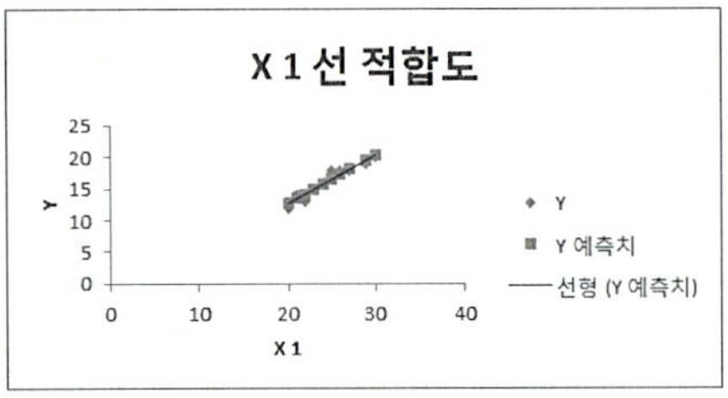

위 그림은 각 관측치 및 추정치(예측치)를 한 번에 나타내준 산점도이다. 추정된 직선도 함께 나타내었다. 대체로 잘 적합되고 있음을 알 수 있다.

② 잔차도

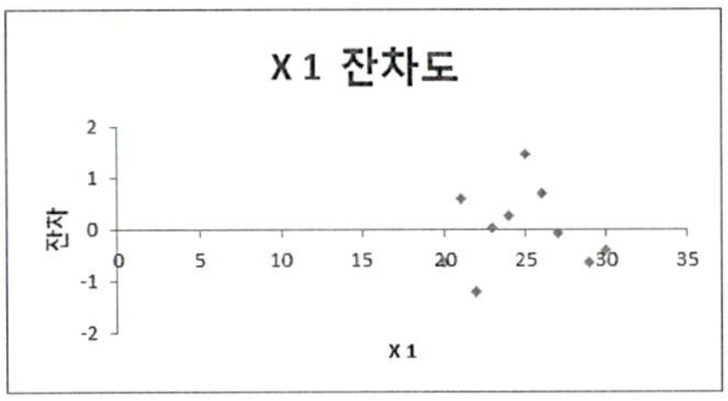

잔차분석은 회귀모형의 기본가정을 확인하는 방법이다. 이러한 잔차분석은 정규성, 등분산성, 독립성을 만족해야 하는데 표준잔차들이 −2와 2 사이에 두루 퍼져 있고 특별한 형태를 보이지 않으므로 기본가정을 만족한다고 볼 수 있다.

③ 정규확률도

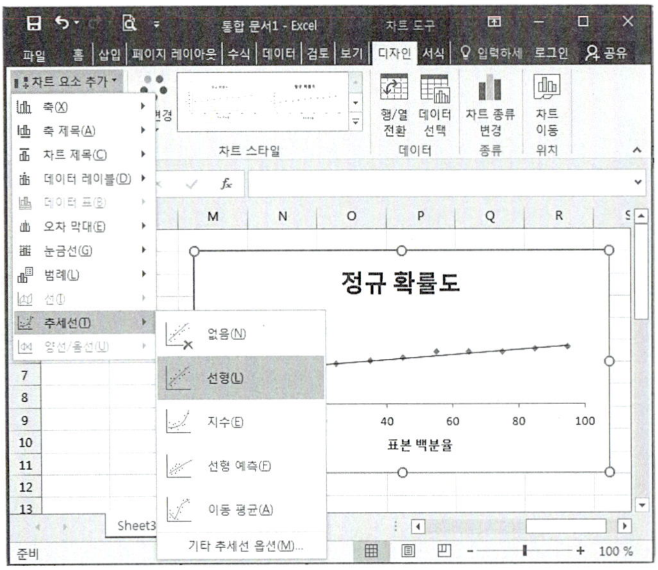

데이터 분석 후 나온 정규확률도는 각 관측치의 점들에 대해서만 나온다. 따라서 시각적으로 좀더 명확히 판단하고자 할 때 추세선을 추가할 수 있다. 방법은 정규확률도의 임의의 한 점을 선택한 후 마우스 우측버튼의 팝업메뉴에서 추세선을 추가 선택할 수 있다. 추세선이 포함된 그림은 다음과 같다.

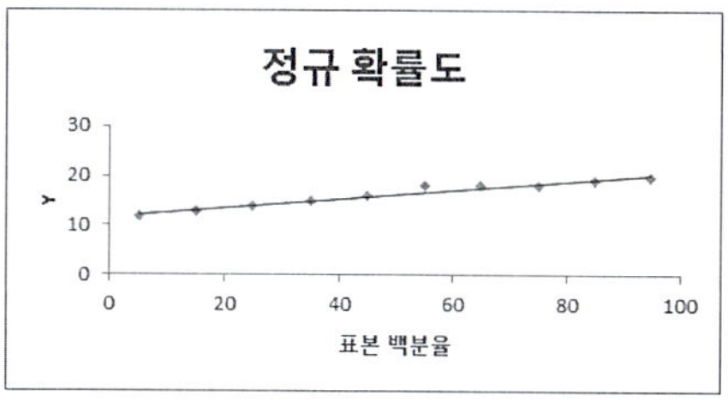

정규확률도에서는 모든 점이 거의 일직선상에 놓여야 오차가 정규분포라는 가정이 위배되지 않는다. 위 그림을 볼 때 대체적으로 정규성을 만족한다고 볼 수 있다. ☑

참고

함수 마법사를 이용한 절편, 기울기의 추정

회귀분석의 절편과 기울기는 다음과 같이 함수 마법사를 사용하여 구할 수도 있다. [예제 11.7]의 자료로 회귀모형의 절편과 기울기를 구해 보자.

① INTERCEPT를 이용한 절편(상수항) 구하기

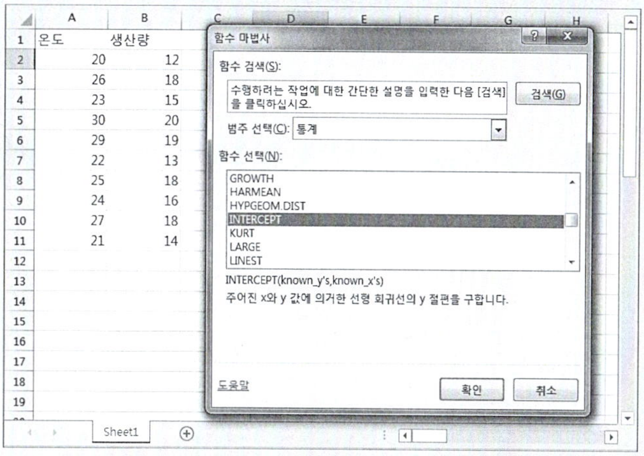

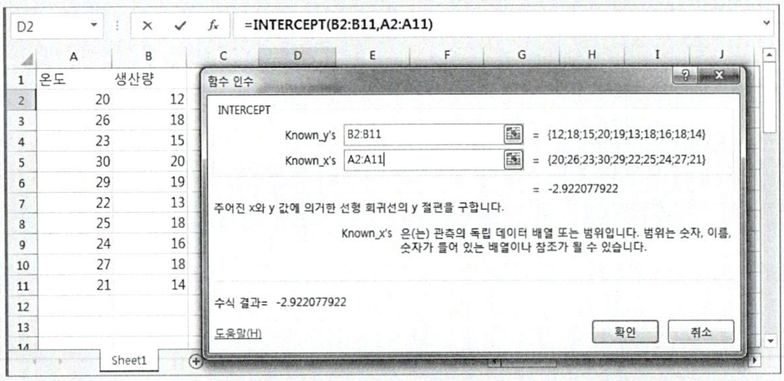

함수 마법사(INTERCEPT)를 사용하여 절편값을 구했는데, 통계데이터 분석에서 구한 절편값과 동일한 −2.922 값임을 알 수 있다.

② SLOPE를 이용한 기울기 구하기

절편과 같은 방법으로 함수 마법사에서 SLOPE를 사용하여 기울기를 구할 수 있다. 결과는 아래와 같다.

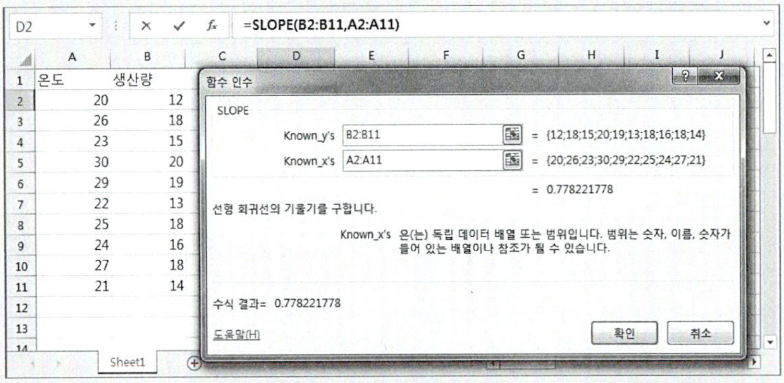

기울기 역시 통계데이터 분석에서 구했던 기울기값인 0.778과 동일하다.

연습문제

1 다음의 자료는 몸무게와 가슴둘레의 연관성을 알아보기 위해 랜덤하게 뽑은 신생아로부터 얻은 자료이다. 물음에 답하여라.

몸무게(kg)	2.75	2.15	4.41	5.52	3.21	4.32	2.31	4.30	3.71
가슴둘레(cm)	29.5	26.3	32.2	36.5	27.2	27.7	28.3	30.3	28.7

(1) 표본상관계수를 구하여라.

(2) 두 변수 간에 양의 상관관계가 있다고 할 수 있는지 유의수준 1%에서 검정하여라.

2 다음은 수학과목 수강생 중 12명의 이해력 테스트 점수(x)와 수학 점수(y)를 나타낸 것이다. 물음에 답하여라.

학생	이해력 테스트 점수	수학 점수
1	65	85
2	50	74
3	55	76
4	65	90
5	55	85
6	70	87
7	65	94
8	70	98
9	55	81
10	70	91
11	50	76
12	55	74

(1) 이해력 테스트 점수와 수학 점수 사이의 표본상관계수를 구하여라.

(2) 귀무가설을 $\rho = 0$, 대립가설을 $\rho \neq 0$라고 할 때 유의수준 1%에서 검정하여라.

3 다음은 기초통계학 과목의 중간고사 성적(x)과 기말고사 성적(y)을 조사한 것이다. 두 성적 간의 상관관계가 있는지 다음을 통하여 알아보고자 한다.

중간고사(x)	78	80	66	92	90	57	99	80	70	82
기말고사(y)	60	80	72	100	88	80	70	92	99	90

(1) 산점도를 그리고, 선형관계에 대해 검토하여라.

(2) 표본상관계수를 구하여라.

(3) 단순선형회귀모형을 가정할 때, 회귀계수의 최소제곱추정치를 구하고 회귀식을 추정하여라.

4 다음 자료의 요약을 이용하여 물음에 답하여라.

$$n = 20,\ \sum_{i=1}^{20} x_i = 300,\ \sum_{i=1}^{20} y_i = 260$$

$$\sum_{i=1}^{20} x_i^2 = 4660,\ \sum_{i=1}^{20} y_i^2 = 3463.2,\ \sum_{i=1}^{20} x_i y_i = 3990$$

(1) 단순선형회귀모형을 가정할 때, 회귀직선을 추정하여라.

(2) $x = 20$일 때 Y의 95% 신뢰구간을 구하여라.

5 어느 병원에서 흡연자들을 대상으로 하루 흡연량이 폐암 발생 후 사망시점에 미치는 영향을 알아보기 위해 조사한 것이다.

하루 흡연 수	5	7	9	11	13	15	17	19	21	23
기간(단위: 월)	36	30	25	23	20	15	12	9	5	3

(1) 회귀직선 적합을 위해 회귀계수의 추정치를 구하여라.

(2) 분산분석표를 작성하고 추정된 회귀직선이 유의한지 유의수준 5%에서 검정하여라.

(3) 결정계수를 구하고 그 의미를 설명하여라.

6 다음의 자료는 한 목장에서 강우량 x (cm)와 다년생 목초 생산량 y (kg/ha)를 측정한 것이다.

x (cm)	11	12	15	17	19	19	22	22	25	27	27
y (kg/ha)	187	230	295	308	360	348	400	410	452	506	480

(1) 이 자료에 대하여 단순선형회귀모형을 적용하고자 할 때, 추정된 회귀직선을 구하고 회귀직선의 유의성 검정을 유의수준 5%에서 실시하여라.
(2) 강우량이 18(cm)일 때, 다년생 목초 생산량의 95% 신뢰구간을 구하여라.

7 어느 중고 승용차 판매 회사에서 특정 승용차의 사용연도에 따라 그 값의 변화를 알아보기 위해 자료를 수집한 결과 다음과 같았다.

사용연도	1	2	2	3	3	4	6	7	8	10
가격(단위: 백만 원)	2.45	1.80	2.00	2.00	1.70	1.20	1.15	0.69	0.60	0.47

(1) 자료를 단순선형회귀모형에 적용시킬 때, 회귀직선을 추정하여라.
(2) 회귀계수 β의 95% 신뢰구간을 구하고 그 의미를 설명하여라.
(3) 사용연도가 5년일 때, 승용차의 평균 가격에 대한 95% 신뢰구간을 구하여라.

8 다음은 어떤 제품에 대하여 광고비에 따른 판매량의 변화를 조사한 자료이다. 물음에 답하여라.

광고비(단위: 만 원)	판매량(단위: 만 원)
30	300
30	350
25	400
20	280
40	470
35	380
20	300
50	500
45	540
20	340

(1) 회귀식을 추정하고, α와 β의 95% 신뢰구간을 구하여라.
(2) 분산분석표를 작성하여라.
(3) $H_0 : \beta = 0$ vs $H_1 : \beta \neq 0$라는 가설을 유의수준 5%에서 검정하여라.

9 우리나라에서는 3년에 한 번씩 생명보험협회에서 생명보험에 관한 성향을 조사한다. 다음은 월수입과 보험 가입금액과의 관계를 알아보기 위해 조사에서 얻은 데이터의 일부이다. 다음 물음에 답하여라. (단위: 월수입–만 원, 보험가입금액–천만 원)

월수입	60	85	77	100	63	45	50	72	60	150	160	55	80
보험가입금액	5.0	10.0	6.5	3.0	2.5	1.5	2.0	2.0	2.5	15.0	20.0	3.5	3.5

(1) 단순선형회귀모형을 고려하여, 회귀직선을 추정하고 적합된 회귀직선이 유의한지 유의수준 5%에서 검정하여라.

(2) 결정계수를 구하고 이를 해석하여라.

(3) 월수입이 70만 원일 때 평균 보험가입금액의 95% 신뢰구간을 구하여라.

10 어느 고등학교에서 랜덤하게 추출된 학생 10명의 수학, 물리 성적은 다음과 같다. 아래 물음에 답하여라.

학생번호	1	2	3	4	5	6	7	8	9	10
수학	66	64	48	46	78	60	90	50	66	70
물리	70	68	46	48	84	64	92	52	68	72

(1) 수학과 물리성적 사이의 표본상관계수를 구하여라.

(2) 수학성적을 독립변수로 물리성적을 종속변수로 하여 단순회귀모형을 적합하고자 한다. 회귀직선을 추정하여라.

(3) 절편과 기울기에 대한 95% 신뢰구간을 구하여라.

(4) SST, SSR, SSE를 각각 구하고 결정계수(R^2)를 구하여라.

11 어떤 화학반응에서 생성되는 반응량 y가 촉진제의 양 x에 따라 어떻게 변화하는가를 실험을 통하여 측정한 결과 다음과 같은 자료를 얻었다.

x	1	1	2	3	4	4	5	6	6	7
y	2.1	2.5	3.1	3.0	3.8	3.2	4.3	3.9	4.4	4.8

(1) 단순회귀분석을 실시하여라.

(2) 오차항의 분산 σ^2을 추정하여라.

(3) 촉진제의 양이 $x = 3.5$일 때 평균 반응량의 95% 신뢰구간을 구하여라.

(4) 회귀계수 β의 95% 신뢰구간을 구하여라.

(5) $H_0 : \alpha = 1.5$ vs $H_1 : \alpha > 1.5$을 유의수준 1%에서 검정하여라.

12 다음 자료로 엑셀을 이용하여 산점도를 그린 후, x의 변화에 따라 y의 흩어진 정도가 비슷하다고 할 수 있는지, 즉 y가 등분산성을 만족하는지 확인하여라.

x	1	6	11	16	21	26
y	90	69	65	40	33	12

13 어느 제약회사에서 콜레스테롤을 줄여주는 신약품을 개발하여 나이에 따라 효과가 다른지 실험하기 위해 임의로 10명을 뽑아 관찰하였다. 다음 물음에 답하여라.

나이	22	45	30	60	27	26	34	31	49	50
감량	28	35	40	61	17	25	17	30	36	62

(1) 단순회귀모형을 고려할 때 회귀직선을 추정하여라.

(2) 엑셀을 이용하여 오차항이 기본 가정을 만족하는지 검토하여라.

(3) 함수 마법사를 이용하여 자료의 절편과 기울기를 구해 보고, (1)에서 추정한 회귀식에서의 값과 각각 같은지 확인하여라.

14 다음은 로트크기에 따른 생산인력을 추정하기 위해 한 공장에서 랜덤하게 추출하여 조사한 자료이다. 함수 마법사를 이용하여 네모 안의 빈 칸을 채워라.

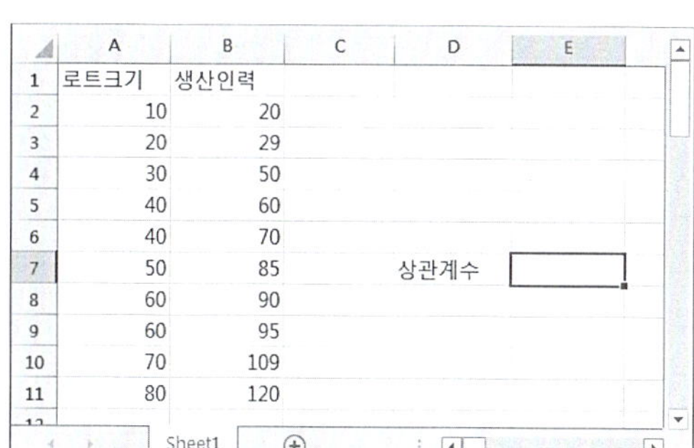

15 다음의 자료는 12명의 운동선수들이 토너먼트 경기에서 얻은 점수를 나타낸다. 물음에 답하여라.

1회전	89	90	87	95	86	81	102	105	83	88	91	79
2회전	94	85	86	86	81	76	107	89	87	91	88	80

(1) 엑셀을 이용하여 산점도를 그려보고, 두 경기 간의 표본상관계수를 구하여라.

(2) 1회전과 2회전 점수 사이에 양의 상관관계가 성립하는지 유의수준 5%에서 검정하여라.

(3) 엑셀을 이용하여 회귀분석을 실시하고, 모형의 유의성을 유의수준 5%에서 검정하여라.

16 1982년에 버지니아 주립대학과 교육학회에서는 정적인 팔 힘의 측도(x)가 개인의 동적 들어올리기(y)에 영향을 주는지를 알아보기 위해 25명의 학생에게 테스트를 시행한 결과 아래와 같은 결과를 얻었다. 엑셀을 이용하여 다음 물음에 답하여라.

학생	팔의 힘(x)	동적 들어올리기(y)
1	17.3	71.7
2	19.3	48.3
3	19.5	88.3
4	19.7	75.0
5	22.9	91.7
6	23.1	100.0
7	26.4	73.3
8	26.8	65.0
9	27.6	75.0
10	28.1	88.3
11	28.2	68.3
12	28.7	96.7
13	29.0	76.7
14	29.6	78.3
15	29.9	60.0
16	29.9	71.7
17	30.3	85.0
18	31.3	85.0
19	36.0	88.3
20	39.5	100.0
21	40.4	100.0
22	44.3	100.0
23	44.6	91.7
24	50.4	100.0
25	55.9	71.7

(1) 단순 선형회귀직선을 추정하여라.
(2) 분산분석을 시행하고, 회귀식이 실제로 의미가 있는지 유의수준 5%에서 유의성 검정을 하여라.
(3) 잔차의 산점도를 그리고, 오차항에 대한 기본 가정을 만족하는지 검토하여라.

17 다음은 어떤 금속 표본에서 정규 압력(stress)이 절단(spear) 저항과 어떤 관계가 있는지 알아보기 위해 실험을 통해 얻은 결과이다. 물음에 답하여라.

정규 압력 (x)	26.8	25.4	28.9	23.6	27.7	23.9	24.7	28.1	26.9	27.4	22.6	25.6
절단 저항 (y)	26.5	27.3	24.2	27.1	23.6	25.9	26.3	22.5	21.7	21.4	25.8	24.9

(1) 엑셀의 함수 마법사를 이용하여 표본상관계수를 구하여라.
(2) 엑셀을 이용하여 최소제곱추정치를 구하여라.
(3) 엑셀을 이용하여 분산분석표를 작성하고, 회귀직선이 유의한지 유의수준 5%에서 검정하여라.

18 단순회귀분석을 위한 다음의 자료에 대해 엑셀을 이용하여 답하여라.

x	10	8	13	9	11	14	6	4	12	7	5
y	8.04	6.95	7.58	8.81	8.33	9.96	7.24	4.26	10.84	4.82	5.68

(1) 상관계수를 구하고 상관관계가 존재하는지 검정하여라.
(2) 단순선형회귀분석을 실시하여 모형을 추정하여라.
(3) 분산분석을 실시하여 모형의 유의성을 검정하여라.
(4) 잔차의 산점도를 그려서 기본 가정에 대해 검토하여라.
(5) 잔차의 정규확률도(정규분포 분위수대조도)를 그려서 오차항의 정규성 가정을 검토하여라.

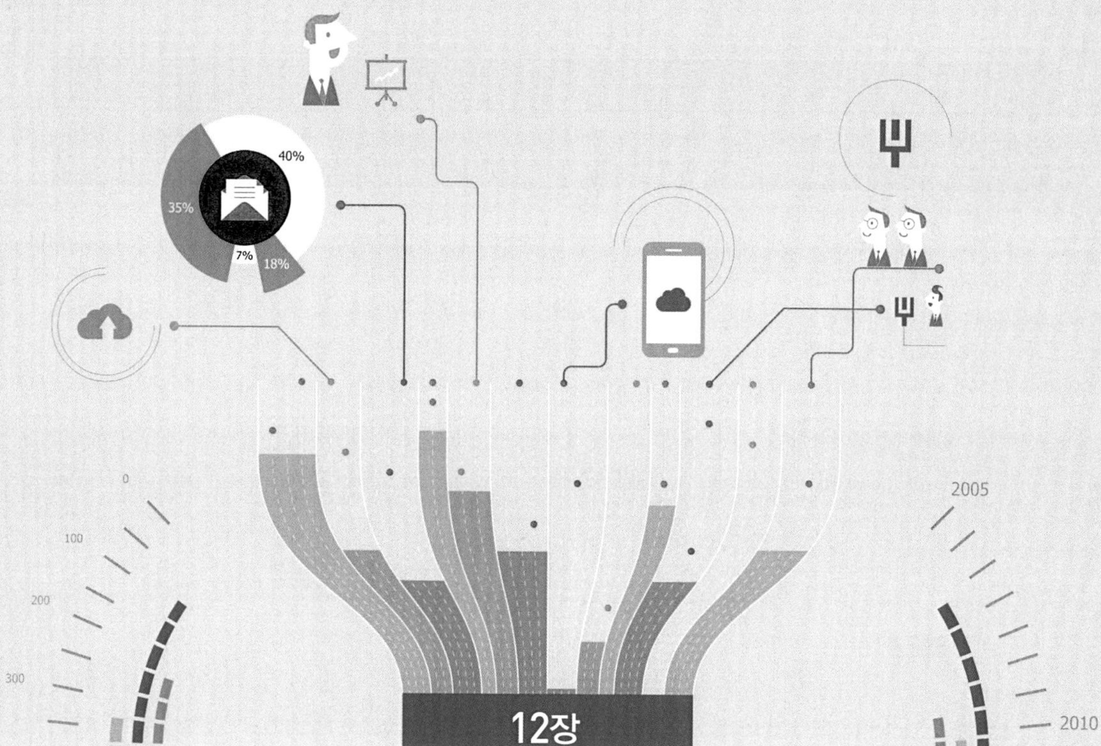

12장

분산분석

두 모집단의 평균을 비교했던 방법을 확장하여 셋 이상의 모집단에서 뽑은 양적 자료의 평균을 비교하는 통계적 기법에 대해 학습할 것이다. 이 기법은 분산분석이라고 하는데 분산분석은 그 활용 범위가 워낙 넓어서 여러 통계적인 기법들 가운데 회귀분석과 더불어 중요하게 자주 사용된다. 이 장에서는 하나의 변수를 기준으로 모집단을 분류하여 평균을 비교하는 일원배치법과 두 변수를 기준으로 분류하여 각 변수에 따른 평균 차이가 있는지를 확인하는 이원배치법에 대한 분산분석 기법을 공부하게 된다.

12.1 서론

앞의 8장과 9장에서 학습한 추정과 가설검정에서는 하나 또는 두 개의 모집단만을 대상으로 하였다. 예를 들어, 하나의 모집단에서 평균에 대한 검정 또는 두 정규모집단의 모평균이 동일한지를 검정하면서 여러 가지 상황에 따라 조금씩 다른 통계량을 가지고 비교하였다. 모평균에 대한 비교 검정 문제를 셋 이상의 모집단에 대해서 적용해야 할 경우가 흔히 있기 때문에 모평균의 검정법을 k개의 모집단에 대한 비교로 확장하는 것은 지극히 당연한 일이다. 이에 해당하는 가장 일반적인 방법이 바로 분산분석이다. 분산분석의 구체적인 정의는 다음 절에서 살펴보기로 하고, 이 절에서는 예문을 통해 분산분석에서 다루는 사항을 설명해 보기로 하겠다.

예문

어느 골프용품 제조회사에서는 보다 공을 멀리 보내는 골프채를 만들기 위해 여러 가지 조건과 재료로 지속적으로 기술을 연구 개발하고 있다. 이에 따라 새로운 제품이 생산되면 다양한 방법으로 테스트된다고 한다. 이제 회사에서 새로운 공법으로 제작한 두 가지 신제품을 출시하기 전에 성능을 비교해 보고자 한다. 이를 위해 골프 경력이 3 ~ 4년 된 보통의 골퍼를 대상으로 기존에 가지고 있는 골프채와 새로 생산된 두 종류의 골프채로 공을 치게 한 후에 공이 날아간 거리를 측정하였다. 이 세 가지 골프채를 이용한 평균 비거리가 서로 다르다고 할 수 있는가? 만약 다르다면, 어떤 조건에서 제작된 골프채의 비거리가 더 길다고 할 수 있겠는가?

해설

실험 결과 새로 나온 두 가지 신제품 중 하나의 비거리가 가장 멀게 관측되었다고 하자. 이 경우에 관측 결과는 공법에 따른 근본적인 골프채의 성능의 차이에 기인한 것일 수 있지만, 그 이외의 다른 우연한 요인이 섞여 있을 수도 있다. 예를 들어, 한두 사람만을 대상으로 각 골프채로 한 번씩만 치는 실험을 했다면 우연히 신제품이 잘 맞았을 수도 있고, 개인의 실력이나 자세의 차이에 기인한 결과일 수도 있다. 또한, 여러 사람이 실험에 참여했더라도 공을 치는 골퍼의 순서나 사용하는 골프채의 순서를 미리 고정해 놓았다면 그 영향도 있을 수 있다.

그러므로 공법에 따른 비거리의 차이가 있는가를 제대로 알아내기 위해서는 여러 골퍼들을 대상으로 또한 각 골퍼마다 여러 번의 실험이 반복해서 이루어져야 한다. 또한 전체 실험의 순서도 랜덤하게 정해져야 한다. 이 실험에서 같은 골프채를 가지고 여러 명의 골퍼가 공을 치거나 또는 특정 골퍼가 같은 골프채로 여러 번 공을 쳤을 때 관측된 거리들의 변동은 골퍼들의 능력 차이에 의한 변동 또는 한 골퍼의 능력의 변동으로 생각할 수 있다. 반면, 서로 다른 골프채를 이용했을 때 관측된 비거리가 다르게 나타나는 것은 골프채 성능에 따른 변동으로 생각할 수 있다. 따라서 골프채에 따른 비거리들의 변동이 다른 요인에 의한 변동보다 상대적으로 많이 크다면 공법에 따른 골프채의 성능에 차이가 있다고 판단할 수 있다.

이와 같은 사항을 두 가지 그림으로 나타내어 설명해 보자. [그림 12.1]에서 보면 (a)와 (b) 모두 각 인자의 수준에서, 즉 각 공법에 따른 골프채별로 비거리의 평균에 차이가 있는 것으로 보인다. 그러나 본질적으로는 서로 다른 의미의 차이라고 할 수 있다. (a)의 경우에는 실제로 각 공법 내에서 제작된 골프채의 비거리 산포(분산)가 작으므로 관측값들의 평균 수준에 차이는 실제 유의한 것이고, (b)에서는 평균값이 각 공법별로 다르긴 하지만 관측값의 분산이 너무 크기 때문에 각 공법에 따라서 관측값의 평균이 다르다고 하기는 어려운 것이다.

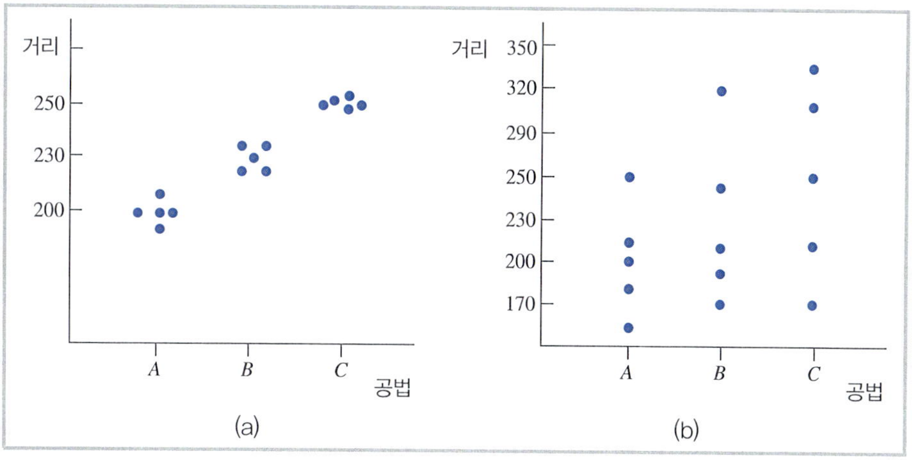

그림 12.1 변동의 크기

[그림 12.1]의 (a), (b) 각 경우에 해당된다고 볼 수 있는 모집단의 구조는 [그림 12.2]와 같다. 즉, [그림 12.1]에서 (a)의 경우는 [그림 12.2]의 (a)처럼 실제 평균값이 서로 다른 세 모집단으로부터 온 자료의 경우이고, [그림 12.1]에서 (b)의 경우에는 [그림 12.2]의 (b)처럼 평균값이 하나인 모집단으로부터 나온 자료인데, 분산이 워낙 커서 우연히 공법 A, B, C의 평균 수준에 차이가 있는 것으로 보이는 것이다.

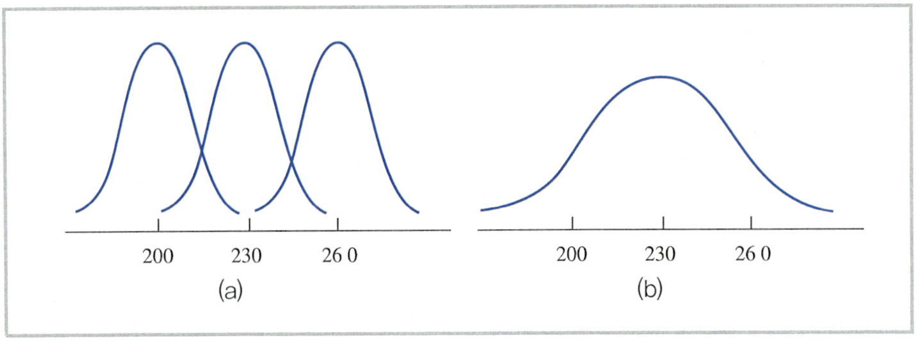

그림 12.2 [그림 12.1]의 모집단 구조

분산분석에서는 여러 집단의 평균을 비교할 때, 자료에서 보이는 평균의 차이가 [그림 12.2]의 (a)와 같은 경우인지 또는 (b)와 같은 경우인지를 확률로써 구분하여 결론을 지으려 하는 것이다. 평균의 비교에서 [그림 12.2]의 (a)와 같은 경우라고 결론이 난 후에 예문에서 두 번째와 같은 질문에 대해 답하기 위한 분산분석의 분야를 **다중비교**(multiple comparison)라고 한다. 즉, 여러 모평균의 비교에서 서로 같지 않다고 나왔을 때, 어느 모집단끼리 모평균이 다르다고 할지 그룹을 구분하는 것이다. 이에 대한 내용은 본 교재의 범위를 넘으므로 구체적인 사항은 생략하고 다음 절에서 분산분석에 대한 구체적인 정의를 살펴보기로 하자.

12.2 분산분석

모집단의 특성에 대하여 비교 · 추론을 하거나 어떤 특별한 목적을 가진 분석을 위한 자료를 얻기 위하여 조사를 계획 또는 실험을 설계하는 통계학의 한 분야를 **실험계획법**(experimental design)이라고 한다. 분석하고자 하는 목적에 부합하도록 자료를 얻고, 얻어진 자료에 합당한 분석기법을 적용하기 위하여 올바르게 실험을 설계하는 것은 매우 중요한 일이다. 때때로 힘들게 얻은 자료가 분석하고자 하는 목적에 부합하지 않는 경우가 있고, 이러한 경우에 얻은 결론은 신뢰할 수 없게 된다. 이와 같은 이유로 오래전부터 실험계획법에 대한 연구가 활발했으며, 현대 통계학에서 사용되는 많은 이론과 응용 기법들이 실험계획과 관련된 연구로부터 유래되었다고 볼 수 있다. 실험계획법은 현대 통계학계에서 가장 중요한 인물인 영국의 통계학자 R. A. Fisher(1890~1962)에 의하여 고안되었으며, 그 중요성은 오늘날에도 여러 분야에서 강조되고 있다.

분산분석(analysis of variance, ANOVA)은 실험계획법에서 모집단의 평균들을 비교하기 위하여 가장 많이 사용하는 분석방법으로, 그 이름이 뜻하는 대로 특성값의 분산 또는 변동을 분석하는 방법이다. 평균의 비교를 위하여 분산을 분석한다는 것이 흥미로운 점이라고 할 수 있다. 앞 절의 예문에서, 공이 날아간 거리의 변동을 나타내는 제곱합은 공법에 따른 골프채의 종류에 의해 생긴 제곱합과 골퍼들의 능력 차이 또는 기타 규명되지 않은 변동과 같은 오차라는 요인의 제곱합으로 분해할 수 있다. 그리고는 골프채의 차이에 의한 제곱합이 상대적으로 어느 정도인지를 파악하여 평균 비교에 대한 결론을 내린다는 것이다.

분산분석은 9장에서 다루었던 두 모집단의 평균 비교에 대한 검정을 세 개 이상의 모집단의 비교로 확장한 것이다. 분석에 필요한 모집단과 표본의 구성은 [그림 12.3]과 같은 형태로 구성되어 있으며, 분산분석에서 비교 대상인 모집단과 표본에 대한 기본 가정으로는 다음과 같은 것들이 있다.

분산분석의 기본 가정

1) 비교의 대상인 모집단은 각각 정규분포를 따른다. (Normality)
2) 각 비교 대상 모집단은 동일한 분산을 갖는다. (Equal variances)
3) 각 표본은 독립적으로 추출되었다. (Independence)

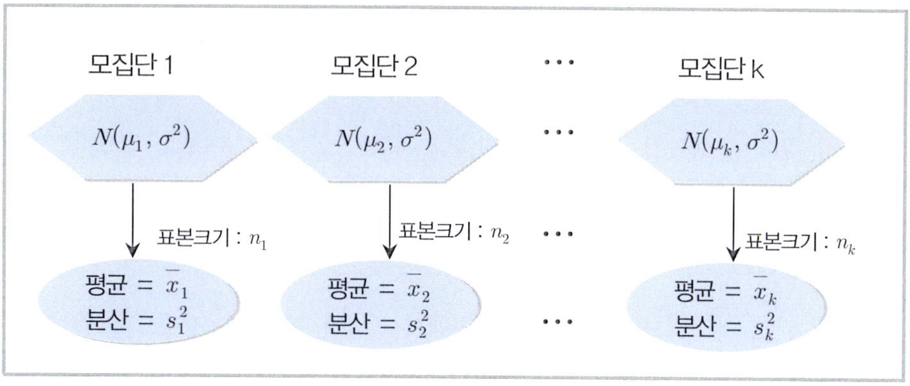

그림 12.3 분산분석을 위한 모집단과 자료의 구성

분산분석에서 이러한 가정들은 11장 회귀분석에서 보았던 오차항에 대한 기본 가정과 동일함을 알 수 있다. 사실 분산분석은 회귀분석에서 독립변수가 양적 자료가 아닌 범주를 나타내는 질적 자료인 경우에 해당된다고 볼 수 있다. 다음 절에서 소개되는 모형을 보면 유사성을 짐작할 수 있고, 그 연결 고리를 설명할 수 있으나 자

세한 논의는 생략하기로 하겠다.

분산분석에서 사용되는 몇 가지 용어를 살펴보자. 관심의 대상이 되는 관측변수를 **특성값** 또는 **반응변수**(response variable)라고 하며, 실험 환경이나 조건을 구분하는 변수를 **요인** 또는 **인자**(factor)라고 한다. 또한 인자가 취하는 개별 값을 **인자수준**(factor level) 또는 **처리**(treatment)라고 한다. 앞 절의 예문에서 보면 비거리는 반응변수가 되고, 공법은 요인 또는 인자에 해당하며, 공법 A, B, C는 인자의 개별 값으로 인자수준 또는 처리가 된다.

12.1절에서 언급하였듯이 분산분석을 통해 유효한 결과를 얻기 위한 실험을 할 때는 실험을 반복해야 하며, 각 실험의 순서도 철저히 무작위로 정해져야 한다. 첫 번째를 실험의 원리 중에 **반복의 원리**라고 하며, 두 번째를 **랜덤화의 원리**라고 한다. 이 밖에도 다른 인자의 영향을 받지 않도록 제어해야 할 변수가 있다면 동일한 조건으로 묶어서 실험할 수 있도록 하는 **블록화의 원리**도 있다. 이러한 원리에 부합하고 합리적인 결론을 얻으려면 실험을 진행하기 전에 미리 계획한 실험설계가 타당한지 여부를 통계 전문가로부터 검증을 받아야 함에 유의해야 할 것이다.

12.3 일원배치법

일원배치법은 특성값에 대한 한 인자만의 영향을 조사하고자 할 때에 사용하는 것으로 가장 간단한 실험계획법이라고 볼 수 있다. 앞의 예와 같이 몇 가지 공법에 의하여 생산된 골프채의 비거리에 차이가 있는지의 여부를 검토하고, 어느 공법이 좋은가를 알고 싶을 때 일원배치법을 사용하게 된다. 일원배치법에 해당되는 다른 예로는 다음과 같은 것들을 들 수 있다.

1. 세 종류의 서로 다른 공정에서 생산된 철선의 인장강도를 측정하였는데 공정에 따라 인장강도의 평균이 다르다고 할 수 있는가?
2. 사과의 비타민 함유량이 생산 지역에 따라 다른지 알아보기 위해 다섯 지역의 사과를 뽑아 조사하였다. 비타민 함유량의 평균이 생산된 지역에 따라 다르다고 할 수 있는가?
3. 네 가지 브랜드의 자동차 윤활유를 대상으로 점도의 평균을 비교하고자 한다. 점도의 평균값이 브랜드에 따라 다르다고 할 수 있는가?

일원배치법에는 각 인자의 수준, 즉 처리별로 반복수가 같은 경우와 다른 경우를 모두 생각할 수 있다. 먼저, 각 처리에 대한 반복수가 같은 일원배치법을 생각해 보자. 이때 일원배치법의 자료구조는 다음의 [표 12.1]과 같다.

[표 12.1] 일원배치법의 자료구조(반복수가 같은 경우)

	처리 1	처리 2	…	처리k	
	y_{11}	y_{21}	…	y_{k1}	
	y_{12}	y_{22}	…	y_{k2}	
	·	·	·	·	
	·	·	·	·	
	·	·	·	·	
	y_{1n}	y_{2n}	…	y_{kn}	
평균	$\bar{y}_{1.}$	$\bar{y}_{2.}$	…	$\bar{y}_{k.}$	총평균 $\bar{y}_{..}$

[표 12.1]에서 평균의 정의는 다음과 같다.

$$\bar{y}_{i.} = \frac{1}{n}\sum_{j=1}^{n} y_{ij},\ \ i=1,2,\cdots,k,\ \ \bar{y}_{..} = \frac{1}{kn}\sum_{i=1}^{k}\sum_{j=1}^{n} y_{ij}$$

이러한 구조를 가진 자료에 대한 분산분석을 위해 고려하는 일원배치 모형은

$$\begin{cases} Y_{ij} = \mu_i + \epsilon_{ij},\ \ i=1,\cdots,k,\ \ j=1,\cdots,n \\ \epsilon_{ij} \sim N(0,\sigma^2)\text{이고 서로 독립} \end{cases} \tag{12.1a}$$

또는

$$\begin{cases} Y_{ij} = \mu + \alpha_i + \epsilon_{ij},\ \ i=1,\cdots,k,\ \ j=1,\cdots,n \\ \epsilon_{ij} \sim N(0,\sigma^2)\text{이고 서로 독립} \end{cases} \tag{12.1b}$$

이다. 식 (12.1a)와 식 (12.1b)의 모형은 동일한 것인데, 다만 효과를 i 번째 처리를 받은 그룹 특성치의 평균(μ_i)으로 표현한 것이냐(식 (12.1a)) 또는 i 번째 처리만의 순수 효과(α_i)와 총평균(μ)으로 구분해 나타낸 것이냐(식 (12.1b))의 차이만 있을 뿐이다. 식 (12.1b)의 모형에서 $\alpha_i = \mu_i - \mu$ 라고 하면 식 (12.1a) 모형과 같은 표현이 되고, μ는 μ_i들의 총평균(grand mean)으로 $\mu = \sum_{i=1}^{k}\mu_i / k$ 이므로 $\sum_{i=1}^{k}\alpha_i = 0$을 가정할 수 있다.

식 (12.1a)와 (12.1b)의 일원배치 모형에서 사용된 기본 가정으로는 다음과 같은 것들이 있다.

(1) 선형성: $E(Y_{ij}) = \mu_i = \mu + \alpha_i$

(2) 등분산성: $Var(\epsilon_{11}) = \cdots = Var(\epsilon_{kn}) = \sigma^2$

(3) 독립성: $\epsilon_{11}, \cdots, \epsilon_{kn}$ 은 서로 독립

(4) 정규성: ϵ_{ij}들이 정규분포를 따름

위의 가정들 중에서 (1)은 모형에 대한 것이고, 나머지 세 개는 오차항에 대한 것들이다. 회귀분석의 경우와 마찬가지로 이 세 개의 가정을 $\epsilon_{ij} \overset{iid}{\sim} N(0, \sigma^2)$ 라고 간단히 표시할 수 있다. 위의 가정들하에서 Y_{ij} 들을 서로 독립적으로 $N(\mu_i, \sigma^2)$을 따른다.

이제 분산분석을 위해 12.2절에서 언급하였던 변동의 분해를 살펴보자. 관측값 y_{ij}와 총평균 $\overline{y}_{..}$과의 차이인 총편차 $y_{ij} - \overline{y}_{..}$를 분해하여 다음과 같이 나타낼 수 있다.

$$(y_{ij} - \overline{y}_{..}) = (y_{ij} - \overline{y}_{i.}) + (\overline{y}_{i.} - \overline{y}_{..}) \tag{12.2}$$

식 (12.2)에서 우변의 첫 째 항은 i 번째 처리를 받은 집단 내의 편차로 실험에서 처리 그룹 내의 불확실성을 나타내는 오차에 해당되며 계급내의 편차 또는 잔차라고 한다. 우변의 두 번째 항은 i 번째 처리를 받은 집단의 평균과 총평균의 편차로서 이를 계급 간의 편차 또는 처리효과의 편차라고 한다. 식 (12.2)의 양변을 제곱하여 더하면

$$\begin{aligned}\sum_{i=1}^{k}\sum_{j=1}^{n}(y_{ij} - \overline{y}_{..})^2 &= \sum_{i=1}^{k}\sum_{j=1}^{n}(\overline{y}_{i.} - \overline{y}_{..})^2 + \sum_{i=1}^{k}\sum_{j=1}^{n}(y_{ij} - \overline{y}_{i.})^2 \\ &= n\sum_{i=1}^{k}(\overline{y}_{i.} - \overline{y}_{..})^2 + \sum_{i=1}^{k}\sum_{j=1}^{n}(y_{ij} - \overline{y}_{i.})^2\end{aligned} \tag{12.3}$$

식 (12.3)의 좌변은 총편차의 제곱합(total sum of squares)인 총변동으로 SST로 나타내고, 우변의 첫 항은 처리에 의하여 설명되는 **처리제곱합**(treatment sum of squares) 또는 **계급간변동**(variance between group)으로 SS_{tr} 이라고 나타낸다. 우변의 두 번째 항은 **잔차제곱합**(error sum of squares) 또는 **계급내변동**(variance within group)이라고 하며 SSE로 나타낸다.

관측된 자료의 총 수는 $(k \times n)$ 개인데, 이를 N으로 나타내기로 하면 총제곱합은 더해지는 제곱항의 수가 N개인데, $\sum_{i=1}^{k}\sum_{j=1}^{n}(y_{ij}-\overline{y}_{..})=0$이 성립하여 제약 조건이 1개 있으므로 총제곱합의 자유도는 $N-1$, 처리제곱합은 더해지는 제곱항의 수가 k개인데, $\sum_{i=1}^{k}(\overline{y}_{i.}-\overline{y}_{..})=0$이 역시 성립하여 제약 조건이 1개 있으므로 자유도는 $k-1$, 잔차제곱합의 자유도는 식 (12.3)의 좌변 자유도와 우변 자유도의 합이 같아야 하므로 $N-k$임을 알 수 있다.

회귀분석에서와 마찬가지로 제곱합을 자유도로 나눈 것을 평균제곱이라고 한다. 따라서 **처리평균제곱**(treatment mean square, MS_{tr})과 **평균제곱잔차**(mean square error, MSE)는 각각 다음과 같이 계산된다.

$$MS_{tr}=\frac{SS_{tr}}{k-1},\quad MSE=\frac{SSE}{N-k}$$

이제 모형 (12.1a)에서 처리효과의 유의성에 대한 가설

$$H_0:\ \mu_1=\mu_2=\cdots=\mu_k \quad \text{vs}\quad H_1:\ \text{적어도 하나의 } \mu_i\text{는 다르다.}$$

또는 모형 (12.1b)의 표현으로는

$$H_0:\ \alpha_1=\alpha_2=\cdots=\alpha_k=0 \quad \text{vs}\quad H_1:\ \text{적어도 하나의 } \alpha_i\text{는 0이 아니다}$$

의 검정법에 대하여 살펴보자.

처리효과가 유의하다면, 즉 처리집단 간에 평균 차이가 상대적으로 크다면 자료의 변동을 나타내는 식 (12.3)의 총제곱합 중에서 처리제곱합 SS_{tr}이 차지하는 비중이 커지고 잔차제곱합 SSE가 차지하는 비중은 작아질 것이다. 즉,

$$\frac{SS_{tr}}{SSE}$$

값이 크면 처리효과가 유의한 것으로 판단한다. 이 값이 얼마나 커야 하는지 기준을 정하기 위해 분모와 분자를 각각의 자유도로 나누어준 비율을 생각한다. 즉, 앞의 가설을 검정하기 위하여 검정통계량으로

$$F=\frac{MS_{tr}}{MSE}$$

를 사용한다. 이 값이 커질수록 처리효과가 유의하다는 증거가 강해지는 것이다. 귀무가설 H_0가 사실일 때

$$F = \frac{MS_{tr}}{MSE} \sim F(k-1, N-k)$$

임이 알려져 있다. 그러므로 $F-$검정통계량의 관측값이 f_0라고 할 때

$$f_0 \geq F_{\alpha}(k-1, N-k)$$

이면 유의수준 α에서 귀무가설을 기각한다. 이 경우, 검정통계량의 관측값 f_0에 대응되는 유의확률은

$$F \sim F(k-1, N-k) \text{일 때, } P\{F \geq f_0\}$$

로 주어진다. 이와 같은 과정을 거쳐 계산된 분산분석표는 [표 12.2]와 같다. 이 분산분석표를 보고 처리효과의 유의성 여부를 결정하게 되는 것이다.

[표 12.2] 일원배치법의 분산분석표(반복수가 같은 경우)

요인	제곱합	자유도	평균제곱	F값	유의확률
처리	SS_{tr}	$k-1$	$MS_{tr} = \frac{SS_{tr}}{(k-1)}$	$f_0 = \frac{MS_{tr}}{MSE}$	$P\{F \geq f_0\}$
잔차	SSE	$N-k$	$MSE = \frac{SSE}{(N-k)}$		
계	SST	$N-1$			

$$SS_{tr} = n\sum_{i=1}^{k}(\overline{y}_{i.} - \overline{y}_{..})^2, \quad SSE = \sum_{i=1}^{k}\sum_{j=1}^{n}(y_{ij} - \overline{y}_{i.})^2, \quad SST = \sum_{i=1}^{k}\sum_{j=1}^{n}(y_{ij} - \overline{y}_{..})^2$$

이상에서 다룬 처리효과의 유의성 검정법을 요약해 보면 다음과 같다.

처리효과의 유의성 검정 요약(반복수가 같은 일원배치법)

가설: $H_0 : \mu_1 = \mu_2 = \cdots = \mu_k$

또는 vs $H_1 : H_0$ 가 아니다.

$H_0 : \alpha_1 = \alpha_2 = \cdots = \alpha_k = 0$

검정통계량: $F = \frac{MS_{tr}}{MSE}$, 귀무가설하에서 F의 관측값: f_0

기각역(유의수준 α): $f_0 \geq F_{\alpha}(k-1, N-k)$ 이면 H_0를 기각

유의확률(p 값): $F \sim F(k-1, N-k)$ 일 때, p 값 $= P\{F \geq f_0\}$ 이고,

p 값이 α보다 작으면 H_0를 기각

이상에서 살펴본 바와 같이 분산분석에 의한 일반적인 통계적인 분석의 절차를 정리해 보면 다음과 같다.

분산분석의 기본 절차

1) 분석의 목적에 맞는 귀무가설과 대립가설을 설정한다.
2) 유의수준을 결정한다. (또는 문제에서 주어짐)
3) 검정통계량 및 기각역을 결정한다.
4) 표본을 취하여 분산분석표를 작성하고 검정통계량의 관측값을 계산한다.
5) 귀무가설의 기각여부를 결정하고, 최종 결론을 내린다.

예제 12.1 A, B, C 세 종류의 비료에 따라서 특정 농작물의 수확량이 다른지를 조사하기 위하여 토질과 농법이 같다고 볼 수 있는 지역과 농가를 임의로 배정하여 조사하였다. 비료에 따른 수확량이 다음과 같다고 할 때, 비료의 종류에 따라 평균 수확량에 차이가 있다고 할 수 있는지 유의수준 0.05에서 검정하여라.

A	B	C
130	126	131
126	127	128
128	129	133
132	124	130
126	126	130

풀이 STEP 1: 가설설정

H_0: 각 비료의 종류에 따라 수확량의 평균에 차이가 없다. (수확량의 평균이 같다)
H_1: 각 비료의 종류에 따라 수확량의 평균에 차이가 있다. (수확량의 평균이 다르다)

또는, 각 비료에 따른 평균 수확량을 μ_A, μ_B, μ_C라고 하면

H_0: $\mu_A = \mu_B = \mu_C$
H_1: H_0가 아니다. (즉, 적어도 하나의 μ_i는 다르다.)

STEP 2: 유의수준: $\alpha = 0.05$

STEP 3: 검정통계량: $F = \dfrac{MS_{tr}}{MSE}$

STEP 4: 기각역: $k=3,\ n=5,\ N=15,\ \alpha=0.05$이므로
$F \geq F_{0.05}(2, 12)$이면 H_0를 기각

STEP 5: 검정통계량의 관측값 계산

$$\bar{y}_{1.} = (130+126+128+132+126)/5 = 128.4$$

$$\bar{y}_{2.} = (126+127+129+124+126)/5 = 126.4$$

$$\bar{y}_{3.} = (131+128+133+130+130)/5 = 130.4$$

주어진 자료로부터

$$\sum_{j=1}^{5}(y_{1j}-\bar{y}_{1.})^2 = (130-128.4)^2+(126-128.4)^2+(128-128.4)^2 +(132-128.4)^2+(126-128.4)^2 = 27.2$$

$$\sum_{j=1}^{5}(y_{2j}-\bar{y}_{2.})^2 = (126-126.4)^2+(127-126.4)^2+(129-126.4)^2 +(124-126.4)^2+(126-126.4)^2 = 13.2$$

$$\sum_{j=1}^{5}(y_{3j}-\bar{y}_{3.})^2 = (131-130.4)^2+(128-130.4)^2+(133-130.4)^2 +(130-130.4)^2+(130-130.4)^2 = 13.2$$

따라서,

$$SSE = \sum_{i=1}^{3}\sum_{j=1}^{5}(y_{ij}-\bar{y}_{i.})^2 = 27.2+13.2+13.2 = 53.6$$

또한, $\bar{y}_{..} = (130+126+128+\cdots+133+130+130)/15 = 128.4$ 이므로

$$SS_{tr} = n\sum_{i=1}^{3}(\bar{y}_{i.}-\bar{y}_{..})^2 = 5\times(128.4-128.4)^2+5\times(126.4-128.4)^2+5\times(130.4-128.4)^2 = 40$$

이다. 따라서,

$$SST = SS_{tr} + SSE = 40+53.6 = 93.6$$

이다. 총제곱합 SST의 자유도는 $15-1=14$이며, 처리제곱합 SS_{tr}의 자유도는 $3-1=2$, 잔차제곱합 SSE의 자유도는 $15-3=12$이다. 따라서 평균 제곱을 구해보면

$$MS_{tr} = SS_{tr}/2 = 40/2 = 20, \quad MSE = SSE/12 = 53.6/12 = 4.467$$

이며, 분산분석표는 다음과 같다.

요인	제곱합	자유도	평균제곱	F값
처리 잔차	40 53.6	2 12	20 4.467	f_0=20/4.467 =4.477
계	93.6	14		

STEP 6: 가설검정 결론

분산분석표에서 F통계량의 값은 4.4770이며 이는 $F_{0.05}(2,12)=3.89$보다 크므로 귀무가설을 유의수준 $\alpha=0.05$에서 기각한다. 즉, 비료의 종류에 따른 평균 수확량에 차이가 있다는 증거가 있다. ☑

일원배치법에서 k개의 각 처리별 실험의 반복수가 $n_1, n_2, \cdots, n_k$로 다른 경우에도 분산분석표는 비슷한 방식으로 형성된다. 다만, 총관측값의 수가 $N=\sum_{i=1}^{k} n_i$이고, 평균들이

$$\bar{y}_{i.}=\frac{1}{n_i}\sum_{j=1}^{n_i} y_{ij},\ \ i=1,2,\cdots,k,\ \ \bar{y}_{..}=\frac{1}{N}\sum_{i=1}^{k}\sum_{j=1}^{n_i} y_{ij}$$

로 정의되고, 제곱합들이

$$SS_{tr}=\sum_{i=1}^{k} n_i(\bar{y}_{i.}-\bar{y}_{..})^2,\ \ SSE=\sum_{i=1}^{k}\sum_{j=1}^{n_i}(y_{ij}-\bar{y}_{i.})^2,\ \ SST=\sum_{i=1}^{k}\sum_{j=1}^{n_i}(y_{ij}-\bar{y}_{..})^2$$

으로 계산된다는 것만 다르다. 다음의 예제에서 반복수가 다른 일원배치 분산분석 문제를 살펴보자.

예제 12.2 지능 지수가 거의 같은 학생 100명을 뽑은 후, 사면체 주사위를 굴리게 하여 네 그룹으로 나누었다. 네 가지 교수법을 네 그룹에 임의로 할당하여 같은 범위의 내용을 한 학기 동안 배정된 방법에 의해 교육 받게 하였다. 학기말에 지난 수업 범위의 시험을 치른 후 각각의 그룹으로부터 임의의 학생들을 추출하여 다음과 같은 결과를 얻었다. 교수법에 따른 평균 성적의 차이가 있다고 할 수 있는지 유의수준 5%에서 검정하여라.

교수법1	교수법2	교수법3	교수법4
65	75	59	94
87	69	78	89
73	83	67	80
79	81	62	88
81	72	83	
69	79	76	
	90		

풀이 STEP 1: 가설설정

H_0: 각 교수법에 따라 평균 성적이 같다.

H_1: 각 교수법에 따라 평균 성적이 다르다.

또는, 각 교수법에 따른 평균 성적을 $\mu_1, \mu_2, \mu_3, \mu_4$라고 하면

H_0: $\mu_1 = \mu_2 = \mu_3 = \mu_4$

H_1: 적어도 하나의 μ_i는 다르다.

STEP 2: 유의수준: $\alpha = 0.05$

STEP 3: 검정통계량: $F = \dfrac{MS_{tr}}{MSE}$

STEP 4: 기각역: $k = 4$, $N = \sum_{i=1}^{4} n_i = 6 + 7 + 6 + 4 = 23$, $\alpha = 0.05$이므로

$F \geq F_{0.05}(3, 19)$ 이면 H_0를 기각

STEP 5: 검정통계량의 관측값 계산

$$\bar{y}_{1.} = (65 + 87 + 73 + 79 + 81 + 69)/6 = 75.666$$

$$\bar{y}_{2.} = (75 + 69 + 83 + 81 + 72 + 79 + 90)/7 = 78.429$$

$$\bar{y}_{3.} = (59 + 78 + 67 + 62 + 83 + 76)/6 = 70.833$$

$$\bar{y}_{4.} = (94 + 89 + 80 + 88)/4 = 87.75$$

주어진 자료로부터 다음을 계산할 수 있다.

$$\begin{aligned}\sum_{j=1}^{6}(y_{1j} - \bar{y}_{1.})^2 &= (65 - 75.666)^2 + (87 - 75.666)^2 + (73 - 75.666)^2 \\ &\quad + (79 - 75.666)^2 + (81 - 75.666)^2 + (69 - 75.666)^2 \\ &= 333.333\end{aligned}$$

$$\begin{aligned}\sum_{j=1}^{7}(y_{2j} - \bar{y}_{2.})^2 &= (75 - 78.429)^2 + (69 - 78.429)^2 + (83 - 78.429)^2 \\ &\quad + (81 - 78.429)^2 + (72 - 78.429)^2 + (79 - 78.429)^2 \\ &\quad + (90 - 78.429)^2 \\ &= 303.714\end{aligned}$$

$$\begin{aligned}\sum_{j=1}^{6}(y_{3j} - \bar{y}_{3.})^2 &= (59 - 70.833)^2 + (78 - 70.833)^2 + (67 - 70.833)^2 \\ &\quad + (62 - 70.833)^2 + (83 - 70.833)^2 + (76 - 70.833)^2 \\ &= 458.833\end{aligned}$$

$$\sum_{j=1}^{4}(y_{4j}-\bar{y}_{4.})^2 = (94-87.75)^2+(89-87.75)^2+(80-87.75)^2$$
$$+(88-87.75)^2$$
$$= 100.75$$

따라서,

$$\text{SSE}=\sum_{i=1}^{4}\sum_{j=1}^{n_i}(y_{ij}-\bar{y}_{i.})^2 = 333.333+303.714+458.833+100.75$$
$$= 1196.63$$

이고, $\bar{y}_{..}=(65+87+73+\cdots+89+80+88)/23=77.348$ 이므로

$$SS_{tr}=\sum_{i=1}^{4}n_i(\bar{y}_{i.}-\bar{y}_{..})^2 = 6(75.666-77.348)^2+7(78.429-77.348)^2$$
$$+6(70.833-77.348)^2+4(87.75-77.348)^2$$
$$= 712.632$$

이다. 그러므로 $SST= SS_{tr}+SSE= 712.632+1196.63= 1909.262$임을 알 수 있다. 총제곱합 SST의 자유도는 $N-1=23-1=22$이며, 처리제곱합 SS_{tr}의 자유도는 $k-1=4-1=3$, 잔차제곱합 SSE 의 자유도는 $N-k=23-4=19$이다. 따라서 평균제곱을 구해보면

$$MS_{tr}= SS_{tr}/3= 712.632/3= 237.544,$$
$$MSE= SSE/19=1196.63/19= 62.981$$

이며, 분산분석표는 다음과 같다.

요인	제곱합	자유도	평균제곱	F값
처리 잔차	712.632 1196.63	3 19	237.544 62.981	f_0=237.544/62.981 =3.772
계	1909.262	22		

STEP 6: 가설검정 결론

분산분석표에서 보듯이 F통계량의 관측값 f_0는 3.772이며 이는 $F_{0.05}(3,19)=3.13$보다 크므로 귀무가설을 유의수준 $\alpha=0.05$에서 기각한다. 즉, 교수법에 따른 평균 성적에 차이가 있다는 증거가 있다. ☑

12.4 반복이 없는 이원배치법

분산분석에서 관심이 있는 인자의 수가 두 개인 경우에 실험을 이원배치법에 의해 실시할 수 있다. 12.1절의 예문에서 비거리에 영향을 미치는 요인으로 골프공 브랜드를 추가로 고려한다면 이원배치법이 된다. 즉, 비거리에 영향을 미치는 요인으로 골프공 브랜드와 골프채 종류라는 두 가지 변수를 고려하게 되는 것이다. 이 밖에도 어떤 실험에서 두 가지 요인을 동시에 고려하는 경우는 어렵지 않게 찾아볼 수 있다. 이원배치법에는 두 인자의 수준 조합에서 반복이 있는 경우와 반복이 없는 경우가 있는데, 여기서는 반복이 없는 이원배치법에 대해서만 공부하기로 하겠다. 두 인자 A, B를 고려할 때, 반복이 없는 이원배치법의 자료구조는 [표 12.3]과 같다.

[표 12.3] 이원배치법의 자료구조(반복이 없는 경우)

인자 B의 수준 / 인자 A의 수준	B_1	$\cdots$	B_j	$\cdots$	B_q	평균
A_1	y_{11}	$\cdots$	y_{1j}	$\cdots$	y_{1q}	$\overline{y}_{1.}$
$\vdots$	$\vdots$		$\vdots$		$\vdots$	$\vdots$
A_i	y_{i1}	$\cdots$	y_{ij}	$\cdots$	y_{iq}	$\overline{y}_{i.}$
$\vdots$	$\vdots$		$\vdots$		$\vdots$	$\vdots$
A_p	y_{p1}	$\cdots$	y_{pj}	$\cdots$	y_{pq}	$\overline{y}_{p.}$
평균	$\overline{y}_{.1}$	$\cdots$	$\overline{y}_{.j}$	$\cdots$	$\overline{y}_{.q}$	총평균 $\overline{y}_{..}$

[표 12.3]에서 평균의 정의는 다음과 같다.

$$\overline{y}_{i.} = \frac{1}{q}\sum_{j=1}^{q} y_{ij}, \quad i = 1, 2, \cdots, p,$$

$$\overline{y}_{.j} = \frac{1}{p}\sum_{j=1}^{p} y_{ij}, \quad j = 1, 2, \cdots, q,$$

$$\overline{y}_{..} = \frac{1}{pq}\sum_{i=1}^{p}\sum_{j=1}^{q} y_{ij}$$

이러한 구조를 가진 자료에 대한 반복이 없는 이원배치 분산분석 모형은

$$\begin{cases} Y_{ij} = \mu + \alpha_i + \beta_j + \epsilon_{ij}, \ i = 1, \cdots, p, \ j = 1, \cdots, q \\ \epsilon_{ij} \sim N(0, \sigma^2) \text{이고 서로 독립}, \sum_{i=1}^{p} \alpha_i = 0, \sum_{j=1}^{q} \beta_j = 0. \end{cases} \tag{12.4}$$

이다. 여기서 α_i는 A인자의 i번째 처리에 의한 효과이며, β_j는 B인자의 j번째 처리에 의한 효과를 나타낸다.

일원배치법에서와 마찬가지로 자료의 총변동을 각 요인별로 분해하기 위해 총편차를 살펴보면

$$(y_{ij} - \overline{y}_{..}) = (\overline{y}_{i.} - \overline{y}_{..}) + (\overline{y}_{.j} - \overline{y}_{..}) + (y_{ij} - \overline{y}_{i.} - \overline{y}_{.j} + \overline{y}_{..}) \tag{12.5}$$

으로 표현할 수 있다. 식 (12.5)에서 우변의 첫 번째 항은 인자 A의 i번째 처리효과에 의한 편차이고, 두 번째 항은 인자 B의 j번째 처리효과에 의한 편차이며 세 번째 항은 잔차에 해당된다. 식 (12.5)의 양변을 제곱하여 모든 i, j에 대해 더하면

$$\begin{aligned} \sum_{i=1}^{p}\sum_{j=1}^{q}(y_{ij} - \overline{y}_{..})^2 &= \sum_{i=1}^{p}\sum_{j=1}^{q}(\overline{y}_{i.} - \overline{y}_{..})^2 + \sum_{i=1}^{p}\sum_{j=1}^{q}(\overline{y}_{.j} - \overline{y}_{..})^2 \\ &\quad + \sum_{i=1}^{p}\sum_{j=1}^{q}(y_{ij} - \overline{y}_{i.} - \overline{y}_{.j} + \overline{y}_{..})^2 \\ &= q\sum_{i=1}^{p}(\overline{y}_{i.} - \overline{y}_{..})^2 + p\sum_{j=1}^{q}(\overline{y}_{.j} - \overline{y}_{..})^2 \\ &\quad + \sum_{i=1}^{p}\sum_{j=1}^{q}(y_{ij} - \overline{y}_{i.} - \overline{y}_{.j} + \overline{y}_{..})^2 \end{aligned} \tag{12.6}$$

으로 나타낼 수 있다. 식 (12.6)의 좌변은 총변동 SST이고, 두 번째 등호 다음의 첫 번째 항은 인자 A에 대한 처리제곱합으로, SS_A라고 나타낸다. 두 번째 항은 인자 B의 처리제곱합으로, SS_B라고 나타내며, 세 번째 항은 잔차제곱합으로, SSE로 나타낸다. 12.3절에서 설명하였던 자유도의 개념에 의하면 SST의 자유도는 $pq-1$이고 SS_A, SS_B, SSE의 자유도는 각각 $p-1$, $q-1$, $(p-1)(q-1)$임을 알 수 있다. 제곱합을 각각의 자유도로 나눈 것을 평균제곱이라고 하며, MS_A, MS_B, MSE로 나타낸다.

이원배치법에서 검정하고자 하는 가설은 인자 A의 처리효과에 대한

(i) $H_0: \alpha_1 = \alpha_2 = \cdots = \alpha_p = 0$ vs $H_1:$ H_0가 아니다.
(모든 α_i가 0은 아니다.)

과 인자 B의 처리효과에 대한

$$\text{(ii)}\ H_0: \beta_1 = \beta_2 = \cdots = \beta_q = 0 \quad \text{vs} \quad H_1: \ H_0\text{가 아니다.}$$
$$\text{(모든 } \beta_j \text{가 0은 아니다.)}$$

이다.

가설 (i)을 검정하기 위한 검정통계량은

$$F_A = \frac{MS_A}{MSE}$$

이고 H_0 하에서 자유도가 $(p-1, (p-1)(q-1))$인 F-분포를 따른다. 또한 가설 (ii)를 검정하기 위한 검정통계량은

$$F_B = \frac{MS_B}{MSE}$$

이며, H_0 하에서 자유도가 $(q-1, (p-1)(q-1))$인 F-분포를 따른다. 검정통계량 F_A의 관측값을 f_A, F_B의 관측값을 f_B라고 하자. 주어진 유의수준 α일 때,

$$f_A \geqq F_\alpha(p-1, (p-1)(q-1))$$

이면 가설 (i)에서 귀무가설을 기각하고,

$$f_B \geqq F_\alpha(q-1, (p-1)(q-1))$$

이면 가설 (ii)에서 귀무가설을 기각한다. 이상의 과정을 거쳐 이원배치법의 분산분석표를 만들면 [표 12.4]와 같다.

[표 12.4] 이원배치법의 분산분석표(반복이 없는 경우)

요인	제곱합	자유도	평균제곱	F값	유의확률
인자 A	SS_A	$p-1$	$MS_A = \dfrac{SS_A}{(p-1)}$	$f_A = \dfrac{MS_A}{MSE}$	$P\{F \geq f_A\}$
인자 B	SS_B	$q-1$	$MS_B = \dfrac{SS_B}{(q-1)}$	$f_B = \dfrac{MS_B}{MSE}$	$P\{F \geq f_B\}$
잔차	SSE	$(p-1)(q-1)$	$MSE = \dfrac{SSE}{(p-1)(q-1)}$		
계	SST	$pq-1$			

이상에서 다룬 이원배치법에서 두 처리 효과의 유의성 검정법을 요약해 보면 다음과 같고, 이원배치법의 예제는 엑셀을 이용한 실습에서 다루기로 한다.

처리효과의 유의성 검정 요약(반복이 없는 이원배치법)

가설: (i) $H_0: \alpha_1 = \alpha_2 = \cdots = \alpha_p = 0$ vs $H_1: H_0$ 가 아니다.

(ii) $H_0: \beta_1 = \beta_2 = \cdots = \beta_q = 0$ vs $H_1: H_0$ 가 아니다.

검정통계량의 관측값: 가설 (i)에 대해 $f_A = \dfrac{MS_A}{MSE}$,

가설 (ii)에 대해 $f_B = \dfrac{MS_B}{MSE}$.

기각역(유의수준 α): 가설 (i)에서

$f_A \geq F_\alpha(p-1, (p-1)(q-1))$ 이면 H_0를 기각

가설 (ii)에서

$f_B \geq F_\alpha(q-1, (p-1)(q-1))$ 이면 H_0를 기각

12.5 엑셀을 이용한 실습

예제 12.3 앞에서 직접 계산했던 [예제 12.1]을 엑셀을 이용하여 답해 보자.

비료 A	비료 B	비료 C
130	126	131
126	127	128
128	129	133
132	124	130
126	126	130

풀이 A비료에 의한 평균 수확량을 μ_A, B비료에 의한 평균 수확량을 μ_B, C비료에 의한 평균 수확량을 μ_C라고 하면 검정하고자 하는 가설은 다음과 같다.

H_0: $\mu_A = \mu_B = \mu_C$ vs H_1: 모든 μ_i가 다 같은 것은 아니다.
(즉, 적어도 하나의 μ_i는 다르다)

① 데이터를 워크시트에 다음과 같이 입력한다.

	A	B	C
1	일원배치 분산분석		
2	비료A	비료B	비료C
3	130	126	131
4	126	127	128
5	128	129	133
6	132	124	130
7	126	126	130

② '분산분석: 일원 배치법'을 하기 위해서 메뉴바에서 [데이터] ➪ [데이터 분석]을 선택하면 아래와 같은 대화상자가 나타난다.

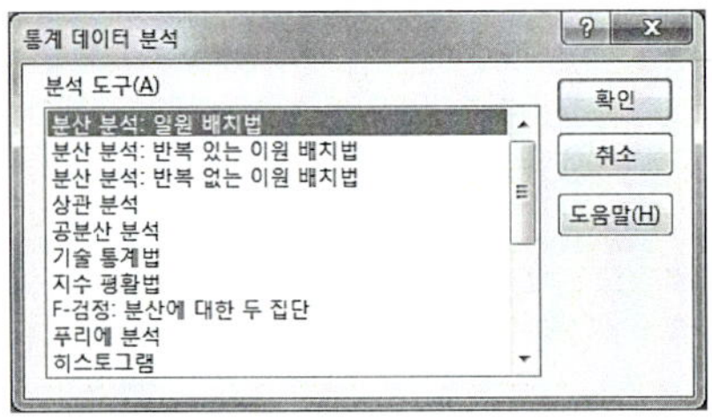

③ '분산분석: 일원 배치법'을 선택하면 다음과 같은 대화상자가 나타난다.

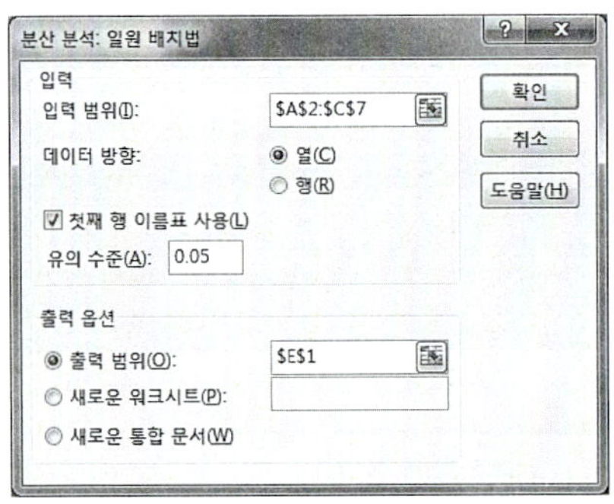

첫째 행 이름표 사용(L)은 자료 입력 범위에 지정된 셀에서 첫째 행에 자료를 나타내는 숫자가 아니라 문자열이 있음을 나타내는 것으로 자료범위에서 제외하고 분석한다는 의미이다. 입력 범위, 데이터 방향, 첫째 행 이름표 사용, 유의수준을 입력, 출력 옵션에서 출력 범위를 선택하고 '확인' 단추를 누르면 아래와 같은 '분산분석: 일원 배치법' 결과를 얻을 수 있다.

	A	B	C	D	E	F	G	H	I	J	K
1	일원배치 분산분석				분산 분석: 일원 배치법						
2	비료A	비료B	비료C								
3	130	126	131		요약표						
4	126	127	128		인자의 수준	관측수	합	평균	분산		
5	128	129	133		비료A	5	642	128.4	6.8		
6	132	124	130		비료B	5	632	126.4	3.3		
7	126	126	130		비료C	5	652	130.4	3.3		
8											
9											
10					분산 분석						
11					변동의 요인	제곱합	자유도	제곱 평균	F 비	P-값	F 기각치
12					처리	40	2	20	4.477612	0.035264	3.885294
13					잔차	53.6	12	4.466667			
14											
15					계	93.6	14				

Sheet1

분산분석의 결과는 인자의 수준별로 특성치의 평균, 분산이 요약된 요약표와 분산분석표로 나타난다. 분산분석표에 의하면 제곱합은 $SS_{tr}=40, SSE=53.6$, 제곱평균은 $MS_{tr}=20$, $MSE=4.467$, 검정통계량 F비는 $F=MS_{tr}/MSE=4.478$가 출력되며 이는 F기각치인 $F_{0.05}(2,12)=3.89$보다 크므로 귀무가설을 유의수준 $\alpha=0.05$에서 기각한다. 즉, 비료에 따라서 수확량에 차이가 있다는 증거가 있다. 이 결론은 앞에서 직접 계산했던 결과와 일치함을 확인할 수 있다. 유의확률(p값)을 기준으로 보면 0.035로 주어진 유의수준 0.05보다 작으므로 귀무가설을 기각하여 같은 결론을 내린다. 참고로, 만약 주어진 유의수준이 0.01이라면 귀무가설을 기각할 수 없다. ☑

참고

엑셀을 이용한 F기각치와 p값의 계산

(1) $F_{0.05}(2,12)$값은 엑셀의 통계함수인 F.INV를 이용하여 다음과 같이 구할 수 있다.

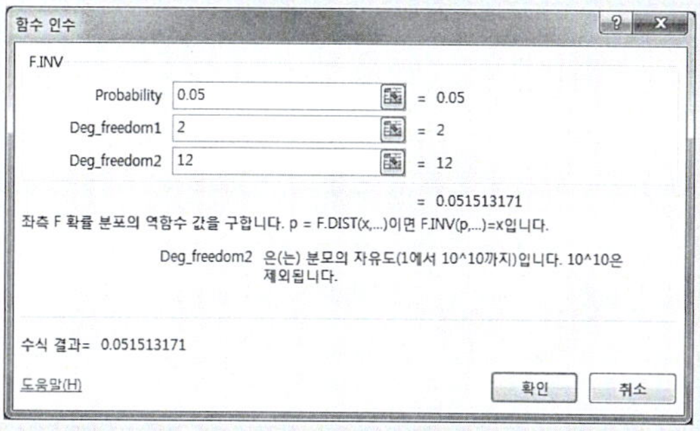

(2) $F \sim F(2, 12)$일 때, p값$=1-P\{F \le 4.477\}$이다. 엑셀의 통계함수인 F.DIST를 이용하여 $P\{F \le 4.477\}$는 다음과 같이 구할 수 있다. 따라서 p값$=1-0.9647=0.0353$이다.

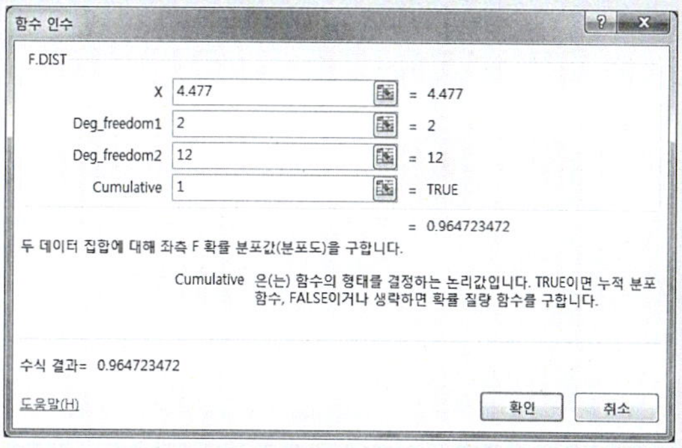

예제 12.4 앞에서 직접 계산했던 반복수가 다른 일원배치 문제인 [예제 12.2]를 엑셀로 풀어보자.

풀이 교수법1에 따른 평균 성적을 μ_1, 교수법2에 따른 평균 성적을 μ_2, 교수법3에 따른 평균 성적을 μ_3, 교수법4에 따른 평균 성적을 μ_4 라고 하면 검정하고자 하는 가설은 다음과 같다.

$$H_0:\ \mu_1 = \mu_2 = \mu_3 = \mu_4 \quad \text{vs} \quad H_1:\ \text{모든 } \mu_i \text{가 다 같은 것은 아니다.}$$

① 먼저 데이터를 워크시트에 입력한다.

	A	B	C	D
1	교수법1	교수법2	교수법3	교수법4
2	65	75	59	94
3	87	69	78	89
4	73	83	67	80
5	79	81	62	88
6	81	72	83	
7	69	79	76	
8		90		

[예제 12.4]와 같은 순서로 [분산분석: 일원 배치법]을 선택하여 필요사항을 지정한다.

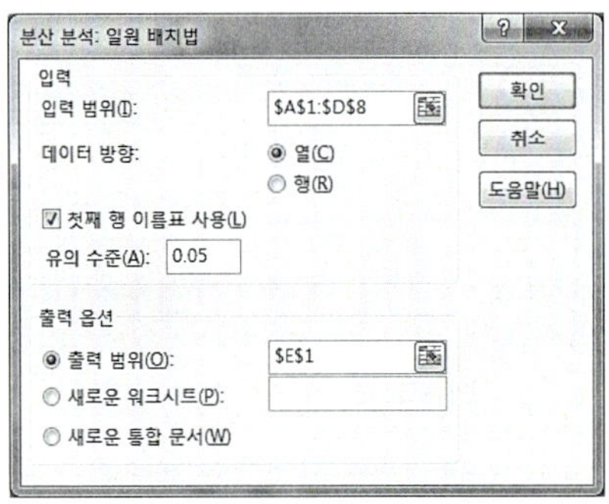

출력 범위를 선택하고 '확인' 단추를 누르면 아래와 같은 '분산분석: 일원 배치법' 결과를 얻을 수 있다.

	A	B	C	D	E
1	교수법1	교수법2	교수법3	교수법4	
2	65	75	59	94	
3	87	69	78	89	
4	73	83	67	80	
5	79	81	62	88	
6	81	72	83		
7	69	79	76		
8		90			

	F	G	H	I	J	K	L
1	분산 분석: 일원 배치법						
2							
3	요약표						
4	인자의 수준	관측수	합	평균	분산		
5	교수법1	6	454	75.66667	66.66667		
6	교수법2	7	549	78.42857	50.61905		
7	교수법3	6	425	70.83333	91.76667		
8	교수법4	4	351	87.75	33.58333		
9							
10							
11	분산 분석						
12	변동의 요인	제곱합	자유도	제곱 평균	F 비	P-값	F 기각치
13	처리	712.58644	3	237.5288	3.771461	0.028041	3.12735
14	잔차	1196.631	19	62.98058			
15							
16	계	1909.2174	22				

Sheet1

분산분석표에 의하면 제곱합은 $SS_{tr} = 712.586$, $SSE = 1196.631$, 평균제곱은 $MS_{tr} = 237.529$, $MSE = 62.981$이며, 결과가 직접 계산한 앞의 [예제 12.2]와 조금 다른 이유는 계산과정에서 소수점 처리에 따른 차이에 기인한다. 검정통계량 F비는 3.771가 출력되며 이는 $F_{0.05}(3,19) = 3.127$보다 크므로 귀무가설을 유의수준 $\alpha = 0.05$에서 기각한다. 즉, 교수법에 따라 평균 성적에 차이가 있다는 증거가 있다. p값을 기준으로 보면 0.028로 주어진 유의수준 0.05보다 작으므로 귀무가설을 기각하여 같은 결론을 내린다. 참고로, 만약 주어진 유의수준이 0.01이라면 귀무가설을 기각할 수 없다. ☑

예제 12.5 어느 과일의 비타민 함량이 생산된 지역에 따라 그리고 품종에 따라 차이가 있는가를 알아보기 위하여 임의로 표본을 추출하여 비타민 함량을 조사한 결과 다음의 자료를 얻었다. 분산분석표를 만들어서 지역과 품종에 따른 비타민의 평균 함량에 차이가 있는지를 유의수준 1%에서 검정하여라.

지역 \ 품종	A	B	C	D
I	28.53	29.27	21.54	31.34
II	27.14	21.54	23.17	32.19
III	31.25	26.37	24.51	29.31

풀이 이원배치법으로 생산된 지역과 품종에 따라 각각 비타민 함량에 차이가 있는지를 알아보기 위해 검정하고자 하는 가설은

(i) H_0 : 생산된 지역에 따라 이 과일의 비타민 평균 함량이 다르지 않다. (같다)
vs H_1 : 생산된 지역에 따라 이 과일의 비타민 평균 함량이 다르다.

(ii) H_0 : 품종에 따라 이 과일의 비타민 평균 함량이 다르지 않다. (같다)
vs H_1 : 품종에 따라 이 과일의 비타민 평균 함량이 다르다.

이다. 다음과 같은 순서로 엑셀을 활용한다.

① 데이터를 워크시트에 다음과 같이 입력한다.

	A	B	C	D	E
1	반복이 없는 이원배치 분산분석				
2		품종A	품종B	품종C	품종D
3	지역1	28.53	29.27	21.54	31.34
4	지역2	27.14	21.54	23.17	32.19
5	지역3	31.25	26.37	24.51	29.31

② 메뉴바에서 [도구] ➪ [데이터 분석] ➪ [통계 데이터 분석]을 선택하여 [분산 분석: 반복 없는 이원 배치법]을 선택하면 다음과 같은 대화상자가 나타난다.

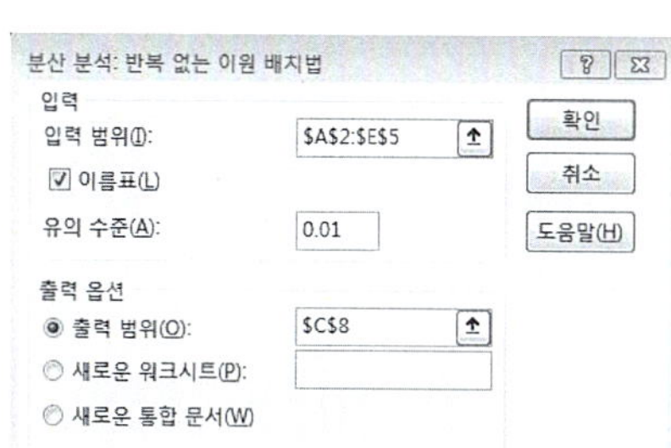

입력 범위, 이름표 사용, 유의수준 0.01을 입력, 출력 옵션에서 출력 범위를 선택하고 '확인' 단추를 누르면 다음과 같은 '분산 분석: 반복 없는 이원 배치법' 결과를 얻을 수 있다.

분산 분석: 반복 없는 이원 배치법

요약표	관측수	합	평균	분산
지역1	4	110.68	27.67	18.11513
지역2	4	104.04	26.01	22.50527
지역3	4	111.44	27.86	9.0124
품종A	3	86.92	28.97333	4.370433
품종B	3	77.18	25.72667	15.24863
품종C	3	69.22	23.07333	2.212233
품종D	3	92.84	30.94667	2.189633

분산 분석

변동의 요인	제곱합	자유도	제곱 평균	F 비	P-값	F 기각치
인자 A(행)	8.2856	2	4.1428	0.62523	0.566705	10.92477
인자 B(열)	109.1421	3	36.38071	5.490562	0.037218	9.779538
잔차	39.75627	6	6.626044			
계	157.184	11				

두 인자의 수준별로 특성치의 평균, 분산이 요약된 요약표와 분산분석표가 나타난다. 분산분석표에 의해 각 인자의 유의성을 검정해 보자.

먼저 가설 (i)에 있는 '지역'은 인자 A(행)이다. F비가 0.625로 F기각치인 10.92보다 작으므로 귀무가설을 기각하지 못한다. 유의확률로 보더라도 p값이 0.567로 0.01보다 크므로 유의수준 1%에서 귀무가설을 기각하지 못한다. 따라서, 생산된 지역에 따라 이 과일의 비타민 평균 함량이 다르다는 증거는 없다.

가설 (ii)에 있는 '품종'은 인자 B(열)이다. F비가 약 5.49로 F기각치인 9.78보다 작으므로 귀무가설을 기각하지 못한다. 유의확률로 보더라도 p값이 0.037로 0.01보다 크므로 유의수준 1%에서 귀무가설을 기각하지 못한다. 따라서 품종에 따라 이 과일의 비타민 평균 함량이 다르다는 증거는 없다. 결론적으로 지역과 품종 두 인자 모두 이 과일의 비타민 평균 함량에 유의한 영향을 끼치지 않는 것으로 나타났다. ☑

연습문제

1 다음 분산분석표에서 빈 칸에 알맞은 값들을 채워라.

요인	제곱합	자유도	평균제곱	F값
처리	①	2	③	⑤
잔차	18.46	②	④	
계	26.02	10		

2 다음의 자료는 3종류의 필터를 조사하여 각각의 필터가 니코틴을 얼마나 걸러주는지 조사한 결과이다. 각 필터에 따라 성능에 차이가 있는지 가설을 설정하고 유의수준 5%로 검정하여라.

A	B	C
5	6	7
6	5	5
8	4	6
4		6
6		

3 철선을 생산하는 공장에서 공정에 따른 철선의 인장강도에 차이가 있는지를 알아보기 위하여 네 종류의 공정에서 생산된 철선을 랜덤추출하여 표본을 취하고 인장강도를 측정하여 다음의 자료를 얻었다. 분산분석표를 작성하고, 공정에 따라 인장강도가 차이가 있다고 할 수 있는지 유의수준 5%에서 검정하여라.

A_1	A_2	A_3	A_4
46.8	51.2	50.2	21.4
58.0	62.4	38.2	22.1
51.4	30.6	46.8	28.2
61.0	46.0	26.7	42.7
45.8	48.8	22.7	25.2

4 어떤 약품의 합성에 있어서 5종의 촉매제(A)를 대상으로 랜덤하게 실험한 결과 다음과 같은 수율(%)에 관한 관측값을 얻었다. 엑셀을 이용하여 분산분석표를 작성하고 촉매량의 효과에 차이가 있는지 유의수준 5%에서 검정하여라.

A_1	A_2	A_3	A_4	A_5
18.3	17.1	17.3	15.1	16.7
18.8	18.3	18.1	15.9	16.9
19.8	19.2	17.2	17.8	16.5
18.3		17.0		17.5

5 어떤 영양제에 첨가된 요소들이 모두 비슷한 작용을 한다는 사실을 확인하기 위해 쥐에게 그 영양제를 주입하여 몸무게를 측정한 자료이다. 그 영양제가 효과가 있는지 유의수준 5%에서 검정하여라.

A	B	C
110	122	110
122	131	120
132	114	112
114	108	108
105	110	100

6 다음은 어느 회사 소속 몇 개의 공장에서 수질 오염도를 측정한 것이다. 공장에 따라 수질 오염도가 다르다고 할 수 있는지 엑셀을 이용하여 다음 물음에 답하여라.

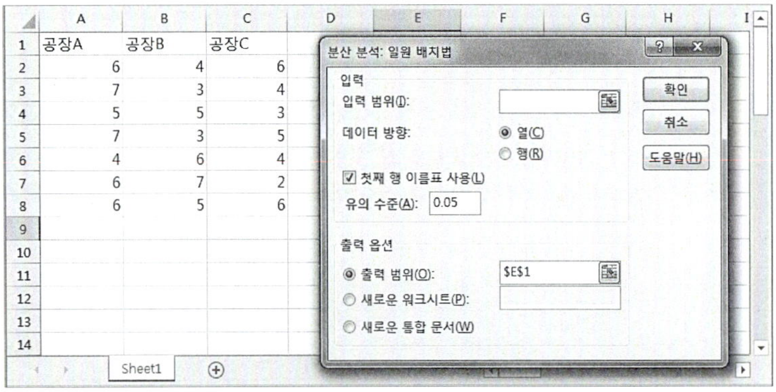

(1) 위의 입력 범위를 표시하여라. (단, "첫째 행 이름표 사용"일 때)

(2) 다음 분산분석표에 의해 가설검정을 시행하고 결과를 해석하여라.

분산 분석: 일원 배치법

요약표

인자의 수준	관측수	합	평균	분산
공장A	7	41	5.8571429	1.142857
공장B	7	33	4.7142857	2.238095
공장C	7	30	4.2857143	2.238095

분산 분석

변동의 요인	제곱합	자유도	제곱 평균	F 비	P-값	F 기각치
처리	9.2380952	2	4.6190476	2.466102	0.113094	3.554557
잔차	33.714286	18	1.8730159			
계	42.952381	20				

7 4개의 자동차 회사에서 만들어내는 소형 자동차의 리터당 평균 주행거리를 비교하기 위하여 실험을 한 결과가 다음과 같았다.

자동차A	자동차B	자동차C	자동차D
10	5	11	12
6	6	7	10
8	10	6	12
12	10	7	6
10	10	8	9
9	5	7	8
8	9	10	12

(1) SST, SSE, SS_{tr} 값과 F값을 구하여라.

(2) $F_{0.05}(3,24)$의 값을 엑셀 함수를 이용하여 구하고, 자동차 회사에 따라 평균 주행거리에 차이가 있는지 유의수준 5%에서 검정하여라.

8 $F \sim F(2,10)$ 일 때, $P(F \geq 2.25)$ 를 엑셀을 이용하여 구하여라.

9 비료와 수분의 양에 따른 농작물의 산출량을 조사한 자료이다. 엑셀을 이용하여 아래의 빈칸을 완성하여라.

	A	B	C	D
1				
2		비료1	비료2	비료3
3	수분 적음	340	150	315
4	수분 적당	600	530	450
5	수분 많음	204	300	150
6				

Sheet1

변동의 요인	제곱합	자유도	평균제곱	F비	p값	F 기각치
수분의 양(행)	164544.7	2	82272.33	④	0.030537	6.944272
비료의 양(열)	9284.667	②	③	⑤	0.623458	6.944272
잔차	①	4	8710.667			
계	208672	8				

10 A회사에서 급여 지급 방법이 판매량에 영향을 주는지 알아보고자 한다. 세 가지(고정월급, 판매실적, 고정월급+판매실적)의 급여 방법에 대해 랜덤하게 뽑은 판매원의 판매실적 결과는 다음과 같았다.

(단위: 만 원)

고정월급	판매실적	고정월급+판매실적
42	43	44
45	45	49
44	51	47
43	48	50
44	47	
	49	

(1) SST, SSE, SS_{tr} 값을 구하여라.

(2) F값을 구하고, 급여 방법에 따라 판매실적에 차이가 있는지 유의수준 1%에서 검정하여라.

11 서울과 인천, 수원 공장에 컴퓨터 주변기기를 생산하는 회사가 있다. 다음은 세 공장의 직원들이 품질관리 개념을 얼마나 이해하고 있는지 알아보기 위하여 각 공장에서 6명의 직원을 임의로 추출하여 품질관리에 대한 시험을 본 결과이다. 각 공장 직원들의 품질관리 개념에 대한 이해정도가 평균적으로 같다고 할 수 있는지 유의수준 5%에서 엑셀을 이용하여 검정하여라.

서울공장	인천공장	수원공장
85	71	59
75	75	64
76	74	69
71	69	75
85	82	67

12 어떤 신발제조 회사에서 현재 3가지 디자인의 조깅화를 생산하고 있는데 디자인에 따라 조깅화의 고무 밑창의 마모되는 정도가 서로 다른지 알아보려 한다. 이를 위

해 이 회사에서는 18명의 육상선수를 임의로 선발하여 세 그룹으로 나누고 각 그룹에 서로 다른 디자인의 조깅화를 신고 훈련에 임하도록 하였다. 선수들이 300km를 달린 후 신발을 수거하여 신발에 남아 있는 고무 밑창의 두께를 측정하여 다음과 같은 실험결과를 얻었다.

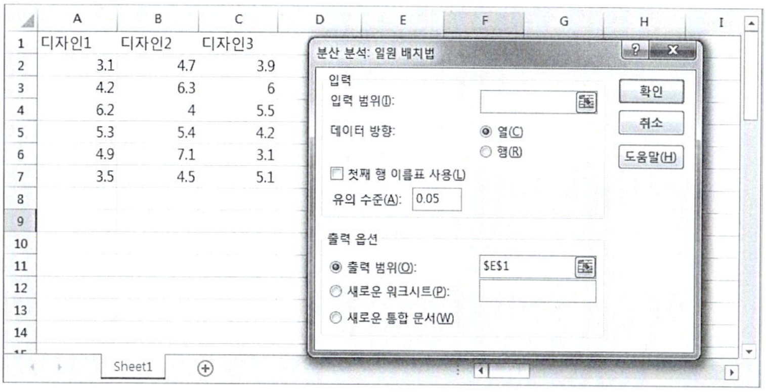

(1) 분산분석을 위해 위의 입력 범위에 알맞게 채워라.

(2) 엑셀을 이용하여 분산분석표를 작성하고, 가설을 유의수준 5%에서 검정하여라.

13 A, B, C 세 종류의 식이요법을 영양상태가 다른 네 종류의 동물 I, II, III, IV에 대해서 실험한 결과, 일주일 후의 체중증가의 변화가 다음과 같았다. 엑셀을 이용하여 물음에 답하여라.

식이요법 / 영양상태	A	B	C
I	60	56	67
II	54	75	85
III	80	64	60
IV	46	77	86

(1) 식이요법이 체중증가에 영향을 주는지 유의수준 5%에서 검정하여라.

(2) 영양상태에 따라 체중증가에 변화가 있는지 유의수준 5%에서 검정하여라.

14 어떤 화학공장에서 수율에 영향을 미칠 것으로 생각되는 반응온도와 원료를 인자로 취하여 실험을 한 결과 다음과 같았다. 각 인자가 수율에 영향을 미치는지 엑셀을 이용하여 유의수준 5%에서 검정하여라. (인자 A: 반응온도, 인자 B: 원료)

인자 A / 인자 B	A_1	A_2	A_3	A_4
B_1	97.6	98.6	99.0	98.0
B_2	97.3	98.2	98.0	97.7
B_3	96.7	96.9	97.9	96.5

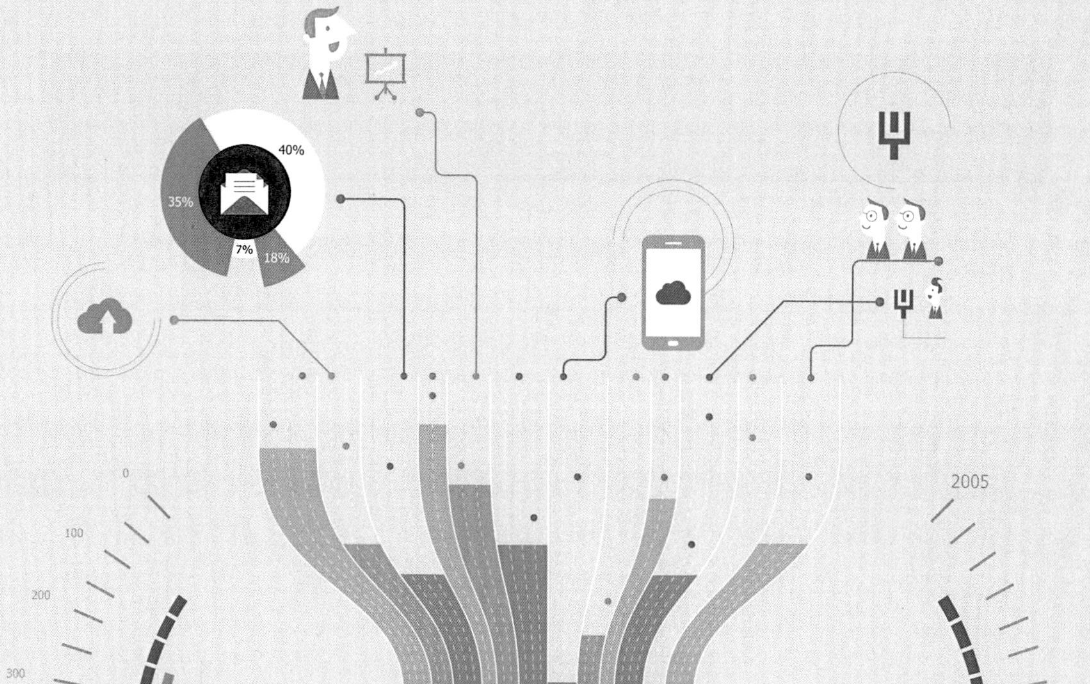

13장

시계열 분석

지금까지 학습한 통계적 분석의 대상이 되었던 자료들은 동시에 얻어진 것이거나 혹은 얻어진 순서가 중요하지 않게 다루어지는 것이었다. 이 장에서는 시간의 경과에 따라 순서대로 관측하여 기록된 자료인 시계열 자료를 분석하는 방법에 대해 학습할 것이다. 이러한 분석의 목적 중 중요한 것은 과거 자료의 변동 패턴이 미래에도 계속된다는 가정하에 현재까지 수집된 자료를 분석하여 미래에 대한 예측을 하는 것이다. 시계열 자료의 정의 및 예제와 간단한 모형을 중심으로 한 예측기법들 중 이동평균법과 지수평활법에 대해 알아보자.

13.1 서론

앞에서 다루었던 대부분의 자료들은 거의 동일 시점에서 관측되거나, 혹은 관측되는 시점의 차이가 별로 중요하지 않은 경우가 많았다. 이 절에서는 시간의 경과에 따라 순서대로 관측하여 기록된 자료인 **시계열 자료**(time series data)를 분석하는 방법에 대해 설명하고자 한다. 시계열 자료분석의 목적 중 하나는 현재까지 수집된 자료를 분석하여 미래에 대한 예측을 하는 것이다. 이러한 시계열 예측기법은 과거 자료의 변동 패턴이 미래에도 계속된다는 가정하에 이 패턴을 이용하는 것이다. 시계열 자료의 다양한 모형 설정과 분석기법은 너무도 방대하여 기초통계 수준에서 다룰 수가 없기 때문에 여기서는 시계열 자료의 개요와 예측기법들 중 간단한 형태인 이동평균법과 지수평활법에 대해 알아보기로 하자.

시계열 자료의 예로는 종합주가지수, 물가지수, 국민 총생산고, 자동차 생산량 등과 같은 자료를 들 수 있다. 예를 들면, 증권시장의 종합주가지수는 거래가 이루어질 때마다 변하는데, 매일 증권 거래 마감시간의 종합주가지수를 일정기간 동안 관측하여 기록하면 시계열 자료인 일별 종합주가지수가 된다. 시계열 자료의 분석에서 가장 중요한 방법 중의 하나는 **시계열 도표**(time series plot)이다. 시계열 도표는 시간의 경과에 따라 시계열이 변하는 것을 그린 그림으로 시간 t를 가로축으로 하고 시계열의 관측값 y_t를 세로축으로 하여 그린다. 시계열 도표를 관찰하면 시계열이 가지는 특성을 한눈에 파악할 수 있다. 시간을 나타내는 변수의 단위로는 초, 분, 시간, 일, 분기, 년, 세기 등을 사용할 수 있다. 금리, 환율, 주가기수 등은 하루를 기준으로 매일 작성되는 자료이지만, 소비자 물가지수, 경기변동지수, 실업률 등은 매월 산출되는 자료이다. 물론 시계열 자료라고 해서 시간 개념만 측정되는 것은 아니다. 시간 단위 외에도 사회적 변화나 환경적 변동요인을 기준으로 시계열 자료를 구분하는 경우도 있다.

13.2 시계열 자료의 요소

시계열 자료의 일반적인 구성요소는 추세변동, 순환변동, 계절변동, 우연변동 요인 등이라고 할 수 있다. 시계열 자료의 변수는 장기간에 걸쳐 어떤 추세를 보이면서 변하는데, 이것을 **추세변동**(trend variation)이라고 한다. 추세는 기술의 변화, 소비행태의 변동, 인구변동, 인플레이션이나 디플레이션 등의 영향을 받아 시계열 자료에 영향을 주는 장기 변동요인이라고 할 수 있다. 시계열 자료는 장기간의 추세선을 따라 주기적으로 오리고 내리는 반복 현상을 보이는데, 이것을 **순환변동**(cyclical variation)이라고 한다. 순환변동은 통상적으로 2년에서 10년의 주기를 가지고 순환하는 시계열의 구성요소로 경기 주기(business cycle) 등과 같이 비교적 중기 변동요인이 좋은 예가 될 것이다. 또한 계절적 요인이 작용하여 4계절을 주기로 나타나는 **계절변동**(seasonal variation)은 1년을 단위로 발생하는 시계열의 변동요인을 말하며 월별효과나 분기효과 등이 이에 해당된다. **우연변동**(random variation)은 설명하기 힘든 우연적으로 발생하는 요인으로 측정과 예측이 어려운 오차변동을 말한다. 시계열 자료의 구성 요소인 이러한 변동들을 하나씩 간단히 살펴보기로 하자.

① 추세변동

추세변동은 시계열 자료가 갖는 장기적인 변화추세이다. 추세란 장기간에 걸쳐 지속적으로 증가 또는 감소하거나 혹은 일정한 상태를 유지하려는 성향을 의미한다. 그러므로 시계열 자료에서 짧은 기간 동안에는 추세 변동을 찾기 어렵다. 추세변동은 짧은 기간 동안 급격히 변하는 것이 아니라 장기적인 추세 경향을 나타내므로 직선이나 부드러운 곡선의 연장선으로 표시된다. 예를 들면, 다음의 [그림 13.1]은 인구추세를 나타낸 그래프인데 대표적으로 추세변동을 나타내는 그래프라고 할 수 있다.

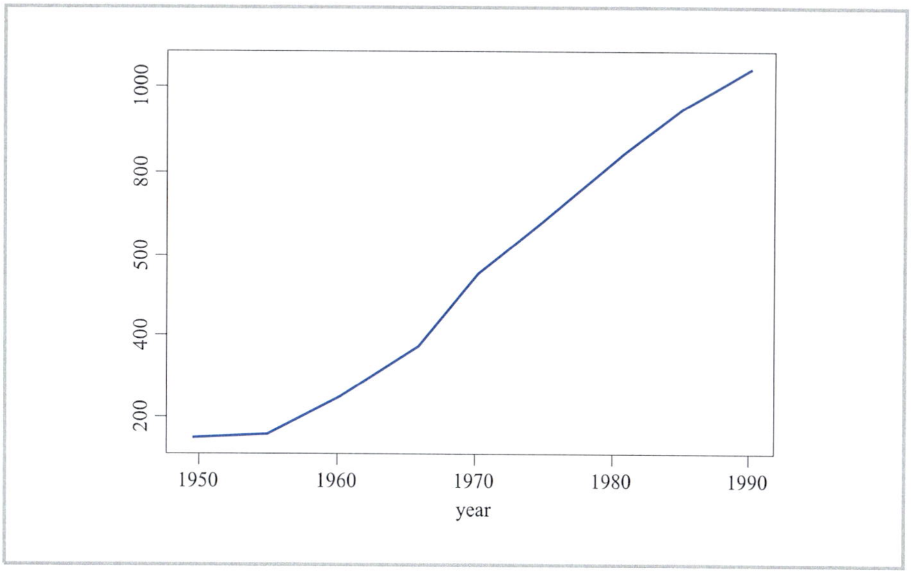

그림 13.1 추세변동 그래프

② 순환변동

순환변동은 파동과 같은 패턴으로 대체로 2 ~ 3년 정도의 일정한 기간을 주기로 순환적으로 나타난다. 시간의 흐름에 따라 상하로 반복되는 변동으로 추세선을 따라 변화는 것이 순환변동이다. 경기변동 곡선은 공황과 경기회복, 호황과 불경기로 인하여 수년을 주기로 나타나고 있는데 순환변동을 나타내는 좋은 예이다. [그림 13.2]는 순환변동을 나타내는 예이다.

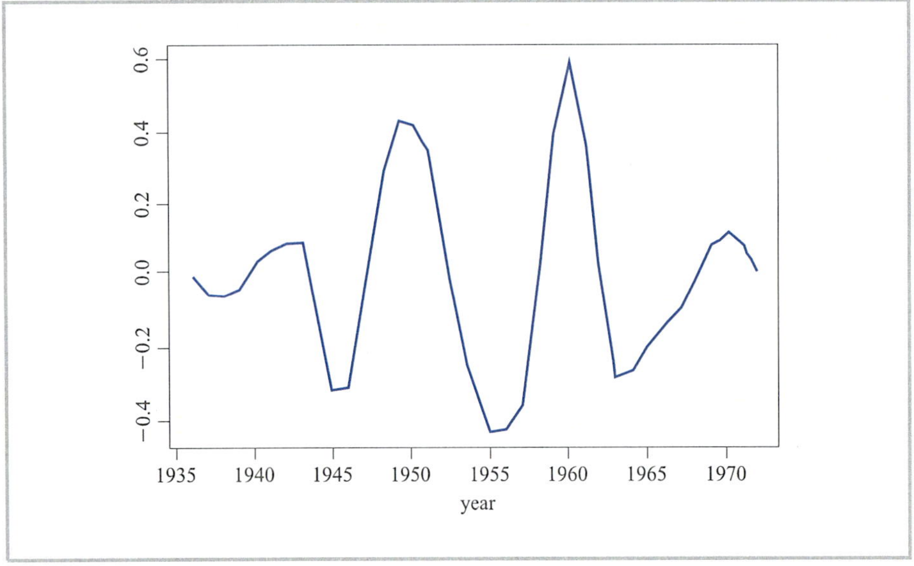

그림 13.2 순환변동 그래프

③ 계절변동

시계열 자료에서 보통 계절을 주기로 발생하는 변동요인을 계절변동이라고 하고, 보통 계절에 따라 순환하며 변하는 특성을 지닌다. 그런데 계절변동이 순환변동과 다른 점은 순환주기가 짧다는 점이다. 즉, 순환변동이 나타나는 주기는 2 ~ 3년 정도 또는 그 이상인데 계절변동은 보통 계절에 따라 영향을 받으므로 1년 주기로 나타난다. 계절변동을 보이는 대표적인 그래프가 [그림 13.3]에 주어져 있다.

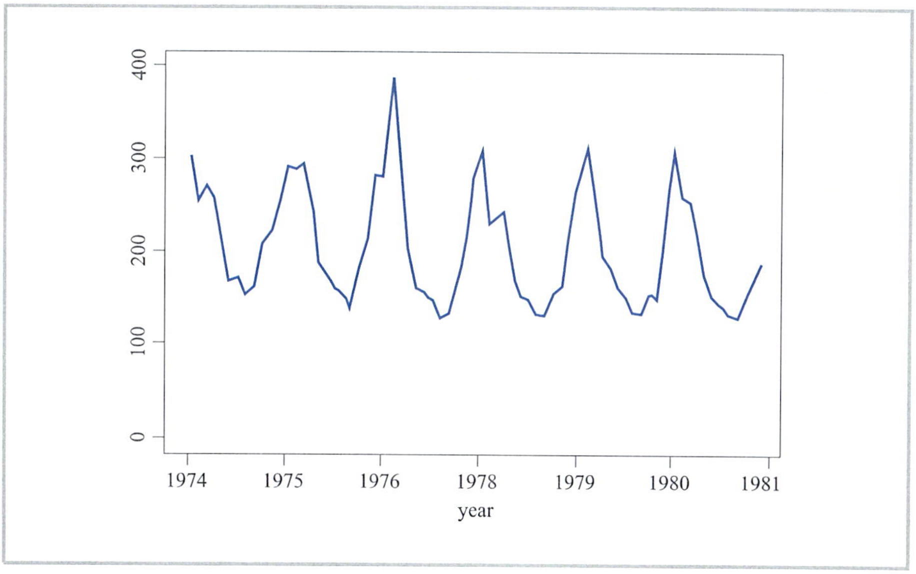

그림 13.3 계절변동 그래프

예를 들면 국립공원 관광객 수, 냉 난방기기 판매량, 청량음료 수요량은 물론 심지어 강수량까지 계절변동이 나타나는 시계열 자료이다. 그런데 계절변동은 사철의 변화에 따른 변동만이 아니라 한 달, 일주일 혹은 하루 동안에도 체계적인 패턴을 보이는 경우도 있다. 즉, 일정 기간마다 주기적으로 발생하는 변동요인도 계절변동이라고 할 수 있다.

④ 우연변동

시계열 자료에서 어떤 규칙성이 없이 예측 불가능하게 불규칙적으로 발생하는 변동을 우연변동이라고 한다. 그러므로 시계열 자료에서 추세변동, 순환변동, 계절변동 요인을 조정한 후에 나타나는 변동이 우연변동이다. 우연변동은 천재지변이나 급격한 환경 변화로 발생되는 것이 아니라 불규칙적으로 발생하는 변동으로 **불규칙변동**(irregular variation)이라고도 한다. 불규칙하게 발생하기 때문에 우연변동을 측정하는 것은 어려운 과제이다. 시계열 분석의 주된 목적이 예측하는 것이라고 볼 때, 우연변동이 많이 존재하는 시계열 자료에서는 신뢰성 있는 예측을 하는 것이 매우 어렵다.

13.3 평활기법

시계열 자료에 대한 예측 방법으로는 크게 주관적인 판단에 의한 질적인 방법과 모형을 이용하는 양적인 방법의 두 가지로 나눌 수 있다. 질적인 방법은 대개 과거의 정보가 어떻게 이용되는지 구체적으로 밝혀지지 않기 때문에 다른 사람에 의해 재현될 수 없는 것이 보통이며 주로 개인의 경험에 의하여 결정되는 것이 특징이다. 주어진 시계열 자료에 어떤 요소들이 개입되어 있는지를 판단할 수 있다면 보다 좋은 예측을 할 수가 있다. 하지만, 종종 우연변동의 존재로 인해 다른 변동들이 명확히 나타나지 않는 경우가 많다. 이러한 우연변동을 제거하는 간단한 방법은 시계열 자료의 형태를 부드럽게 되도록 만드는 것이다. 이러한 작업을 **평활**(smoothing)이라고 하는데, 이 절에서는 평활하는 두 가지 기법인 **이동평균법**(moving average)과 **지수평활법**(exponential smoothing)에 대해 살펴보고자 한다. 이러한 평활법은 모형에 기초한 것으로 다항추세(polynomial trend)모형을 이용하는 방법으로 볼 수 있다.

13.3.1 이동평균법

가장 간단한 형태의 시계열 예측법은 최근 특정 기간의 관측치 몇 개를 단순 평균한 값을 다음 시점의 예측치로 하는 이동평균법이다. 이동평균은 기준 시점과 인접한 과거 m개의 관측값의 평균을 의미하며, 이동평균법이란 이동평균을 이용하여 불규칙변동이나 계절변동을 제거하는 것으로 평활법 중 한 가지 방법이다. 이동평균은 변화하는 정도가 급격하지 않아 시계열의 장기 추세를 쉽게 알 수 있도록 하며, 불규칙 변동이나 계절변동을 간단히 제거할 수 있는 장점이 있다.

이제 시계열 변수 y_t가 있다고 하고 t시점에서 뒤로 m기간 범위의 관측값을 이용한 평균을 $\overline{y}_{t,m}$이라고 하자. 그러면 $\overline{y}_{t,m}$을 m **이동평균**(moving average)이라고 하며 t시점에서 $t+1$시점 또는 그 이후에 대한 예측치로 사용되는데 아래와 같은 식으로 구할 수 있다.

m 이동평균

$$\overline{y}_{t,m} = \frac{y_t + y_{t-1} + \cdots + y_{t-m+1}}{m}, \quad t = m, m+1, \cdots$$

이동평균법에 의한 예측을 쉽게 이해하기 위해 다음의 예제를 살펴보자.

예제 13.1 다음은 특정 포트폴리오에 속한 그룹의 작년 1월부터 12월까지 월별 지수 자료이다. 이를 이용하여 3개월 이동평균과 5개월 이동평균을 구해 보자.

587.57 571.43 520.06 611.48 743.26 729.29
848.61 962.84 998.71 878.39 968.54 834.39

풀이 $m=3$인 경우의 예측값은 다음과 같은 방법으로 계산한다.

$$\bar{y}_{3,3}=(y_3+y_2+y_1)/3=(520.06+571.43+587.57)/3=559.69$$
$$\bar{y}_{4,3}=(y_4+y_3+y_2)/3=(611.48+520.06+571.43)/3=567.66$$

같은 방법으로 $m=5$인 경우의 예측값도 아래와 같이 계산한다.

$$\bar{y}_{5,5}=(743.26+611.48+520.06+571.43+587.57)/5=606.76$$
$$\bar{y}_{6,5}=(729.29+743.26+611.48+520.06+571.43)/5=635.10$$

이와 같은 방법으로 작년의 지수를 이용하여 3개월 이동평균과 5개월 이동평균을 구하여 예측한 결과가 [표 13.1]과 같다. 예측에 대해서는, 예를 들어 3월 기준에서 제시된 3개월 이동평균은 4월 또는 그 이후에 대한 예측치로 사용할 수 있다. 마찬가지로, 7월 기준에서 제시된 5개월 이동평균은 8월 또는 그 이후에 대한 예측치로 사용할 수 있다. 이 결과를 시계열 도표로 나타내어 보면 [그림 13.4]와 같다.

[표 13.1] 지수의 3개월 및 5개월 이동평균

월	실제지수	3개월 이동평균	5개월 이동평균
1	587.57	*	*
2	571.43	*	*
3	520.06	559.69	*
4	611.48	567.66	*
5	743.26	624.93	606.76
6	729.29	694.68	635.10
7	848.61	773.72	690.54
8	962.84	846.91	779.10
9	998.71	936.72	856.54
10	878.39	946.65	883.57
11	968.54	948.55	931.42
12	834.39	893.77	928.57

289.0	579.4	884.2	898.0	647.5	509.4	713.3	913.0
682.7	705.1	320.5	644.3	902.2	867.1	654.7	778.1

풀이 $w=0.1$인 경우의 지수평활법에 의한 예측치는 다음과 같은 방법으로 계산한다.

$$S_1 = y_1 = 289.0,$$

$$S_2 = 0.1 \times y_2 + 0.9 \times S_1 = 0.1 \times 579.4 + 0.9 \times 289.0 = 318.0,$$

$$\vdots \qquad\qquad\qquad \vdots$$

$$S_{16} = 0.1 \times y_{16} + 0.9 \times S_{15} = 0.1 \times 778.1 + 0.9 \times 613.2 = 629.7.$$

같은 방법으로 $w=0.5$ 경우의 예측치도 아래와 같이 계산한다.

$$S_1 = y_1 = 289.0,\ S_t = 0.5 \times y_t + 0.5 \times S_{t-1},\ t = 2,3,4,\cdots,16.$$

[표 13.2] 지수평활법에 의한 예측치

시점	원자료	지수평활법($w=0.1$)	지수평활법($w=0.5$)
1	289.0	289.0	289.0
2	579.4	318.0	434.2
3	884.2	374.7	659.2
4	898.0	427.0	778.6
5	647.5	449.0	713.1
6	509.4	455.1	611.2
7	713.3	480.9	662.3
8	913.0	524.1	787.6
9	682.7	540.0	735.2
10	705.1	556.5	720.1
11	320.5	532.9	520.3
12	644.3	544.0	582.3
13	902.2	579.8	742.3
14	867.1	608.6	804.7
15	654.7	613.2	729.7
16	778.1	629.7	753.9

이와 같은 방법으로 지수평활법에 의해 예측한 결과가 [표 13.2]와 같고, t시점에서 제시된 지수평활법에 의한 값은 $t+1$시점 또는 그 이후에 대한 예측치로 사용할 수 있다. 원래의 자료와 지수평활된 값의 시계열 도표를 [그림 13.5]에 겹쳐 그려 놓았다. 이동평균의 경우와 마찬가지로 지수평활된 계열이 훨씬 완만하게 움직임을 볼 수 있다. 평활상수 w의 선택에 따라 평활되

는 정도가 달라지게 되므로 w 의 선택이 중요하다. 일반적으로 w 는 0.05와 0.3 사이의 값을 많이 사용한다. [그림 13.5]에서 보면 $w=0.5$인 경우가 훨씬 더 원래의 계열과 가깝고 $w=0.1$ 인 경우에는 평활이 많이 되어 움직임이 훨씬 완만함을 알 수 있다.

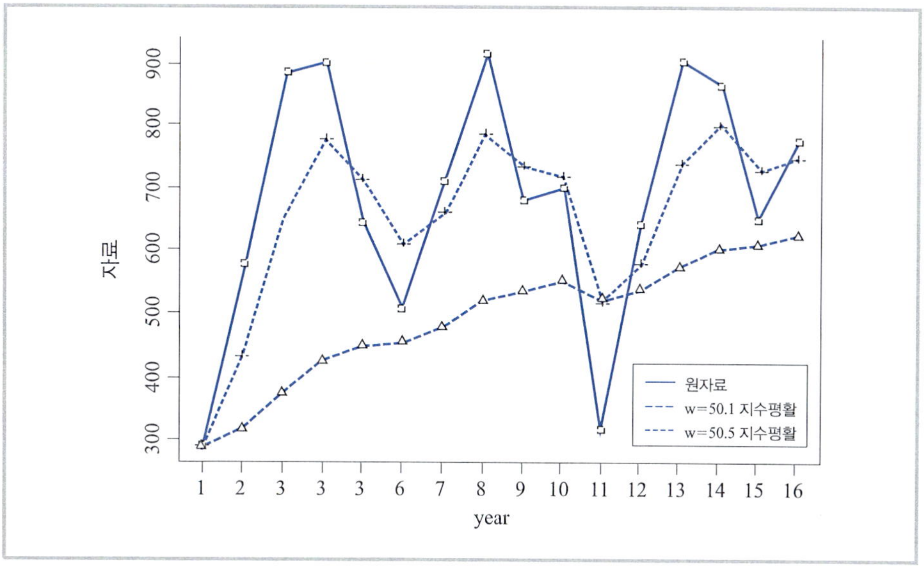

그림 13.5 원자료 및 지수평활법 그래프

13.4 엑셀을 이용한 실습

이 절에서는 본문에서 학습한 이동평균법과 지수평활법을 엑셀을 이용하여 구하는 방법을 예제를 중심으로 살펴보자.

예제 13.3 다음의 자료는 1996년부터 2014년까지의 이동전화의 가입자수에 대한 것으로 KOSIS 국가통계포털에 수록된 국내 자료이다. 이 자료로 기간이 2 인 이동평균법을 이용하여 예측값을 구해 보자. $(m=2)$

	A	B	C	D	E	F
1	시점	가입자수				
2	1996	3181				
3	1997	6878.8				
4	1998	14018.6				
5	1999	23442.7				
6	2000	26816.4				
7	2001	29045.6				
8	2002	32342.5				
9	2003	33591.8				
10	2004	36586.1				
11	2005	38342.3				
12	2006	40197.1				
13	2007	44369.2				
14	2008	45607				
15	2009	47944.2				
16	2010	50767.2				
17	2011	52506.8				
18	2012	53624.4				
19	2013	54680.8				
20	2014	57208				

풀이 ① '이동평균법'을 하기 위해서 메뉴바에서 [데이터]–[데이터 분석]을 선택하면 아래와 같은 대화상자가 나타난다.

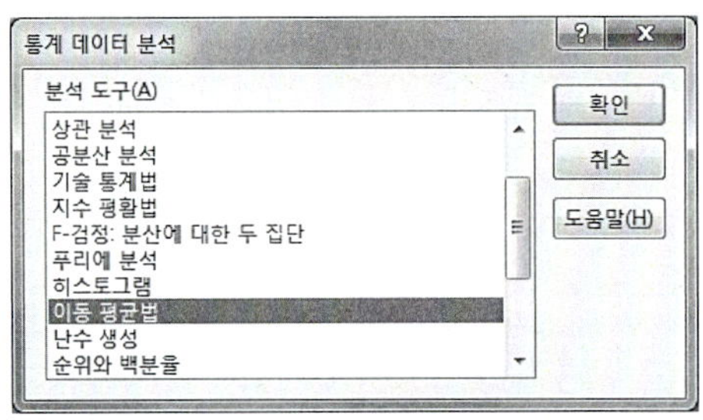

② 분석도구 중 '이동평균법'을 선택하면 다음과 같은 대화상자가 나타난다.

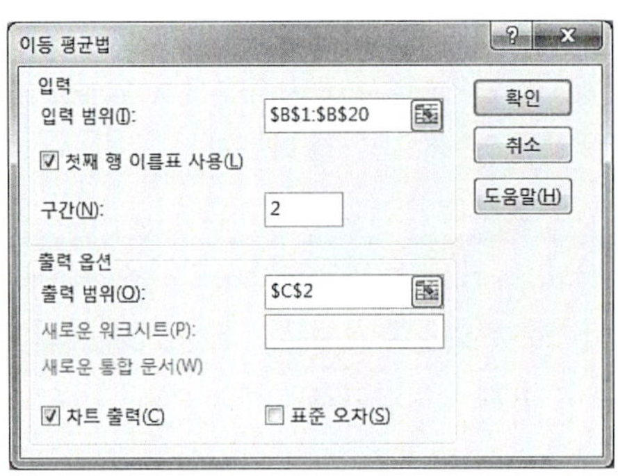

'첫째 행 이름표 사용' 부분에는 B1 셀이 데이터가 아닌 '가입자수'이라는 이름표이기 때문에 체크를 해야 한다. 구간은 이동평균을 나타내는 기간, 즉 2를 입력하면 된다. 입력 범위, 구간, 출력 범위 등을 입력하고 원래 시계열과 평활된 시계열 그림을 동시에 얻으려면 '차트

출력'에 체크를 하고 확인을 클릭한다.

③ 아래는 '이동평균법'의 출력결과이다.

	A	B	C
1	시점	가입자수	
2	1996	3181	#N/A
3	1997	6878.8	5029.9
4	1998	14018.6	10448.7
5	1999	23442.7	18730.65
6	2000	26816.4	25129.55
7	2001	29045.6	27931
8	2002	32342.5	30694.05
9	2003	33591.8	32967.15
10	2004	36586.1	35088.95
11	2005	38342.3	37464.2
12	2006	40197.1	39269.7
13	2007	44369.2	42283.15
14	2008	45607	44988.1
15	2009	47944.2	46775.6
16	2010	50767.2	49355.7
17	2011	52506.8	51637
18	2012	53624.4	53065.6
19	2013	54680.8	54152.6
20	2014	57208	55944.4

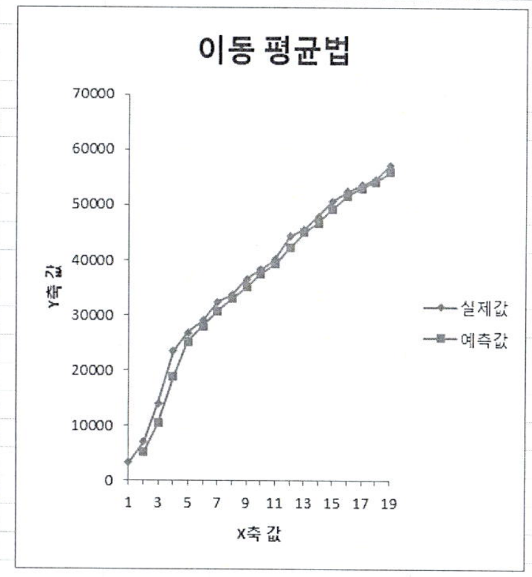

예제 13.4 다음의 자료는 2013년 11월부터 2015년 10월까지의 우리나라 전국 주택 매매 가격지수 자료이다. 이 자료로 $w = 0.2$ 인 지수평활법에 의한 예측값을 구해 보자.

	A	B
1	년도/월	매매가격지수
2	2013/11	96.4
3	2013/12	96.6
4	2014/01	96.8
5	2014/02	97
6	2014/03	97.2
7	2014/04	97.3
8	2014/05	97.3
9	2014/06	97.3
10	2014/07	97.4
11	2014/08	97.5
12	2014/09	97.7
13	2014/10	97.9
14	2014/11	98.1
15	2014/12	98.2
16	2015/01	98.4
17	2015/02	98.6
18	2015/03	98.9
19	2015/04	99.3
20	2015/05	99.6
21	2015/06	100
22	2015/07	100.3
23	2015/08	100.5
24	2015/09	100.9
25	2015/10	101.2

풀이 ① '지수평활법'을 하기 위해서 메뉴바에서 [데이터]-[데이터 분석]을 선택 하면 아래와 같은 대화상자가 나타난다.

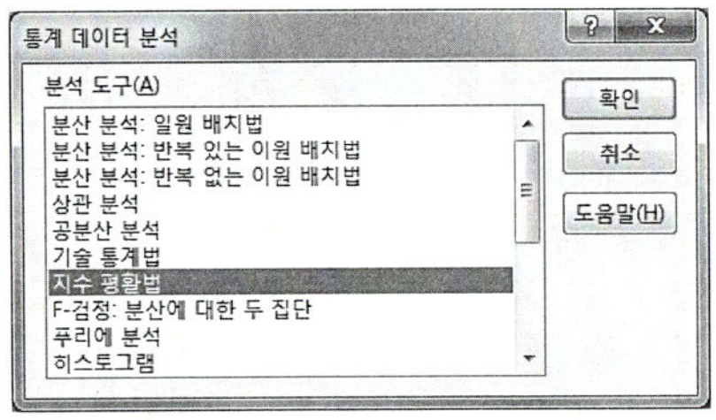

② '지수평활법' 을 선택하면 다음과 같은 대화상자가 나타난다. 여기서 감쇠 인수는 $1-w$를 의미하는 것으로 w를 0.2로 하기 위해서 감쇠 인수는 0.8로 지정한다. 그 밖에 입력 범위, 출력 범위 등을 입력하고 옵션을 선택한 다음 확인을 클릭한다.

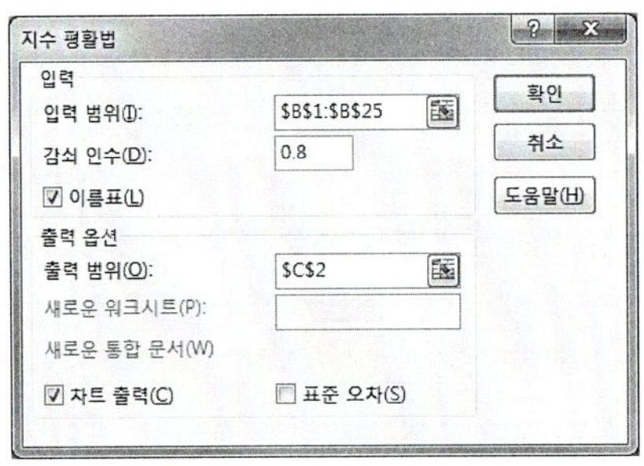

③ 아래는 '지수평활법'의 출력결과이다. 지수평활법에 의한 예측치가 앞에서 언급한대로 $\hat{y}_{t+1} = S_t$를 만족하기 때문에 엑셀에서는 한 시점씩 밀려서 결과를 제공하게 된다. 출력방법이 이동평균법과 약간 차이가 나는 것을 알 수 있다.

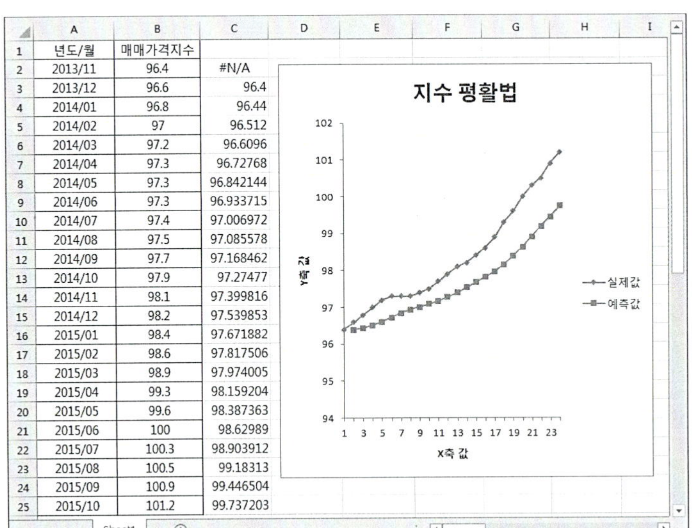

	A	B	C
1	년도/월	매매가격지수	
2	2013/11	96.4	#N/A
3	2013/12	96.6	96.4
4	2014/01	96.8	96.44
5	2014/02	97	96.512
6	2014/03	97.2	96.6096
7	2014/04	97.3	96.72768
8	2014/05	97.3	96.842144
9	2014/06	97.3	96.933715
10	2014/07	97.4	97.006972
11	2014/08	97.5	97.085578
12	2014/09	97.7	97.168462
13	2014/10	97.9	97.27477
14	2014/11	98.1	97.399816
15	2014/12	98.2	97.539853
16	2015/01	98.4	97.671882
17	2015/02	98.6	97.817506
18	2015/03	98.9	97.974005
19	2015/04	99.3	98.159204
20	2015/05	99.6	98.387363
21	2015/06	100	98.62989
22	2015/07	100.3	98.903912
23	2015/08	100.5	99.18313
24	2015/09	100.9	99.446504
25	2015/10	101.2	99.737203

연습문제

1 다음은 통계청 자료에서 발췌한 우리나라 실업률을 분기별로 조사한 자료이다. 이 자료를 이용하여 시계열 도표를 그리고, 3개월 이동평균을 구해서, 2015년 4사분기에 실업률을 예측하여라.

2013 1/4	2013 2/4	2013 3/4	2013 4/4	2014 1/4	2014 2/4	2014 3/4	2014 4/4	2015 1/4	2015 2/4	2015 3/4
3.6	3.1	3	2.8	4	3.7	3.3	3.2	4.1	3.8	3.4

2 다음의 표에는 2013년 1월부터 2014년 12월 사이에 우리나라에서 발생한 해양사고의 총합 자료가 주어져 있다(단위: 건수). 이 자료를 이용하여 시계열 도표를 그리고, 지수평활계수 $w = 0.2$ 인 지수평활법으로 예측치를 구하여라. (자료출처: 해양수산부)

년 \ 월	1	2	3	4	5	6	7	8	9	10	11	12
2013	92	94	102	92	89	83	97	112	94	83	91	64
2014	91	57	84	56	106	118	134	139	126	126	151	142

3 다음의 표에는 2012년 1월부터 2014년 12월 사이의 아시아 어느 국가의 종합주가지수에 관한 월별자료가 주어져 있다. 이 자료를 이용하여 시계열 도표를 그리고, 지수평활계수 $w = 0.1$, $w = 0.6$인 지수평활법으로 예측치를 구하여라. 원자료와 예측치들을 함께 도표로 나타내고 이 두 가지 결과를 비교하여 설명하여라. 단, 계산 및 그림은 엑셀을 이용하여라.

년 \ 월	1	2	3	4	5	6	7	8	9	10	11	12
2012	884.2	902.2	965.8	959.1	936.9	900.7	886.6	922.3	951.5	913.0	898.6	901.8
2013	898.0	867.1	845.4	785.5	771.6	766.7	698.1	637.4	602.2	682.7	696.4	712.4
2014	647.5	654.7	670.5	638.3	630.1	604.7	646.2	710.5	684.3	705.1	668.0	625.0

4 다음의 표에는 2006년부터 2014년 사이의 우리나라에서 전년도 대비 연도별 소비자 물가 상승률이 수록되어 있다. 엑셀을 이용하여 2개월 이동평균과 3개월 이동평균을 이용한 예측치를 구하여라. 원자료와 예측치들을 함께 시계열 도표로 그리고 비교하여라. (자료출처: 통계청)

연도	2006	2007	2008	2009	2010	2011	2012	2013	2014
상승률	88.4	90.71	94.49	97.27	100	103.8	106.39	107.88	109.56

5 [예제 13.1]의 자료를 이용하여 엑셀로 $w = 0.1$, 0.3, 0.6인 각 경우에 지수평활법에 의한 예측치를 구하여라. 시계열 도표를 그리고 각각의 w 값에 따른 변화를 설명하여라.

6 [예제 13.2]의 자료에 대해 엑셀을 이용하여 3개월 및 5개월 이동평균을 구하여 예측하고 시계열 도표를 작성한 후 비교 설명하여라.

연습문제 정답

2장

2.1 (1) 양적 자료

(2) 질적 자료

(3) 양적 자료

(4) 양적 자료

2.2 (1) 양적 자료

(2)

계급	도수	상대도수
39.45~49.55	3	0.10
49.55~59.65	1	0.03
59.65~69.75	5	0.17
69.75~79.85	8	0.27
79.85~89.95	4	0.13
89.95~100.05	9	0.30
계	30	1.00

(3) 0.6

3장

3.1 (1) 평균: 71.325 표준편차: 18.35321

(2) 최빈값: 70 중앙값: 70

3.2 기계 1: 평균: 3.142857 표준편차: 2.734262

기계 2: 평균: 1.285714 표준편차: 1.380131

3.3 10% 절사평균: 40.25 평균: 66.5

극단값의 영향으로 절사평균과 평균이 큰 차이를 보이고 있다.

3.4 17.5

3.5 제1사분위수: 59 제2사분위수: 68.5 제3사분위수: 80
범위: 49
사분위수 범위: 21

3.6 6학년: 0.042441
대학생: 0.060978
대학생의 변동계수가 더 크므로 산포의 정도가 크다고 할 수 있다.

3.7 제25백분위수: 59 제75백분위수: 82 제30백분위수: 59.5

3.9 25.85733

3.10 0.986013

4장

4.1 1/4

4.2 빨간색 주사위의 눈이 4 이상 나올 확률: 1/2
두 주사위 눈의 합이 6 이하가 되는 확률: 5/12

4.3 $\frac{4}{13}$

4.4 임원진 3명을 뽑는 경우의 수: 4060
과대표, 총무 및 서기를 뽑는 경우의 수: 24,360

4.5 2730(가지)

4.6 120(가지)

4.7 4^8(가지)

4.8 117(개)

4.9 81(가지)

4.10 순서쌍(x, y, z)의 개수: ${}_{10}C_8$
양의 정수의 순서쌍 개수: ${}_7C_5$

4.11 (1) $\frac{1}{3}$
(2) $\frac{9}{25}$

4.12 0.25

4.13 모두 빨간 공일 확률: $\frac{1}{15}$
하나는 빨간 공 다른 하나는 파란 공일 확률: $\frac{7}{15}$

4.14 0.368

4.15 $P(A \cap B) \neq P(A)P(B)$이므로 독립이 아니다.

4.16 0.522

4.17 $E(X) = 3.4$
$VAR(X) = 2.44$

4.18 $E(X^2) = 0.5$

4.19 2500

4.20 (1) (a): 0.1 (b): 0.07 (c): 0.1

(2)

X의 주변확률분포			
X	−1	0	1
$f_X(X)$	0.3	0.4	0.3

Y의 주변확률분포			
Y	−1	0	1
$f_Y(Y)$	0.3	0.4	0.3

(3) 독립이 아니다.

(4) $E(X)=0$
$E(Y)=0$
$VAR(X)=0.6$
$VAR(Y)=0.6$

(5) $COV(X, Y)=0$

5장

5.1 $P(X=x_i)=\dfrac{1}{10}$, $i=1,2,\cdots,10$

5.2 (1) 0.1323

(2) 0.83692

5.3 0.318

5.4 0.837

5.5 (1) 0.32768

(2) 0.94208

5.6 엔진이 4개일 때: 0.1792
엔진이 2개일 때: 0.16
고장 날 확률이 낮은 엔진이 2개인 비행기가 더 안전하다고 할 수 있다.

5.7 엔진이 4개일 때: 0.0272

엔진이 2개일 때: 0.04
고장 날 확률이 낮은 엔진이 4개인 비행기가 더 안전하다고 할 수 있다.

5.8 $\frac{1}{2}$

5.9 $\frac{4}{7}$

5.10 (1) 0.101
(2) 0.423
(3) 0.801

5.11 (1) 0.143
(2) 0.135

5.12 0.402

5.13 (1) 0.560
(2) 0.407

5.14 0.000045399

5.15 (1) 0.998
(2) 0.998
(1)의 결과와 비교했을 때 근사정도가 나쁘지 않음을 알 수 있다.
(3) $E(X) = 0.5$
$VAR(X) = 0.4975$

5.16 0.528

5.17 0.191
20%를 넘지 않기 때문에 점원을 감원하지 않는다.

6장

6.1 (2) $\int_0^2 (-0.5x+1)\,dx = [-0.25x^2+x]_0^2 = 1$로 적분값이 1이므로 확률밀도함수의 조건을 만족한다.

(3) $P(X \le 0.7) = 0.5775$
$P(X \ge 1.5) = 0.0625$
$P(X = 1) = 0$

6.2 $E(X) = 30$
$VAR(X) = \frac{100}{3}$

6.3 $P(Z \le 1.25) = 0.8944$
$P(-1.25 \le Z \le 0.5) = 0.5859$

6.4 (1) $P(5.3 \le X \le 7.1) = 0.6826$

(2) $P(X \ge 7.1) = 0.1587$

6.5 $P(X \le 20) = 0.0228$

6.7 19.21

6.8 (1) −1.72

(2) 0.54

(3) 1.28

6.9 (1) 0.1151

(2) 16.1

(3) 20.275

(4) 0.5403

6.10 (1) 0.8980

(2) 0.5824

6.11 (1) 0.5967

(2) 0.0122

6.12 (1) 0.0571

(2) 0.9911

(3) 0.029038

6.13 (1) 64점부터 F 학점을 면할 수 있다.

(2) 86점부터 B 학점을 받게 된다.

6.14 75명

6.15 28명

6.16 평균: $\frac{1}{6}$, 분산: $\frac{1}{36}$

6.17 $P(X>2)=e^{-4}$

6.18 (1) 0.621

(2) 0.2033

6.19 (1) 0.6767

(2) 0.0262

6.20 (1) 0.0778

(2) 0.0778

(3) 0.6811

6.22 537

6.23 $\frac{2}{3}$

6.24 (1) $N(290\ ,\ 125)$를 따른다.

6.25 0.9616

7장

7.1 (1) $E(X) = 4$

$VAR(X) = \frac{8}{3}$

(2)

표본	표본평균	표본	표본평균	표본	표본평균
(2,2)	2	(4,2)	3	(6,2)	4
(2,4)	3	(4,4)	4	(6,4)	5
(2,6)	4	(4,6)	5	(6,6)	6

(3)

$\overline{X}$	2	3	4	5	6
$P(\overline{X} = \overline{x})$	$\frac{1}{9}$	$\frac{2}{9}$	$\frac{3}{9}$	$\frac{2}{9}$	$\frac{1}{9}$

$E(\overline{X}) = 4$

$VAR(\overline{X}) = \frac{4}{3}$

7.2 $E(\overline{X}) = 40$

$VAR(\overline{X}) = \frac{13}{7}$

7.3 (1) 0.9977

(2) 0.8414

7.6 표본평균의 분산은 n이 커질수록 감소한다.

7.7 20

7.8 0.9544

7.10 최소 35개

7.11 0.8185

8장

8.1 $(0.98\ ,\ 1.04)$

8.2 (1) $\hat{\mu}=38$, $\widehat{\sigma^2}=6$
(2) $(36.44\ ,\ 39.56)$

8.3 $(152.755\ ,\ 157.245)$

8.4 $(58.07, 60.27)$

8.5 $(14.67, 16.73)$

8.6 $(0.251, 0.325)$

8.7 2401

8.8 $(2.96, 7.04)$

8.9 $(-6522.24, 2922.24)$

8.10 $(0.990, 6.125)$

8.11 $(-0.097, 3.157)$

8.12 $(-0.064, 0.014)$

8.13 $(0.001, 0.087)$

9장

9.1 $H_0 : \mu = 360 \ vs \ H_1 : \mu < 360$
$z_0 = -2.191$
$z_0 < -z_{0.05} = -1.645$ 이므로 H_0 기각

9.2 $H_0 : \mu = 15{,}000 \ vs \ H_1 : \mu > 15{,}000$

9.3 $H_0 : \mu = 20 \ vs \ H_1 : \mu > 20$
$t_0 \fallingdotseq 2.143$
$t_0 > t_{0.05}(9) = -1.833$ 이므로 H_0 기각

9.4 $H_0 : \mu = 18 \ vs \ H_1 : \mu \neq 18$
$z_0 = -9.859$
$|z_0| > z_{0.025} = 1.96$ 이므로 H_0 기각

9.5 $H_0 : \mu = 20 \ vs \ H_1 : \mu > 20$
$t_0 \fallingdotseq 2.09$
$t_0 > t_{0.05}(9) = 1.833$ 이므로 H_0 기각

9.6 $H_0 : p = 0.8, \quad H_1 : p > 0.8$
$z_0 = 0.8838$
$z_0 < z_{0.05} = 1.64$ 이므로 H_0 기각 못 함

9.7 (1) $H_0 : p = 0.7 \ vs \ H_1 : p > 0.7$
(2) $z_0 = 2.39$
(3) $z_0 > z_{0.05} = 1.645$ 이므로 H_0 기각

9.8 $H_0 : \mu_1 = \mu_2 \ vs \ H_1 : \mu_1 \neq \mu_2$
$z_0 \fallingdotseq -3.47$
$|z_0| > z_{0.025} = 1.96$ 이므로 H_0 기각

9.9 $H_0 : \mu_1 = \mu_2 \ vs \ H_1 : \mu_1 > \mu_2$
$t_0 \fallingdotseq 0.648$
$t_0 < t_{0.05}(9) = 1.833$ 이므로 H_0 기각 못 함

9.10 $H_0 : \mu_1 = \mu_2 \; vs \; H_1 : \mu_1 \neq \mu_2$
$t_0 \fallingdotseq -2.152$
$|t_0| \geq t_{0.025}(16) = 2.120$ 이므로 H_0 기각

9.11 $H_0 : \mu_1 = \mu_2 \; vs \; H_1 : \mu_1 < \mu_2$
$z_0 \fallingdotseq -4.647$
$z_0 < z_{0.05} = -1.645$ 이므로 H_0 기각

9.12 $H_0 : p_1 = p_2 \; vs \; H_1 : p_1 \neq p_2$
$z_0 \fallingdotseq -1.13$
$|z_0| < z_{0.025} = 1.96$ 이므로 H_0 기각 못 함

9.13 $H_0 : p_1 = p_2 \; vs \; H_1 : p_1 \neq p_2$
$z_0 \fallingdotseq -3.695$
$|z_0| \geq z_{0.025} = 1.96$ 이므로 H_0 기각

10장

10.1 $H_0 : p_1 = 0.2, p_2 = 0.1, p_3 = 0.3, p_4 = 0.3, p_5 = 0.1 \; vs \; H_1 : \text{not } H_0$
$\chi_0^2 \fallingdotseq 24.56$
$\chi_0^2 > \chi_{0.05}^2(4) = 9.488$ 이므로 H_0 기각

10.2 H_0 : 멘델의 법칙을 잘 따르고 있다. $vs \; H_1 : \text{not } H_0$
$\chi_0^2 \fallingdotseq 0.03$
$\chi_0^2 < \chi_{0.05}^2(1) = 3.841$ 이므로 H_0 기각 못 함

10.3 H_0 : 운동실력과 학업성적은 관련이 없다. $vs \; H_1 : not \; H_0$
$\chi_0^2 \fallingdotseq 25.76$
$\chi_0^2 > \chi_{0.05}^2(4) = 9.488$ 이므로 H_0 기각

10.4 H_0 : 운동실력과 건강상태는 관련이 없다. $vs \; H_1 : not \; H_0$
$\chi_0^2 \fallingdotseq 8.74$
$\chi_0^2 > \chi_{0.05}^2(2) = 5.991$ 이므로 H_0 기각

10.5 H_0 : 음주와 흡연간에 밀접한 관계가 없다. vs H_1 : not H_0
$\chi_0^2 \fallingdotseq 8.89$
$\chi_0^2 > \chi_{0.05}^2(1) = 3.841$ 이므로 H_0 기각

10.6 (1)

흡연 \ 음주	유	무	합계
유	90	141	231
무	18	51	69
합계	108	192	300

(2) H_0 : 흡연유무와 음주유무는 서로 독립이다. vs H_1 : not H_0
$\chi_0^2 \fallingdotseq 3.82$
$\chi_0^2 < \chi_{0.05}^2(1) = 3.841$ 이므로 H_0 기각 못 함

10.7 H_0 : 남녀 학생들 간에 선호도에 차이가 없다. vs H_1 : not H_0
$\chi_0^2 \fallingdotseq 33.94$
$\chi_0^2 > \chi_{0.05}^2(2) = 5.991$ 이므로 H_0 기각

10.8 H_0 : 약을 복용함에 따른 수술의 성공 여부에 차이가 없다.
vs H_1 : not H_0
$\chi_0^2 \fallingdotseq 15.67$
$\chi_0^2 > \chi_{0.05}^2(1) = 3.841$ 이므로 H_0 기각

10.11 H_0 : 교육수준과 선호하는 정당은 관련이 없다. vs H_1 : not H_0
$\chi_0^2 \fallingdotseq 4.78$
$\chi_0^2 < \chi_{0.05}^2(3) = 7.815$ 이므로 H_0 기각 못 함

11장

11.1 (1) 0.787

(2) $H_0 : \rho = 0$ vs $H_1 : \rho > 0$
$T \fallingdotseq 3.375$
$T > t_{0.01}(7) = 2.998$ 이므로 H_0를 기각.

11.2 (1) $r \fallingdotseq 0.861$

(2) $H_0 : \rho = 0 \;\; vs \;\; H_1 : \rho \neq 0$
$T \fallingdotseq 5.353$
$T > t_{0.05}(10) = 1.812$ 이므로 H_0를 기각. 상관관계가 존재한다.

11.3 (2) $r \fallingdotseq 0.088$

(3) $b = 0.091$
$a \fallingdotseq 75.875$
$\hat{y} = 75.875 + 0.091x$

11.4 (1) $\hat{y} = 4.555 + 0.563x$

(2) (14.531 , 17.099)

11.5 (1) $b = -1.788$
$a = 42.832$
$\hat{y} = 42.832 - 1.788x$

(2)

〈분산분석표〉

요인	제곱합	자유도	평균제곱	F값
회귀	1054.845	1	1054.845	784.855
잔차	10.752	8	1.344	
계	1065.6	9		

$H_0 : \beta = 0 \;\; vs \;\; \beta \neq 0$
$F > F_{0.05}(1,8) = 5.32$ 이므로 귀무가설을 기각한다.

(3) $R^2 = 0.99$
총변동의 99%를 설명한다.

11.6 (1) $\hat{y} = 7.489 + 18.026x$
$H_0 : \beta = 0 \;\; vs \;\; \beta \neq 0$
$F \fallingdotseq 724.317$
$F > F_{0.05}(1,9) = 5.12$ 이므로 H_0 기각

(2) (323.532 , 340.382)

11.7 (1) $\hat{y} = 2.407 - 0.218x$

(2) $(-1.082 \;,\; 0.646)$

(3) $(-3.162 \;,\; 1.788)$

A1 엑셀의 기초

이 절에서는 마이크로소프트사에서 제공하는 엑셀의 구성 및 기초 사용법에 관해 살펴볼 것이다.

A1.1 엑셀의 특징

엑셀은 대표적인 스프레드시트 프로그램으로 정교하면서도 다양한 기능을 갖추고 있다. 대표적인 스프레드시트 프로그램으로는 로터스사의 로터스 1-2-3, 볼랜드사의 쿼트로, 아벨사의 아벨 스프레드시트 등이 있었으나 더 이상 사용되지 않는 것들이 많으며, 우리가 다루려는 마이크로소프트사의 엑셀이 현재까지 지속적으로 업그레이드 되면서 가장 각광 받고 있다.

스프레드시트는 수치계산 업무를 간편하게 처리해주는 프로그램을 지칭하는 용어로서 이를 이용하면 급여계산, 장부관리 등의 표 계산을 쉽게 할 수 있을 뿐만 아니라 차트와 지도 등의 삽입, 데이터베이스 관리 등의 폭넓은 작업을 할 수 있다. 또한 마이크로소프트사의 오피스군인 파워포인트, 액세스, 워드 등과 데이터를 직접 공유할 수도 있다. 뿐만 아니라 인터넷과 인트라넷 환경에도 적합하게 설계되어 엑셀 문서를 HTML문서로의 변환은 물론이고 곧바로 HTML파일로의 저장도 가능하여 인트라넷을 통한 문서 공유가 훨씬 용이해졌다.

엑셀의 기능을 일일이 열거할 수는 없지만 대표적인 것들만 정리하면 다음과 같다.

■ 엑셀의 주요 기능

- 복잡한 장부나 표를 엑셀파일로 저장하여 손쉽게 정리할 수 있다.
- 장부나 표에 관련된 계산을 엑셀의 워크시트 함수를 이용하여 쉽게 계산할 수 있으며, 이 경우에 표의 일부가 바뀌어도 계산에 바뀐 부분이 바로 적용된다.
- 표로 작성된 데이터를 다양한 차트로 작성하여 보여줄 수 있다. 또한 이 차트들은 차트 마법사를 이용하여 쉽게 작성할 수 있으며 편집도 가능하여 사용자가 원하는 형태로 손쉽게 작성할 수 있다.
- 데이터베이스의 프로그램에 견줄 만한 데이터 관리기능을 가지고 있다. 예를 들어 데이터를 정렬한다거나 필터를 통해 필요한 자료만을 추출하는 등의 업무를 쉽게 할 수 있다.
- 통계패키지에서만 가능하던 통계분석도구가 마련되어 있어 상당한 수준의 통계분석이 가능하다.

A1.2 엑셀의 실행

엑셀을 실행시키는 방법에는 여러 가지가 있다. 그 중에서 가장 기초적이고 일반적인 방법을 소개하면 다음과 같다.

▪ [시작]메뉴를 이용한 엑셀의 실행

화면 왼쪽 하단의 시작단추  (윈도우비스타인 경우에는 )을 클릭한 후 프로그램을 찾아서 [Microsoft Office Excel 2016]을 실행한다.

▪ 단축아이콘을 이용한 엑셀의 실행

바탕화면에 이미 단축아이콘을 등록한 사용자라면 바탕화면에 위치한 단축아이콘 

을 더블 클릭한다.

▪ 새 파일을 작성할 때

① [파일]–[새로 만들기]를 선택한다.
② [사용 가능한 서식 파일]에서 [새 통합 문서]를 선택한다.

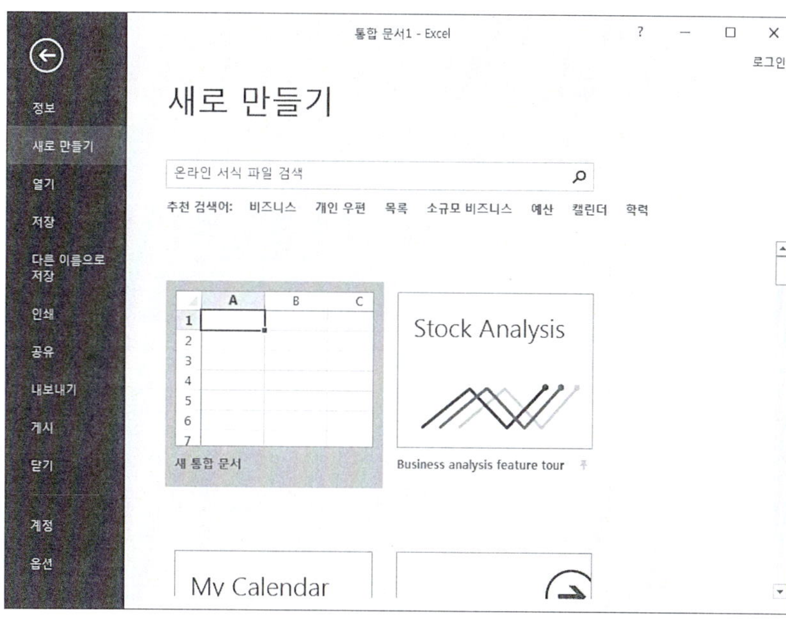

▪ 기존의 파일을 편집할 때

① [파일]–[열기]를 선택한다.
② [열기] 대화상자에서 작업할 파일을 선택한다.

③ [열기], [읽기 전용으로 열기], [복사본을 작성하여 열기] 중에서 해당사항을 선택한다.

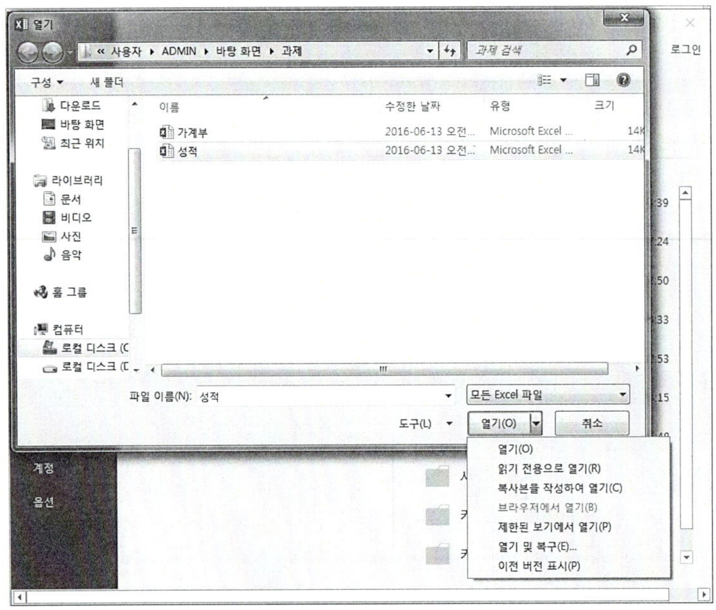

A1.3 엑셀의 화면 구성

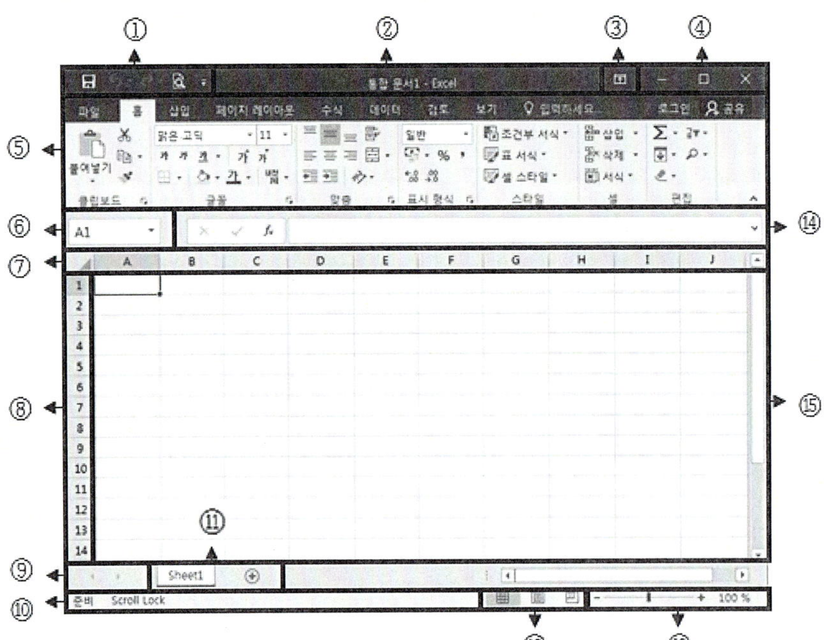

① **빠른 실행도구 모음**: 아이콘을 클릭하면 즉시 실행되는 아이콘들이 있는 곳으로 기본적으로 저장, 실행 취소, 다시 실행 등 3개의 아이콘이 등록되어 있으며 필요에 따라 추가로 등록하여 사용할 수 있다.

② **제목 표시줄**: 현재 열려 있는 문서의 제목과 프로그램의 이름이 표시된다.

③ **리본 메뉴 표시 옵션**: 리본 메뉴를 표시하는 옵션을 지정할 수 있다. 이것을 클릭하면 [리본 메뉴 자동 숨기기], [탭표시], [탭 및 명령 표시] 메뉴가 펼쳐진다.

④ **최소화/최대화/닫기 도구**

⑤ **리본 메뉴**: 엑셀 2016에서는 기존 리본 메뉴에 엑셀 2007에서의 office 단추에 해당하는 [파일] 메뉴가 추가되었다. [파일]을 클릭하면 [저장], [다른 이름으로 저장], [열기], [닫기] 등의 메뉴가 펼쳐진다.

⑥ **이름 상자**: 셀 포인터가 위치한 셀의 주소를 나타내며 문서에 입력되어 있는 개체를 선택하면 그 개체의 이름이 표시된다.

⑦ **열 머리글**: 열의 기호가 표시된 부분이다. 하나의 워크시트에 16384개의 열이 있으며 열 머리글을 클릭하면 그 열 전체가 선택된다.

⑧ **행 머리글**: 행의 번호가 표시된 부분이다. 하나의 워크시트에 1048576개의 행이 있으며, 행 머리글을 클릭하면 그 행 전체가 선택된다.

⑨ **시트 이동 도구**: 워크시트가 많을 경우에 원하는 시트로 편리하게 이동하기 위한 도구이다.

⑩ **상태 표시줄**: 엑셀이 현재 작업 중인 내용을 표시하는 부분이다.

⑪ **시트 탭**: 시트의 이름이 표시되는 부분이다. 다른 탭을 클릭하여 작업 시트를 변경할 수 있으며 필요에 따라 시트를 추가시키거나 삭제할 수 있다.

⑫ **페이지 보기 도구**: 엑셀의 작업 화면을 〈기본〉,〈페이지 레이아웃 보기〉,〈페이지 나누기 미리 보기〉의 3가지 형태 중에서 선택하여 볼 수 있게 해주는 도구이다.

⑬ **확대/축소 도구**: 엑셀의 작업화면을 확대하거나 축소해서 보기 위한 도구이다.

⑭ **수식 입력줄**: 셀에 데이터나 수식, 함수를 입력하는 줄이다. 이미 데이터나 수식 등이 입력된 셀을 클릭하면 해당 셀에 입력되어 있는 내용이 표시된다.

⑮ **데이터 입력 부분**: 사용자가 입력한 데이터들이 표시되는 부분이다.

A1.4 통합 문서와 워크시트

통합 문서와 워크시트는 엑셀 작업의 가장 기본이 되는 개념이다. 통합 문서(workbook)는 하나 이상의 워크시트를 포함하는 엑셀 파일을 의미한다. 또한 기본적으로 하나의 통합 문서에는 3개의 워크시트가 포함되어 있으며 각 시트의 이름은 Sheet1~Sheet3으로 정해져 있다. 현재 사용하고 있는 워크시트를 알아보기 위해서는 통합 문서 하단의 시트 탭을 참조하면 된다.

워크시트는 열과 행으로 나누어진 직사각형의 셀을 가지고 있다. 엑셀에서 처리할 수 있는 열과 행의 범위는 버전에서는 각각 16,384개, 1,048,576개이고, 각각의 셀은 열과 행에 의해 주소를 가지게 된다. 2016 버전에서는 보다 더욱 확장되어 학습 혹은 대부분의 데이터를 처리하기 위해서는 충분하다고 할 수 있다. 엑셀 워크시트의 이름은 기본적으로 Sheet1,Sheet2 등의 순서로 주어진다. 만약 사용자가 워크시트에 특정한 이름을 지정하고 싶다면 시트 탭에서 이름을 지정하고자 하는 워크시트 이름을 마우스로 더블 클릭하여 시트 이름을 편집한다.

A1.5 엑셀 도구 모음

엑셀의 가장 뛰어난 기능 중의 하나는 도구 모음을 사용한 간편한 작업이 가능하다는 점이다. 사용자는 화면 상단에 나타난 도구모음을 사용하여 원하는 명령을 단축키, 메뉴 명령어 등을 사용하지 않고 쉽고 빠르게 수행할 수 있다. 일반적으로 엑셀 2016의 도구모음은 [탭]-[그룹]-[아이콘]의 메뉴 형식을 채용하였다. 엑셀 2007과 크게 달라지지는 않았지만 엑셀 2016 메뉴의 구성 내용을 탭별로 살펴보자.

1. [홈] 탭

[홈] 탭은 밑의 그림과 같이 [클립보드], [글꼴], [맞춤], [표시 형식], [스타일], [셀], [편집] 7개의 그룹으로 구성되어 있다.

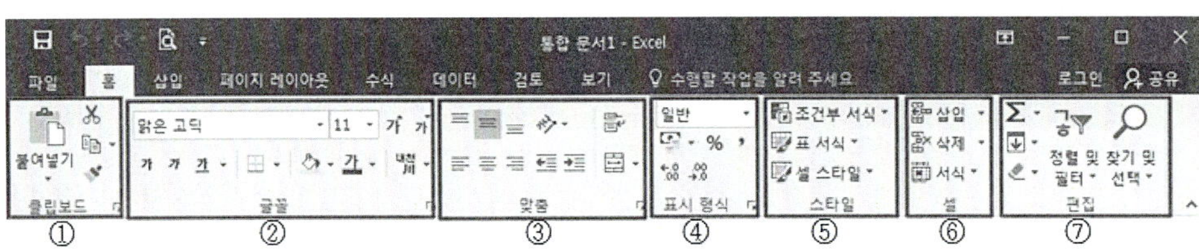

① **[클립보드] 그룹**: 클립보드 그룹에서는 붙여넣기, 잘라내기, 복사, 서식복사 등의 작업을 할 수 있다.

- **붙여넣기**: 잘라내거나 복사한 내용을 현재 지정된 곳으로 복사한다.
- **잘라내기**: 선택한 영역을 잘라내는 기능을 한다.
- **복사**: 선택한 영역의 내용을 복사하는 기능을 한다.
- **서식복사**: 선택한 셀이나 개체의 서식만을 복사한다.

② **[글꼴] 그룹**: 글자 꾸미기에 관련된 도구들로 구성되어 있다.

맑은 고딕 **글꼴**: 선택된 셀의 글꼴을 변경한다.

11 **글꼴 크기**: 선택된 셀의 문자 크기를 변경한다.

가 **굵게**: 선택된 셀의 문자를 굵게 한다.

가 **기울임꼴**: 선택된 셀의 문자를 기울게 변경한다.

가 **밑줄**: 선택된 셀의 문자에 밑줄을 긋는다.

테두리: 선택된 셀에 테두리를 긋는다.

채우기 색: 지정된 범위의 셀의 배경색을 지정한다.

가 **글꼴 색**: 지정된 범위의 셀에 글자 색상을 정한다.

내천 **윗주 필드 표시**: 선택한 단어에 대해 음성단어가 표시되는 방법을 편집한다.

③ [맞춤] 그룹: 입력한 데이터의 위치 맞춤에 관련된 아이콘들로 구성되어 있다.

상·하 맞춤: 선택된 셀의 문자열을 셀의 위, 가운데 또는 아래쪽에 정렬한다.

좌·우 맞춤: 선택된 셀의 문자열을 셀의 왼쪽, 가운데 또는 오른쪽에 정렬한다.

내어쓰기, 들여쓰기: 셀의 테두리와 텍스트 사이에 여백을 늘리거나 줄인다.

방향: 대각선 또는 세로방향으로 텍스트를 회전한다.

텍스트 줄 바꿈: 여러 줄에 내용을 표시하여 셀의 모든 내용이 보이도록 한다.

병합하고 가운데 맞춤: 선택된 셀을 더 큰 한 개의 셀로 합치고 내용을 가운데에 맞추도록 한다.

④ [표시 형식] 그룹: 데이터의 표시 형식을 설정할 수 있는 아이콘들로 구성되어 있다.

일반 **표시 형식**: 셀에 값이 표시되는 방법(백분율, 날짜, 회계 등)을 선택한다.

회계 표시 형식: 선택된 셀에 다른 통화 형태를 선택한다.

% **백분율 스타일**: 백분율로 셀값을 표시한다.

, **쉼표 스타일**: 1000 단위 구분 기호를 사용하여 셀 값을 표시한다. 이 때,

셀 서식은 통화 기호 없이 회계 서식으로 변경된다.

자릿수 늘림/줄임: 소수 자릿수를 늘리거나 줄여서 값을 자세히 표시한다.

⑤ **[스타일] 그룹**: 표와 셀의 스타일을 설정한다.

조건부 서식: 조건에 따라 셀의 예외적인 값을 강조하고 데이터를 시각적으로 표시한다.

표 서식: 미리 정의된 표 스타일을 선택하여 셀 범위의 서식을 빠르게 지정하고 표로 변환한다.

셀 스타일: 미리 정의된 스타일을 선택하여 셀의 서식을 빠르게 지정한다.

⑥ **[셀] 그룹**: 셀이나 행, 열 등의 조작에 관련된 삽입, 삭제, 서식의 아이콘으로 구성되어 있다.

셀 삽입: 셀, 행 또는 열을 시트나 표에 삽입한다.

셀 삭제: 표 또는 시트에서 행이나 열을 삭제한다.

서식: 행 높이 또는 열 너비를 변경하고 시트를 구성하거나 셀을 보호하거나 숨긴다.

⑦ **[편집] 그룹**: 선택된 영역의 셀 또는 표의 내용을 편집하는 데 유용한 아이콘들로 구성되어 있다.

Σ **자동 합계**: 선택한 영역의 셀의 합계를 자동으로 구해준다.

채우기: 하나 이상의 인접한 셀에 일정한 패턴으로 채운다.

지우기: 셀의 모든 항목을 삭제하거나 서식, 내용 또는 메모를 선택하여 제거한다.

정렬 및 필터: 오름차순이나 내림차순으로 선택한 데이터를 정렬하거나 특정값을 일시적으로 필터링한다.

찾기 및 선택: 통합 문서에서 특정 텍스트, 서식 또는 정보 종류를 찾아서 선택한다.

2. [삽입] 탭

도형이나 차트 등의 개체를 삽입하기 위한 도구들이 포함되어 있는 [삽입] 탭은 [표], [일러스트레이션], [차트], [링크], [텍스트] 등의 8개 그룹으로 구성되어 있다.

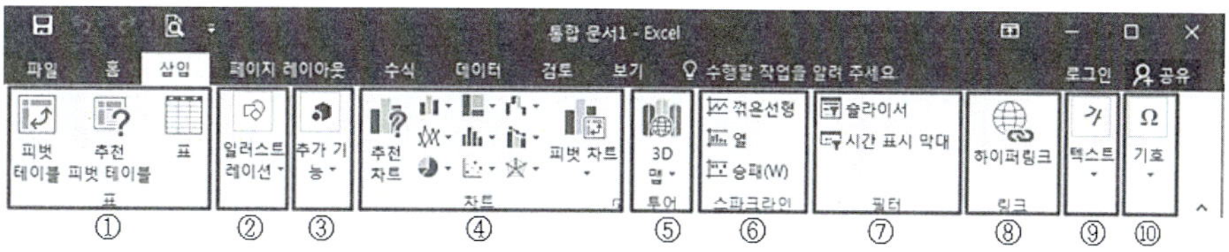

① [표] 그룹: 피벗 테이블과 표를 생성하는 아이콘으로 구성되어 있다.

- **피벗 테이블:** 피벗 테이블을 사용하여 데이터를 요약한다.
- **추천 피벗 테이블:** 사용자의 데이터에 가장 적합한 사용자 지정 피벗 테이블 집합을 제공한다.
- **표:** 관련 데이터를 관리하고 분석하는 표를 생성한다.

② [일러스트레이션] 그룹: 문서에 그림, 클립아트, 도형, 다이어그램을 삽입하는 아이콘들로 구성되어 있다.

- **그림:** 파일에서 그림을 삽입한다.
- **온라인 그림:** 다양한 온라인 소스에서 그림을 찾아 삽입한다.
- **도형:** 사각형, 원, 화살표, 선, 순서도 기호 및 설명선 등 기본으로 제공되는 도형을 삽입한다.
- **SmartArt 그래픽 삽입:** 정보의 시각적 이해를 돕는 벤다이어그램이나 조직도 등의 다양한 그래픽 삽입한다.
- **스크린샷:** 작업 표시줄로 최소화되지 않은 프로그램을 캡쳐하여 삽입한다.

③ [추가 기능] 그룹: 추가 기능을 삽입할 수 있는 아이콘들로 구성되어 있다.

- **스토어:** Office 스토어에서 추가 기능을 찾는다.
- **내 추가 기능:** 추가 기능을 삽입한다.

④ [차트] 그룹: 11개의 아이콘으로 분류되어 있는 차트들을 삽입한다.

- **추천 차트:** 워크시트에서 데이터를 선택한 다음 이 단추를 클릭하면 데이터 특징에 적합한 사용자 지정 차트 집합이 제공된다.
- **세로 또는 가로 막대형:** 세로 또는 가로 막대형 차트를 삽입한다.
- **꺾은선형 또는 영역형:** 꺾은선형 또는 영역형 차트를 삽입한다.
- **원형 또는 도넛형:** 원형 또는 도넛형 차트를 삽입한다.

계층 구조형: 계층 구조형 차트를 삽입한다.

통계 차트: 통계 차트를 삽입한다.

분산형 또는 거품형: 분산형 또는 거품형 차트를 삽입한다.

폭포형 또는 주식형: 폭포형 또는 주식형 차트를 삽입한다.

콤보 차트: 콤보 차트를 삽입한다. 콤보 차트는 여러 종류의 데이터가 혼합되어 있는 경우에 사용한다.

표면형 또는 방사형: 표면형 또는 방사형 차트를 삽입한다.

피버 차트: 피버 차트 또는 피벗 테이블을 삽입한다.

⑤ **[투어] 그룹**: 3D 맵 아이콘으로 구성되어 있다.

3D 맵: 3차원 지도에서 시간이 지남에 따라 가상화되는 지리적 데이터를 확인한다.

⑥ **[스파크 라인] 그룹**: 꺾은선형, 열, 승패의 3개의 아이콘으로 구성되어 있다.

꺾은선형: 단일 셀 안에 선 차트를 삽입한다.

열: 단일 셀 안에 열 차트를 삽입한다.

승패: 단일 셀 안에 승패 스파크라인을 삽입한다.

⑦ **[필터] 그룹**: 슬라이서를 삽입할 수 있는 슬라이서 아이콘으로 구성되어 있다.

슬라이서: 슬라이서를 삽입하여 데이터를 대화식으로 필터링한다.

시간 표시 막대: 날짜를 대화식으로 필터링하는 시간 표시 막대 컨트롤을 삽입한다.

⑧ **[링크] 그룹**: 하이퍼링크를 삽입할 수 있는 하이퍼링크 아이콘으로 구성되어 있다.

하이퍼링크: 웹 페이지, 그림, 전자 메일 주소 또는 프로그램에 대한 정보를 만든다.

⑨ **[텍스트] 그룹**: 텍스트 상자, 머리글/바닥글, WordArt, 서명란, 개체의 5개 아이콘으로 구성되어 있다.

텍스트 상자: 문서에 텍스트 상자를 삽입한다.

머리글/바닥글: 문서의 머리글 또는 바닥글을 편집한다.

가 WordArt: 문서에 장식 텍스트를 삽입한다.

서명란: 서명해야 하는 사용자를 지정하는 서명란을 삽입한다.

개체: 포함 개체를 삽입한다.

⑩ **[기호] 그룹:** 수식, 기호의 2개 아이콘으로 구성되어 있다.

π **수식:** 일반 수학 수식을 삽입하거나 수학 기호 라이브러리를 사용하여 수식을 작성한다.

Ω **기호:** 저작권 기호, 상표 기호, 단락 기호 및 유니코드 문자와 같은 키보드에 없는 문자를 삽입한다.

3. [페이지 레이아웃] 탭

엑셀을 이용하여 작성하는 문서의 전체적인 형태를 설정하는 도구들로 구성된 탭이다.

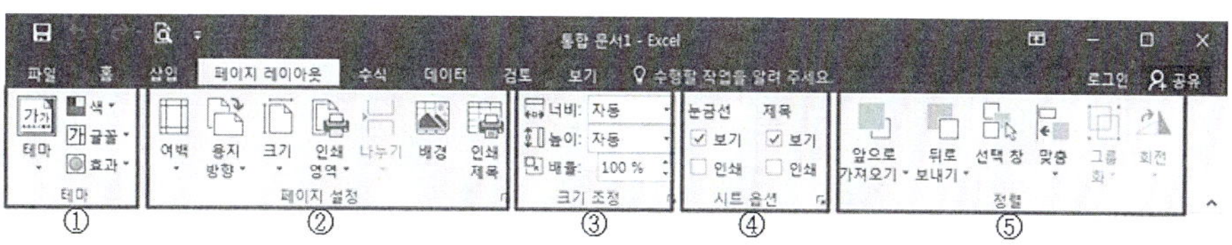

① **[테마] 그룹:** 엑셀 문서 전체에 적용될 디자인을 지정하는 아이콘으로 구성되어 있다.

테마: 전체 문서의 색, 글꼴 및 효과를 포함하는 전반적인 디자인을 변경한다.

색: Office 문서의 테마 색을 변경한다.

글꼴: Office 문서의 테마 글꼴 변경한다.

효과: Office 문서의 테마 효과를 변경한다.

② **[페이지 설정] 그룹:** 엑셀로 작성한 문서의 인쇄에 관련된 설정을 할 수 있는 아이콘으로 구성되어 있다.

여백: 전체 문서 또는 현재 구역의 여백을 설정한다.

용지 방향: 페이지를 가로/세로 레이아웃으로 전환한다.

크기: 현재 구역의 용지 크기를 선택한다.

인쇄 영역: 인쇄용으로 시트의 특정 영역을 표시한다.

나누기: 인쇄본에서 새 페이지가 시작되는 위치를 지정한다.

배경: 시트의 배경으로 표시할 이미지를 선택한다.

인쇄 제목: 인쇄되는 각 페이지에 표시되는 행 및 열을 지정한다.

③ **[크기 조정]그룹**: 인쇄용지보다 크기가 큰 문서를 사용자가 원하는 크기로 인쇄할 수 있도록 문서의 크기를 조절할 수 있는 아이콘으로 구성되어 있다.

너비: 최대 페이지 수에 맞게 인쇄 결과물의 너비를 줄인다.

높이: 최대 페이지 수에 맞게 인쇄 결과물의 높이를 줄인다.

배율: 실제 크기의 백분율에 따라 인쇄 결과물을 늘이거나 줄인다.

④ **[시트 옵션] 그룹**: 시트의 눈금선과 제목의 보기와 인쇄를 설정하는 그룹이다.

눈금선
☑ 보기
☐ 인쇄
눈금선: 행과 열 사이의 눈금선 보기와 인쇄를 설정한다.

제목
☑ 보기
☐ 인쇄
제목: 행 및 열의 머리글의 보기와 인쇄를 설정한다.

⑤ **[정렬] 그룹**: 문서에 여러 개의 개체가 포함되어 있는 경우에 개체들의 배치와 조작에 관한 설정을 할 수 있는 아이콘으로 구성되어 있다.

앞으로 가져오기: 선택한 개체를 앞으로 가져온다.

뒤로 보내기: 선택한 개체를 뒤로 보낸다.

선택창: 각 개체를 선택하고 개체의 순서와 표시방법을 변경한다.

맞춤: 선택한 여러 개체를 가장자리에 맞춘다.

그룹: 단일개체로 처리될 수 있도록 개체를 그룹화한다.

회전: 선택한 개체를 회전하거나 대칭이동한다.

4. [수식] 탭

[수식] 탭은 함수를 비롯하여 엑셀에서 실행하는 계산에 관련된 도구들로 구성되어 있다.

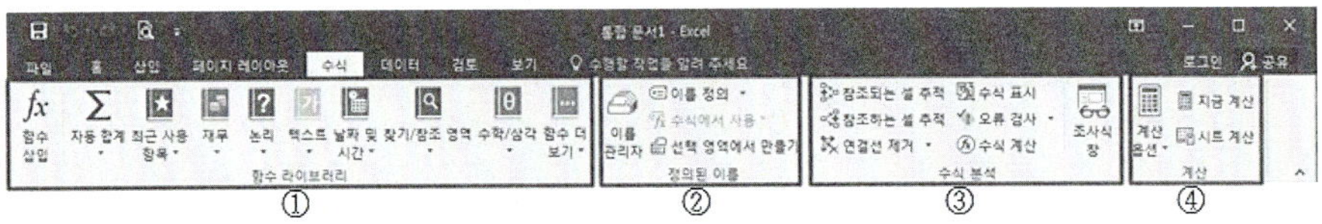

① **[함수 라이브러리] 그룹**: [함수 라이브러리] 그룹은 함수 삽입과 자동합계 그리고 함수의 성격에 따른 8가지 분류 아이콘으로 구성되어 있다.

- *fx* **함수삽입**: 함수를 선택하고 인수를 편집하여 현재 셀의 수식을 편집한다.
- Σ **자동합계**: 선택한 영역의 셀의 합계를 자동으로 구해준다.
- **최근에 사용한 함수**: 최근에 사용한 함수 목록에서 찾아보거나 선택한다.
- **재무**: 재무 함수 목록에서 찾아보거나 선택한다.
- **논리**: 논리 함수 목록에서 찾아보거나 선택한다.
- **텍스트**: 텍스트 함수 목록에서 찾아보거나 선택한다.
- **날짜 및 시간**: 날짜 및 시간 함수 목록에서 찾아보거나 선택한다.
- **찾기/참조 영역**: 찾기/참조 영역 함수 목록에서 찾아보거나 선택한다.
- **수학/삼각**: 수학/삼각 함수 영역에서 찾아보거나 선택한다.
- **함수더보기**: 통계, 공학, 정육면체 및 정보함수 목록에서 찾아서 선택한다.

② **[정의된 이름] 그룹**: 문서의 특정 부분에 이름을 지정하고 지정된 이름을 관리하기 위한 아이콘으로 구성되어 있다.

- **이름 관리자**: 통합 문서에서 사용된 모든 이름을 만들고 편집 및 삭제한다.
- **이름 정의**: 셀의 이름을 지정하여 수식의 이름으로 셀을 참조한다.
- **수식에서 사용**: 이 통합 문서에서 사용된 이름을 선택한 다음 현재 문서에 삽입한다.
- **선택 영역에서 만들기**: 선택된 셀의 이름을 자동으로 생성한다.

③ **[수식 분석] 그룹**: 엑셀 문서에 입력한 수식에 오류가 있을 경우 이를 찾아내고 수정하는데 유용하게 사용되는 아이콘으로 구성되어 있다.

- **참조되는 셀 추적**: 현재 선택한 셀 값에 영향을 주는 셀을 나타내는 화살표를 표시한다.
- **참조하는 셀 추적**: 현재 선택한 셀 값의 영향을 받는 셀을 나타내는 화살표를 표시한다.
- **연결선 제거**: [참조되는 셀 추적] 또는 [참조하는 셀 추적]으로 그려진 화살표를 제거한다.
- **수식표시**: 각 셀에 결과값 대신 수식을 표시한다.

오류검사: 수식에서 발생하는 일반오류를 확인한다.

수식계산: 각 수식을 개별적으로 계산하기 위한 [수식 계산] 대화상자를 시작한다.

조사식 창: 시트에 변경내용을 적용할 때 특정 셀의 값을 모니터링한다.

④ **[계산] 그룹**: 수식이 적용된 데이터에 영향을 주는 다른 데이터가 변경된 경우의 계산에 대한 옵션을 설정한다. 기본적으로는 결과 값에 영향을 주는 다른 데이터가 변경된 경우 새로운 값이 즉시 계산되도록 설정되어 있다.

계산옵션: 수식을 계산할 시간을 지정한다.

지금계산: 지금 전체 통합 문서를 계산한다.

시트계산: 지금 현재 시트를 계산한다.

5. [데이터] 탭

외부 데이터를 이용한 문서 작성에 관련된 아이콘들과 데이터를 가공하기 사용하기 위해 필요한 아이콘들로 구성되어 있다.

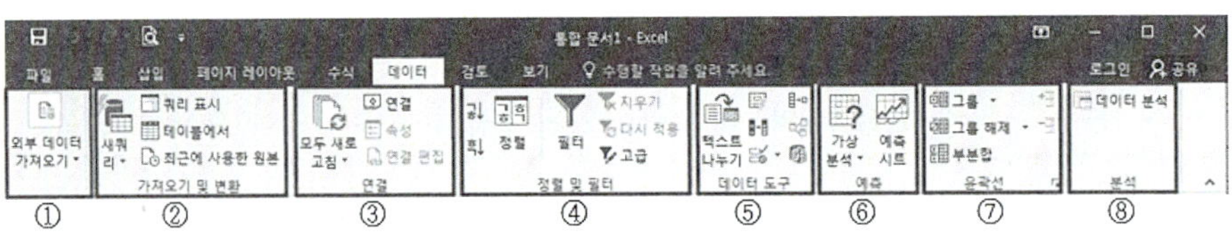

① **[외부 데이터 가져오기] 그룹**: 외부의 데이터를 이용하여 문서를 작성하기 위한 아이콘으로 구성되어 있다.

Access: Microsoft Access 데이터베이스에서 데이터를 가져온다.

웹: 웹페이지에서 외부데이터를 가져온다.

텍스트: 텍스트 파일에서 데이터를 가져온다.

기타 원본: 다른 데이터 원본에서 데이터를 가져온다.

기존 연결: 가장 일반적으로 사용되는 원본목록에서 원본을 선택하여 외부 데이터 원본에 연결한다.

② **[가져오기 및 변환] 그룹**: 새 쿼리를 구성하고, 확인하는 등의 아이콘으로 구성되어 있다.

새 쿼리: 여러 원본의 데이터를 쉽게 검색하고 연결하고 결합한 다음 필요에 따라 구성하고 개선한다.

쿼리 표시: 이 통합 문서에 있는 쿼리를 확인한다.

테이블에서: 선택한 엑셀 테이블에 연결되는 새 쿼리를 만든다.

최근에 사용한 원본: 최신 원본을 관리하고 연결한다.

③ [연결] 그룹: 외부 데이터를 이용하여 작성한 문서의 원본 데이터가 변경된 경우에 변경 내용을 업데이트하기 위한 아이콘으로 구성되어 있다.

모두 새로 고침: 데이터 원본에서 가져온 모든 정보를 통합 문서에 업데이트한다.

연결: 통합 문서에 대한 모든 데이터 연결을 표시한다.

속성: 데이터 원본에 연결된 셀을 업데이트 하는 방법, 표시할 원본의 내용 및 통합 문서에서 데이터 원본의 행 또는 열 수의 변경 내용을 처리하는 방법을 지정 한다.

연결 편집: 링크를 업데이트하거나 제거할 수 있도록 이 스프레드시트가 연결된 다른 모든 파일을 표시한다.

④ [정렬 및 필터] 그룹: 문서의 데이터를 필요에 따라 가공하기 위한 기능인 정렬 기능과 필터 기능을 사용하기 위한 아이콘으로 구성되어 있다.

텍스트 오름차순 정렬: 최소의 값이 열의 맨 위에 표시되도록 선택 영역을 정렬한다.

텍스트 내림차순 정렬: 최대의 값이 열의 맨 위에 표시되도록 선택 영역을 정렬한다.

정렬: 한번에 여러 가지 기준으로 데이터를 정렬할 수 있는 [정렬] 대화상자를 시작한다.

필터: 선택된 셀의 필터링을 사용한다.

지우기: 현재 데이터 범위에서 필터와 정렬상태를 제거한다.

다시 적용: 현재 데이터 범위에서 필터를 다시 적용하고 정렬한다.

고급: 쿼리의 결과 집합에 포함할 레코드를 제한하기 위한 복잡한 조건을 지정한다.

⑤ **[데이터 도구] 그룹**: 문서 내의 데이터를 정리하거나 문서에 입력할 데이터의 범위를 제한하고 여러 범위의 값을 하나의 범위로 종합하는 등의 기능을 사용하기 위한 아이콘으로 구성되어 있다.

- **텍스트 나누기**: 한 셀의 내용을 별도의 열로 나눈다.
- **빠른 채우기**: 값을 자동으로 채운다.
- **중복된 항목 제거**: 시트에서 중복된 행을 삭제한다.
- **데이터 유효성 검사**: 잘못된 데이터를 셀에 입력하는 것을 방지한다.
- **통합**: 여러 범위의 값을 하나의 새 범위로 결합한다.
- **관계**: 테이블 간의 관계를 만들거나 편집하여 동일한 보고서의 서로 다른 테이블에 있는 관련된 데이터를 표시한다.
- **데이터 모델 관리**: 데이터를 추가하고 준비하거나 이 통합 문서에 있는 데이터로 계속 작업한다.

⑥ **[예측] 그룹**: 가상 분석을 실시하고, 예측 시트를 만들어보는 아이콘으로 구성되어 있다.

- **가상 분석**: 시나리오 관리자, 목표값 찾기, 데이터 테이블을 사용하여 시트에 다양한 수식 값을 사용한다.
- **예측 시트**: 데이터 추세를 예측하여 새 워크시트를 만든다.

⑦ **[윤곽선] 그룹**: 여러 셀을 하나의 그룹으로 묶거나 그룹 해제 그리고 부분합 기능을 사용하기 위한 아이콘들로 구성되어 있다.

- **그룹**: 셀 범위를 함께 묶으면 셀 범위를 축소하거나 확장할 수 있다.
- **그룹 해제**: 이전에 그룹화된 셀 범위를 그룹 해제한다.
- **부분합**: 선택된 셀의 부분합 및 합계를 자동으로 삽입한다.
- **하위 수준 표시**: 축소된 셀 그룹을 확장한다.
- **하위 수준 숨기기**: 셀 그룹을 축소한다.

⑧ **[분석] 그룹**: 데이터의 통계적 분석을 위한 데이터 분석 아이콘으로 구성되어 있다.

- **데이터 분석 도구**: 데이터의 통계적 분석을 위한 [통계 데이터 분석] 대화상자를 연다.

6. [검토] 탭

문서의 맞춤법을 검사하거나 다른 언어로 변역을 하는 등의 텍스트 관련 작업과 메모기능, 문서 보호기능을 사용하기 위한 아이콘으로 구성되어 있다.

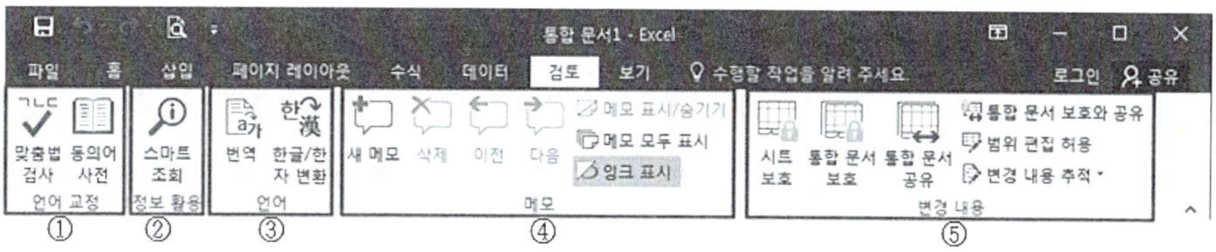

① **[언어 교정] 그룹**: 맞춤법 검사를 위한 아이콘으로 구성되어 있다.

- **맞춤법 검사**: 텍스트의 맞춤법을 검사한다.
- **동의어 사전**: 선택된 단어와 의미가 비슷한 다른 단어를 제안한다.

② **[정보 활용] 그룹**: 스마트 조회를 위한 아이콘으로 구성되어 있다.

- **스마트 조회**: 다양한 온라인 소스의 정보, 이미지 등을 확인한다.

③ **[언어] 그룹**: 언어 전환을 위한 아이콘으로 구성되어 있다.

- **번역**: 선택한 텍스트를 다른 언어로 번역한다.
- **한글/한자 변환**: 한글 또는 한자로 전환한다.

④ **[메모] 그룹**: 문서에 메모를 삽입하거나 삭제하고 여러 개의 메모 중에서 필요한 메모를 검색하기 위한 작업을 위한 아이콘으로 구성되어 있다.

- **새 메모**: 선택 영역에 대한 메모를 추가한다.
- **삭제**: 선택한 메모를 삭제한다.
- **이전**: 시트에서 이전 메모를 선택한다.
- **다음**: 문서에서 다음 메모를 탐색 한다.
- **메모 표시/숨기기**: 선택한 셀에 연결된 메모를 표시하거나 숨긴다.
- **메모 모두 표시**: 시트에서 모든 메모를 표시한다.
- **잉크 표시**: 시트의 잉크 주석을 표시하거나 숨긴다.

⑤ **[변경 내용] 그룹**: 통합 문서를 보호하거나 공유 설정을 하고 변경 내용을 추적하는 기능을 사용하기 위한 아이콘으로 구성되어 있다.

시트 보호: 변경할 수 있는 정보를 지정하여 시트의 데이터에 대한 필요는 변경을 방지한다.

통합 문서 보호: 통합 문서에서 새 시트를 만들지 못하도록 설정하거나 특정사용자에게만 엑세스 권한을 부여 하여 통합 문서에 관한 엑세스를 제한한다.

통합 문서 공유: 동시에 여러 사용자가 통합 문서에서 작업을 할 수 있도록 한다.

통합 문서 보호와 공유: 통합 문서를 공유하고 동시에 암호를 사용하여 문서를 보호한다.

범위 편집 허용: 특정인이 보호된 통합 문서 또는 시트의 셀을 편집할 수 있도록 허용한다.

변경 내용 추적: 삽입, 삭제 및 서식 변경을 포함하는 문서의 모든 변경 내용을 추적한다.

7. [보기] 탭

엑셀의 작업 화면을 보여주는 형식에 관련된 기능을 사용하기 위한 도구들로 구성되어 있다.

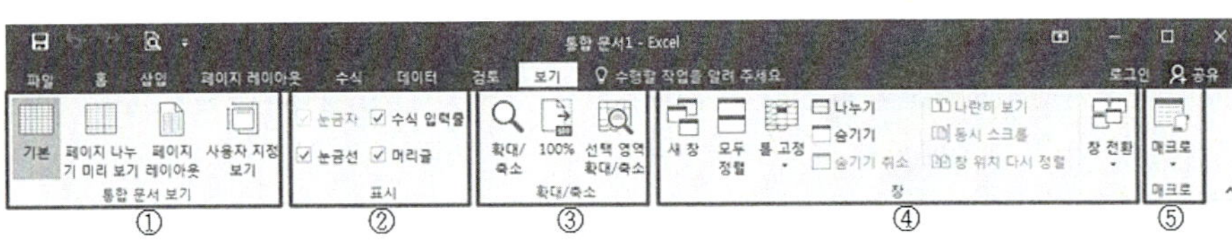

① **[통합 문서 보기] 그룹**: 엑셀 작업 화면의 형식을 선택하여 사용할 수 있는 아이콘으로 구성되어 있다.

기본 보기: 기본 보기로 문서를 표시한다.

페이지 나누기 미리 보기: 이 문서가 인쇄될 때 페이지가 어디서 나눠지는지 표시 한다.

페이지 레이아웃: 인쇄된 페이지에 나타나는 대로 문서를 표시한다.

사용자 지정 보기: 디스플레이 및 인쇄 설정 집합을 사용자 지정 보기로 저장한다.

② **[표시] 그룹**: 눈금자, 눈금선, 수식 입력줄, 머리글의 표시 여부를 선택할 수 있는 아이콘으로 구성되어 있다.

- ☑ 눈금자 **눈금자**: 문서에 개체를 측정하고 배열하는 데 사용되는 눈금자를 표시한다.
- ☑ 눈금선 **눈금선**: 시트의 행과 열 사이에 줄을 표시하여 쉽게 읽고 편집할 수 있도록 표시한다.
- ☑ 수식 입력줄 **수식 입력줄**: 셀에 텍스트 및 수식을 입력할 수 있는 수식 입력줄을 표시한다.
- ☑ 머리글 **머리글**: 행 및 열 머리글을 표시한다.

③ **[확대/축소] 그룹**: 문서를 확대하거나 축소해서 보는 기능을 이용하기 위한 아이콘들로 구성되어 있다.

- **확대/축소**: 문서의 확대/축소 비율을 지정하기 위한 [확대/축소] 대화상자를 연다.
- **100%**: 문서를 원래 크기의 100%로 확대한다.
- **선택 영역 확대/축소**: 현재 선택한 셀 범위로 전체 창을 채우도록 워크시트를 확대/축소한다.

④ **[창] 그룹**: 엑셀에서 두 개 이상의 작업창을 사용하여 작업을 하는 경우에 필요한 가능의 아이콘과 시트를 스크롤 하더라도 특정의 제목 행이나 제목 열이 고정되어 항상 화면에 나타나도록 하는 틀 고정 아이콘으로 구성되어 있다.

- **새 창**: 현재 문서 보기가 있는 새 창을 연다.
- **모두 정렬**: 화면이 열려있는 모든 프로그램 창을 나란히 배열한다.
- **틀 고정**: 나머지 시트를 스크롤 하는 동안 시트 일부가 표시되도록 유지한다.
- **나누기**: 워크시트 보기를 포함하여 크기를 조정할 수 있는 여러창으로 분할한다.
- **숨기기**: 현재 창을 보이지 않도록 숨긴다.
- **숨기기 취소**: 창 숨기기 기능으로 숨겨진 모든 창의 숨기기를 취소한다.
- **나란히 보기**: 내용을 비교할 수 있도록 두 워크시트에 나란히 표시한다.

동시 스크롤: 두 문서를 함께 스크롤할 수 있도록 스크롤을 동기화한다.

창 위치 다시 정렬: 화면을 동일하게 공유할 수 있도록 나란히 비교할 문서의 창 위치를 다시 설정한다.

창 전환: 현재 열려 있는 다른 창으로 전환한다.

⑤ [매크로] 그룹: 매크로를 기록하거나 다른 매크로 옵션에 엑세스 하기 위한 '매크로' 아이콘으로 구성되어 있다.

매크로: [매크로] 대화상자를 열어서 매크로를 실행, 작성하거나 삭제한다.

A1.6 포인터의 형태에 따른 기능

마우스를 움직여 화살표 모양의 포인터를 움직여 보면 그 위치에 따라 형태가 변하면 형태에 따른 기능도 각각 다르게 나타난다.

워크시트 상에서 마우스를 움직일 때 기본적인 형태이며 특정한 셀을 선택하거나 셀의 범위를 지정할 때 사용한다.

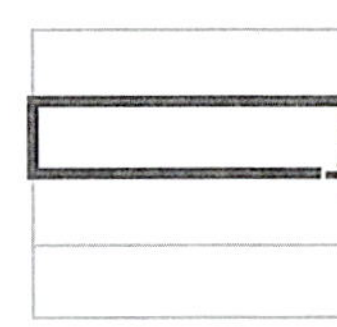

그림과 같이 선택한 셀의 오른쪽 아랫부분에 마우스를 가져가면 십자형의 모양으로 변하며 연속된 자룟값을 자동으로 입력하거나, 최초 선택된 셀의 서식을 복사하는 기능을 가지고 있다.

Column label (A, B, C …) 사이에 위치했을 때 나타나며 Column 사이의 폭을 조정할 수 있으며 해당 Column의 셀 안에 내용이 들어가 있다면 자동적으로 내용에 맞게 폭을 조정해준다.

Row label (1, 2, 3 …) 사이에 위치했을 때 나타나며 Row 사이의 폭을 조정해준다.

A1.7 도움말

[도움말] 메뉴에서는 엑셀에서 문서 작성 도중 도움말을 구할 수 있다. 길잡이를 사용하여 자세히 질문을 하여 도움말을 구할 수 있고, 또한 온라인으로 Microsoft 사의 도움말 정보를 알 수도 있다. F1키를 눌러서 도움말 창을 열 수 있다.

A2 편집 및 셀 서식의 작성

이 절에서는 자료의 입력, 간단한 형태의 편집과 셀 서식의 작성에 대해서 설명할 것이다. 또한, 간단한 연산자를 사용하는 예제도 함께 살펴볼 것이다.

A2.1 수치 데이터 입력

수치 데이터는 0～9, 소수점(.), +, −, 통화($) 등이 있다.

- 숫자는 셀의 오른쪽으로 입력(정렬)되며, 숫자와 문자를 혼합하여 입력하면 문자 데이터로 인식한다. 수치 중간에는 공백, 특수 문자를 입력하면 안 된다.
- 엑셀에서 사용하는 수치는 기본적으로 양수이기 때문에 수치 데이터 앞에 "+"기호를 입력해도 셀에는 나타나지 않는다. 그러나 음수 데이터를 입력할 경우에는 "−" 기호를 숫자 앞에 입력하거나 수치를 괄호로 묶어 입력하면 자동으로 음수 기호(−)를 표시한다.
- 입력 데이터가 셀의 기본 폭보다 넓으면 #####이 표시된다. 데이터가 보이게 하려면 셀의 폭을 넓혀주면 된다.
- 백분율(%)을 계산식에 입력할 경우, 20%를 입력한 것이나, 0.2를 입력한 것이

나, 같은 결과를 출력한다.

- 수치 데이터를 문자 데이터로 입력하기 위해서는 숫자에 " "를 입력하면 된다.

A2.2 문자 데이터 입력

▪ 문자 데이터의 특성

- 문자 데이터는 셀의 왼쪽에 정렬된다.
- 입력 문자열이 한 개의 셀을 넘을 경우에 인접 셀에 아무런 내용이 없으면, 옆 셀에 걸쳐서 내용이 표시되고, 옆 셀에 내용이 있으면, 셀의 폭 만큼만 표시된다.
- 한 셀에서 다음 셀로 문자가 넘어가는 것을 보호하려면 **[홈] 탭에서 [텍스트 줄 바꿈]**을 클릭한다. 그리고 ALT+ENTER key를 누르면, 셀 내에서 아래로 이동하게 된다.

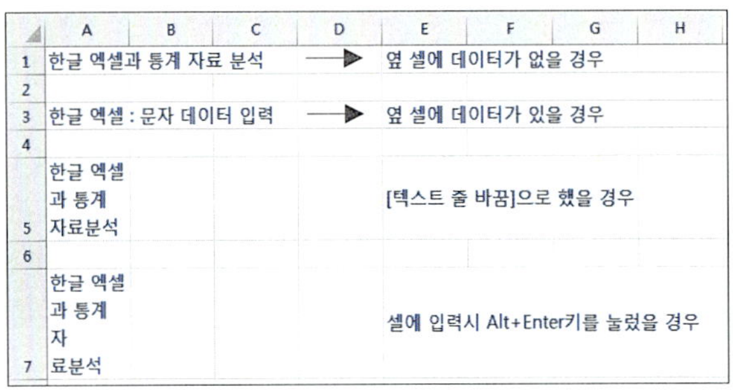

▪ 특수문자 삽입

특수문자를 삽입해야 할 경우 [삽입 탭]-[기호]에서 '기호' 문구를 클릭하면 아래와 같은 기호 대화상자가 나타난다. 필요한 특수문자를 클릭한 후 삽입을 누르면 특수문자가 삽입된다.

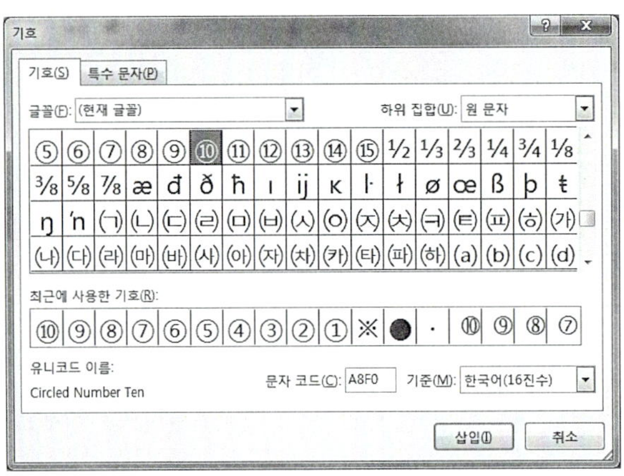

A2.3 데이터 채우기

아래 그림과 같이 셀을 선택한 후에 채우기 핸들을 끌면 선택한 셀의 내용으로 채워진다.

■ 채우기 핸들(드래그 & 드롭)

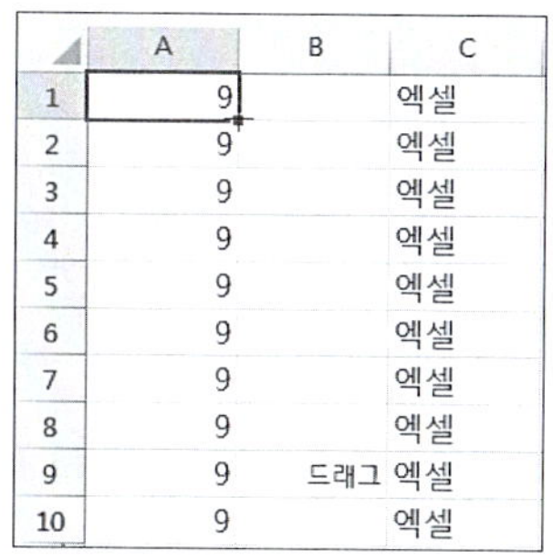

■ 연속 데이터 채우기

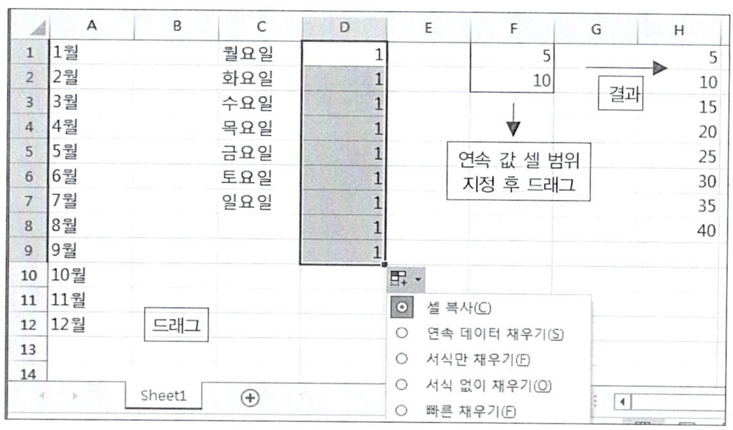

F열의 경우에는 1행을 클릭하고 Shift+화살표 키로 연속 셀을 선택할 수 있다.

■ 수식 연산자 입력

엑셀에서 사용하는 수식은 다음 도표와 같은 연산자를 사용하며, 기본적으로 수식 선언 기호인 "="로 시작해야 된다.

의 미	연산자
+	더하기
-	빼기
*	곱하기
/	나누기
^	지수
%	백분율

■ **사칙연산자 및 지수 연산자 사용 예**

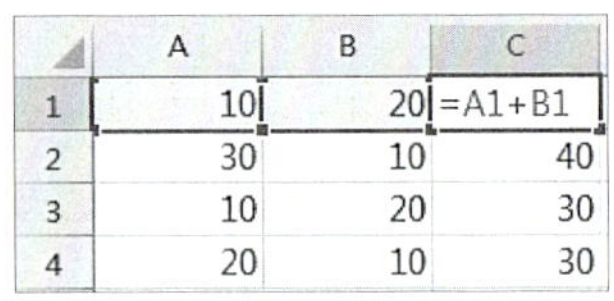

C열의 1행에 A열1행과 B열 1행의 합이 표현된다. 그리고 C열의 1행을 [드래그& 드롭] 해주면 C열의 다른 행들에도 결과가 제공된다.

■ **비교 연산자**

의미	연산자
같다	=
~보다 작다	<
~보다 크다	>
작거나 같다	<=
크거나 같다	>=
같지 않다	<>

■ **비교 연산자 사용 예**

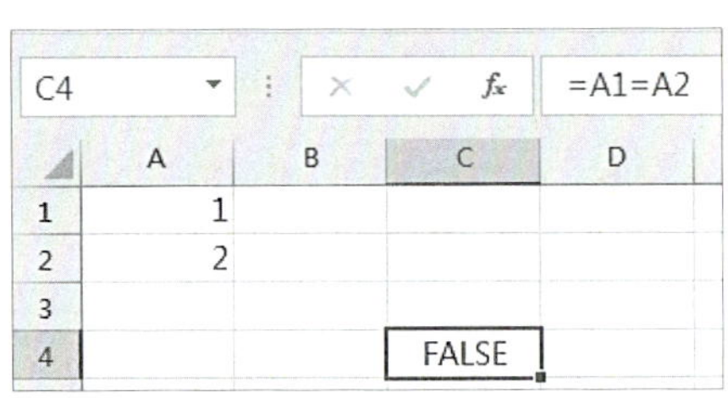

지정된 C열 4행에 A열 1행과 A열 2행의 값이 같은지 표현된다. 같으면 TRUE, 틀리면 FALSE.

A2.4 데이터 편집

■ 셀 내용 편집하기

- 편집할 데이터가 들어 있는 셀을 더블 클릭하거나 F2키를 누른다.
- 셀 내용을 편집한다.
- 변경된 내용을 입력 저장하려면 엔터키를 치며, 만약 취소할 경우에는 ESC키를 누른다.

■ 실수한 내용 되돌리기

데이터를 수정하다가 잘못했을 경우 빠른 실행 도구모음에 있는 아이콘을 클릭하면 이전 상태로 돌아간다. 아이콘 은 마지막 실행한 것을 반복하는 기능이다.

■ 셀 삽입

- 셀을 삽입할 위치를 선택하고 마우스 오른쪽 버튼을 클릭한다.
- 단축메뉴에서 삽입을 클릭한다.
- 삽입창의 셀 삽입 공간을 확보하기 위해 아래 그림과 같이 기존 셀의 이동 위치를 지정한다. (행 삽입과 열 삽입도 같은 형태를 취한다.)

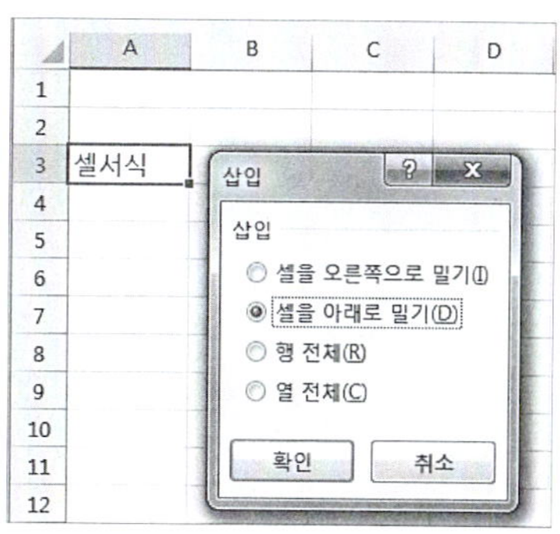

A2.5 데이터 분석 도구 추가

본 교재에서 엑셀을 이용한 실습이나 연습문제를 풀기 위해서는 데이터 분석 기능이 필요한 경우가 있다. 데이터 분석 도구는 각종 통계적 분석과 검정, 분석차트에 이르기까지 다양한 기능들을 이용하여 방대한 데이터를 통합, 분석할 수 있다. 현재 사용하는 엑셀에 데이터 분석 도구가 설치되어 있지 않은 경우에 설치 방법은 다음과 같다.

① [파일] 메뉴에서 [옵션]을 클릭한다.

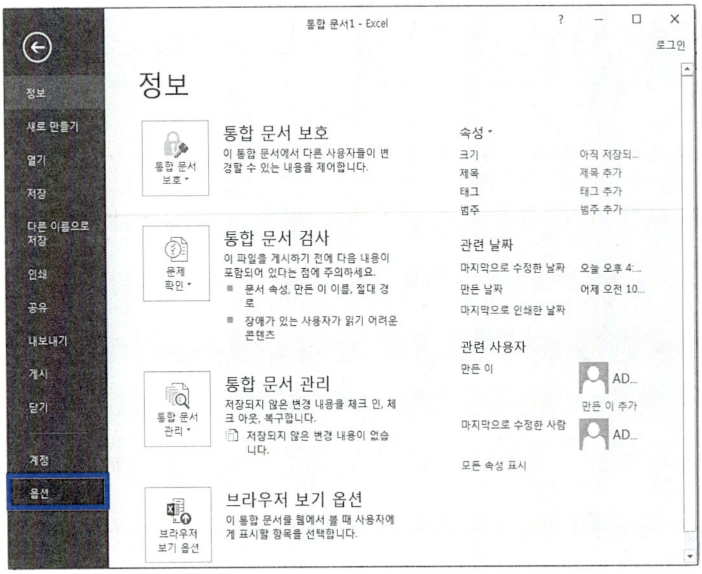

② 왼쪽 탭에서 '추가 기능'을 클릭하고 아래쪽 관리 옆에 'Excel 추가 기능'의 이동을 클릭한다.

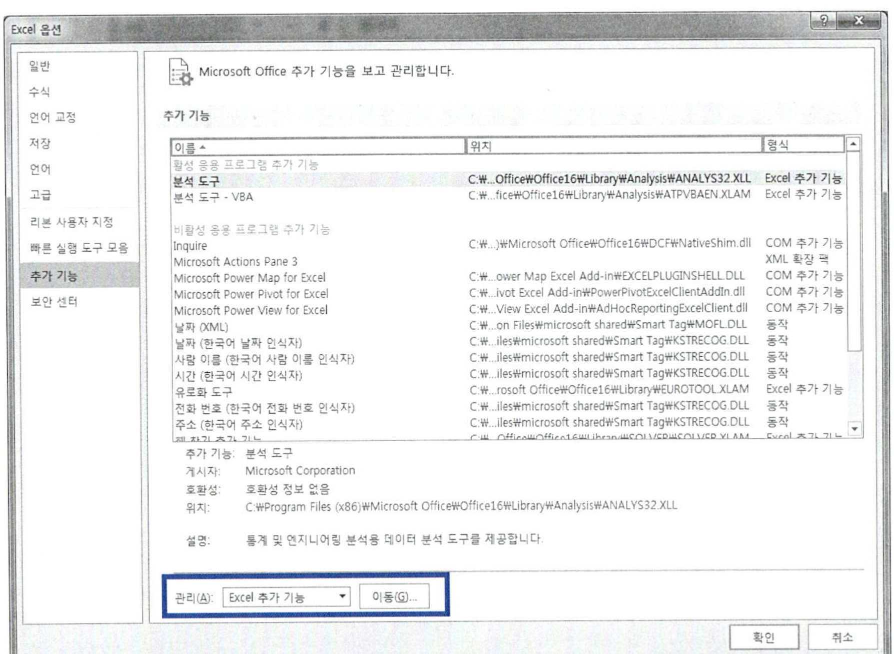

③ '추가 기능' 대화상자가 나타나면 '분석 도구'에 체크를 한 다음 확인을 클릭한다.

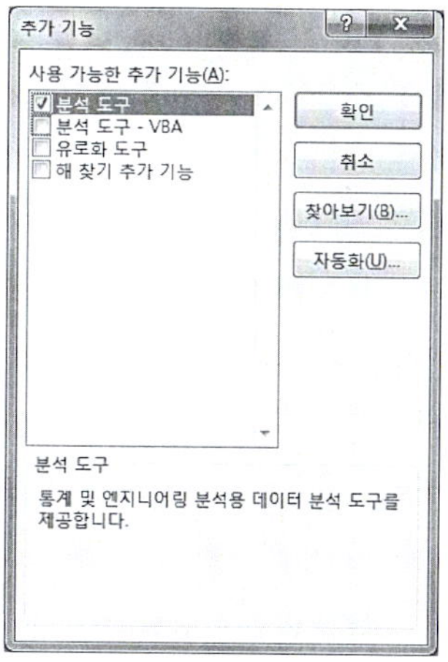

④ [데이터] 탭–[분석]에서 데이터 분석 도구 버튼이 생긴 것을 확인한다.

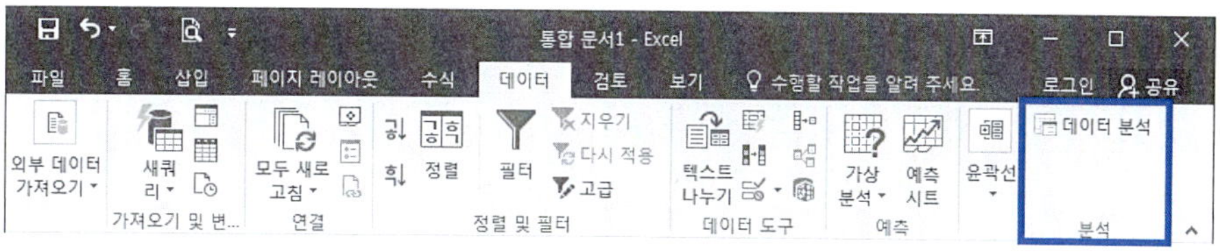

A2.6 워크시트 작업

글꼴 지정

• 표준 글꼴의 지정

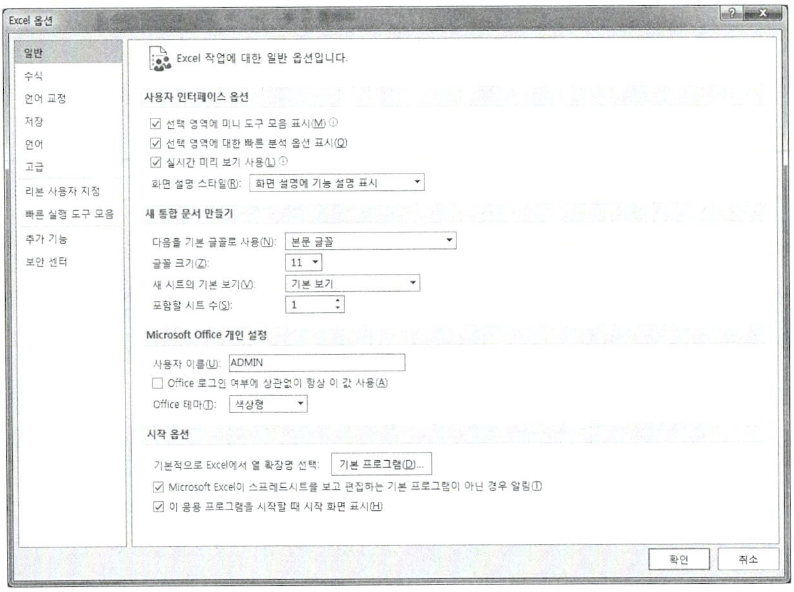

표준 글꼴은 사용자가 데이터를 입력할 때 글꼴 종류 및 크기를 변하기 전에 기본적으로 사용되는 글꼴을 말한다.

• 글꼴 서식

메뉴에서 [홈] 탭에서 [글꼴]그룹 오른쪽 하단의 펼치기를 클릭하고, 글꼴을 선택하여 하나씩 살펴보자.

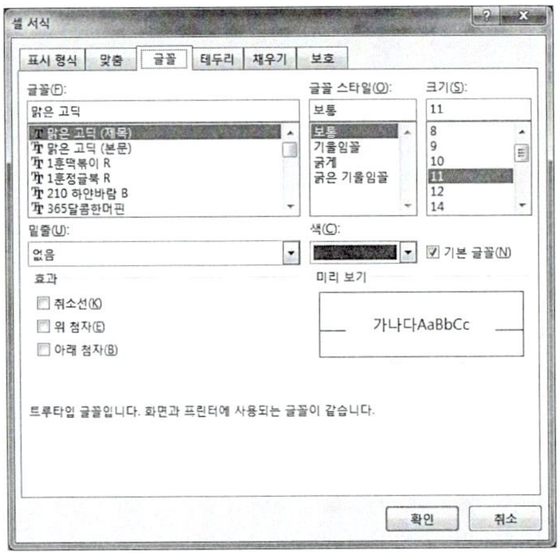

• **글꼴**

원하는 글꼴을 마우스로 누르면 미리 보기 상자에 글꼴 모양이 표시된다.

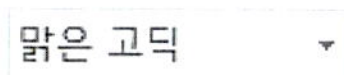

[글꼴] 그룹의 아이콘을 사용할 수도 있다.

• **글꼴 스타일**

글꼴의 종류를 선택하여 사용할 수 있다.

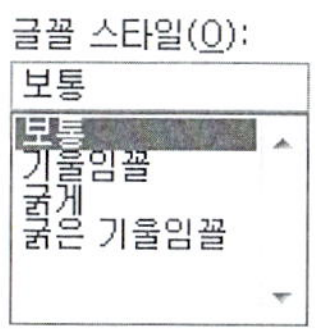

[글꼴] 그룹의 아이콘을 사용하는 것이 효율적이다.

• **크기**

글자의 크기를 설정한다.

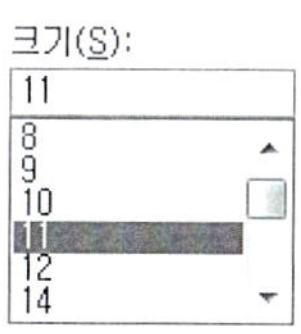

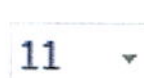

[글꼴] 그룹의 아이콘을 사용하는 것이 효율적이다.

• **색**

글자의 색을 지정한다.

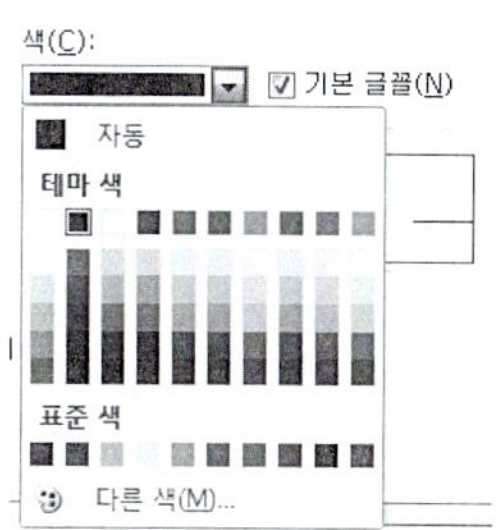

[글꼴] 그룹의 아이콘을 사용하는 것이 편리하다.

- **글꼴 효과**

– ~~취소선~~

– **위첨자**^{위첨자}

– **아래첨자**$_{\text{아래첨자}}$

- **글자 맞춤**

입력한 자료의 정렬 방식을 지정한다.

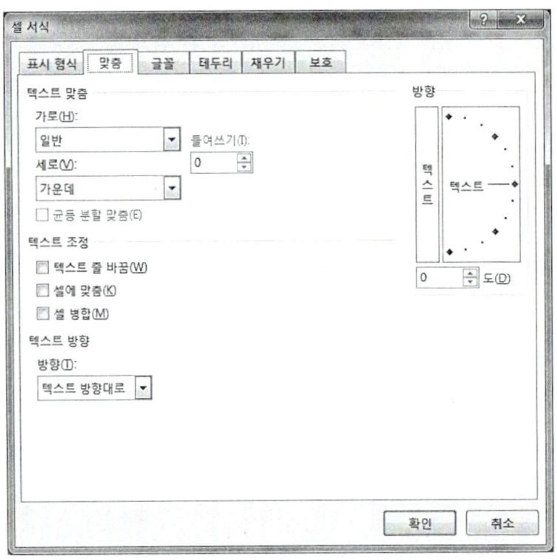

- **가로 맞춤**

셀 자료의 가로 정렬 방식을 지정한다.

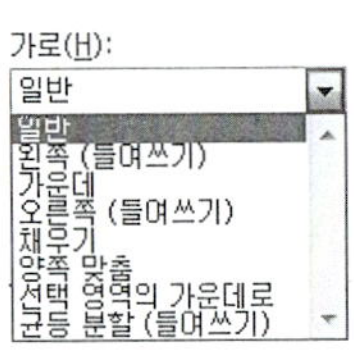

- **세로 맞춤**

셀 자료의 수직 정렬이 필요할 때 사용한다.

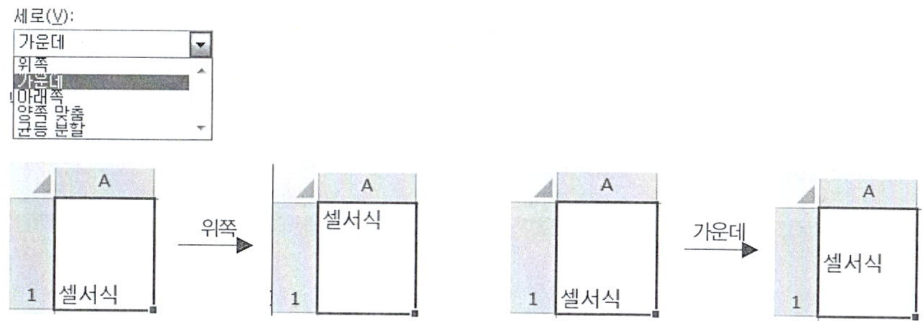

- **문자열 방향**

문자열의 방향이나 각도를 변경시키는 기능이다.

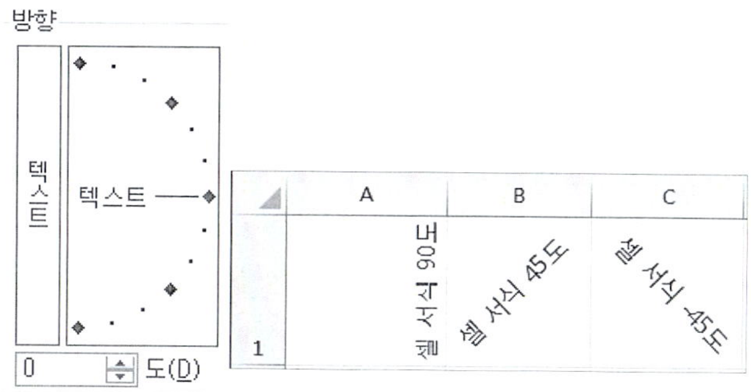

A2.7 SmartArt

■ SmartArt 개요

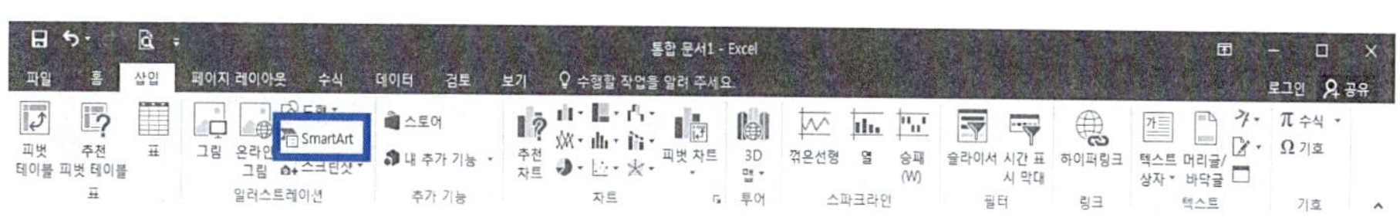

어떠한 정보나 자료를 시각적으로 표현하는 것은 문서의 내용을 분석하고 판단하는데 도움이 된다. 이처럼 워크시트에 도형이나 그림, 텍스트 상자 등을 삽입하고 편집할 수 있도록 하는 것을 'SmartArt 그래픽'이라고 한다. [삽입] 탭 – [일러스트레이션] Smart Art 도구를 클릭하면 아래와 같이 'Smart Art 그래픽 선택' 대화상자가 나타난다.

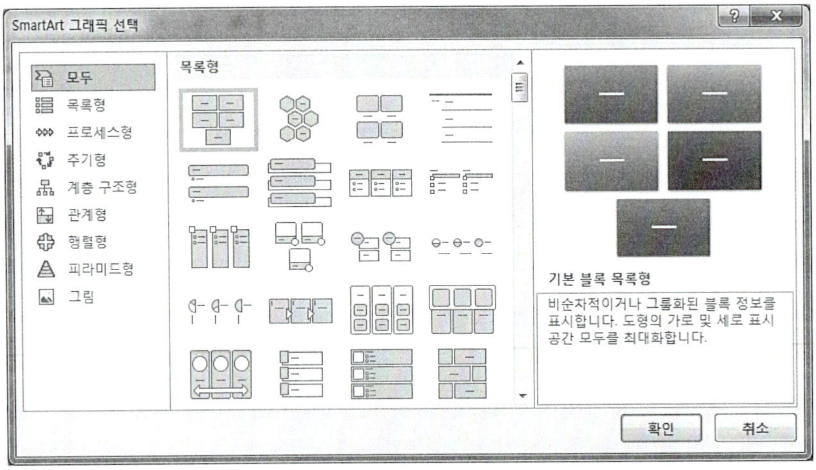

총 8개의 범주로 구성되어 있으며, 각 범주마다 다양한 스타일이 있다. 가운데 영역에서 스타일을 선택하면 오른쪽 영역에 선택한 스타일의 미리 보기 그림, 제목, 설명 등이 표시된다.

■ SmartArt 사용 예

① 'SmartArt 그래픽 선택' 대화상자의 왼쪽 영역에서 '주기형'을 선택하고 가운데 영역에서 '기본 주기형'을 선택, 그리고 확인을 클릭한다.

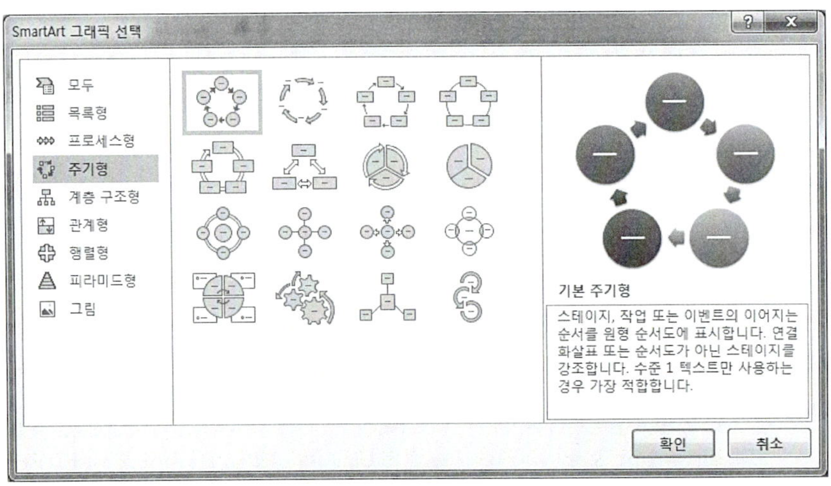

② 텍스트 창과 그래픽 창이 나타나고, 텍스트 창의 각 텍스트별로 글을 입력하면 그래픽 창에 글이 나타난다. 그리고 텍스트 창에 있는 x를 클릭하여 텍스트 창을 숨긴다.

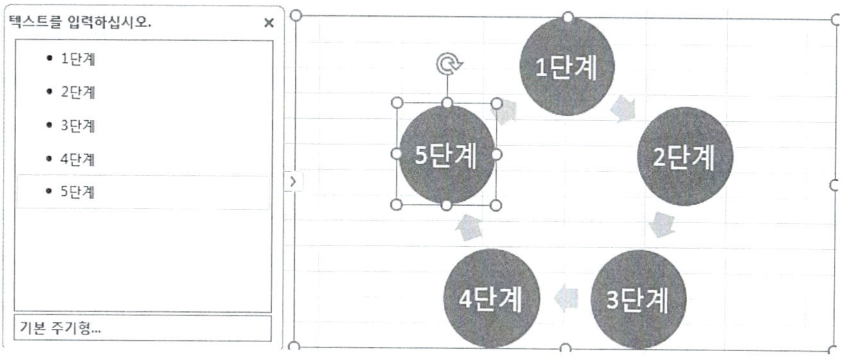

③ 워크시트에 삽입된 SmartArt 그래픽을 선택하고 [SmartArt 도구]-[디자인] 탭-[SmartArt 스타일]에서 색 변경 도구를 클릭하고 색상을 선택한다.

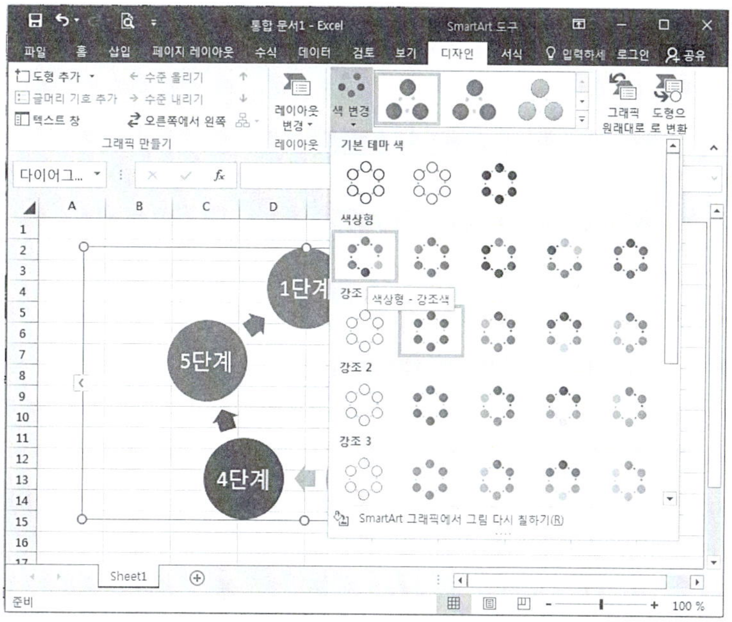

④ [SmartArt 도구]-[디자인] 탭-[SmartArt 스타일]에서 ▾를 클릭한다. SmartArt 스타일 갤러리 창에서 스타일에 맞는 조감도를 선택하면 SmartArt 스타일이 지정된다.

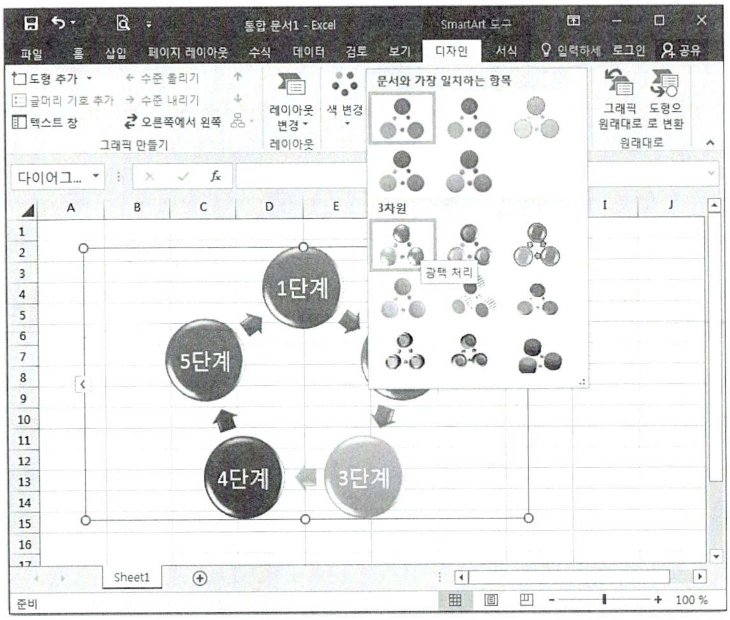
통합 문서1 - Excel
SmartArt 도구
파일
홈
삽입
페이지 레이아웃
수식
데이터
검토
보기
디자인
서식
입력하세
로그인
공유
도형 추가
글머리 기호 추가
텍스트 창
수준 올리기
수준 내리기
오른쪽에서 왼쪽
그래픽 만들기
레이아웃 변경
레이아웃
색 변경
문서와 가장 일치하는 항목
3차원
광택 처리
그래픽 원래대로
도형으로 변환
원래대로
1단계
3단계
4단계
5단계
Sheet1
준비
100 %

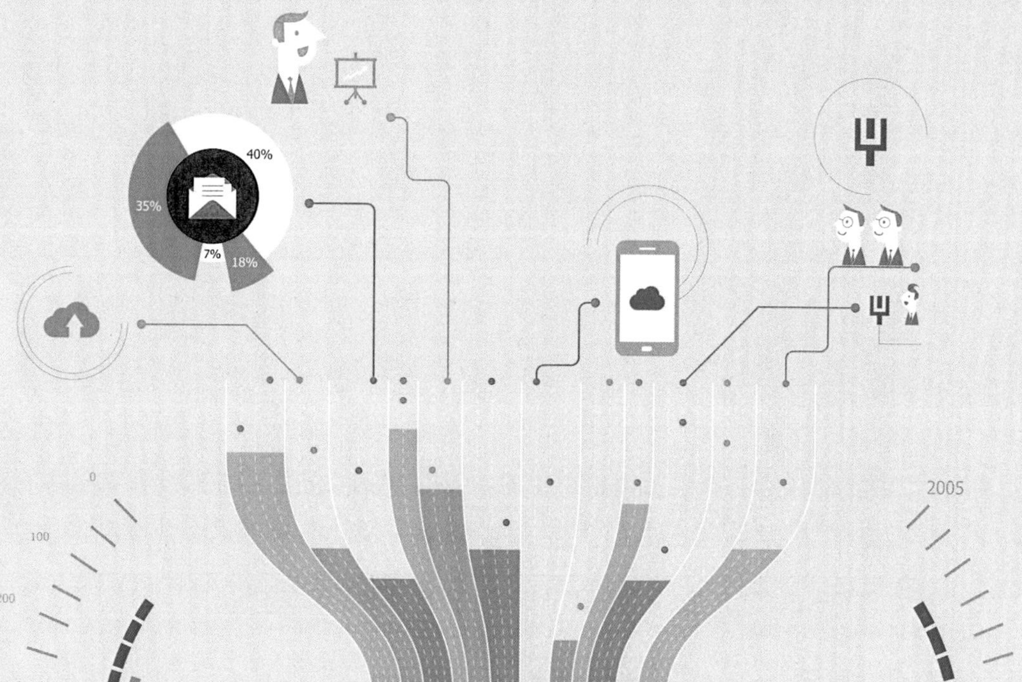

부록 B

엑셀 함수의 사용

B1 연산자 / B2 함수 사용 방법
B3 함수 마법사 / B4 데이터베이스 함수
B5 상대참조와 절대참조

엑셀의 워크시트에서 사칙연산만으로 실제 업무 활용에 많은 제약이 있다. 따라서 실제 업무 분야에 따라 자주 사용되는 일련의 계산 과정을 엑셀에서는 미리 함수로 정의하여 사용자에게 보다 손쉬운 계산과 빠른 업무 처리를 지원한다.

B1 연산자

연산자는 수식 요소에 대해 실행할 연산(덧셈, 뺄셈, 곱셈, 나눗셈 등)을 지정한다. 엑셀의 연산자는 산술 연산자, 비교 연산자, 문자 연산자, 참조 연산자 등이 있다.

	연 산 자	설 명
산술 연산자	+(더하기), -(빼기), /(나누기), *(곱셈)	숫자 값에 기본적인 연산을 실행하여 숫자 결과를 산출한다.
비교 연산자	=(같다), >(크다), <(작다), >=(크거나 같다)	두 개의 값을 비교하여 TRUE 또는 FALSE의 논리값을 구한다.
문자 연산자	&	두 값을 하나로 연결하여 하나의 문자 값을 산출한다.
참조 연산자	범위 (:) 예) =SUM(A1:A10)	두 참조 영역을 포함하여 사이에 있는 모든 셀들을 하나의 참조 영역으로 만든다.
	합집합(,) 예)=SUM(A1:A10, B1:B5)	두 참조 영역을 포함하는 하나의 참조 영역을 만든다.
	교집합(공백) 예)=SUM(A1:A10, A8:A15)	두 개의 참조 영역에 공통되는 셀을 뽑아 하나의 참조 영역을 만든다.

B2

함수 사용 방법

엑셀에서 제공되는 다양한 함수를 사용하여 데이터를 분석하고, 워크시트 값에 대하여 덧셈, 곱셈, 비교 등의 연산을 수행할 수 있다. 엑셀 함수의 기능은 일련의 값, 셀 참조 영역, 이름, 함수, 또는 연산자들을 사용하여 현재의 값으로 새로운 값을 만든다. 엑셀 함수는 이름과 함수에 대한 하나 또는 그 이상의 인수로 구성되고 항상 등호(=)로 시작한다. 일반적인 엑셀 함수의 형식은 다음과 같다.

> 형식: = **함수명(인수, 인수, …, 인수)**
> 예) = AVERAGE(SUM(A1:B3), SUM(1, 2, 3))

여기서 인수는 함수의 중요한 요소이다. 함수에 의해 연산되는 값을 인수라고 하며, 함수 계산에 의해서 산출되는 값을 결과값이라고 한다. 인수는 항상 함수 이름의 오른쪽에 위치하며, 괄호 안에 들어 있어야 한다. 함수에서 인수로 사용될 수 있는 것은 **숫자, 문자열, 논리값, 배열, 오류값, 참조 영역** 등이다. 또한 함수의 인수에는 다른 수식도 사용될 수 있다. 함수의 인수 자체가 함수인 경우 '**중첩**(reiteration)'되었다고 말하며, 엑셀에서는 7단계까지 함수를 중첩할 수 있다. 일반적인 규칙은 다음과 같다.

■ 함수의 사용 규칙

1) '='은 수식의 시작이라는 의미이며 모든 수식 입력 및 함수 앞에 쓰여야 한다. 만약 쓰지 않으면 함수 이름이 아니라 그냥 문자로 인식하게 된다.
2) 함수 이름은 사용하고자 하는 수학, 통계, 논리, 문자, 날짜/시간 등의 함수명이다.
3) 인수를 묶는 양쪽의 괄호는 반드시 필요하다. 인수가 필요 없는 RAND라는 함수도 함수로 사용할 때는 RAND()와 같이 써야 한다.
4) 함수의 인수가 될 수 있는 것은 숫자, 셀 범위, 논리값, 문자값 등이 가능하다.
5) 인수가 여러 개 사용되는 함수에서는 콤마(,)를 사용하여 인수를 분리한다.

대표적인 함수

[통계함수]

함수	함수 값
AVERAGE	수치 자료들의 평균
SUM	수치 자료들의 합계
STDEV.P	모집단 자료들의 모표준편차
STDEV.S	표본 자료들의 표본표준편차
VAR.S	표본 자료들의 표본분산
MAX	자료들의 최댓값
MIN	자료들의 최솟값

[데이터베이스 통계함수]

함수	함수 값
DSUM	조건을 만족하는 자료들의 합계
DAVERAGE	조건을 만족하는 자료들의 평균
DSTDEVP	조건을 만족하는 자료들의 표준편차
DVAR	조건을 만족하는 자료들의 분산
DMAX	조건을 만족하는 자료들의 최댓값
DMIN	조건을 만족하는 자료들의 최솟값

[기타 함수]

함수	함수 값
IF(조건,A,B)	조건이 성립되면 A, 아니면 B
INDEX(영역,A,B)	영역 중 A번째 행, B번째 열의 값
HLOOKUP(X,영역,A)	영역 중 특정위치의 셀 값을 구한다.
VLOOKUP(X,영역,A)	영역 중 특정위치의 셀 값을 구한다.

수식 입력란에 직접 입력하여 계산하는 방법(합계)

먼저 합계를 구하는 함수명과 셀 주소를 다음의 그림과 같이 입력한 후 엔터키를 누르면 합계가 구해진다.

	A	B	C	D	E
1	주간 자동차 판매량				
2					
3	영업소명	1주차	2주차	3주차	
4	A 영업소	17	14	9	=sum(B4:D4)
5	B 영업소	13	15	6	
6	C 영업소	11	11	16	
7	D 영업소	10	5	19	

합계를 자동으로 구하는 방법

함수 마법사를 사용하여 합계를 구할 수 있는 방법으로, 합계를 구하고자 하는 범위를 지정한 후 [수식] 텝의 Σ 아이콘을 클릭하면 자동으로 합계가 구해진다.

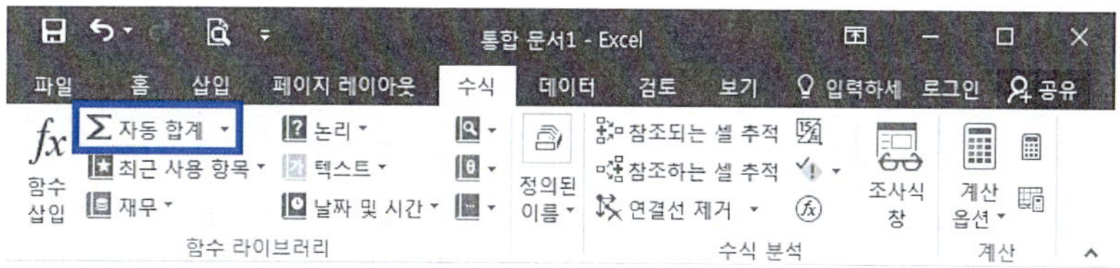

여러 데이터 합계를 한번에 구하는 방법

합계를 구할 영역을 지정한 후 자동합계 아이콘을 클릭한다.

- 범위를 지정한다.

	A	B	C	D	E
1	주간 자동차 판매량				
2					
3	영업소명	1주차	2주차	3주차	
4	A 영업소	17	14	9	40
5	B 영업소	13	15	6	
6	C 영업소	11	11	16	
7	D 영업소	10	5	19	

- 자동합계 아이콘 Σ 을 클릭한다.

	A	B	C	D	E
1	주간 자동차 판매량				
2					
3	영업소명	1주차	2주차	3주차	
4	A 영업소	17	14	9	40
5	B 영업소	13	15	6	34
6	C 영업소	11	11	16	38
7	D 영업소	10	5	19	34

연산자를 복사해서 계산

- 아래 워크시트의 A영업소의 합계를 구한다.

	A	B	C	D	E
1	주간 자동차 판매량				
2					
3	영업소명	1주차	2주차	3주차	
4	A 영업소	17	14	9	40
5	B 영업소	13	15	6	
6	C 영업소	11	11	16	
7	D 영업소	10	5	19	

- E4 셀의 진한 네모박스 오른쪽 아래에 작은 사각형에다 마우스 포인터를 위치 마우스 포인터가 다음과 같이 십자형으로 바뀐다.

	A	B	C	D	E
1	**주간 자동차 판매량**				
2					
3	**영업소명**	1주차	2주차	3주차	
4	A 영업소	17	14	9	40
5	B 영업소	13	15	6	
6	C 영업소	11	11	16	
7	D 영업소	10	5	19	

- 마우스 포인터가 십자형 모양인 상태에서 합계를 구하는 영역까지 드래그하면 아래와 같은 합계를 구할 수 있다.

	A	B	C	D	E
1	주간 자동차 판매량				
2					
3	영업소명	1주차	2주차	3주차	
4	A 영업소	17	14	9	40
5	B 영업소	13	15	6	34
6	C 영업소	11	11	16	38
7	D 영업소	10	5	19	34

예제 B1 2개월에 한 번씩 제품을 생산하는 공장의 불량품 수를 나타낸 자료이다. 이 자료를 이용해서 각 공장 불량품 수의 평균을 구해 보자.

월	2월	4월	6월	8월	10월	12월
A 공장	2	4	3	2	6	3
B 공장	6	5	5	10	3	4
C 공장	2	1	3	0	2	0

– 자료를 엑셀에 입력하고 A 공장의 평균을 구하기 위해 H4 셀에 다음과 같은 함수와 범위를 적어 넣는다.

	A	B	C	D	E	F	G	H	I
1	각 공장의 불량품 수								
2									
3		2월	4월	6월	8월	10월	12월	평균	
4	A공장	2	4	3	2	6	3	=AVERAGE(B4:G4)	
5	B공장	6	5	5	10	3	4		
6	C공장	2	1	3	0	2	0		

– H4 셀의 진한 네모박스에 마우스 포인터를 위치시키면 십자가 표시가 나온다.

	A	B	C	D	E	F	G	H
1	각 공장의 불량품 수							
2								
3		2월	4월	6월	8월	10월	12월	평균
4	A공장	2	4	3	2	6	3	3.333333
5	B공장	6	5	5	10	3	4	
6	C공장	2	1	3	0	2	0	

마우스 포인터가 십자가 모양인 상태에서 H6 셀까지 드래그 하면 B 공장과 C공장의 평균값이 구해진다.

	A	B	C	D	E	F	G	H
1	각 공장의 불량품 수							
2								
3		2월	4월	6월	8월	10월	12월	평균
4	A공장	2	4	3	2	6	3	3.333333
5	B공장	6	5	5	10	3	4	5.5
6	C공장	2	1	3	0	2	0	1.333333

예제 B2 자료 중 3보다 크거나 같은수는 "LARGE", 3보다 작은 수는 "SMALL"로 표시해 보고, 다음 행에 "LARGE"는 "L"로 "SMALL"은 "S"로 바꿔 보자.

	A	B	C	D	E	F	G
1	X	3	2	4	5	3	2
2							

– B2 셀에 조건문 함수를 이용하여 조건을 주고 결과값을 표시한다.

B1 | fx =IF(B1>=3,"LARGE","SMALL")

	A	B	C	D	E	F	G
1	X	3	2	4	5	3	2
2		=IF(B1>=3,"LARGE","SMALL")					

– B2셀의 결과값에 마우스 포인터를 두고 십자가 모양이 나오면 G2 셀까지 드래그해서 나머지 값도 확인한다.

B2 | fx =IF(B1>=3,"LARGE","SMALL")

	A	B	C	D	E	F	G
1	X	3	2	4	5	3	2
2		LARGE	SMALL	LARGE	LARGE	LARGE	SMALL

2행의 결과를 가지고 "LARGE"는 "L"로 "SMALL"은 "S"로 바꾸려면, 3행에 2행의 값을 자료로 조건을 실행시킨다.

	A	B	C	D	E	F	G
1	X	3	2	4	5	3	2
2		LARGE	SMALL	LARGE	LARGE	LARGE	SMALL
3		=IF(B2="LARGE","L","S")					

B3 셀에서 G3 셀까지 드래그해서 나머지 값도 확인한다.

	A	B	C	D	E	F	G
1	X	3	2	4	5	3	2
2		LARGE	SMALL	LARGE	LARGE	LARGE	SMALL
3		L	S	L	L	L	S

B3 함수 마법사

엑셀은 함수 마법사를 사용하여 여러 계산을 손쉽게 처리할 수 있도록 제공하고 있다. 함수 마법사는 [수식]탭의 *fx* 를 클릭하면 실행된다. 이 아이콘을 클릭하면 여러 가지 종류의 함수가 나오는데 이때 필요한 함수를 선택해서 작업을 하면 된다.

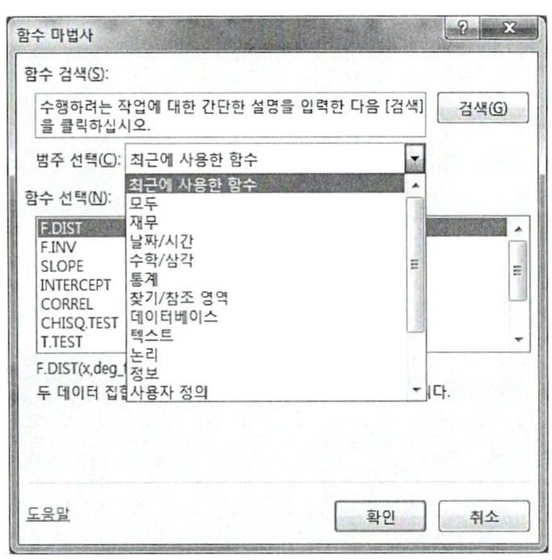

위 그림에서 원하는 함수를 선택하면 다음과 같이 함수 마법사 2단계 화면으로 넘어간다.

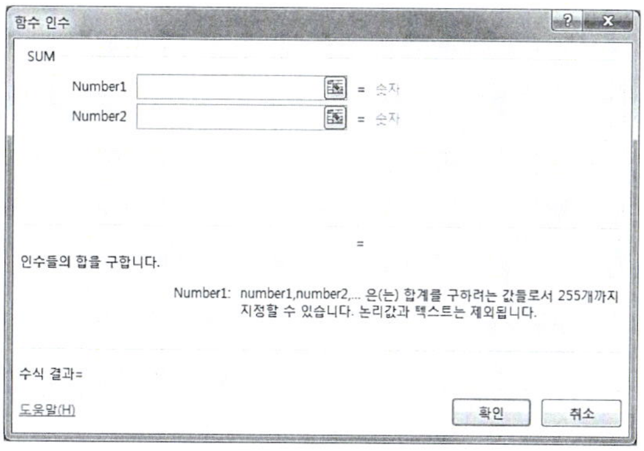

다음은 원하는 셀의 범위를 입력한 후 확인 버튼을 누르면 된다.

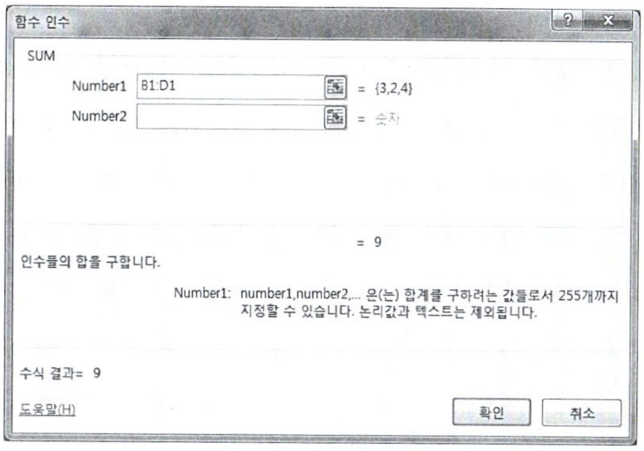

▪ 기본 함수 사용하기(평균값: AVERAGE)

함수 마법사를 클릭한다. 다음과 같은 대화상자가 나오면 AVERAGE를 선택한다. 아래와 같은 창이 나타나는데 여기서 범위를 지정한 후 확인을 누른다.

– 함수 삽입 아이콘을 클릭

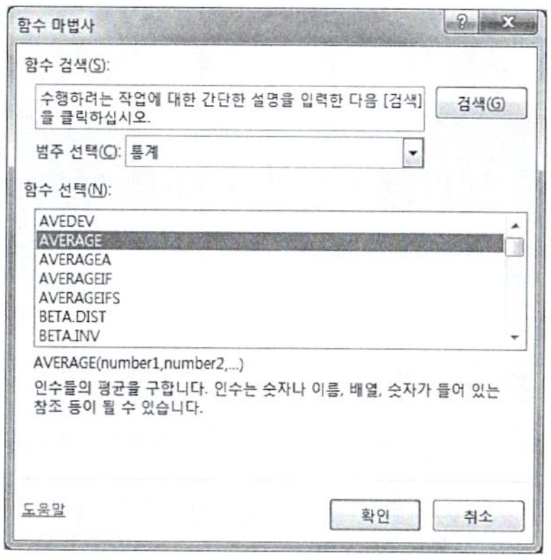

– 범위의 지정

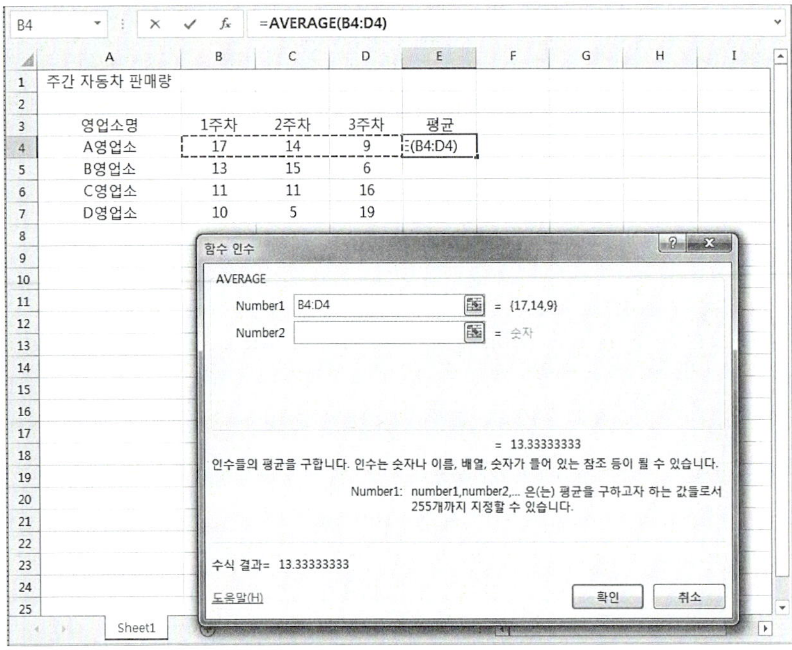

– 결과

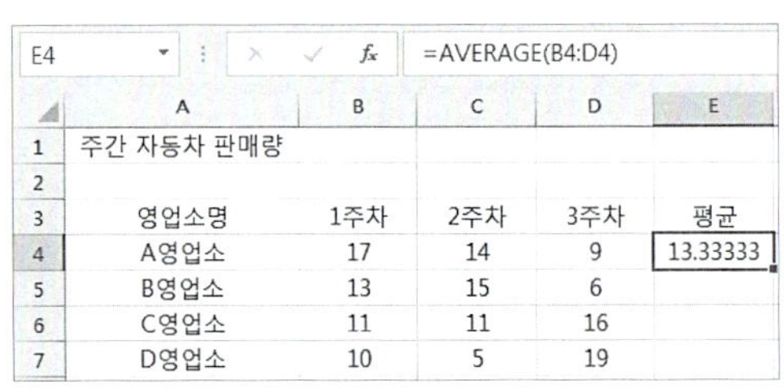

B4
데이터베이스 함수

데이터베이스 함수는 워크시트에 있는 데이터베이스 대상 범위의 데이터 중 특정 조건을 만족하는 데이터에 대한 계산을 하는 함수이다.

- 데이터베이스 범위는 검색하려는 대상 데이터의 범위를 나타내며, 반드시 항목명을 포함해야 한다.

- 열번호는 워크시트의 A열을 1로 하여 1씩 증가한 값이다.
- 조건 범위는 대상 데이터에서 조회하려는 데이터를 찾기 위한 조건을 입력하는 범위를 말하며, 각 조건 항목이 같은 행에 있다면 AND 조건이며, 서로 다른 해에 있다면 OR 조건이다.
- 사용 예: = DSUM(데이터베이스 범위, 열번호 또는 FIELD 명, 조건 범위)

– 데이터베이스 함수 계산의 예 (1)

	A	B	C	D	E	F	G	H	I
1	나무	높이	나이	수확량	이익	높이			
2	사과	>10				<16			
3	배								
4									
5	나무	높이	나이	수확량	이익				
6	사과	18	20	14	80000				
7	배	12	12	10	70000				
8	체리	13	14	9	80000				
9	사과	14	15	10	60000				
10	배	9	8	8	55000				
11	사과	8	6	6	40000				
12									
13									
14									
15									
16	1) DMAX(DATABASE,"이익",A1:A3)				=DMAX(A5:E11,"이익",A1:A3)				
17	사과나무와 배나무 중 최대이익								
18									
19	2) DMIN(DATABASE,"이익",A1:B2)=60,000 : 높이가 10피트 이상인 사과나무의 최소이익								
20									
21	3) DSUM(DATABASE,"이익",A1:A2)=180,000 : 사과나무의 총 이익								
22									
23	4) DAVERAGE(DATABASE,"수확량",A1:B2)=12 : 높이가 10피트 이상인 사과나무의 평균 수확량								

위 예제에서 DATABASE 범위에 해당되는 부분은 필드명과 데이터로 구성된 범위인 A5:E11이다. FIELD명은 조건에 만족하는 데이터를 계산할 필드명이나 필드 번호(상대적인 열 번호)를 입력하면 된다. 조건 범위는 필드명과 조건으로 구성되어 있는 범위로써, DATABASE 범위와는 별도로 다른 셀에 미리 입력하면 된다.

1) 데이터베이스 함수 'DMAX'는 데이터 목록에서 조건에 맞는 데이터의 최댓값을 구하는 함수로 조건 범위인 사과나무와 배나무 중 최대이익을 구할 수 있다.
2) 데이터베이스 함수 'DMIN'은 데이터 목록에서 조건에 맞는 최솟값을 구하는 함수로 조건 범위인 높이가 10피트 이상인 사과나무의 최소이익을 구할 수 있다.
3) 데이터베이스 함수 'DSUM'은 데이터 목록에서 조건에 맞는 값을 더하는 함수로 사과나무의 총 이익을 구할 수 있다.
4) 데이터베이스 함수 'DAVERAGE'는 데이터 목록에서 조건에 맞는 데이터의 평균값을 구하는 함수로 조건 범위인 높이가 10피트 이상인 사과나무의 평균 수확량을 구할 수 있다.

– 데이터베이스 함수 계산의 예 (2)

다음은 한 전자제품회사의 판매현황을 나타낸 것이다. '사울영업소'에서 판매한 제조회사가 '삼성'인 판매금액의 총합과 총 건수를 '함수 마법사'를 이용하여 풀어 보자.

① 워크시트에 알고자 하는 범위인 '서울영업소'와 '삼성'을 입력하고 조건에 만족하는 판매금액의 총합을 구하기 위해 H6 셀을 선택한 후 [수식] 탭–[함수 라이브러리]에서 '함수삽입' 도구 f_x 를 클릭한다. '함수 마법사' 대화상자가 열리면 범주 선택에서 데이터베이스를 선택한 후 함수 선택에서 'DSUM'을 선택하고 확인을 클릭한다.

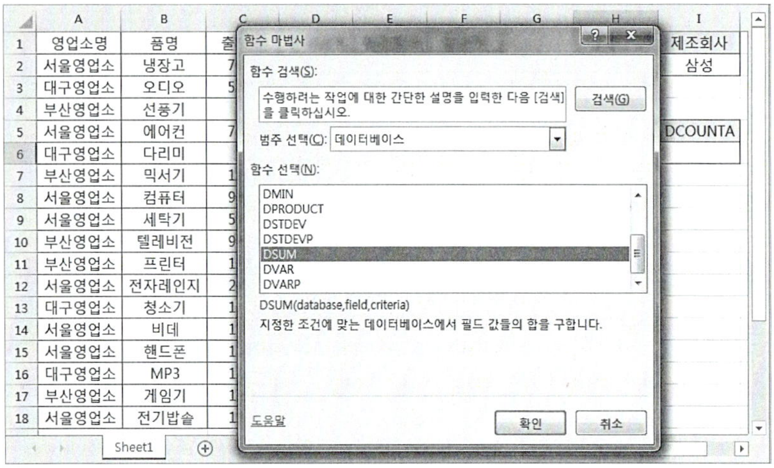

② DSUM의 함수의 '함수 인수' 대화상자가 열리면 Database 범위에 필드명과 데이터로 구성된 범위인 A1:F18을 선택하고, Field에는 알고자 하는 판매금액인 D1을 입력한다. 조건 범위에는 워크시트에 따로 지정해준 H1:I2를 선택하고, 확인을 클릭한다.

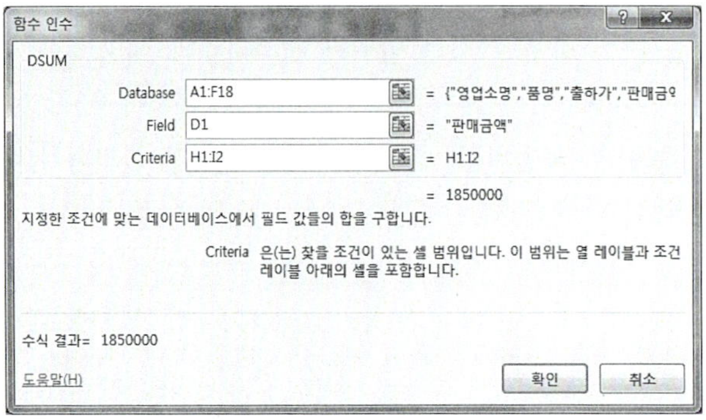

③ H5 셀에 서울영업소에서 판매한 제조회사가 삼성인 제품판매액의 총합을 구했다. 다음으로는 서울영업소에서 판매한 제조회사가 삼성인 제품의 총 건수를 구하기 위해 '함수 삽입' fx 를 클릭하고 '함수 마법사' 대화상자가 열리면 '함수 선택'에서 DCOUNTA를 선택한다.

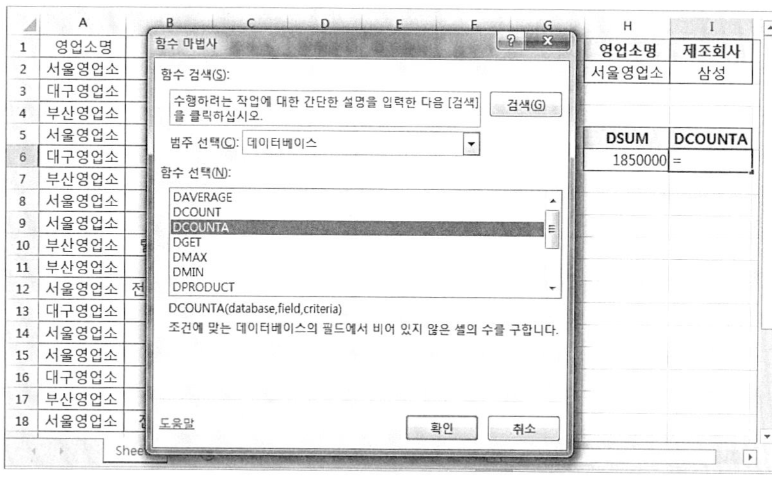

④ DCOUNTA 함수의 '함수 인수' 대화상자가 열리면 Database 범위에 전체 셀 범위인 A1:F18를 입력하고, Field에는 알고자 하는 품명인 B1을 입력한다. 그리고 조건범위에는 워크시트에 따로 지정해준 H1:I2를 선택하고, 확인을 클릭한다.

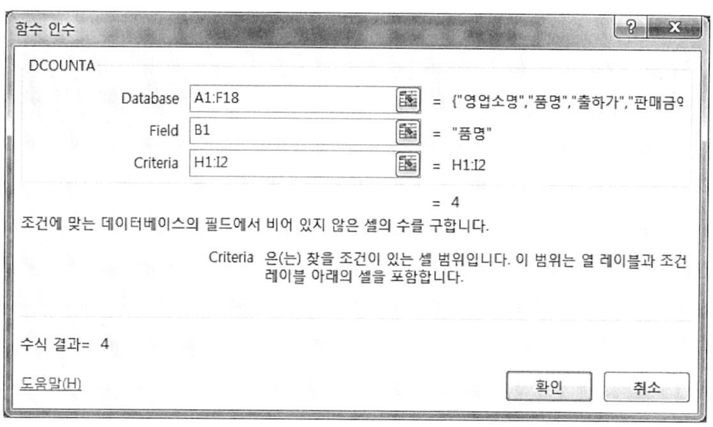

⑤ 최종적으로 서울영업소에서 판매한 제조회사가 삼성인 제품판매액의 총합과 총 건수를 구했다.

	A	B	C	D	E	F
1	영업소명	품명	출하가	판매금액	제조회사	담당자
2	서울영업소	냉장고	700,000	780,000	삼성	유재석
3	대구영업소	오디오	550,000	620,000	소니	박명수
4	부산영업소	선풍기	70,000	77,000	현대	정형돈
5	서울영업소	에어컨	750,000	850,000	LG	유재석
6	대구영업소	다리미	50,000	55,000	삼성	박명수
7	부산영업소	믹서기	120,000	140,000	소니	정형돈
8	서울영업소	컴퓨터	900,000	970,000	현대	유재석
9	서울영업소	세탁기	500,000	520,000	삼성	유재석
10	부산영업소	텔레비전	980,000	1,100,000	소니	정형돈
11	부산영업소	프린터	150,000	165,000	현대	정형돈
12	서울영업소	전자레인지	260,000	330,000	삼성	유재석
13	대구영업소	청소기	100,000	160,000	소니	박명수
14	서울영업소	비데	130,000	200,000	LG	유재석
15	서울영업소	핸드폰	150,000	220,000	삼성	유재석
16	대구영업소	MP3	120,000	200,000	삼성	박명수
17	부산영업소	게임기	150,000	240,000	소니	정형돈
18	서울영업소	전기밥솥	150,000	230,000	현대	유재석

	H	I
1	영업소명	제조회사
2	서울영업소	삼성
5	DSUM	DCOUNTA
6	1850000	4

Sheet1

B5
상대참조와 절대참조

참조 영역은 워크시트에 셀이나 셀 범위를 지정하여 수식에서 사용할 값을 표시해준다. 참조 영역을 사용하면 하나의 함수식에서 흩어져 있는 여러 개의 데이터를 동시에 사용하거나 한 셀의 값을 다른 여러 가지 함수식에서 동시에 사용할 수 있다. 또한 같은 통합 문서의 다른 시트에 있는 셀의 값뿐만 아니라 다른 통합 문서의 데이터까지 참조할 수 있다.

■ 상대참조

상대참조는 셀의 좌표를 표시할 때 A1이나 D3 또는 F13과 같이 행 이름이나 열 이름 앞에 $가 없는 형식으로 표현된다. 성적 자료의 예를 통해서 상대참조 방법에 대해 살펴보자. 다음 그림의 G2 셀에서 계산된 =AVERAGE(B2:F2)에서 함수의 인수로 사용된 참조 영역 B2:F2는 상대참조 방법에 의한 것이다.

	A	B	C	D	E	F	G
1	성명	국어	영어	수학	사회	과학	평균점수
2	정연도	84	75	91	84	94	85.6
3	한숙희	64	45	55	78	76	
4	이명옥	69	57	84	64	78	
5	박정용	84	57	46	25	57	
6	안승제	76	37	55	28	86	
7	박선미	92	67	56	68	75	
8	이민영	94	85	86	54	64	
9	이원종	62	56	54	78	62	

=AVERAGE(B2:F2)

다음의 그림은 채우기 핸들을 통해서 나머지 학생들에 대한 평균 점수를 구한 것이다. 그림에서 G3 셀을 보면 =AVERAGE(B2:F2)에 의해서 계산되었음을 볼 수 있다. 이와 같이 상대참조 방법은 수식이 복사되면 새 위치에 맞게 참조 영역이 자동 조정된다. 따라서 복사 또는 이동한 수식에서 참조되는 영역은 원래의 수식에 들어 있는 셀의 영역과는 다른 셀을 참조한다. G3 셀은 G2 셀과 비교할 때 열의 위치는 고정되고 행의 위치만 하나 증가하였으므로 G3 셀에 사용된 수식 =AVERAGE(B2:F2)에서 열의 위치는 변하지 않고 행의 위치만 1씩 증가하여 =AVERAGE(B3:F3)로 참조 영역을 자동으로 변경한다.

	A	B	C	D	E	F	G
1	성명	국어	영어	수학	사회	과학	평균점수
2	정연도	84	75	91	84	94	85.6
3	한숙희	64	45	55	78	76	63.6
4	이명옥	69	57	84	64	78	70.4
5	박정용	84	57	46	25	57	53.8
6	안승제	76	37	55	28	86	56.4
7	박선미	92	67	56	68	75	71.6
8	이민영	94	85	86	54	64	76.6
9	이원종	62	56	54	78	62	62.4

=AVERAGE(B2:F2)

=AVERAGE(B3:F3)

절대참조

절대참조를 사용하면 수식을 이동하거나 복사할 때 수식에 나타난 것과 똑같은 것과 참조 영역이 복사된다. 절대참조의 경우 셀 참조는 '$' 표시를 사용한다. 예를 들어 셀 A1을 절대참조하기 위해서는 $A$1로 표시해야 한다. 다음의 예를 통해서 절대참조와 상대참조의 차이점을 살펴보자.

같은 예에서 절대참조 방법으로 참조 영역을 지정하고 수식을 복사했을 때 나타나는 결과를 살펴보자. G2 셀에 =AVERAGE($B$2:$F$2)와 같이 절대참조 방법으로 참조 영역을 지정하고 나머지 셀에 대해서 채우기 핸들을 사용한 채우기를 실시한 결과이다. 모두 같은 값이 계산되어 있음을 확인할 수 있다. G6셀에서 계산된 수식을 보면 G3 셀에서 계산된 =AVERAGE($B$2:$F$2)임을 수식 입력줄에서 확인할 수 있다. 이렇게 절대참조는 이동이나 복사를 할 때 절대참조된 셀은 변화하지 않는다.

	A	B	C	D	E	F	G
1	성명	국어	영어	수학	사회	과학	평균점수
2	정연도	84	75	91	84	94	85.6
3	한숙희	64	45	55	78	76	85.6
4	이명옥	69	57	84	64	78	85.6
5	박정용	84	57	46	25	57	85.6
6	안승제	76	37	55	28	86	85.6
7	박선미	92	67	56	68	75	85.6
8	이민영	94	85	86	54	64	85.6
9	이원종	62	56	54	78	62	85.6

=AVERAGE($B$2:$F$2

=AVERAGE($B$2:$F$2

=AVERAGE($B$2:$F$2

■ 통합 문서에 있는 다른 시트의 참조 영역 입력

엑셀에서의 참조는 단지 하나의 워크시트 내에서만 가능한 것이 아니라, 같은 통합 문서 내의 다른 워크시트 또는 다른 통합 문서에 있는 워크시트의 셀도 참조할 수 있다. 다른 워크시트의 내용을 참조하기 위해서는 참조하려는 워크시트의 이름과 느낌표(!)를 사용하면 된다. 예를 들어 Sheet2의 A2를 참조하려면 =Sheet2!A2와 같이 입력하면 된다. 다른 통합 문서를 참조하는 방법은 통합 문서의 이름과 대괄호([ ])를 이용한다. 예를 들어 통합 문서 Book2내의 Sheet1에 있는 A2를 참조하려면 =[Book2]Sheet1!A2와 같이 입력한다. 같은 셀을 절대참조하고자 하는 경우에는 =[Book2]Sheet1!$A$2와 같이 사용하면 된다.

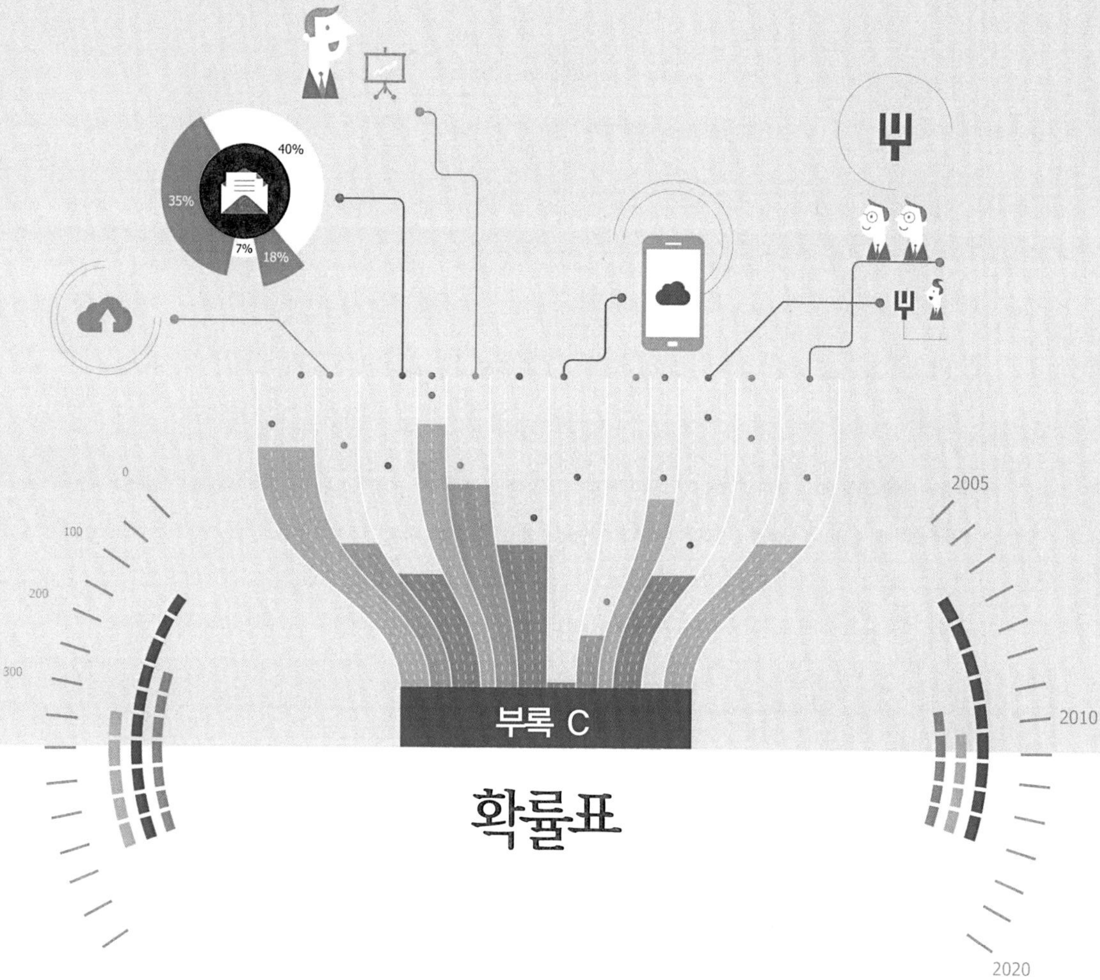

부록 C 확률표

[표 1] 누적이항분포표

$$X \sim B(n,p)\text{일 때, } P(X \leq k) = \sum_{x=0}^{k} f(x)$$

$n=5$

	p														
k	.01	.05	.10	.20	.25	.30	.40	.50	.60	.70	.75	.80	.90	.95	.99
0	.951	.774	.590	.328	.237	.168	.078	.031	.010	.002	.001	.000	.000	.000	.000
1	.999	.977	.919	.737	.633	.528	.337	.187	.087	.031	.016	.007	.000	.000	.000
2	1.000	.999	.991	.942	.896	.837	.683	.500	.317	.163	.104	.058	.009	.001	.000
3	1.000	1.000	1.000	.993	.984	.969	.913	.812	.663	.472	.367	.263	.081	.023	.001
4	1.000	1.000	1.000	1.000	.999	.998	.990	.969	.922	.832	.763	.672	.410	.226	.049

$n=6$

	p														
k	.01	.05	.10	.20	.25	.30	.40	.50	.60	.70	.75	.80	.90	.95	.99
0	.941	.735	.531	.262	.178	.118	.047	.016	.004	.001	.000	.000	.000	.000	.000
1	.999	.967	.886	.655	.534	.420	.233	.109	.041	.011	.005	.002	.000	.000	.000
2	1.000	.968	.984	.901	.831	.744	.544	.344	.179	.070	.038	.017	.001	.000	.000
3	1.000	1.000	.999	.983	.962	.930	.821	.656	.456	.256	.169	.099	.016	.002	.000
4	1.000	1.000	1.000	.998	.995	.989	.959	.891	.767	.580	.466	.345	.114	.033	.001
5	1.000	1.000	1.000	1.000	1.000	.999	.996	.984	.953	.882	.822	.738	.469	.265	.059

$n=7$

	p														
k	.01	.05	.10	.20	.25	.30	.40	.50	.60	.70	.75	.80	.90	.95	.99
0	.932	.698	.478	.210	.133	.082	.028	.008	.002	.000	.000	.000	.000	.000	.000
1	.998	.956	.850	.577	.445	.329	.159	.063	.019	.004	.001	.000	.000	.000	.000
2	1.000	.996	.974	.852	.756	.647	.420	.227	.096	.029	.013	.005	.000	.000	.000
3	1.000	1.000	.997	.967	.929	.874	.710	.500	.290	.126	.071	.033	.003	.000	.000
4	1.000	1.000	1.000	.995	.987	.971	.904	.773	.580	.353	2.44	.148	.026	.004	.000
5	1.000	1.000	1.000	1.000	.999	.996	.981	.937	.841	.671	.555	.423	.150	.044	.002
6	1.000	1.000	1.000	1.000	1.000	1.000	.998	.992	.972	.918	.867	.790	.522	.302	.068

계속

$n = 8$

k	.01	.05	.10	.20	.25	.30	.40	.50	.60	.70	.75	.80	.90	.95	.99
0	.923	.663	.430	.168	.100	.058	.017	.004	.001	.000	.000	.000	.000	.000	.000
1	.997	.943	.813	.503	.367	.255	.106	.035	.009	.001	.000	.000	.000	.000	.000
2	1.000	.994	.962	.797	.679	.552	.315	.145	.050	.011	.004	.001	.000	.000	.000
3	1.000	1.000	.965	.944	.886	.806	.594	.363	.174	.058	.027	.010	.000	.000	.000
4	1.000	1.000	1.000	.990	.973	.942	.826	.637	.406	.194	.114	.056	.005	.000	.000
5	1.000	1.000	1.000	.999	.996	.989	.950	.855	.685	.448	.321	.203	.038	.006	.000
6	1.000	1.000	1.000	1.000	1.000	.999	.991	.965	.894	.745	.633	.497	.187	.057	.003
7	1.000	1.000	1.000	1.000	1.000	1.000	.999	.996	.983	.942	.900	.832	.570	.337	.077

$n = 9$

k	.01	.05	.10	.20	.25	.30	.40	.50	.60	.70	.75	.80	.90	.95	.99
0	.914	.630	.387	.134	.075	.040	.010	.002	.000	.000	.000	.000	.000	.000	.000
1	.997	.929	.775	.436	.300	.196	.071	.020	.004	.000	.000	.000	.000	.000	.000
2	1.000	.992	.947	.738	.601	.463	.232	.090	.025	.004	.001	.000	.000	.000	.000
3	1.000	.999	.992	.914	.834	.730	.483	.254	.099	.025	.010	.003	.000	.000	.000
4	1.000	1.000	.999	.980	.951	.901	.733	.500	.267	.099	.049	.020	.001	.000	.000
5	1.000	1.000	1.000	.997	.990	.975	.901	.746	.517	.270	.166	.086	.008	.001	.000
6	1.000	1.000	1.000	1.000	.999	.996	.975	.910	.768	.537	.399	.262	.053	.008	.000
7	1.000	1.000	1.000	1.000	1.000	1.000	.996	.980	.929	.804	.700	.564	.225	.071	.003
8	1.000	1.000	1.000	1.000	1.000	1.000	1.000	.998	.990	.960	.925	.866	.613	.370	.086

계속

$n = 10$

k	.01	.05	.10	.20	.25	.30	.40	.50	.60	.70	.75	.80	.90	.95	.99
0	.904	.599	.349	.107	.056	.028	.006	.001	.000	.000	.000	.000	.000	.000	.000
1	.996	.914	.736	.376	.244	.149	.046	.011	.002	.000	.000	.000	.000	.000	.000
2	1.000	.988	.930	.678	.526	.383	.167	.055	.012	.002	.000	.000	.000	.000	.000
3	1.000	.999	.987	.879	.776	.650	.382	.172	.055	.011	.004	.001	.000	.000	.000
4	1.000	1.000	.998	.967	.922	.850	.633	.377	.166	.047	.020	.006	.000	.000	.000
5	1.000	1.000	1.000	.994	.980	.953	.834	.623	.367	.150	.078	.033	.002	.000	.000
6	1.000	1.000	1.000	.999	.996	.989	.945	.828	.618	.350	.224	.121	.013	.001	.000
7	1.000	1.000	1.000	1.000	1.000	.998	.988	.945	.833	.617	.474	.322	.070	.012	.000
8	1.000	1.000	1.000	1.000	1.000	1.000	.998	.989	.954	.851	.756	.624	.264	.086	.004
9	1.000	1.000	1.000	1.000	1.000	1.000	1.000	.999	.994	.972	.944	.893	.651	.401	.096

$n = 15$

k	.01	.05	.10	.20	.25	.30	.40	.50	.60	.70	.75	.80	.90	.95	.99
0	.860	.463	.206	.035	.013	.005	.000	.000	.000	.000	.000	.000	.000	.000	.000
1	.990	.829	.549	.167	.080	.035	0.05	.000	.000	.000	.000	.000	.000	.000	.000
2	1.000	.964	.816	.398	.236	.127	.027	.004	.000	.000	.000	.000	.000	.000	.000
3	1.000	.995	.944	.648	.461	.297	.091	.018	.002	.000	.000	.000	.000	.000	.000
4	1.000	.999	.987	.836	.686	.515	.217	.059	.009	.001	.000	.000	.000	.000	.000
5	1.000	1.000	.998	.939	.852	.722	.403	.151	.034	.004	.001	.000	.000	.000	.000
6	1.000	1.000	1.000	.982	.943	.869	.610	.304	.095	.015	.004	.001	.000	.000	.000
7	1.000	1.000	1.000	.996	.983	.950	.787	.500	.213	.050	.017	.004	.000	.000	.000
8	1.000	1.000	1.000	.999	.996	.985	.905	.696	.390	.131	.057	.018	.000	.000	.000
9	1.000	1.000	1.000	1.000	.999	.996	.966	.849	.597	.278	.148	.061	.002	.000	.000
10	1.000	1.000	1.000	1.000	1.000	.999	.991	.941	.783	.485	.314	.164	.013	.001	.000
11	1.000	1.000	1.000	1.000	1.000	1.000	.998	.982	.909	.703	.539	.352	.056	.005	.000
12	1.000	1.000	1.000	1.000	1.000	1.000	1.000	.996	.973	.873	.764	.602	.184	.036	.000
13	1.000	1.000	1.000	1.000	1.000	1.000	1.000	1.000	.995	.965	.920	.833	.451	.171	.010
14	1.000	1.000	1.000	1.000	1.000	1.000	1.000	1.000	1.000	.995	.987	.965	.794	.537	.140

계속

$n = 20$

k	.01	.05	.10	.20	.25	.30	.40	.50	.60	.70	.75	.80	.90	.95	.99
0	.818	.358	.122	.012	.003	.001	.000	.000	.000	.000	.000	.000	.000	.000	.000
1	.989	.736	.392	.069	.024	.008	.001	.000	.000	.000	.000	.000	.000	.000	.000
2	.999	.925	.677	.206	.091	.035	.004	.000	.000	.000	.000	.000	.000	.000	.000
3	1.000	.984	.867	.411	.225	.107	.016	.001	.000	.000	.000	.000	.000	.000	.000
4	1.000	.997	.957	.630	.415	.238	.051	.006	.000	.000	.000	.000	.000	.000	.000
5	1.000	1.000	.989	.804	.617	.416	.126	.021	.002	.000	.000	.000	.000	.000	.000
6	1.000	1.000	.998	.913	.786	.608	.250	.058	.006	.000	.000	.000	.000	.000	.000
7	1.000	1.000	1.000	.968	.898	.772	.416	.132	.021	.001	.000	.000	.000	.000	.000
8	1.000	1.000	1.000	.990	.959	.887	.596	.252	.057	.005	.001	.000	.000	.000	.000
9	1.000	1.000	1.000	.997	.986	.952	.755	.412	.128	.017	.004	.001	.000	.000	.000
10	1.000	1.000	1.000	.999	.996	.983	.872	.588	.245	.048	.014	.003	.000	.000	.000
11	1.000	1.000	1.000	1.000	.999	.995	.943	.748	.404	.113	.041	.010	.000	.000	.000
12	1.000	1.000	1.000	1.000	1.000	.999	.979	.868	.584	.228	.102	.032	.000	.000	.000
13	1.000	1.000	1.000	1.000	1.000	1.000	.994	.942	.750	.392	.214	.087	.002	.000	.000
14	1.000	1.000	1.000	1.000	1.000	1.000	.998	.979	.874	.584	.383	.196	.011	.000	.000
15	1.000	1.000	1.000	1.000	1.000	1.000	1.000	.994	.949	.762	.585	.370	.043	.003	.000
16	1.000	1.000	1.000	1.000	1.000	1.000	1.000	.999	.984	893	.775	.589	.133	.016	.000
17	1.000	1.000	1.000	1.000	1.000	1.000	1.000	1.000	.996	.965	.909	.794	.323	.075	.001
18	1.000	1.000	1.000	1.000	1.000	1.000	1.000	1.000	.999	.992	.976	.931	.608	.264	.017
19	1.000	1.000	1.000	1.000	1.000	1.000	1.000	1.000	1.000	.999	.997	.988	.878	.642	.182

계속

$n = 25$

k	p .01	.05	.10	.20	.25	.30	.40	.50	.60	.70	.75	.80	.90	.95	.99
0	.778	.277	.072	.004	.001	.000	.000	.000	.000	.000	.000	.000	.000	.000	.000
1	.974	.642	.271	.027	.007	.002	.000	.000	.000	.000	.000	.000	.000	.000	.000
2	.998	.873	.537	.098	.032	.009	.000	.000	.000	.000	.000	.000	.000	.000	.000
3	1.000	.966	.764	.234	.096	.033	.002	.000	.000	.000	.000	.000	.000	.000	.000
4	1.000	.993	.902	.421	.214	.090	.009	.000	.000	.000	.000	.000	.000	.000	.000
5	1.000	.999	.967	.617	.378	.193	.029	.002	.000	.000	.000	.000	.000	.000	.000
6	1.000	1.000	.991	.780	.561	.341	.074	.007	.000	.000	.000	.000	.000	.000	.000
7	1.000	1.000	.998	.891	.727	.512	.154	.022	.001	.000	.000	.000	.000	.000	.000
8	1.000	1.000	1.000	.953	.851	.677	.274	.054	.004	.000	.000	.000	.000	.000	.000
9	1.000	1.000	1.000	.983	.929	.811	.425	.115	.013	.000	.000	.000	.000	.000	.000
10	1.000	1.000	1.000	.994	.970	.902	.586	.212	.034	.002	.000	.000	.000	.000	.000
11	1.000	1.000	1.000	.998	.989	.956	.732	.345	.078	.006	.001	.000	.000	.000	.000
12	1.000	1.000	1.000	1.000	.997	.983	.846	.500	.154	.017	.003	.000	.000	.000	.000
13	1.000	1.000	1.000	1.000	.999	.994	.922	.655	.268	.044	.011	.002	.000	.000	.000
14	1.000	1.000	1.000	1.000	1.000	.998	.966	.788	.414	.098	.030	.006	.000	.000	.000
15	1.000	1.000	1.000	1.000	1.000	1.000	.987	.885	.575	.189	.071	.017	.000	.000	.000
16	1.000	1.000	1.000	1.000	1.000	1.000	.996	.946	.726	.323	.149	.047	.000	.000	.000
17	1.000	1.000	1.000	1.000	1.000	1.000	.999	.978	.846	.488	.273	.109	.002	.000	.000
18	1.000	1.000	1.000	1.000	1.000	1.000	1.000	.993	.926	.659	.439	.220	.009	.000	.000
19	1.000	1.000	1.000	1.000	1.000	1.000	1.000	.998	.971	.807	.622	.383	.033	.001	.000
20	1.000	1.000	1.000	1.000	1.000	1.000	1.000	1.000	.991	.910	.786	.579	.098	.007	.000
21	1.000	1.000	1.000	1.000	1.000	1.000	1.000	1.000	.998	.967	.904	.766	.236	.034	.000
22	1.000	1.000	1.000	1.000	1.000	1.000	1.000	1.000	1.000	.991	.968	.902	.463	.127	.002
23	1.000	1.000	1.000	1.000	1.000	1.000	1.000	1.000	1.000	.998	.993	.973	.729	.358	.026
24	1.000	1.000	1.000	1.000	1.000	1.000	1.000	1.000	1.000	1.000	.999	.996	.928	.723	.222

[표 2] 누적포아송분포표

$$X \sim Poi(\lambda)\text{일 때, } P(X \leq k) = \sum_{x=0}^{k} f(x)$$

k	λ															
	.10	.20	.30	.40	.50	1.0	1.5	2.0	2.5	3.0	3.5	4.0	4.5	5.0	5.5	6.0
0	.905	.819	.741	.670	.607	.368	.223	.135	.082	.050	.030	.018	.011	.007	0.04	.002
1	.995	.982	.963	.938	.910	.736	.558	.406	.287	.199	.136	.092	.061	.040	0.27	.017
2	1.000	.999	.996	.992	.986	.920	.809	.677	.544	.423	.321	.238	.174	.125	.088	.062
3	1.000	1.000	1.000	.999	.998	.981	.934	.857	.758	.647	.537	.433	.342	.265	.202	.151
4	1.000	1.000	1.000	1.000	1.000	.996	.981	.947	.891	.815	.725	.629	.532	.440	.358	.285
5						.999	.996	.983	.958	.916	.858	.785	.703	.616	.529	.446
6						1.000	.999	.995	.986	.966	.935	.889	.831	.762	.686	.606
7							1.000	.999	.996	.988	.973	.949	.913	.867	.809	.744
8								1.000	.999	.996	.990	.979	.960	.932	.894	.847
9									1.000	.999	.997	.992	.983	.968	.946	.916
10										1.000	.999	.997	.993	.986	.975	.957
11											1.000	.999	.998	.995	.989	.980
12												1.000	.999	.998	.996	.991
13													1.000	.999	.998	.996
14														1.000	.999	.999
15															1.000	.999
16																1.000
17																
18																
19																
20																

계속

k	λ												
	6.5	7.0	7.5	8.0	8.5	9.0	9.5	10	11	12	13	14	15
0	.002	.001	.001	.000	.000	.000	.000	.000	.000	.000	.000	.000	.000
1	.011	.007	.005	.003	.002	.001	.001	.000	.000	.000	.000	.000	.000
2	.043	.030	.020	.014	.009	.006	.004	.003	.001	.001	.000	.000	.000
3	.112	.082	.059	.042	.030	.021	.015	.010	.005	.002	.001	.000	.000
4	.224	.173	.132	.100	.074	.055	.040	.029	.015	.008	.004	.002	.001
5	.369	.301	.241	.191	.150	.116	.089	.067	.038	.020	.011	.006	.003
6	.527	.450	.378	.313	.256	.207	.165	.130	.079	.046	.026	.014	.008
7	.673	.599	.525	.453	.386	.324	.269	.220	.143	.090	.054	.032	.018
8	.792	.729	.662	.593	.523	.456	.392	.333	.232	.155	.100	.062	.037
9	.877	.830	.776	.717	.653	.587	.522	.458	.341	.242	.166	.109	.070
10	.933	.901	.862	.816	.763	.706	.645	.583	.460	.347	.252	.176	.118
11	.966	.947	.921	.888	.849	.803	.752	.697	.579	.462	.353	.260	.185
12	.984	.973	.957	.936	.909	.876	.836	.792	.689	.576	.463	.358	.268
13	.993	.987	.978	.966	.949	.926	.898	.864	.781	.682	.573	.464	.363
14	.997	.994	.990	.983	.973	.959	.940	.917	.854	.772	.675	.570	.466
15	.999	.998	.995	.992	.986	.978	.967	.951	.907	.844	.764	.669	.568
16	1.000	.999	.998	.996	.993	.989	.982	.973	.944	.899	.835	.756	.664
17		1.000	.999	.998	.997	.995	.991	.986	.968	.937	.890	.827	.749
18			1.000	.999	.999	.998	.996	.993	.982	.963	.930	.883	.819
19				1.000	.999	.999	.998	.997	.991	.979	.957	.923	.875
20					1.000	1.000	.999	.998	.995	.988	.975	.952	.917
21							1.000	.999	.998	.994	.986	.971	.947
22								1.000	.999	.997	.992	.983	.967
23									1.000	.999	.996	.991	.981
24										.999	.998	.995	.989
25										1.000	.999	.997	.994
26											1.000	.999	.997
27												.999	.998
28												1.000	.999
29													1.000

[표 3] 표준정규분포표

$Z \sim N(0,1)$일 때, 주어진 z에 대해
$P(0 \leq Z \leq z)$ 값을 제공

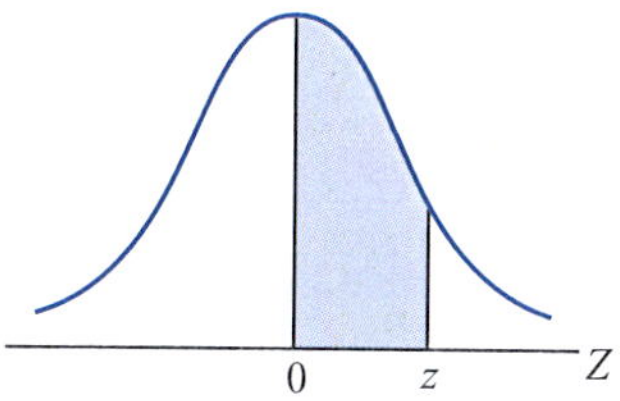

z	0.00	0.01	0.02	0.03	0.04	0.05	0.06	0.07	0.08	0.09
0.0	0.0000	0.0040	0.0080	0.0120	0.0160	0.0199	0.0239	0.0279	0.0319	0.0359
0.1	0.0398	0.0438	0.0478	0.0517	0.0557	0.0596	0.0636	0.0675	0.0714	0.0753
0.2	0.0793	0.0832	0.0871	0.0910	0.0948	0.0987	0.1026	0.1064	0.1103	0.1141
0.3	0.1179	0.1217	0.1255	0.1293	0.1331	0.1368	0.1406	0.1443	0.1480	0.1517
0.4	0.1554	0.1591	0.1628	0.1664	0.1700	0.1736	0.1772	0.1808	0.1844	0.1879
0.5	0.1915	0.1959	0.1985	0.2019	0.2054	0.2088	0.2123	0.2157	0.2190	0.2224
0.6	0.2257	0.2291	0.2324	0.2357	0.2389	0.2422	0.2454	0.2486	0.2517	0.2549
0.7	0.2580	0.2611	0.2642	0.2673	0.2703	0.2734	0.2764	0.2794	0.2823	0.2852
0.8	0.2881	0.2910	0.2939	0.2967	0.2995	0.3023	0.3051	0.3078	0.3106	0.3133
0.9	0.3159	0.3186	0.3212	0.3238	0.3264	0.3289	0.3315	0.3340	0.3365	0.3389
1.0	0.3413	0.3438	0.3461	0.3485	0.3508	0.3531	0.3554	0.3577	0.3599	0.3621
1.1	0.3643	0.3665	0.3686	0.3708	0.3729	0.3749	0.3770	0.3790	0.3810	0.3830
1.2	0.3849	0.3869	0.3888	0.3907	0.3925	0.3944	0.3962	0.3980	0.3997	0.4015
1.3	0.4032	0.4049	0.4066	0.4082	0.4099	0.4115	0.4131	0.4147	0.4162	0.4177
1.4	0.4192	0.4207	0.4222	0.4236	0.4251	0.4265	0.4279	0.4292	0.4306	0.4319
1.5	0.4332	0.4345	0.4357	0.4370	0.4382	0.4394	0.4406	0.4418	0.4429	0.4441
1.6	0.4452	0.4463	0.4474	0.4484	0.4495	0.4505	0.4515	0.4525	0.4535	0.4545
1.7	0.4554	0.4564	0.4573	0.4582	0.4591	0.4599	0.4608	0.4616	0.4625	0.4633
1.8	0.4641	0.4649	0.4656	0.4664	0.4671	0.4678	0.4686	0.4693	0.4699	0.4706
1.9	0.4713	0.4719	0.4726	0.4732	0.4738	0.4744	0.4750	0.4756	0.4761	0.4767
2.0	0.4772	0.4778	0.4783	0.4788	0.4793	0.4798	0.4803	0.4808	0.4812	0.4817
2.1	0.4821	0.4826	0.4830	0.4834	0.4838	0.4842	0.4846	0.4850	0.4854	0.4857
2.2	0.4861	0.4864	0.4868	0.4871	0.4875	0.4878	0.4881	0.4884	0.4887	0.4890
2.3	0.4893	0.4896	0.4898	0.4901	0.4904	0.4906	0.4909	0.4911	0.4913	0.4916
2.4	0.4918	0.4920	0.4922	0.4925	0.4927	0.4929	0.4931	0.4932	0.4934	0.4936
2.5	0.4939	0.4940	0.4941	0.4943	0.4945	0.4946	0.4948	0.4949	0.4951	0.4952
2.6	0.4953	0.4955	0.4956	0.4957	0.4959	0.4960	0.4961	0.4962	0.4963	0.4964
2.7	0.4965	0.4966	0.4967	0.4968	0.4969	0.4970	0.4971	0.4972	0.4973	0.4974
2.8	0.4974	0.4975	0.4976	0.4977	0.4977	0.4978	0.4979	0.4979	0.4980	0.4981
2.9	0.4981	0.4982	0.4982	0.4983	0.4984	0.4984	0.4985	0.4985	0.4986	0.4986
3.0	0.4987	0.4987	0.4987	0.4988	0.4988	0.4989	0.4989	0.4989	0.4990	0.4990
3.1	0.4990	0.4991	0.4991	0.4991	0.4992	0.4992	0.4992	0.4992	0.4993	0.4993
3.2	0.4993	0.4993	0.4994	0.4994	0.4994	0.4994	0.4994	0.4995	0.4995	0.4995
3.3	0.4995	0.4995	0.4995	0.4996	0.4996	0.4996	0.4996	0.4996	0.4996	0.4997
3.4	0.4997	0.4997	0.4997	0.4997	0.4997	0.4997	0.4997	0.4997	0.4997	0.4998
3.5	0.4998	0.4998	0.4998	0.4998	0.4998	0.4998	0.4998	0.4998	0.4998	0.4998

[표 4] t – 분포표

$T \sim t(r)$일 때, 주어진 α에 대하여
$P(T > t_\alpha) = \alpha$ 를 만족하는 t_α 값을 제공

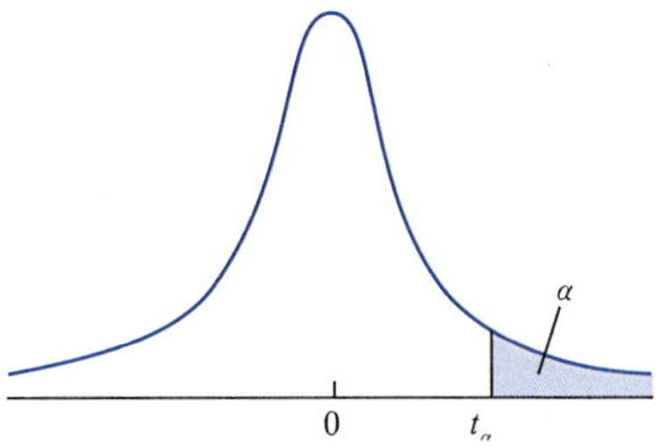

r	α 0.25	0.1	0.05	0.025	0.01	0.005
1	1.000	3.078	6.314	12.706	31.821	63.657
2	0.816	1.886	2.920	4.303	6.965	9.925
3	0.765	1.638	2.353	3.182	4.541	5.841
4	0.741	1.533	2.132	2.776	3.747	4.604
5	0.727	1.476	2.015	2.571	3.365	4.032
6	0.718	1.440	1.943	2.447	3.134	3.707
7	0.711	1.415	1.895	2.365	2.998	3.499
8	0.706	1.397	1.860	2.306	2.896	3.355
9	0.703	1.383	1.833	2.262	2.821	3.250
10	0.700	1.372	1.812	2.223	2.764	3.169
11	0.697	1.363	1.796	2.201	2.718	3.106
12	0.695	1.356	1.782	2.179	2.681	3.055
13	0.694	1.350	1.771	2.160	2.650	3.012
14	0.692	1.345	1.761	2.145	2.624	2.977
15	0.691	1.341	1.753	2.131	2.602	2.947
16	0.690	1.337	1.746	2,120	2.583	2.921
17	0.689	1.333	1.740	2.110	2.567	2.898
18	0.688	1.330	1.734	2.101	2.552	2.878
19	0.688	1.328	1.729	2,093	2.539	2.861
20	0.687	1.325	1.725	2.086	2.528	2.845
21	0.686	1.323	1.721	2.080	2.518	2.831
22	0.686	1.321	1.717	2.074	2.508	2.819
23	0.685	1.319	1.714	2.069	2.500	2.807
24	0.685	1.318	1.711	2.064	2.492	2.797
25	0.684	1.316	1.708	2.060	2.485	2.787
26	0.684	1.315	1.706	2.056	2.479	2.779
27	0.684	1.314	1.703	2.052	2.473	2.771
28	0.683	1.313	1.701	2.048	2.467	2.763
29	0.683	1.311	1.699	2.045	2.462	2.756
30	0.683	1.310	1.697	2.042	2457	2.750
40	0.679	1.303	1.684	2.021	2.423	2.704
60	0.677	1.296	1.671	2.000	2.390	2.660
120	0.677	1.289	1.658	1.980	2.358	2.617
∞	0.674	1.282	1.645	1.960	2.326	2.576

[표 5] 카이제곱분포표

$X \sim \chi^2(r)$일 때, 주어진 α에 대하여

$P(X \geq \chi^2_\alpha) = \alpha$ 를 만족하는 χ^2_α값을 제공

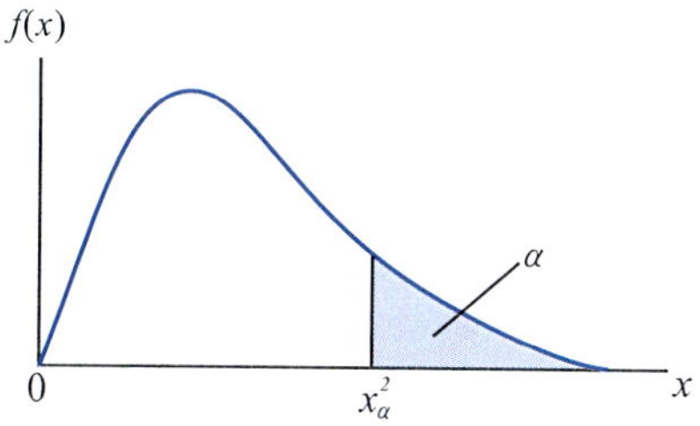

r	α = 0.995	0.990	0.975	0.950	0.050	0.025	0.010	0.005
1	3.9×10^{-5}	1.6×10^{-4}	9.8×10^{-4}	3.9×10^{-3}	3.841	5.024	6.635	7.879
2	0.010	0.020	0.051	0.103	5.991	7.378	9.210	10.597
3	0.072	0.115	0.258	0.352	7.815	9.348	11.345	12.838
4	0.207	0.297	0.484	0.711	9.488	11.143	13.277	14.860
5	0.412	0.554	0.831	1.145	11.071	12.833	15.086	16.750
6	0.676	0.872	1.237	1.635	12.592	14.449	16.812	18.548
7	0.989	1.239	1.690	2.167	14.067	16.013	18.475	20.278
8	1.344	1.646	2.180	2.733	15.507	17.535	20.090	21.955
9	1.735	2.088	2.700	3.325	16.919	19.023	21.666	23.589
10	2.156	2.558	3.247	3.940	18.307	20.483	23.209	25.188
11	2.603	3.053	3.816	4.575	19.675	21.920	24.725	26.758
12	3.074	3.571	4.404	5.226	21.026	23.337	26.217	28.300
13	3.565	4.107	5.009	5.892	22.362	24.736	27.688	29.820
14	4.075	4.660	5.629	6.571	23.685	26.119	29.141	31.319
15	4.601	5.229	6.262	7.261	24.996	27.488	30.578	32.801
16	5.142	5.812	6.908	7.962	26.296	28.845	32.000	34.267
17	5.697	6.408	7.564	8.672	27.587	30.191	33.409	35.719
18	6.265	7.015	8.231	9.390	28.869	31.526	34.805	37.156
19	6.844	7.633	8.907	10.117	30.144	32.852	36.191	38.582
20	7.434	8.260	9.591	10.851	31.410	34.170	37.566	39.997
21	8.034	8.897	10.283	11.591	32.671	35.479	38.932	41.401
22	8.643	9.542	10.982	12.338	33.924	36.781	40.289	42.796
23	9.260	10.196	11.689	13.091	35.173	38.076	41.638	44.181
24	9.886	10.856	12.401	13.848	36.415	39.364	42.980	45.559
25	10.520	11.524	13.120	14.611	37.653	40.647	44.314	46.928
26	11.160	12.162	13.844	15.379	38.885	41.923	45.642	48.290
27	11.808	12.879	14.573	16.151	40.113	43.194	46.963	49.645
28	12.461	13.565	15.308	16.928	41.337	44.461	48.278	50.993
29	13.121	14.257	16.047	17.708	42.557	45.722	49.587	52.336
30	13.787	14.954	16.791	18.493	43.773	46.979	50.892	53.672
40	20.707	22.164	24.433	26.509	55.759	59.342	63.691	66.766
50	27.997	29.707	32.357	34.764	67.505	71.420	76.154	79.490
60	35.535	37.485	40.482	43.188	79.082	83.298	88.379	91.952
70	43.275	45.442	48.758	51.739	90.531	95.023	100.425	104.215
80	51.172	53.540	57.153	60.392	101.879	106.629	112.829	116.321
90	59.196	61.754	65.647	69.126	113.145	118.136	124.116	128.299
100	67.328	70.065	74.222	77.930	124.342	129.561	135.807	140.169

[표 6] F-분포표

$X \sim F(k_1, k_2)$일 때, 주어진 α에 대하여

$P(X \geq F_\alpha(k_1, k_2)) = \alpha$ 를 만족하는

$F_\alpha(k_1, k_2)$값을 제공

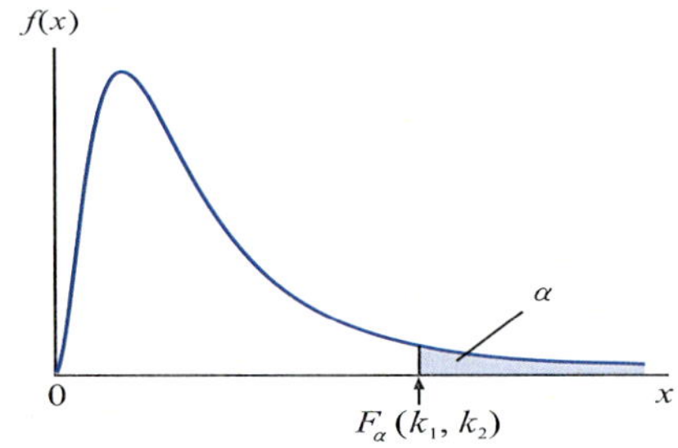

$\alpha = 0.1$

k_2 \ k_1	1	2	3	4	5	6	7	8	9	10	15	20	25	30	60	120
1	39.86	49.50	53.59	55.83	57.24	58.20	58.91	59.44	59.86	60.19	61.22	61.74	62.05	62.26	62.79	63.06
2	8.53	9.00	9.16	9.24	9.29	9.33	9.35	9.37	9.38	9.39	9.42	9.44	9.45	9.46	9.47	9.48
3	5.54	5.46	5.39	5.34	5.31	5.28	5.27	5.25	5.24	5.23	5.20	5.18	5.17	5.17	5.15	5.14
4	4.54	4.32	4.19	4.11	4.05	4.01	3.98	3.95	3.94	3.92	3.87	3.84	3.83	3.82	3.79	3.78
5	4.06	3.78	3.62	3.52	3.45	3.40	3.37	3.34	3.32	3.30	3.24	3.21	3.19	3.17	3.14	3.12
6	3.78	3.46	3.29	3.18	3.11	3.05	3.01	2.98	2.96	2.94	2.87	2.84	2.81	2.80	2.76	2.74
7	3.59	3.26	3.07	2.96	2.88	2.83	2.78	2.75	2.72	2.70	2.63	2.59	2.57	2.56	2.51	2.49
8	3.46	3.11	2.92	2.81	2.73	2.67	2.62	2.59	2.56	2.54	2.46	2.42	2.40	2.38	2.34	2.32
9	3.36	3.01	2.81	2.69	2.61	2.55	2.51	2.47	2.44	2.42	2.34	2.30	2.27	2.25	2.21	2.18
10	3.29	2.92	2.73	2.61	2.52	2.46	2.41	2.38	2.35	2.32	2.24	2.20	2.17	2.16	2.11	2.08
11	3.23	2.86	2.66	2.54	2.45	2.39	2.34	2.30	2.27	2.25	2.17	2.12	2.10	2.08	2.03	2.00
12	3.18	2.81	2.61	2.48	2.39	2.33	2.28	2.24	2.21	2.19	2.10	2.06	2.03	2.01	1.96	1.93
13	3.14	2.76	2.56	2.43	2.35	2.28	2.23	2.20	2.16	2.14	2.05	2.01	1.98	1.96	1.90	1.88
14	3.10	2.73	2.52	2.39	2.31	2.24	2.19	2.15	2.12	2.10	2.01	1.96	1.93	1.91	1.86	1.83
15	3.07	2.70	2.49	2.36	2.27	2.21	2.16	2.12	2.09	2.06	1.97	1.92	1.89	1.87	1.82	1.79
16	3.05	2.67	2.46	2.33	2.24	2.18	2.13	2.09	2.06	2.03	1.94	1.89	1.86	1.84	1.78	1.75
17	3.03	2.64	2.44	2.31	2.22	2.15	2.10	2.06	2.03	2.00	1.91	1.86	1.83	1.81	1.75	1.72
18	3.01	2.62	2.42	2.29	2.20	2.13	2.08	2.04	2.00	1.98	1.89	1.84	1.80	1.78	1.72	1.69
19	2.99	2.61	2.40	2.27	2.18	2.11	2.06	2.02	1.98	1.96	1.86	1.81	1.78	1.76	1.70	1.67
20	2.97	2.59	2.38	2.25	2.16	2.09	2.04	2.00	1.96	1.94	1.84	1.79	1.76	1.74	1.68	1.64
21	2.96	2.57	2.36	2.23	2.14	2.08	2.02	1.98	1.95	1.92	1.83	1.78	1.74	1.72	1.66	1.62
22	2.95	2.56	2.35	2.22	2.13	2.06	2.01	1.97	1.93	1.90	1.81	1.76	1.73	1.70	1.64	1.60
23	2.94	2.55	2.34	2.21	2.11	2.05	1.99	1.95	1.92	1.89	1.80	1.74	1.72	1.69	1.62	1.59
24	2.93	2.54	2.33	2.19	2.10	2.04	1.98	1.94	1.91	1.88	1.78	1.73	1.70	1.67	1.61	1.57
25	2.92	2.53	2.32	2.18	2.09	2.02	1.97	1.93	1.89	1.87	1.77	1.72	1.68	1.66	1.59	1.56
26	2.91	2.52	2.31	2.17	2.08	2.01	1.96	1.92	1.88	1.86	1.76	1.71	1.67	1.65	1.58	1.54
27	2.90	2.51	2.30	2.17	2.07	2.00	1.95	1.91	1.87	1.85	1.75	1.70	1.66	1.64	1.57	1.53
28	2.89	2.50	2.29	2.16	2.06	2.00	1.94	1.90	1.87	1.84	1.74	1.69	1.65	1.63	1.56	1.52
29	2.89	2.50	2.28	2.15	2.06	1.99	1.93	1.89	1.86	1.83	1.73	1.68	1.64	1.62	1.55	1.51
30	2.88	2.49	2.28	2.14	2.05	1.98	1.93	1.88	1.85	1.82	1.72	1.67	1.63	1.61	1.54	1.50
40	2.84	2.44	2.23	2.09	2.00	1.93	1.87	1.83	1.79	1.76	1.66	1.61	1.57	1.54	1.47	1.42
60	2.79	2.39	2.18	2.04	1.95	1.87	1.82	1.77	1.74	1.71	1.60	1.54	1.50	1.48	1.40	1.35
120	2.75	2.35	2.13	1.99	1.90	1.82	1.77	1.72	1.68	1.65	1.55	1.48	1.44	1.41	1.32	1.26

$\alpha = 0.05$

$k_2 \backslash k_1$	1	2	3	4	5	6	7	8	9	10	15	20	25	30	60	120
1	161.4	199.5	215.7	224.6	230.2	234.0	236.8	238.9	240.5	241.9	245.9	248.0	249.3	250.1	252.2	253.3
2	18.51	19.00	19.16	19.25	19.30	19.33	19.35	19.37	19.38	19.40	19.43	19.45	19.46	19.46	19.48	19.49
3	10.13	9.55	9.28	9.12	9.01	8.94	8.89	8.85	8.81	8.79	8.70	8.66	8.63	8.62	8.57	8.55
4	7.71	6.94	6.59	6.39	6.26	6.16	6.09	6.04	6.00	5.96	5.86	5.80	5.77	5.75	5.69	5.66
5	6.61	5.79	5.41	5.19	5.05	4.95	4.88	4.82	4.77	4.74	4.62	4.56	4.52	4.50	4.43	4.40
6	5.99	5.14	4.76	4.53	4.39	4.28	4.21	4.15	4.10	4.06	3.94	3.87	3.83	3.81	3.74	3.70
7	5.59	4.74	4.35	4.12	3.97	3.87	3.79	3.73	3.68	3.64	3.51	3.44	3.40	3.38	3.30	3.27
8	5.32	4.46	4.07	3.84	3.69	3.58	3.50	3.44	3.39	3.35	3.22	3.15	3.11	3.08	3.01	2.97
9	5.12	4.26	3.86	3.63	3.48	3.37	3.29	3.23	3.18	3.14	3.01	2.94	2.89	2.86	2.79	2.75
10	4.96	4.10	3.71	3.48	3.33	3.22	3.14	3.07	3.02	2.98	2.85	2.77	2.73	2.70	2.62	2.58
11	4.84	3.98	3.59	3.36	3.20	3.09	3.01	2.95	2.90	2.85	2.72	2.65	2.60	2.57	2.49	2.45
12	4.75	3.89	3.49	3.26	3.11	3.00	2.91	2.85	2.80	2.75	2.62	2.54	2.50	2.47	2.38	2.34
13	4.67	3.81	3.41	3.18	3.03	2.92	2.83	2.77	2.71	2.67	2.53	2.46	2.41	2.38	2.30	2.25
14	4.60	3.74	3.34	3.11	2.96	2.85	2.76	2.70	2.65	2.60	2.46	2.39	2.34	2.31	2.22	2.18
15	4.54	3.68	3.29	3.06	2.90	2.79	2.71	2.64	2.59	2.54	2.40	2.33	2.28	2.25	2.16	2.11
16	4.49	3.63	3.24	3.01	2.85	2.74	2.66	2.59	2.54	2.49	2.35	2.28	2.23	2.19	2.11	2.06
17	4.45	3.59	3.20	2.96	2.81	2.70	2.61	2.55	2.49	2.45	2.31	2.23	2.18	2.15	2.06	2.01
18	4.41	3.55	3.16	2.93	2.77	2.66	2.58	2.51	2.46	2.41	2.27	2.19	2.14	2.11	2.02	1.97
19	4.38	3.52	3.13	2.90	2.74	2.63	2.54	2.48	2.42	2.38	2.23	2.16	2.11	2.07	1.98	1.93
20	4.35	3.49	3.10	2.87	2.71	2.60	2.51	2.45	2.39	2.35	2.20	2.12	2.07	2.04	1.95	1.90
21	4.32	3.47	3.07	2.84	2.68	2.57	2.49	2.42	2.37	2.32	2.18	2.10	2.05	2.01	1.92	1.87
22	4.30	3.44	3.05	2.82	2.66	2.55	2.46	2.40	2.34	2.30	2.15	2.07	2.02	1.98	1.89	1.84
23	4.28	3.42	3.03	2.80	2.64	2.53	2.44	2.37	2.32	2.27	2.13	2.05	2.00	1.96	1.86	1.81
24	4.26	3.40	3.01	2.78	2.62	2.51	2.42	2.36	2.30	2.25	2.11	2.03	1.97	1.94	1.84	1.79
25	4.24	3.39	2.99	2.76	2.60	2.49	2.40	2.34	2.28	2.24	2.09	2.01	1.96	1.92	1.82	1.77
26	4.23	3.37	2.98	2.74	2.59	2.47	2.39	2.32	2.27	2.22	2.07	1.99	1.94	1.90	1.80	1.75
27	4.21	3.35	2.96	2.73	2.57	2.46	2.37	2.31	2.25	2.20	2.06	1.97	1.92	1.88	1.79	1.73
28	4.20	3.34	2.95	2.71	2.56	2.45	2.36	2.29	2.24	2.19	2.04	1.96	1.91	1.87	1.77	1.71
29	4.18	3.33	2.93	2.70	2.55	2.43	2.35	2.28	2.22	2.18	2.03	1.94	1.89	1.85	1.75	1.70
30	4.17	3.32	2.92	2.69	2.53	2.42	2.33	2.27	2.21	2.16	2.01	1.93	1.88	1.84	1.74	1.68
40	4.08	3.23	2.84	2.61	2.45	2.34	2.25	2.18	2.12	2.08	1.92	1.84	1.78	1.74	1.64	1.58
60	4.00	3.15	2.76	2.53	2.37	2.25	2.17	2.10	2.04	1.99	1.84	1.75	1.69	1.65	1.53	1.47
120	3.92	3.07	2.68	2.45	2.29	2.18	2.09	2.02	1.96	1.91	1.75	1.66	1.60	1.55	1.43	1.35

$\alpha = 0.01$

k_2 \ k_1	1	2	3	4	5	6	7	8	9	10	15	20	25	30	60	120
1	4052.2	4999.3	5403.5	5624.3	5764.0	5859.0	5928.3	5981.0	6022.4	6055.9	6157.0	6208.7	6239.9	6260.4	6313.0	6339.5
2	98.50	99.00	99.16	99.25	99.30	99.33	99.36	99.38	99.39	99.40	99.43	99.45	99.46	99.47	99.48	99.49
3	34.12	30.82	29.46	28.71	28.24	27.91	27.67	27.49	27.34	27.23	26.87	26.69	26.58	26.50	26.32	26.22
4	21.20	18.00	16.69	15.98	15.52	15.21	14.98	14.80	14.66	14.55	14.20	14.02	13.91	13.84	13.65	13.56
5	16.26	13.27	12.06	11.39	10.97	10.67	10.46	10.29	10.16	10.05	9.72	9.55	9.45	9.38	9.20	9.11
6	13.75	10.92	9.78	9.15	8.75	8.47	8.26	8.10	7.98	7.87	7.56	7.40	7.30	7.23	7.06	6.97
7	12.25	9.55	8.45	7.85	7.46	7.19	6.99	6.84	6.72	6.62	6.31	6.16	6.06	5.99	5.82	5.74
8	11.26	8.65	7.59	7.01	6.63	6.37	6.18	6.03	5.91	5.81	5.52	5.36	5.26	5.20	5.03	4.95
9	10.56	8.02	6.99	6.42	6.06	5.80	5.61	5.47	5.35	5.26	4.96	4.81	4.71	4.65	4.48	4.40
10	10.04	7.56	6.55	5.99	5.64	5.39	5.20	5.06	4.94	4.85	4.56	4.41	4.31	4.25	4.08	4.00
11	9.65	7.21	6.22	5.67	5.32	5.07	4.89	4.74	4.63	4.54	4.25	4.10	4.01	3.94	3.78	3.69
12	9.33	6.93	5.95	5.41	5.06	4.82	4.64	4.50	4.39	4.30	4.01	3.86	3.76	3.70	3.54	3.45
13	9.07	6.70	5.74	5.21	4.86	4.62	4.44	4.30	4.19	4.10	3.82	3.66	3.57	3.51	3.34	3.25
14	8.86	6.51	5.56	5.04	4.69	4.46	4.28	4.14	4.03	3.94	3.66	3.51	3.41	3.35	3.18	3.09
15	8.68	6.36	5.42	4.89	4.56	4.32	4.14	4.00	3.89	3.80	3.52	3.37	3.28	3.21	3.05	2.96
16	8.53	6.23	5.29	4.77	4.44	4.20	4.03	3.89	3.78	3.69	3.41	3.26	3.16	3.10	2.93	2.84
17	8.40	6.11	5.19	4.67	4.34	4.10	3.93	3.79	3.68	3.59	3.31	3.16	3.07	3.00	2.83	2.75
18	8.29	6.01	5.09	4.58	4.25	4.01	3.84	3.71	3.60	3.51	3.23	3.08	2.98	2.92	2.75	2.66
19	8.18	5.93	5.01	4.50	4.17	3.94	3.77	3.63	3.52	3.43	3.15	3.00	2.91	2.84	2.67	2.58
20	8.10	5.85	4.94	4.43	4.10	3.87	3.70	3.56	3.46	3.37	3.09	2.94	2.84	2.78	2.61	2.52
21	8.02	5.78	4.87	4.37	4.04	3.81	3.64	3.51	3.40	3.31	3.03	2.88	2.79	2.72	2.55	2.46
22	7.95	5.72	4.82	4.31	3.99	3.76	3.59	3.45	3.35	3.26	2.98	2.83	2.73	2.67	2.50	2.40
23	7.88	5.66	4.76	4.26	3.94	3.71	3.54	3.41	3.30	3.21	2.93	2.78	2.69	2.62	2.45	2.35
24	7.82	5.61	4.72	4.22	3.90	3.67	3.50	3.36	3.26	3.17	2.89	2.74	2.64	2.58	2.40	2.31
25	7.77	5.57	4.68	4.18	3.85	3.63	3.46	3.32	3.22	3.13	2.85	2.70	2.60	2.54	2.36	2.27
26	7.72	5.53	4.64	4.14	3.82	3.59	3.42	3.29	3.18	3.09	2.81	2.66	2.57	2.50	2.33	2.23
27	7.68	5.49	4.60	4.11	3.78	3.56	3.39	3.26	3.15	3.06	2.78	2.63	2.54	2.47	2.29	2.20
28	7.64	5.45	4.57	4.07	3.75	3.53	3.36	3.23	3.12	3.03	2.75	2.60	2.51	2.44	2.26	2.17
29	7.60	5.42	4.54	4.04	3.73	3.50	3.33	3.20	3.09	3.00	2.73	2.57	2.48	2.41	2.23	2.14
30	7.56	5.39	4.51	4.02	3.70	3.47	3.30	3.17	3.07	2.98	2.70	2.55	2.45	2.39	2.21	2.11
40	7.31	5.18	4.31	3.83	3.51	3.29	3.12	2.99	2.89	2.80	2.52	2.37	2.27	2.20	2.02	1.92
60	7.08	4.98	4.13	3.65	3.34	3.12	2.95	2.82	2.72	2.63	2.35	2.20	2.10	2.03	1.84	1.73
120	6.85	4.79	3.95	3.48	3.17	2.96	2.79	2.66	2.56	2.47	2.19	2.03	1.93	1.86	1.66	1.53

찾아보기

| 저자 소개 |

강기훈

서울대학교 계산통계학과 이학사
서울대학교 대학원 통계학과 이학석사
서울대학교 대학원 통계학과 이학박사
호주국립대학교(ANU) 수리과학연구소(CMA) 연구위원
호주국립대학교(ANU) 수리과학연구소(CMA) 방문교수
조지아대학교(UGA) 통계학과 방문교수
현) 한국외국어대학교 통계학과 교수

통계학개론 엑셀을 이용한 실습(제3판)

| 저 자 강기훈
| 발행인 김지영
| 발행처 자유아카데미
| 주 소 경기도 파주시 회동길 37-42
파주출판도시
| 전 화 031-955-1321
| 팩 스 031-955-1322
| 홈페이지 www.freeaca.com
| 전자우편 main@freeaca.com(대표)
editor@freeaca.com(편집)
crm@freeaca.com(영업)
| 등 록 제406-2003-017호, 1980. 7. 12
| 제3판1쇄 2016년 8월 10일 발행
| 제3판6쇄 2025년 1월 10일 발행
| 정 가 30,000원

ISBN 979-11-5808-096-9 93310